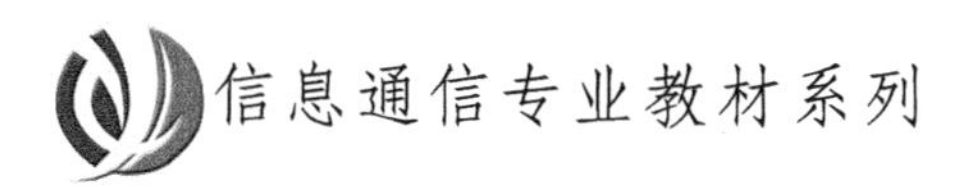

综合宽带接入技术

（第 2 版）

主　编　陶智勇

副主编　程　雯　蔡　进　曹　珍
　　　　何　舟　曾　劲　周　芳

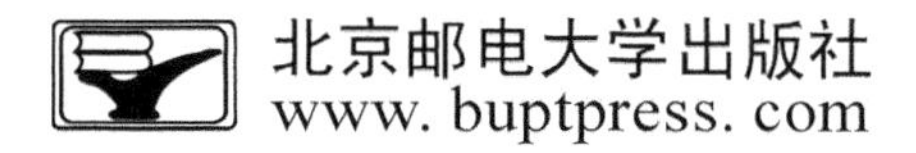

内容简介

本书系统全面地介绍了当前流行的各种接入技术，并力图在介绍各种接入技术特点、适用范围以及关键技术的基础上，使读者能从系统集成的角度去进行接入网的建设。

本书第1版受到广大读者朋友的青睐，已重印4次。为了满足读者的需求，在第1版的基础上，作者对全书进行了全面的修订，并参考了接入网的最新标准，书中详细介绍了传统接入网、IP接入网的概念及区别，常见的各种接入网的接口和协议，并具体分析铜线接入技术、以太网接入技术、Cable Modem接入技术、无线接入技术、光纤接入技术，最后讨论了接入网常见的传输媒质与结构化布线。

本书内容新颖，概念清晰，系统性和实用性强。可供通信、计算机、有线电视三个领域中关心接入网建设的技术人员或技术管理人员参考，也可作为理工院校通信工程、电子信息工程等专业课教材。

图书在版编目(CIP)数据

综合宽带接入技术/陶智勇主编．--2版．--北京：北京邮电大学出版社，2011.8(2022.6重印)

ISBN 978-7-5635-2693-2

Ⅰ.①综…　Ⅱ.①陶…　Ⅲ.①宽带接入网—通信技术　Ⅳ.①TN915.6

中国版本图书馆CIP数据核字(2011)第152210号

书　　　名：综合宽带接入技术(第2版)
著作责任者：陶智勇
责 任 编 辑：刘玉雯
出 版 发 行：北京邮电大学出版社
社　　　址：北京市海淀区西土城路10号(邮编：100876)
发　行　部：电话：010-62282185　传真：010-62283578
E-mail：publish@bupt.edu.cn
经　　　销：各地新华书店
印　　　刷：北京九州迅驰传媒文化有限公司
开　　　本：787 mm×960 mm　1/16
印　　　张：22.75
字　　　数：497千字
版　　　次：2002年1月第1版　2011年8月第2版　2022年6月第6次印刷

ISBN 978-7-5635-2693-2　　　　定　价：49.00元

· 如有印装质量问题，请与北京邮电大学出版社营销中心联系 ·

前　言

以 IPTV、HDTV、3D 视频、视频会议等视频业务为标志的宽带时代已经来临，各种宽带业务尤其是视频业务，对用户接入带宽提出了极高的要求。随着国务院在 2010 年大力推进“三网融合”，工信部等 7 部委联合发布 3 年投资 1 500 亿元人民币推进光纤宽带网络建设的指导意见。在经历了 3G 大规模投资后，光纤宽带网络建设成了为数不多的可以有效刺激经济、提升国家竞争力的方法之一。用户对业务的需求日益多样化、个性化，通信信息技术在不断更新的同时成本持续下降，以及通信市场日益开放，接入网的建设正在进入一个 IP 化、综合化、宽带化的转型期。然而接入技术的众多选择性使得其发展显得扑朔迷离。把握宽带接入网技术发展的最新趋势对我国接入网建设至关重要。本书力图全面介绍各种宽带接入技术的最新发展。

本书共分为 10 章，第 1 章是概论，详细介绍了传统接入网、IP 接入网的概念和区别，以及接入技术发展的最新趋势。第 2 章是接入网接口与常见的协议，如 IP 接入中的 PPP 协议、RADIUS 协议。第 3 章具体分析各种铜线接入技术，包括开始规模应用的 ADSL2+、VDSL、VDSL2 接入技术。第 4 章是以太网接入技术，主要讨论了千兆以太网以及可运营的以太网的要求。第 5 章是 Cable Modem 接入技术，主要介绍了基于 MCNS DOCSIS 3.0 的电缆调制解调器，以及各种 EoC 技术和 HFC 网的建设与改造。第 6 章是无线接入技术，重点介绍了 WLAN 无线局域网和本地多点分布业务系统。第 7、8、9 章是光纤接入技术，包括各种有源和无源 EPON、GPON、10GPON 光接入技术。第 10 章讨论了接入网常见的传输媒质与结构化布线。

本书的第 1 版是“十五”国家重点图书出版规划项目，是在国际电信联盟组织的成员、武汉邮电科学研究院原副院长、总工程师毛谦老师的指导下编写的。本书在注重系统性的同进，也涉及了一些关键的基础知识。几年来，笔者一直在武汉邮电科学研究院研究生部从事接入技术和通信网新技术领域的科研和教学工作，在相关的刊物上发表了多篇文章，出于实际教学的需要，笔者编写了有关综合宽带接入技术的讲义，并多次使用，效果很好。本书就是在这本讲义的基础上修改整理得来的。本书第 1 版受到广大读者朋友的青睐，已重印 4 次。为了响应读者的需求，在第 1 版的基础上，作者对全书进行了全面的修订，并参考了接入网的最新标准，增加了 EoC、WLAN、EPON、GPON、10GPON 等新技术。本书由陶智勇副教授主编，程雯、蔡进、曹珍、何舟、曾劲、周芳等教师任副主编。张皓、赵婉君、阎品、张慧娟、陈智、全真、凌毓、李婧、罗娣、陈冲、胡先志等老师也参与了本书的编写。对同事的大力支持和帮助，作者在此深表谢意。

本书的读者对象是通信、计算机、有线电视三个领域中关心接入网建设的技术人员或技术类管理人员。本书也可作为理工院校通信工程、电子信息工程等专业教材或自学参考书。

由于作者水平有限，时间仓促，书中谬误之处在所难免，恳请广大读者批评指正。

编　者

目　　录

第1章　综合宽带接入概述

1.1　接入技术发展的最新趋势

随着以IP为代表的数据业务的爆炸式增长，用户对业务需求的多样化、个人化，通信信息技术的不断更新和成本的持续下降，以及通信市场的日益开放，整个电信网的发展演变呈现了一些新的态势。联合国秘书长在2010年世界电信日致辞中表示：在当今世界，电信不仅仅是一项基本服务，而是一种促进发展、改进社会和拯救生命的手段。高度信息化已成为现代国家间竞争的重要组成部分。根据世界银行研究所得出的结论，宽带普及率每提升10%可以直接带动GDP增加1.4%。在经历了3G大规模投资后，光纤宽带网络建设成了为数不多的可以有效刺激经济、提升国家竞争力的方法之一。

1. 各国宽带发展计划

基于国际社会的广泛共识，通过大规模光纤通信网建设来加快国家信息化进程、促进经济发展、摆脱贫困的发展中国家越来越多。随着光纤接入技术的不断成熟、性价比的不断提升，柬埔寨、缅甸、孟加拉等人均GDP相对较低、电信基础设施相对落后、缺乏传统铜线接入资源的国家，或通过政府支持、国际援助，或通过贷款等手段，先后启动实施了光纤到路边、光纤到大楼乃至光纤直接入户项目的规划。为避免重复投资，这些国家直接选择面向未来的光纤网络架构来发展宽带业务，“起步晚，起点高”是他们的真实写照。

相比而言，发达国家和地区的宽带建设热潮更加汹涌。为了加速经济复苏、促进就业、促进开放、鼓励电信领域竞争、提升国家竞争力，越来越多的国家光纤通信网络建设项目纷纷启动，尤其加大了“最后一公里”接入光纤化建设投资，以消除传统双绞线长距离覆盖所形成的带宽接入瓶颈，全面支撑未来视频通信、视频娱乐、远程医疗以及远程教育等大带宽业务的发展需要。

全球已有82个国家出台或计划出台“国家宽带战略”,各发达国家针对宽带发展都给予了大量的资金和扶持政策,美国将宽带列为经济振兴计划中的主要内容,设立72亿美元宽带发展基金,其中约40%投向光纤到户项目。继2010年发布“国家宽带发展计划”后,美国又提出投资182亿美元实施国家无线宽带行动计划,继续发展高速信息网络基础设施。在欧洲,芬兰是世界上第一个把宽带接入确认为公民基本权利的国家。这项权利赋予每个芬兰人,无论居住在大都市,还是偏僻乡村,都能向网络服务商申请1 Mbit/s的宽带上网服务。另外,芬兰还计划在2015年前使所有民众享用高速互联网。按芬兰的官方说法,届时全国超过99%的居民可以在任意两千米范围内,获得高达100 Mbit/s的超宽带接入服务。

亚太则是全球公认的电信新兴市场,也是各种新技术的主要孵化地。在面向未来信息化竞争的背景下,各国政府纷纷出台鼓励政策,甚至直接投资国家光纤宽带网络建设。对日本而言,其FTTH快速发展的主要动力就来自政府的大力支持。日本政府视FTTH普及率为国家信息化先进程度的标志,并为此制定“e-Japan” FTTH发展计划。2003年是日本的“光纤上网元年”,经过多年的快速发展,日本的FTTH实装用户数目前已超过1 300万,占全球FTTH用户数的近一半。

在日本宣布“e-Japan”计划后,作为日本的近邻,韩国也加快了光纤建设的步伐。2009年9月,韩国召开《IT韩国未来战略》报告会。会议决定未来5年内投资189.3万亿韩圆发展信息核心战略产业,以实现信息产业与其他产业的融合。目前韩国的FTTH用户数超过700多万,宽带渗透率全球名列前茅。

新加坡政府计划于2010—2012年投资7亿美元,建设一个覆盖全国的FTTH网络。到2012年,新加坡将有95%的地方铺设光纤,预计2013年高速宽带网将遍布全岛。在新加坡国家宽带计划宣布后,其邻国马来西亚也很快提出2015年前投资22亿美元用于FTTH网络建设。这种“邻国效应”在国家主导的宽带网络建设中起到了很大的推动作用,如澳大利亚和新西兰、科威特和卡塔尔等,都相继计划投巨资发展国家宽带战略。

2. 中国宽带发展现状

根据工业和信息化部电信研究院通信信息研究所的统计数据,如图1-1所示,截至2008年第三季度,我国宽带接入用户累计达到8 812万户,已经超过美国(同期美国的宽带接入用户数为7 870万户),成为全球用户规模最大的宽带市场。2010年,我国宽带基础服务覆盖率继续扩大,带动了宽带用户规模的增长。宽带网民规模达到4.5亿,年增长30%,有线(固网)用户中的宽带普及率达到98.3%。手机网民达3.03亿,较2009年年底增加了6 930万人。同时,只使用手机上网的网民规模为4 299万,占整体网民的9.4%。中国从2007年开始建设FTTx网络,2008年和2009年两年取得长足发展。中国运营商每次千万量级的“大手笔”投资,就连发达国家的主流运营商都叹为观止。2010年6月,在中国移动的集采招标中,FTTx招标规模达到了600万线,中国电信和中国联通2010年有上千万线的FTTx规模应用。在2010年以前,FTTB是中国主流的FTTx建网模式，FTTH 仅有少量的试验建设。随着产业链的快速发展，设备、终端成本不断降低，FTTH 具备了成本和技术的双重优势，未来几年 FTTH 将是中国光纤宽带网络的终极目标。2010 年，随着国务院再次强调“三网融合”，工信部等 7 部委联合发布 3 年投资 1 500亿元人民币推进光纤宽带网络建设的指导意见。在国家力量的推动下，中国的 FTTx网络建设如上弦之箭，蓄势待发，未来几年将呈现爆发状态。

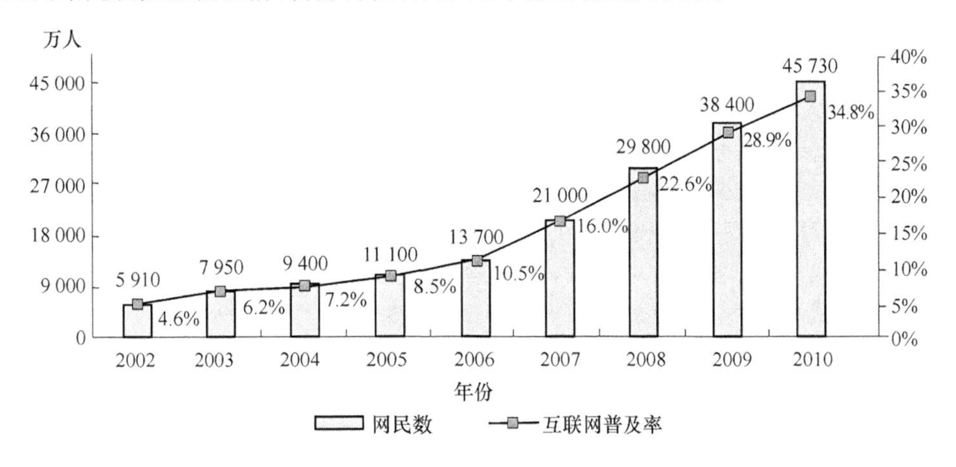

图 1-1　宽带接入用户发展情况

我国宽带网络发展尽管取得了快速发展的成绩，但在宽带发展水平上存在很大的差距。目前在宽带普及率、光纤接入、网速等多方面都远低于发达国家水平。在网络能力方面，到 2010 年年底，互联网宽带接入端口达到 1.88 亿个，接近“十一五”初期的 4 倍，100％的接入了互联网，其中 98％的乡镇通宽带，75％的城镇具备了互联网应用能力，互联网国际出口带宽超过 Tbit/s。据悉，用户方面，2010 年宽带网民数净增 1.04 亿人，累计达到 4.5 亿人，占网民总数的 93.3％。基础电信企业的互联网宽带建设用户净增 2 236 万户。我国宽带网络发展尽管取得了快速发展的成绩，但目前还存在一些突出的问题：

一是我国与发达国家在宽带发展水平上存在很大的差距。但中国的宽带普及率仍然较低。截至 2008 年 9 月，我国的宽带普及率（宽带接入用户在人口中的百分比）仅为 6.7％，低于全球平均水平（6.9％），与摩洛哥（43.8％）、丹麦（37.3％）、韩国（31.7％）、美国（26.4％）、日本（23.2％）等发达国家的差距更大。同时，地区之间的不均衡性也越来越明显，东部地区的平均宽带普及率已超过 10％（北京、上海等大城市的宽带普及率已超过 20％），而西部地区的平均宽带普及率仅为 3.6％。目前在宽带普及率、光纤接入、网速等多方面都远低于发达国家水平，尤其是刚才提到的很多发达国家已经将宽带纳入了国家行动计划，这极大地推动了这些国家宽带的发展速度。目前韩国已实现每个家庭的宽带接入，我们必须增强紧迫意识，在国家统筹引导和推动下，加快发展，否则我们与发达国家之间的宽带水平差距有被进一步拉大的风险。

二是我国宽带水平发展不平衡，呈现东部发展快、西部发展慢，城市普及率高、乡村普及率低的特点。目前东部地区固定宽带普及率为 13.3％，比西部高出 9 个百分点。城市网民数量是农村网民数量2.6倍。这个问题的主要原因是我国城乡区域发展不平衡,尤其是偏远农村和少数民族地区整体经济水平欠发达。仅依靠市场机制和相关企业投入难以实现这些区域的宽带网快速发展,这需要政府在政策方面加以支持和引导,也需要社会各方广泛参与、相互协调来共同加以突破。

三是宽带应用和创新不足。宽带基础设施和应用是相互拉动的关系,没有丰富和有效的应用,难以保障宽带网络的持续发展,应用少也相应造成网络资源浪费。工业和信息化部也高度重视宽带技术创新,积极对宽带发展加以规划引导。

3. 宽带接入业务的发展趋势

(1) 接入速率进一步提高

以光纤接入和宽带移动无线接入为发展方向,接入速率将进一步提升(如图1-2所示)。现阶段,虽然ADSL依然是主流的宽带接入技术,但为了更好地支持IPTV、HDTV、3D游戏等高带宽业务的发展,能够提供更高速率的ADSL2+和VDSL已大规模商用,很多运营商通过FTTx+ADSL2/VDSL的方式,为用户提供下行速率高达20 Mbit/s(ADSL2+)或者50 Mbit/s(VDSL)的接入业务。同时,NTT、韩国电信、Verizon、法国电信、Swisscom、中国电信、中国联通等一些领先运营商已经开始采用EPON和GPON技术,大规模建设FTTH网络。FTTH的最高速率可达100 Mbit/s以上。而且随着用户对上传带宽需求的增加,双向20 Mbit/s的宽带接入业务也逐渐增多,一些业界分析师认为:未来双向20 Mbit/s的光纤接入业务将成为"标配"。

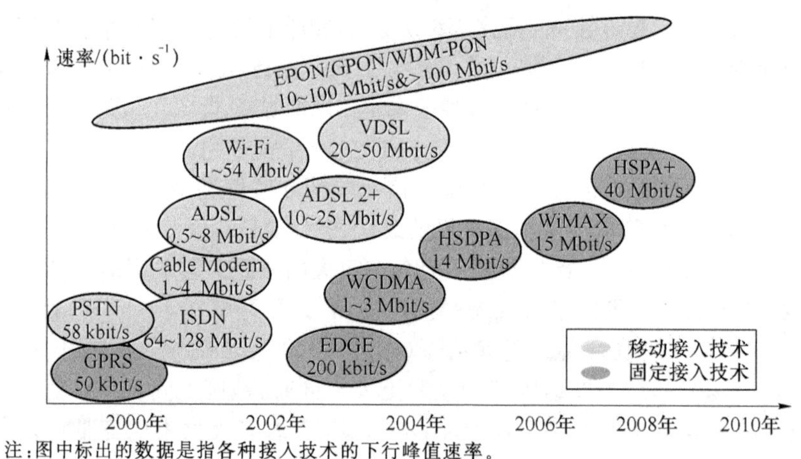

注:图中标出的数据是指各种接入技术的下行峰值速率。

图1-2 接入技术的发展演进

另外,HSPA、WiMAX、LTE等宽带移动无线接入技术也逐渐成熟并陆续开始商用,使用户可以随时随地享受到高速的、有服务质量保证的互联网服务和各种丰富多彩的宽带增值服务。

(2) 移动宽带接入市场开始启动

移动接入技术的性能和速率也迅速提升,HSPA(HSDPA和HSUPA)等增强型3G

技术逐渐成熟，截至 2008 年 9 月，全球已有 280 多个 HSPA 商用网络。在 HSPA 网络数量不断增加的同时，接入速率也不断提升，例如，新加坡 Starhub 于 2008 年 12 月月底完成全国范围内的 HSPA 网络升级，升级后，上行速率将从现在的 1.9 Mbit/s 升级到 5.76 Mbit/s，而下行速率将达到 14.4 Mbit/s。尤其值得关注的是，澳洲电信（Telstra）已经开始将其 NextG 无线网络升级为增强版 HSPA（也称 HSPA＋），并于 2009 年初向澳大利亚用户提供峰值速率为 21 Mbit/s 的移动接入服务，可以和固定宽带接入技术相提并论。斯堪的纳维亚的 3 公司也与爱立信签订了合同，计划将其 HSPA 网络升级为下行最高速率为 21 Mbit/s 的 HSPA＋。

WiMAX 和 Wi-Fi 曾被寄予厚望，但 2007 年以来这些技术的发展并不尽如人意，到目前为止这些技术仅覆盖了一些热点，或者在城市范围内提供固定宽带接入。在韩国，WiBro 的发展也没有达到预期，到 2007 年年底，WiBro 用户不到 10 万，还不到预期的一半。但未来 WiMAX 仍将作为有线宽带接入技术和 3G 技术的补充，在宽带普及率较低的国家和地区具有一定的发展空间。例如，马来西亚政府就将 WiMAX 作为其国家宽带策略的一部分，向国内 4 家运营商颁发了 WiMAX 牌照，并规定这 4 家运营商在 2008 年年底和 2010 年年底，在各自服务区内实现 25％和 40％的人口覆盖率。越南的 VDC 与摩托罗拉合作，在越南的两个最大的城市建设 WiMAX 试验网。截至 2008 年 9 月，全球已有 270 多个 WiMAX 商用网络（大部分都是固定 WiMAX）。

(3) 不同类型的接入业务捆绑将成为一种趋势

为了满足用户随时随地使用宽带接入业务的需要，越来越多的运营商将有线、无线宽带接入业务捆绑在一起提供给用户，在增加用户黏性的同时，提高用户的 ARPU，可谓一举多得。将 DSL 或者 FTTH 等有线宽带接入与 Wi-Fi 捆绑已经是一种比较普遍的模式。英国电信从 2006 年开始提供的宽带业务套餐 BT Total Broadband，就包括最高下行速率为 8 Mbit/s 的 DSL 业务和名为 Openzone 的 Wi-Fi 业务。而 AT&T 从 2008 年 11 月开始向 U-verseTV 用户提供 18 Mbit/s 的 DSL 接入服务，同时，U-verse 互联网用户能够在 AT&T 的 17 000 个热点免费使用 Wi-Fi 服务。另外，法国电信、德国电信等许多运营商也都提供类似的服务。

在固定移动融合的大趋势下，将有线宽带接入（Fixed Line Broadband）与移动宽带接入（Mobile Broadband）捆绑成为一种新潮流。例如，Orange 计划在英国推出一种新型宽带服务“Orange Home&Mobile Broadband”，这个每月 20 英镑的宽带服务套餐包括：

① 在家中，最高下行速率 8 Mbit/s 的接入服务、一个免费的无线路由器以及晚间和周末的国内电话呼叫。用户可以通过 ADSL 和 Wi-Fi 等方式实现宽带接入。

② 在户外，一个 USB dongle（一种通过 USB 接口和计算机连接的数据卡）、最高下行速率 3.6 Mbit/s 的移动宽带接入服务以及每月 3 GB 的下载流量。用户可以通过移动数据卡、利用 3G 网络实现宽带接入。

固定移动融合的宽带接入套餐使用户离"随时随地"高速接入互联网的目标更进了一步,因而受到运营商的高度重视。促进宽带市场的发展是当前各国政府电信管制机构的工作重点。欧盟认为将来的Web3.0业务要依赖高性能的宽带网络,而欧洲想要在Web3.0上获得领先地位就必须要发展高速宽带网络。2008年9月,欧盟推出了一个宽带发展指数(BPI),以全面衡量各成员国宽带发展水平,以便采取措施促进欧洲宽带市场的发展。同时,欧洲的一些国家也在考虑放松管制,以刺激传统运营商建设光纤接入网的积极性。美国政府正在考虑是否把宽带纳入普遍服务范畴,并酝酿进一步采取措施促进下一代宽带网络和业务的发展。而日本和韩国政府则通过允许电信运营商提供IPTV等视频业务的方式,促进运营商积极建设光纤接入网。

1.2 G.902定义的接入网

1975年,BT首次提出接入网的概念,并在1976年和1977年分别进行了组网可行性试验和大规模的推广应用。1978年,BT在CCITT相关会议上正式提出接入网组网概念,CCITT于1979年用远端用户集线器(RSC)的命名对具备相似性能的设备进行了框架描述。20世纪80年代后期,在各方面的推动下,ITU-T开始着手制定V5接口规范,并对接入网作了较为科学的界定。90年代以来,运营业的垄断行为受到挑战。新运营公司必须采用更为先进的技术手段以尽可能地降低地面线路的投资风险。NII、GII的提出及光纤技术的进步,推动了接入网技术的发展。

1.2.1 接入网的定义

接入网有时也称本地环路(Local Loop)、用户网(Subscriber's Network)、用户环路系统。接入网是指从端局到用户之间的所有机线设备。由于各国经济、地理、人口分布的不同,用户网的拓扑结构也各不相同。一个典型的用户环路结构可以用图1-3表示。其中主干电缆段一般长数千米(很少超过10 km),分配电缆长数百米,而引入线通常仅数十米而已。

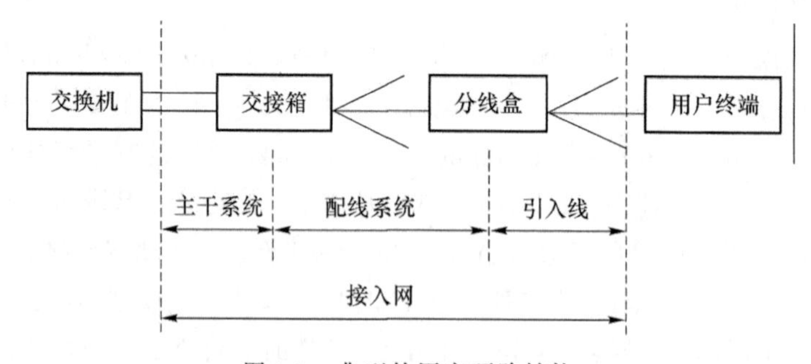

图1-3 典型的用户环路结构

接入网包括市话端局或远端交换模块(RSU)与用户之间的部分,主要完成交叉连接、复用和传输功能。接入网一般不含交换功能。有时从维护的角度将端局至用户之间的部分统称为接入网,不再计较是否包含 RSU。(注意:这不是技术定义)

G. 902 定义的接入网由业务节点接口(SNI)和用户网络接口(UNI)之间的一系列传送实体(包括线路设施和传输设施)组成。为供给电信业务而提供所需传送承载能力的实施系统,可经由 Q3 接口配置和管理。图 1-4 给出了接入网的结构框图。接入网由其接口界定。用户终端通过用户网络接口(UNI)连接到接入网,接入网通过业务节点接口(SNI)连接到业务接点(SN),通过 Q3 接口连接到电信管理网(TMN),如图 1-5 所示。

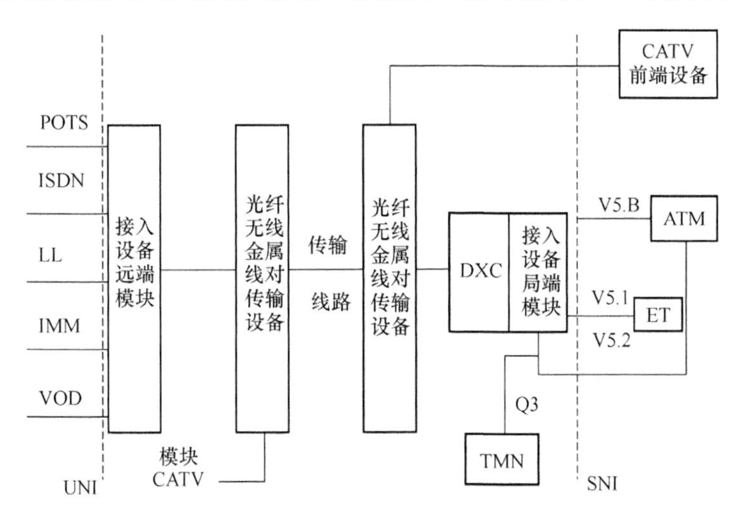

图 1-4　接入网结构框图

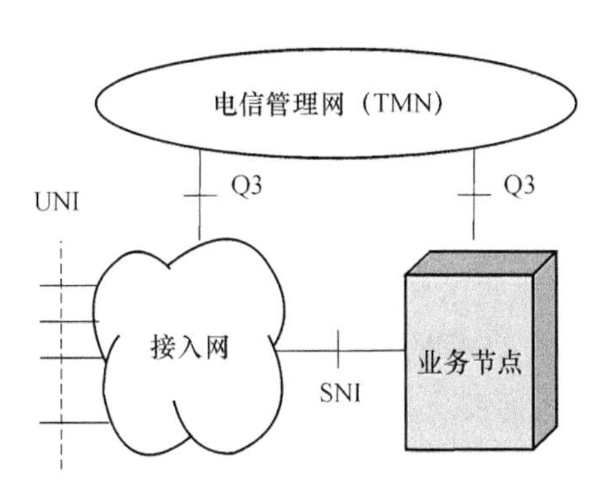

图 1-5　接入网的界定

一个接入网可以连接到多个业务节点:接入网既可以接入到支持特别业务的业务节点,也可以接入支持同种业务的多个业务节点,原则上对接入网可以实现的 UNI 和 SNI 的类型和数目没有限制。

1.2.2 接入网在电信网的位置

在以语音为主的通信时代,整个通信网分为三部分,传输网、交换网和接入网,如图1-6所示。

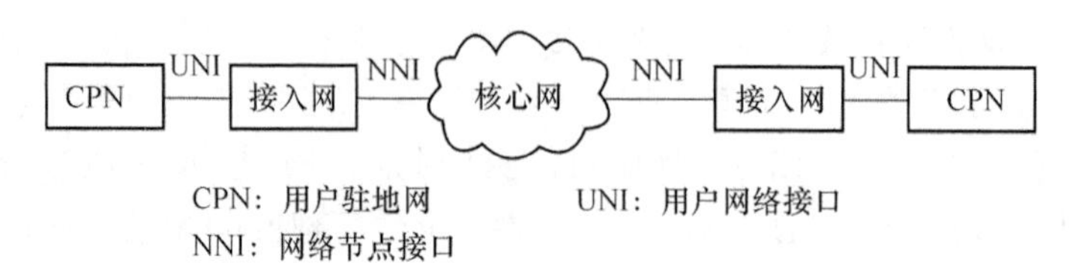

图1-6 电信网中接入网的位置

接入网即为本地交换机与用户之间的连接部分,通常包括用户线传输系统、复用设备,还包括数字交叉连接设备和用户/网络接口设备。用户接入网是一种业务节点与最终用户的连接网络,它把干线网络上的信息分配给最终用户。接入网与干线网相比较,主要存在以下几个方面的区别:

① 在结构上,干线网比较稳定,不随最终用户的变化而变化,而接入网则在结构上变化较大,且随最终用户的不同而变化。干线网容量比较大,且可预测性强,可以满足新增加的业务;接入网的可预测性小,难以及时满足新增加的业务。

② 从业务上讲,干线网的主要作用是比特的传送,而接入网必须支持各种不同的业务,如图像、数据、语音等;干线网的管理是大范围的集中管理,而接入网则是局部的小范围管理。

③ 从技术上讲,干线网目前主要以光纤传送,技术可选择性小,传送速度高,SDH、WDM、PTN、OTN环型或格状网是未来的发展方向;接入网可以选择多种传输技术,技术可选择性较大。目前用户接入网的技术选择范围可以是以下几个方面:有线方式可选择光纤或金属线;无线方式可选择蜂窝系统或无线本地环路;与电视相结合可选择电缆电视网络等。

由于电信网经过多年的发展,从采用的技术、提供的业务等各方面都发生了巨大的变化,传统的用户环路已不能适应当前和未来电信网发展,电联标准部(ITU-T)根据电信网的发展演变趋势,提出接入网(AN)的概念的目的是综合考虑本地交换机(LE)、用户混合的终端设备(TE),通过有限的标准化接口,将各种用户接入到业务节点。接入网所使用的传输媒介是多种多样的,它可以灵活地支持混合的不同的接入类型和业务。

1.2.3 接入网的接口

接入网的接口有用户网络接口(UNI)、业务节点接口(SNI)及网络管理接口(如Q3接口)。

UNI在接入网的用户侧,支持各种业务的接入,如模拟电话接入、N-ISDN业务接入、B-ISDN业务接入以及租用线业务的接入。对于不同的业务,采用不同的接入方式,对应不同的接口类型。

SNI在接入网的业务侧，对不同的用户业务，提供对应的业务节点接口，使业务能与交换机相连。交换机的用户接口分模拟接口（Z接口）和数字接口（V接口），V接口经历了V1接口到V5接口的发展。V5接口又分为V5.1和V5.2接口。

Q3接口是TMN与电信网各部分相连的标准接口。作为电信网的一部分，接入网的管理也必须符合TMN的策略。接入网是通过Q3与TMN相连来实施TMN对接入网的管理与协调，从而提供用户所需的接入类型及承载能力。

核心业务网目前主要分语音网和数据网两大类。语音网通常指公共电话网（PSTN），是一种典型的电路型网络。接入网接入PSTN时多数采用V5.2接口，也有部分采用V5.1、Z、U等接口。

传统的数据通信网主要包括公用分组交换网（PSPDN）、数字数据网（DDN）和帧中继网（FR）三种，可以看到这三种数据网是通信网发展过程中的过渡性网络。DDN是电路型网络，而PSPDN和FR是分组型网络。接入网在接入这些网络时，一般采用E1、V.24、V.35、2B1QU接口，其余类型的接口使用较少。现有的综合类的接入网大多都有上述接口，运营企业在选择接口时应主要考虑各业务网接口的资源利用率和业务的灵活接入。

用户的随机性包含两方面的含义：第一，用户的空间位置是随机的，也就是用户接入是随机的；第二，用户对业务需求的类型是随机的，也就是业务接入是随机的。核心网是提供业务的网络，用户是业务的使用者，接入网所起的作用是将核心网各类业务接口适配和综合，然后承载在不同的物理介质上传送分配给用户。

1.2.4　接入网的功能模型

接入网可分为5个基本的功能模块：用户接口功能模块、业务接口功能模块、核心功能模块、传送功能模块及管理功能模块。功能模块之间的关系如图1-7所示。

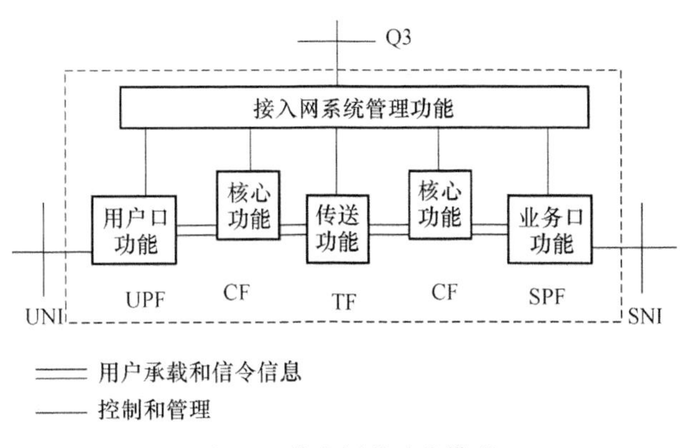

图1-7　接入网的功能模型

用户接口功能模块将特定UNI的要求适配到核心功能模块和管理功能模块。其功能包括:终结UNI功能;A/D转换和信令转换(但不解释信令)功能;UNI的激活和去激活功能;UNI承载通路/承载能力处理功能;UNI的测试和用户接口的维护、管理、控制功能。

业务接口功能模块将特定SNI定义的要求适配到公共承载体,以便在核心功能模块中加以处理,并选择相关的信息用于接入网中管理模块的处理。其功能包括:终结SNI功能;将承载通路的需要、应急的管理和操作需要映射进核心功能;特定SNI所需的协议映射功能;SNI的测试和业务接口的维护、管理、控制功能。

核心功能模块位于用户接口功能模块和业务接口功能模块之间,适配各个用户接口承载体或业务接口承载体要求进入公共传送载体。其功能包括:接入承载通路的处理功能;承载通路的集中功能;信令和分组信息的复用功能;ATM传送承载通路的电路模拟功能;管理和控制功能。

传送功能模块在接入网内的不同位置之间为公共承载体的传送提供通道和传输媒质适配。其功能包括:复用功能;交叉连接功能(包括疏导和配置);物理媒质功能及管理功能等。接入网系统管理功能模块对接入网中的用户接口功能模块、业务接口功能模块、核心功能模块和传送功能模块进行指配、操作和管理,也负责协调用户终端(经UNI)和业务节点(经SNI)的操作功能。其功能包括:配置和控制功能;供给协调功能;故障检测和故障指示功能;使用信息和性能数据采集功能;安全控制功能;资源管理功能。接入网系统管理功能模块经Q3接口与TMN通信,以便实时接受监控,同时为了实时控制的需要,也经SNI与接入网系统管理功能模块进行通信。

1.2.5 接入网的结构

接入网一般分为3层:主干层、配线层和引入层。在实际应用或建网初期,可能只有其中的一层或两层。但引入层是必不可少的。

主干层以环型网为主。每个主干层的节点数一般不超过12个,建议大城市主干层采用144芯以上光缆,中城市和乡镇的主干层光缆可适减。配线层有树型网、星型网、环型网和总线型网,其中重要用户可采用环型或单星型网。为便于向宽带业务升级,建议有条件的地方尽量采用无源光纤网(无源双星结构)。配线层光缆一般为12~24芯,智能大楼和乡镇网可用6~8芯。引入层可以与综合布线建设相结合,可以用光缆、铜线双绞线或五类电缆等。

由于大城市和沿海发达地区业务量发展较快、种类繁多、用户密集,可采用以端局为中心的环型结构。视各端局具体情况,可设置多层环或多个主干环。如北京市1998年新计划建设100个主干环。主干环以大容量同步数字传输系统为主,重要用户备双重路由,各小区节点分别按区域划分,接入主干环。由于中小城市和农村用户密度较低,业务种类简单,宽带新业务需求较少,可暂时采用星型结构,视具体业务及环境选择有源双星或无源双星网,待用户和业务发展后再逐步建立环型网。

为了提高网络性能，优化网络结构，减少不合理的网络布局，最重要的方案便是减少网络层次，实现“少局所、大容量”，逐步向两级网过渡。目前我国正在进行“拆点并网”，逐渐引入光纤，扩大接入网的覆盖范围，首先满足当前窄带业务的需要，然后再根据业务的需要，逐渐发展宽带业务。现在建设的窄带接入网要能实现平稳过渡，在向宽带业务升级时，不能影响已有网络和设备的正常工作。为此，就要作好接入网的发展规划。

1.3 Y.1231 定义的 IP 接入网

随着 Internet 的发展，现有电信网越来越多地用于 IP 接入，不但可利用的传输媒介和传输技术多种多样，而且接入方式也有很多种。这一方面表现为 ISP 在网中的几何位置的多样性(可以设在电路型汇接交换机的中继线口或本地交换机的中继线口，也可以设在靠近端局用户线口)；另一方面在功能上用户也可以以多种方式接入，即以分层的角度看，IP 接入网可有不同的层功能，或者说接入网中的接入节点可有不同的实现方式。基于 IP 的新业务——虚拟专用网(VPN)、视频点播业务(VOD)、电子商务、IP 电话等的应用和发展，使 IP 业务的安全性、可靠性备受关注。Internet 的安全不仅涉及如何保护企业和商家的商业秘密，而且还涉及个人上网、收发电子邮件以及使用 IP 电话时如何保护个人隐私的问题，这些都是 IP 网络急需解决的。IP 网络是无连接的网络，以路由器转发为中心，相对于传统的接入网，IP 接入出现了许多新的概念，包含了许多新的内涵，增加了许多新的功能。

1.3.1 IP 接入网的定义与功能模型

在接入领域，ITU-T SG13 对 IP 接入网的定义、位置、功能模型及其接入方式的分类都做了定义，起草 IP 接入网的新建议 Y.1231。现行的 IP 接入网与 ITU-T 1995 年 G.902 定义的接入网有很大的不同。IP 接入网是指在“IP 用户和 IP 业务提供者(ISP)之间为提供所需的、接入到 IP 业务的能力的、网络实体的实现”，IP 接入网的位置如图 1-8 所示。

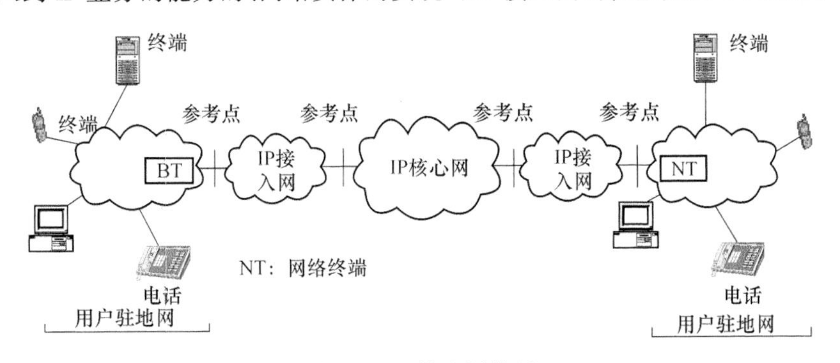

图 1-8 IP 接入网位置

IP 接入网参考模型如图 1-9 所示。

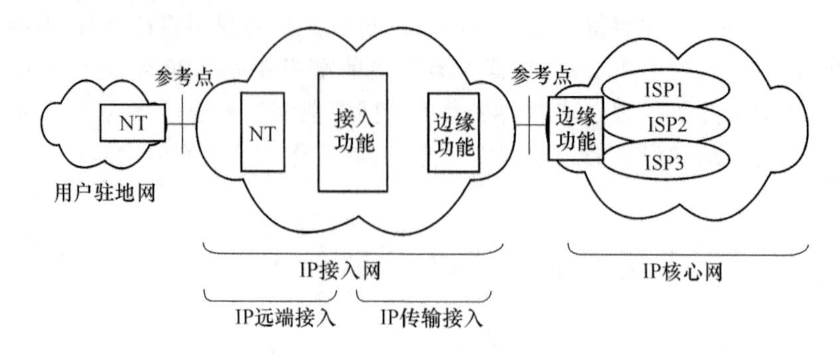

图 1-9　IP 接入网参考模型

IP 网是用 IP 作为第三层协议的网络。IP 网络业务是通过用户与业务提供者之间的接口,以 IP 包传送数据的一种服务。从图 1-9 可以看出,IP 接入网的功能包括接入功能、端功能和网络终端功能,与驻地网、ISP 的接口是 RP 参考点。

IP 接入网是在千万个 IP 用户与众多 IP 业务提供商之间的选择。我国的 ISP 远远多于交换机厂商,并且 IP 用户希望有动态选择 ISP 和网络提供商(NSP)的权利。因此要求 IP 接入网增加新的功能,如多个 ISP 的动态选择、使用 PPP 动态分配 IP 地址、地址翻译(NAT)、授权接入〔如加密授权协议(PAP)和 PPP 询问握手授权协议(HAP)〕、加密、计费和 RADIUS(远程授权拨入用户业务)、服务器的交互等。

1.3.2　IP 接入方式

IP 接入网参考模型中的接入网传送功能是与 IP 业务无关的,IP 接入功能是指 ISP 的动态选择;IP 地址动态分配;NAT;授权、认证、记账(AAA)等。IP 接入网的体系,在某些情况下,接入网与核心网可能是不可分的。IP 接入网与 PSTN/ISDN 网的关系中的互通功能单元(IWF)并不都是必需的。

IP 作为第三层协议,对 IP 业务的运载还需要底层协议支持,IP on everything 就是指 IP 业务可以由多种物理层和链路层技术来运载。所有支持电路型业务的接入网物理层技术都可用在 IP 接入网,包括经 Modem 的拨号接入、ADSL、PON、HFC、固定无线接入(FWA)以及移动接入等。

从 IP 接入网的功能参考模型的角度出发对 IP 接入方式可分为五类,即直接接入方式、PPP 隧道方式(L2TP)、IP 隧道方式(IPsec)、路由方式和多协议标记交换(MPLS)方式。

1. 直接接入方式

直接接入方式是用户直接接入 IP,此时 IP 接入网仅有两层,即 IP 接入网中仅有一些级联的传送系统,而没有 IP 和 PPP 等处理功能。此方式简单,是目前广泛采用的 IP 接入方式。

2. PPP 隧道方式

L2TP(IETF)是由 PPTP(3COM,Microsoft)和 L2F(Cisco)综合发展而来的。目前，主要是基于 ADSL 的快速接入方案，安装在 ISP 和用户的数据中心。由客户管理模块、业务管理模块和计费模块组成，目前已在 163/169 网上应用。

从该节点至 ISP 使用第二层隧道协议(L2TP)构成用户到 ISP 的一个 PPP 会晤的隧道，即一个 PPP 会话在隧道间传输，第二层既可采用包交换形式，也可以采用电路交换形式，但无论如何要传送的数据都从一个物理实体地址到另一个，并不存在路由跨越的概念，可以认为是以“点到点”形式进行的，是一种仿真连接技术。用户可以通过 PPP 层选择 ISP。

过去人们不愿意将因特网与自己公司的 LAN 相连，主要考虑源的安全与性能，VPN 的出现打破了用户的顾虑。VPN 就是在公用网的基础上，使用专用的安全通路即隧道来支持特定用户的使用，所以 VPN 又戏称为“公网私用”。VPN 采用 L2TP 协议，网络的安全性、保密性、可管理性容易解决，企业网络想连接到哪里都可以，成本低、易维护。随着 Internet 的发展，在家办公，处理一些复杂事务，只需要与企业或公司网连接，得到公司或企业主体网络的确认，就可以进入公司或企业内部网，完成工作。企业不仅是接入网号码的一部分，也是 IP 地址码的一部分。L2TP 的缺点也很明显，如在 QoS、安全性、可扩展性、记账系统和非对称性上都还存在一定的问题。

3. IP 隧道方式(IPsec)

所谓 IP 隧道是在 TCP/IP 协议中传输其他协议的数据包时，通过在源协议数据包上套上 IP 协议头，对源协议来说，就如同被 IP 带着过了一条隧道。由于 L2TP 本身并不提供任何安全保障，仅提供较弱的安全机制，并不能对隧道协议的控制报文和数据报文提供分组级的保护，采用 IPsec 可以保护通道安全，同时也能实现非 IP 数据的保护。L2TP 对第二层包进行通道处理。它们对第三层协议(IPX 或 APPLETALK)来说，就可以用通道处理来实现。如果事实上一个第二层的 VPN 已经建立起来了，两个异种网通过外部网络从逻辑上连接到目的地，然后可用 IPsec 来保护这个第二层的 VPN，并提供必要的机密性保证。这就是第三种接入方式 IPsec，它可有效地保护数据包的安全。它采用的具体形式包括：根据起源地验证；无连接数据的完整性验证；数据内容的机密性(是否被别人看过)；抗重播保护；有限的数据流机密性保证等。

具体对 IP 数据包进行保护的方法是“封装安全载荷”(Encapsulating Security Payload,ESP)或者“验证头”(Authentication Head,AH)。AH 可以证明数据起源地，保证数据的完整性以及防止相同数据包的不断重播，能有力地防止黑客截断数据包或向网络插入伪造的数据包。ESP 将需要保护的用户数据进行加密后再封装到 IP 包中。ESP 除了具有 AH 的功能外，还可选择保证数据的机密性以及数据流提供有限的机密性保障，从而保证数据的完整性、真实性。

AH 或 ESP 所提供的安全保障，完全依赖于采用的非对称加密算法或共享密钥的对称加密算法以及密钥交换技术，所以第三类接入方式为 IP 隧道安全方式。从用户终端至接入节点使用了 PPP 协议,而接入点至 ISP 使用 IPsec,从而在用户至 ISP 间构成一个 IP 层隧道。由于 IPsec 是从上层向下层扩展来实现 IP 接入的,其缺点是实现复杂、严密性差等。

4. 路由方式

路由方式的接入点可以是一个第三层路由器或虚拟路由器。该路由器负责选择 IP 包的路径和转发下一跳。路由方式包括基于 ISDN 的连接和基于 FR 及租用专线的连接,支持 FR、IP/IPX、RIP/RIP2、OSPF、IGRP 等协议。

5. 多协议标签交换(MPLS)方式

多协议标签交换方式的接入点是一个 MPLS 的 ATM 交换机或具有 MPLS 功能的路由器。由于近年来 Internet 固定接入业务(如电子邮件、Web、IP 电话、电子商务等)的爆炸式增加,移动 IP 的接入引起人们的关注,手机移动上网灵活、方便,成为一种新的时尚,被称为"口袋里的互联网"。ITU-T SG-13 组对移动 IP 的研究已经启动,确定了 Mobile IP 的研究内容,主要强调移动接入即终端的移动性、IP 移动性(主要是控制选路和业务)和个人移动性等领域的研究。

移动 IP 主要定义了三个主要功能实体:

① 移动节点,是一台主机或路由器,它在切换链路时从一条链路到另一条链路不改变它的 IP 地址,也不中断正在进行的通信。

② 住地代理(Home Agent),它是一台路由器,有一个端口连接在移动节点的住地链路上,这个端口截获所有发往移动节点住地地址的数据包,并通过隧道将它们送到移动节点最新报告的转交地址上。

③ 外地代理 (Foreign Agent),这是一台有一个端口在移动节点的外地链路上的路由器,它帮助移动节点完成移动检测,并向移动节点提供路由服务,例如在移动节点使用外地代理转交地址时对通过隧道到达的 IP 包进行拆封。

1.3.3 基于 xDSL 的 IP 接入技术

图 1-10 表示了一个通用的 xDSL(ADSL 或 SDSL)业务传送体系,用于高速 Internet 或企业专用 Intranet 接入。基本物理接入网络被假定是铜线环路,其一端是电话中心局,另一端是用户设备接口单元(NID)。可说明如下:在 CO 和 CP 端的 xDSL 的调解器对通过标准铜线环路提供全双工数字数据传输。CP 端 xDSL 调解器可以物理地位于 CP NID 或用户设备内。ISP 或 LEC(电话局)可利用 xDSL 只传送数据或传送电话与数据的综合信号。这时,数据包是 TCP/UD Pover IP,承载了应用层的多媒体内容。用户端 xDSL 调解器通过 10 BASE-T 以太网或 ATM 论坛的 25 Mbit/s 与一个 PC 或 LAN(由一个或多个 PC、机顶盒、打印机等组成)通信。

其中,DNS(域名服务器),用于主机地址到 IP 地址的映射;DHCP(动态主机控制规程)服务器,用于动态分配 IP 地址;RADIUS 服务器(带有一个在网络管理服务器上的

RADIUS客户代理),用于用户名/口令认证;用户管理数据库服务器,以保持与用户接触的信息;防火墙服务器,以合作企业网的连接;多媒体内容存储/镜像代理服务器(选用,用于从因特网内容服务器来的视频/音频流);组播到单播(反之亦然)变换网关(选用于多媒体内容到因特网组播中枢、专用组播IP网的全双工传输)。

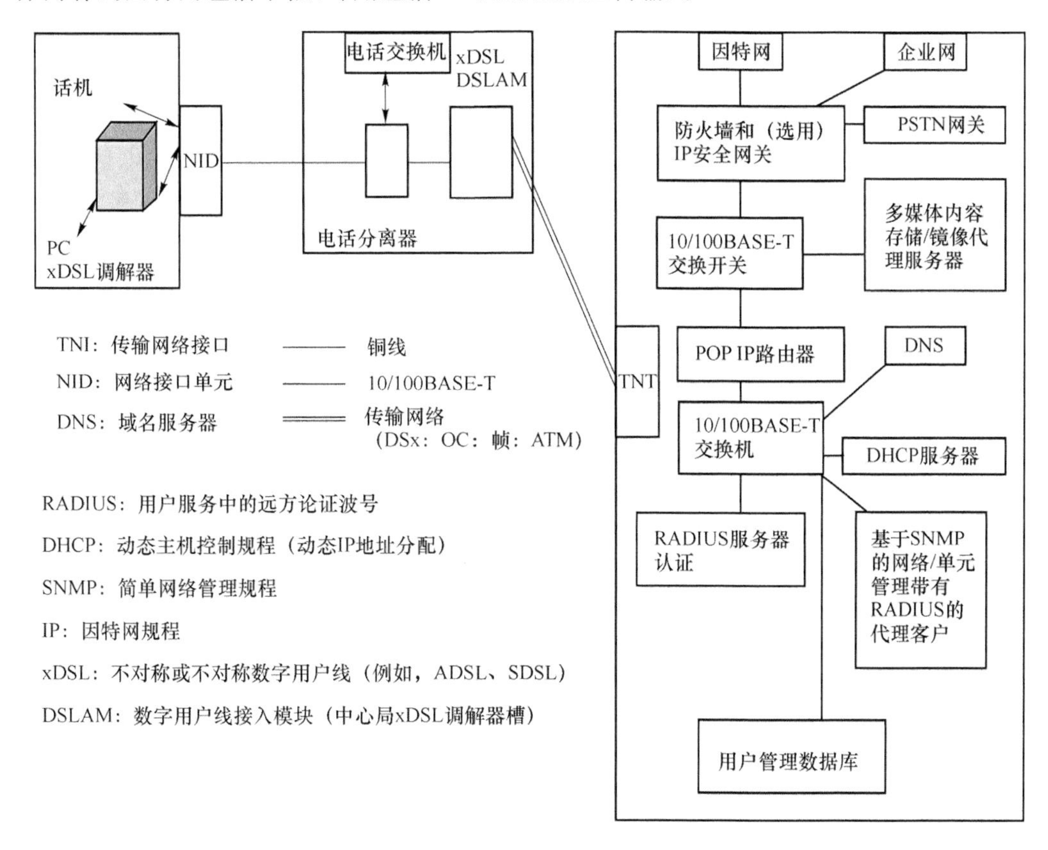

图1-10　通用的基于IP的xDSL业务传送体系

1.3.4　IP接入网与G.902定义的接入网的比较

从IP接入网的定义来看,IP接入网与G.902定义的接入网有很多不同。

从图1-9 IP接入网的位置与参考模型也可看出,IP接入网与住地网和IP核心网之间的接口是参考点RP,而不是传统的用户网络接口(UNI)和业务接点接口(SNI)。参考点RP是指逻辑上的参考连接,在某种特定的网络中,其物理接口不是一一对应的。

我们知道远端模块(RSM)含有交换功能(主要是本地交换功能),但是G.902接入网只有复用、交叉连接和传输,一般不含交换功能和计费功能,而IP接入网包含有交换或选路功能,也需要计费功能。

从开放和竞争程序上看,G.902接入网与交换机的接口为开放的V5标准接口,可以兼容任何的交换机。交换机与接入网的技术和业务演进可以完全独立开来,从而使接入网的发展不受交换机的限制,这样接入网市场可以完全开放。运营商采用的接入网升级和演进不依附于交换机厂商,促进了接入网向数字化和宽带化发展。而 IP 接入网是在千万个 IP 用户与众多 IP 业务提供商之间的选择。

目前,随着以 IP 为主的数据业务在传统的电信网环境接入的迅猛增长,以电路交换机为主的传统 PSTN 网络,对于 Internet 的接入,因网上占用时间较长,使得 PSTN 网数据负荷量很重(占用大量的中继线及交换机资源),造成网络的拥塞。又由于 Internet 上 IP 数据大多为突发业务,平均负荷小,瞬时高,因此带宽利用率低。在传统的电信网上,解决 IP 业务接入的分流十分重要和迫切,目前国内不少公司的接入网设备具有分流 IP 数据的能力,这是向 IP 接入网演进的重要的一步。虽然在我国数据业务在电信业务中所占比例仍然很低,但是,IP 数据业务发展迅速,不需几年 IP 数据业务将超过传统的电话业务,电信网的 IP 化是必然趋势。因此,对 IP 接入网的研究,应引起有关设备开发厂商、运营商的高度重视,这是基于 IP 的下一代电信网演进中需要引起重视的一个方面。

移动与 IP 结合是新一代 IP 网络的一部分,IP 的移动性管理对网络提出了更高的要求。同时,无线接入方面,需要开发专用的协议(例如 WAP)、相应的硬软件。服务器应实现固定网 IP 协议与 WAP 协议的转换,WAP 网关要优化实现方法,保证稳定性、可靠性和高效率。

1.4 宽带业务与用户需求

接入网建设正逐步由技术主导向用户和业务为主导过渡。详细调查和区分用户,科学分析各种业务的应用前景、推广步骤,是通信产业开放后网络运营商成功的关键。具体说来,接入网建设的目标就是:以最少的资金建设一个先进的、满足综合业务(使得新技术能够与旧技术融合、宽带业务与窄带业务融合、有线与无线融合、固定与移动融合)的接入网络平台,能够为不同的用户提供各类基本业务(话音、数据和视频)以及增值业务(虚拟专网、IP 电话、远程教学等),并能迅速获得利益回报(收回投资的周期短),以进一步扩大市场占有率和提高市场竞争力。本小节对宽带业务的种类、用户对宽带业务的需求作了一些分析,并提出了基于业务与用户的接入网发展策略。

1.4.1 宽带业务的种类

接入网的业务正逐步由传统的窄带业务向宽带业务发展,目前讨论宽带业务实际上有两层含义:大于 2 Mbit/s 的业务;分组化、IP 化的业务。而且许多传统的宽带业务正逐步向宽带 IP 网上转移。在传统 IP 网上的业务有三项:E-mail、FTP 和 Telnet。但是这三项业务并没有促进 IP 网的大发展,在相当长的一段时间内(近 20 年)网络与业务均处于缓慢的增长状态。20世纪90年代初，Web的出现，使IP网急剧地发展起来了，究其原因是Web业务与IP网极其适配。IP网的不可管理性、IP网的不面向连接的特性以及IP网的尽力而为的数据传输的特性，和Web的自由链接特性(超级链)、不面向业务流和非实时传输的特性是完全适配的，因而Web业务成了IP网的“杀手业务”，它促进IP网迅速发展起来，Web业务将是IP网的主导业务。

根据CNNIC发布的第27次中国互联网络发展状况统计报告，搜索引擎使用率首次超过了网络音乐，成为我国网民规模最庞大的应用。另外，2010年，微博和团购的规模发展迅速。截至2010年12月，我国微博用户规模达到6 311万，使用率为13.8%；团购用户规模达到1 875万个，占网民比例的4.1%。商务类应用在2010年保持迅速发展的势头，网络购物用户年增长48.6%，是用户增长最快的应用。网上支付和网上银行全年增长也分别达到了45.8%和48.2%，远远超过其他类网络应用。

此外，与商务类应用普遍攀升相反，大部分娱乐类应用渗透率在下滑，网络音乐、网络游戏和网络视频的用户渗透率分别下降4.3%、2.4%和0.5%，用户的规模增幅相对较小，娱乐类应用在我国网民网络应用中地位在降低。同时，社交类应用也保持较快的发展速度，社交网站、即时通信和博客的用户增幅分别为33.7%，29.5%和33%。有关统计结果表明，接入网80%左右的应用业务都基于IP承载。下面介绍几种较主要的业务。

1. IP电话与即时通信

Internet电话技术是目前Internet应用领域的一个热门话题，通常被称作IP电话或IP phone。它主要指利用Internet作为传输载体实现计算机—计算机、普通电话—普通电话、计算机—普通电话之间进行语音通信的技术。

Internet电话技术受到如此关注的最重要原因就是可以非常显著地降低长途通话费用，特别是国际用户可以节省70%以上的成本和费用。另外基于计算机的多媒体通信需要Internet电话的支持，也促进了这一技术的发展。当然，市场是任何技术得以快速发展的最重要原因。面对这一巨大市场，许多大公司像Microsoft、Lucent都纷纷加入竞争，这促进了Internet电话相关技术和标准的不断出现。根据ETSIT IPHONE工程，IP电话分为4类：① 从IP网到电路交换网；② 从电路交换网到IP网；③ 从电路交换网经IP网到电路交换网；④ 从IP网到电路交换网，再由电路交换网到IP网。随着网络从骨干到接入的逐步分组化，不久必将会出现从电话机端出来就是分组的IP电话。

截至2010年12月，我国即时通信用户规模达到3.53亿人，比2009年增长8 025万人，增幅达29.5%。随着移动互联网的进一步发展，手机网民规模继续扩大，手机即时通信的使用率获得较大提升，继续位列手机互联网应用的首位，从而拉动了即时通信用户规模的增长。此外，随着电子商务等互联网应用的进一步普及，基于应用的垂直类即时通信工具发展加速，垂直类即时通信工具用户规模的增长成为推动整体即时通信用户增长的又一动力。

2. 电子商务

电子商务(E-commerce):从英文的字面意思上来看,就是利用现在先进的电子技术从事各种商业活动的方式。至于确切的说法,业界众说纷纭,至今也没有一个统一的定义。一般认为电子商务(E-commerce)是利用现有的计算机硬件设备、软件和网络基础设施,通过一定的协议连接起来的电子网络环境来完成商品或产品的交易、结算等一系列商业活动过程的一种方式。它不仅可消除时间和空间上的障碍,减少日常费用和运作时间,而且可更好更快地获取新的客户资料,从而为广大企业和用户带来巨大的便利与收益。

电子商务始于 1996 年,主要是在因特网进行的商业运作活动,起步时间短,但具有高效率、低支付、高收益和全球性的优点,发展迅猛。截至 2010 年 12 月,网络购物用户规模达到 1.61 亿人,使用率提升至 35.1%,上浮了 7%。2010 年用户年增长 48.6%,增幅在各类应用中居于首位。2010 年是网上支付的快速发展期。截至 2010 年 12 月,网上支付用户规模达到 1.37 亿人,使用率为 30%。这一规模比 2009 年年底增加了 4 313 万人,年增长率高达 45.9%。网上支付用户规模三年之间增长了 3 倍,比 2007 年年底增加了 1.04亿人。

3. 虚拟网

虚拟专用网(VPN)是用户利用运营商公用网络平台的部分资源(传输、交换等),使不在同一地理区域的机构构成一个安全可靠的虚拟专用网络,而且具有独立的网络管理。专用网中的用户在使用中如同在一个局域网上。

国家的各大部委和遍布全国的机构、企事业单位可以充分利用公用网络的资源组建自己的虚拟专用网,这样既可以节省大量建网的硬件投资,减少设备维护、人员投入的开支,又避免了日常维护管理等一系列繁杂的事情。

企业与事业用户希望不仅在核心网而且延伸到接入网可提供虚拟专网 VPN 功能,利用第二层隧道协议 L2TP 或 IP 安全协议 IPsec 可支持 VPN。接入节点将用户送来的 PPP 分组包装进 L2TP 分组,由于 L2TP 是基于 IP 包上实现的,L2TP 分组还需装进 IP 包再经 ATM/FR 送至网络业务节点。L2TP 使接入网构成用户到网络业务提供者间的一个 PPP 会晤隧道,因而也称为 PPP 隧道方式,它适于连接企业网支持 VPN 应用,如图 1-11 所示。

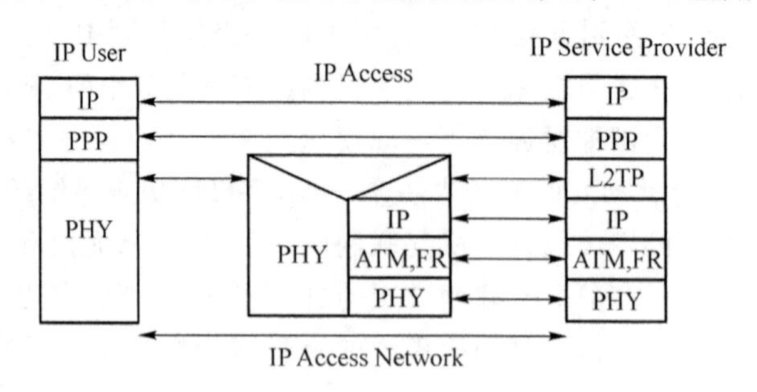

图 1-11　隧道接入方式

与L2TP包封器方式不同，IPsec分组代替PPP分组运载IP包，即接入节点终结PPP协议，仅仅是IP包透明穿过接入网，因此称为IP隧道方式，它既可连接企业网也支持通过远程拨号接入的VPN应用。

4. 会议电视

传统的会议电视就是利用电视技术和设备通过传输信道在两地或多个地点进行开会的一种通信手段。利用摄像机和话筒将一个地点会场的开会人的形象及他所发表的意见或报告内容传送到另一会场，并能出示实物、图纸、文件和实拍电视图像，以增加临场感；或辅以电子白板、书写电话、传真机等信息通信，可实现与对方会场的与会人员进行研讨和磋商。宽带城域网的建设为电视会议提供了可靠的网络平台，电视会议也逐渐为一般中小企业所接受。

IP网中的会议业务是IP网上十分重要的实时业务。从网络特性来说，IP网是唯一可以提供低、中、高带宽的网络，因而在IP网上可以提供多种等级的会议业务。事实上近来IP网上的会议业务也取得了很大的发展。从发展的眼光来看，IP网中的会议业务将占会议业务的绝大部分。以前的会议系统大都是基于电路交换的，有基于ISDN和DDN的H.320会议系统，有基于PSTN的H.324可视电话系统等。尽管会议系统发展至今已有近20年的历史，但目前的应用仍不普及，基于PSTN的可视电话由于其质量不高而不是很受欢迎。DDN价格过高，无法普及，ISDN目前也尚未普及，因而H.320会议系统也不能大规模发展起来，会议业务目前都是很有局限的。

IP网上的会议系统就完全不同了。IP网是因为Web和E-mail的广泛使用而迅速发展起来的，这个趋势从目前来看显然是不可阻止的。由于Web业务种类的多样化，特别是运动图像的引入，将使用户的带宽需求越来越大，用户接入网的宽带化和IP网骨干网的高速化是一大趋势。在网络形成以后，扩大网络上的业务应用是显然的。再加上IP网络性能的不断提高，IP网具备有提供低、中、高速数据通信的能力，会议业务的引入也将成为必然。正因为看到这种现实情况，IP网会议业务也成为当今通信领域的热门课题。IP网会议系统的标准进展相当迅速，从主体标准H.323的出现到与之配套的标准的迅速出现，IP网会议的标准已基本定型。另外会议终端经ISDN接入的IP会议系统、会议终端、经ATM接入的IP会议系统也已有相应的标准。从设备开发来看，IP会议的开发也是十分红火，国际上几乎所有会议系统的开发公司都推出了相应的系统，并在联合起来作互通的实验。IP会议系统将是IP网的下一应用热点，预计在今后的3～5年内，会议系统的90%将会是IP会议系统。

5. IPTV业务和视频点播

面对移动通信的激烈市场竞争，固网电信运营商都在寻找新的业务增长点，IPTV热的出现让他们找到了这个新的增长点。IPTV实现宽带和电视娱乐的融合，成为业界关注的焦点，已引起了全球的电信运营商、内容提供商、设备提供商的广泛关注，IPTV市场呈现出加速起飞的势头。在国内，中国网通、中国电信两大固网电信公司都对IPTV投入极大的热情,并已进行IPTV在试点城市的测试。权威机构对中国IPTV市场调查显示中国近70%的潜在用户愿意为享受数字电视付费。截至2010年12月,国内网络视频用户规模2.84亿人,在网民中的渗透率约为62.1%。与2009年12月底相比,网络视频用户人数年增长4 354万人,年增长率18.1%。IPTV用户的渗透率将占宽带用户总数的10%。随着技术的完善和业务的推广,IPTV业务必将带来更为深远的影响。

IPTV采用高效的视频压缩技术,用户能得到高质量的数字视频流媒体服务。用户可随意选择宽带IP网上各网站提供的视频节目,能实现接收组播式的节目,如目前的有线电视;也能点播,IPTV提供节目和媒体消费者的灵活互动。IPTV能通过网络来传送,并可随意点播一些节目,因而让互联网用户有了全新的体验。

在中国目前主要是采用MPEG-4和H.264技术。中国电信上海研究院总工程师严海宁指出:实验表明,国内普遍采用的MPEG-4编码技术,在3 Mbit/s的带宽下尚达不到高清的图像质量,因此,运营商希望引导更先进的H.264编码技术产业的发展和成熟,在有限的带宽资源下进一步提高图像质量。中国电信态度明显倾向于H.264。中国网通也有意H.264,而非目前的MPEG-4。如今的MPEG-4只是个过渡产品,运营商看中的是他和H.264间的升级对接。因此H.264标准非常可能就是以后电信公司商用的IPTV营运时采用的压缩标准。

H.264技术是一种新的视频压缩编码标准,该标准采用了多项提高图像质量和增加压缩比的技术措施,可用于SDTV、HDTV和DVD等。H.264编码更加节省码流,H.264不仅比MPEG-4节约了50%的码率,而且还具有较强的抗误码特性,可适应丢包率高、干扰严重的无线信道中的视频传输,从而获得平稳的图像质量。H.264标准使运动图像压缩技术上升到了一个更高的阶段,在较低带宽上提供高质量的图像传输是H.264的应用亮点,这正好适应了目前国内运营商接入网带宽还非常有限的状况。

根据IPTV编码标准,一个基本标清视频业务流采用MPEG4编码后的数据速率通常为1.2~1.5 Mbit/s;采用H.264编码后的数据速率在1 Mbit/s左右。因此,结合业务传输、协议封装开销(为20%~30%)、信令流及网络流量波动需求的考虑,IPTV业务必须满足的网络带宽需求是:用户下行网络带宽至少应达到2 Mbit/s平均速率(视频点播需求)。对于高清电视等业务的需求,带宽需求甚至可达8 Mbit/s。因此,采用现行的512 kbit/s~1 Mbit/s的普通用户ADSL接入无法满足IPTV业务的带宽需求,IPTV流媒体业务对网络带宽提出了最高的需求,所以对电信公司来说将需要更强的传输设备。

接入网所能提供的业务与用户的需求、技术的发展、接入网本身的结构和采取的传输技术密切相关,必须要经历一个从单一业务到多种业务,从窄带业务到宽带业务的发展过程。国外发达国家接入网现有和将来可能提供的业务与应用领域如表1-1所示。目前主要是电话交换业务,数据传输业务和宽带分配业务,将来逐步发展宽带交互业务和高速数据接入。

表 1-1　发达国家接入网业务与应用领域

业　务		电话	IPTV/VOD	远程教育	多方交互视频	高速 Internet 接入	多媒体会议	高速数据
所需带宽		64 kbit/s	3～20 Mbit/s	3～20 Mbit/s	3～20 Mbit/s	10～1 000 Mbit/s	64 kbit/s～10 Mbit/s	155/622 Mbit/s
居民区	家庭	●	●	●	○	●		
	家庭办公室	●				○	○	
	小企业/子公司	●				○	○	●
	医院	●			○	○		●
商业区	科研院所	●		●	○	●	●	●
	机关团体	●				○	●	●
	大企业用户	●				●	●	●

注：● 现在已提供，○将来提供。

1.4.2　用户对宽带业务的需求

随着新技术的不断发展，Cable 运营商也纷纷跨入宽带数据业务的竞争行列。Cable 运营商普遍采用光纤到大楼，再经 Cable 入户的方式提供超宽带服务。在北美、拉美、欧洲等传统 Cable TV 普及率比较高的区域，Cable 网络在提供电视节目的同时，也接入了大量宽带用户。目前全球约有 20%的宽带用户通过 Cable 技术接入宽带网络。据预测，能提供超过 100 Mbit/s 带宽接入能力的 Docsis3.0 技术将在 2013 年获得全面应用。

美国电信运营商加速 FTTH 部署的动力，主要来自应对 Cable 运营商的竞争。尤其是 MSO 提出将每用户的接入能力提高到 100 Mbit/s，更加大了对传统电信运营商如 Verizon、AT&T 的压力。随着通信技术的飞速发展以及业务价格的急剧下降，家庭用户、小型办公/家庭办公用户（SOHO）以及小型商业用户在接入网业务方面都具备了相当的购买力，因此，无论从哪个方面来讲高速数据业务都是市场上的迫切需要。另一类 Internet业务流量较大，用户较分散，主要为智能小区用户和普通拨号用户，是不容忽视的巨大的潜在消费群体，这部分用户对价格因素较敏感，但对上网速度和带宽需求高。

1. 集团企业金融证券等重点用户和大用户

一般来说，企业互联、实时视频、VoIP 等业务对服务品质有很高的要求，收费标准可根据与用户签订的 SLA（Service Level Agreements），按带宽、流量、包丢失率、时延、优先级等服务级别划分，这部分运营收入稳定，价格较高，容易产生增值利润，主要集中在企业商业用户。但纯 IP、纯以太网络在 IP QoS、VPN、MPLS 流量工程等方面尚不成熟，往往不能满足这部分用户的需求。但有观点认为：按排队理论，只有在网络利用率超过 75%时才需要 QoS，在利用率不到 70%时，排队很短，或者根本不存在队列。在有些情况下，只需简单的优先方案就可以了。根据社会调查资料，确定集团企业金融证券等重点用户和大用户的范围、规模、分布、特点；根据国民经济发展规划确定集团企业金融证券等重点用户和大用户的变化规律及到达规模；分析他们使用通信业务的特点及现状、问题；确定集团企业金融证券等重点用户和大用户的分类、分布、业务发展规模。重点用户和大用户除对电话和数据业务有大量的需求外，随着通信技术发展对多媒体业务也有不同的需求。这类用户一般采用光纤接入技术。如广东省提出了“一小、二场、三关、四大、五行”的发展方案(“一小”是指小区，“二场”是指飞机场、商场，“三关”是指政府机关、海关、司法机关，“四大”是指大楼、大学、大宾馆、大医院，“五行”是指银行)，也体现了通过区分不同的用户进行运营的策略。

企业内部网的建设促进了企业办公、生产的自动化，提高了生产效率，节约了生产成本，接入网的建设为企业网的互联、公共信息服务提供了平台，促进了城市交通、公安系统、社会福利保障、金融外贸等事业信息化的发展。

2. 智能小区

智能小区以家庭智能化为核心，采用系统集成方法，建立一个沟通小区内部住户之间、住户与小区综合服务中心之间、住户与外部社会的综合信息交互系统，为住户营造一个安全、舒适、便捷、节能、高效的居住和生活环境，智能小区适应了国家住宅产业化发展的形势，在满足市场适应性和住房经济性的基础上，增强了小区住宅的科技含量。通过采用现代信息传输技术，网络技术和信息集成技术，进行精密设计、优化集成、精心建设和工程示范提高住宅高新技术的含量和居住环境水平，以适应 21 世纪现代居住生活的需求。通过建设智能化社区服务系统满足小区对宽带数据网络业务迫切需求。居家办公、网上购物、可视电话、自动抄表及缴付系统的应用将给人们的生活将带来前所未有的便利，网上无所不包的内容极大地丰富了人们对信息的渴求。以太网接入技术将在小区智能化建设中扮演重要角色。

3. 小型办公/家庭办公用户(SOHO)

高速接入网在 SOHO 用户中的典型应用是客户联系、市场高速竞争分析和商业业务调查。由于数据的优先传输，持续性的连接功能以及较好的客户服务，SOHO 用户愿意支付比家庭用户更高的费用。在某些领域中，综合业务数据网(ISDN)比较合适，但其价格却相对昂贵，安装也不容易，而且带宽也受到 128 kbit/s 的限制。小型商业机构也有与 SOHO 用户类似的高速业务要求，但同时他们还需要能够连接到局域网(LAN)的业务。目前，小型商业用户因费用问题较少采用高速接入方式，当然，小型商业用户比起 SOHO 用户来说还是较有支付能力的。相对 SOHO 用户而言，小型商业用户采用 ISDN、T1(1.55 Mbit/s)、ADSL、以太网接入服务都有可能。

4. 家庭用户

家庭用户目前常用的数据传输速率是他们使用的传统电话的模拟信号的数据，在此速率下，家庭用户才可以快速有效地浏览、下载影像片段，玩网络游戏，使用网络电话，还可以使用互联网视频会议系统。早期，家庭用户互联网业务的费用较高，而现今，由于得到用户迅速广泛的接受和认同，宽带业务的费用下降很快。ADSL 等宽带接入方式正逐步为家庭用户所接受。

当前，固网运营商在继续确保宽带接入高速增长的同时，正把更多的力量投向宽带内容建设，以休闲娱乐为主的互动式流媒体视频将成为宽带内容的重点。随着"三重服务(Triply Play)"概念的提出，将语音、数据、视频整合于一体的宽带业务将成为未来的主导方向，可帮助运营商应对宽带接入业务陷入低层次竞争，减少客户流失，同时提升 ARPU 值，成为加速推广宽带应用、增加运营商业务和收入的巨大动力。另外，家庭网络作为宽带网络的延伸和宽带增值服务的扩展，将为固网运营商带来新机遇。固网运营商可通过宽带业务终端的多样化来促进宽带家庭网络的发展。这些新的宽带应用都需要高质量、高速度的宽带接入技术来实现。表 1-2 为平均用户接入带宽预测表。

表 1-2　平均用户接入带宽预测表

年　份		2006—2008	2009—2010
各业务所需上行带宽	上网业务	128 kbit/s	128 kbit/s
	网络游戏	256 kbit/s	256 kbit/s
	视频通信	220 kbit/s	580 kbit/s
	软交换业务	50 kbit/s	300 kbit/s
	IPTV	50 kbit/s	50 kbit/s
各业务所需下行带宽	上网业务	1 Mbit/s	2 Mbit/s
	网络游戏	256 kbit/s	256 kbit/s
	视频通信	220 kbit/s	580 kbit/s
	软交换业务	50 kbit/s	300 kbit/s
	IPTV 标清	2～4 Mbit/s	2～4M bit/s
	IPTV 高清	6～8 Mbit/s	8～10M bit/s
上行接入带宽总计		0.5～0.8 Mbit/s	0.8～1.2 Mbit/s
下行接入带宽总计		2～12 Mbit/s	6～20 Mbit/s

随着通信技术和通信产业的发展，通信运营商将逐渐分为两类主体：承载网络运营商和业务提供商，即所谓 Carrier's Carrier 和 ASP(Application Service Provider)。现在我国的不少电信运营商，既是承载网络运营商，又是业务提供商。具有网络资源的运营商，通过带宽批发占领市场，而更多的业务提供商，将通过提供不同的业务，包括话音和更多的增值业务来实现市场定位。

按业务类型分，网络运营商可以通过接入网提供的业务可分为三类：

一是传统的 TDM 业务，包括 $N\times 64$ kbit/s、2 Mbit/s、34/45 Mbit/s、140 Mbit/s、

155 Mbit/s、622 Mbit/s直到10 Gbit/s,既有交换机中继线、基站业务,也有传送图像的34/45 Mbit/s接口;

二是ATM业务,ATM业务既可以是34/45 Mbit/s、155 Mbit/s接口,也可以是VC4-XC级联接口,或者是IP over ATM over SDH方式;

三是IP业务,一般以10 Mbit/s/100 Mbit/s/1 Gbit/s为主。按用户类型分,可分为企业集团用户、行业集团用户、SOHO和写字楼用户、智能化住宅小区、出租业务等几大类。

不同的网络运营商,为提高核心竞争力,将更专注于自己的核心业务。它们提供的业务类型会各有侧重。

接入网的业务应用模型应避免简单的粗放经营模式,要能够面向细分的客户提供集约化的精细服务。业务特性将朝综合化、多媒体和差别化的方向发展。业务开展的形式着重于服务增值,特殊业务如企业网互联、互动视频等要具备电信级的服务质量,普通业务如高速上网将尽力满足传送的要求,同时侧重对网络元素、网络资源和带宽的进一步分权经营管理。

建设先进的宽带接入网是新一代网络发展的方向。接入网必须具有支持各种不同的业务,结构上变化较大,且随最终用户的不同而变化,投资量大,接入技术多样,接入方式灵活的特点。总之接入网是多种技术、产品、网络的融合体,需要以业务需求主导网络建设。

1.5 接入网技术的种类

首先,从广义讲,接入技术可以分为有线接入和无线接入两大类。有线接入包括双绞线接入、同轴电缆接入、光纤接入、混合接入。无线接入可分为固定接入和移动接入。固定接入包括通过微波和卫星系统接入;移动接入又分为高速移动接入(如蜂窝系统和移动卫星系统)和慢速移动接入(如无绳接入)。其次,接入技术按采用何种链路规程(以太网还是ATM网)分类。如接入到以太网,则取PPP/HDLC链路协议;如是ATM网,则取IP-over-ATM。最后,接入技术则以采用何种调制技术进行分类,包括ADSL CAP/DMT和SDSL 2B1Q/CAP。在ADSL中又分成全速率8 Mbit/s的和1.5 Mbit/s的。总之,对接入技术进行分类是一个较复杂的事。

目前接入网的情况是,对住宅环境而言,电信业务主要通过铜双绞线接入,有线电视则通过同轴电缆接入,当然还包括无线接入。企业环境大致也如此,只不过还可能包括少量光纤接入。利用铜双绞线提供宽带业务新接入技术主要有高速数字用户线(HDSL)和不对称数字用户线(ADSL)两种。光纤接入主要有光纤到大楼、光纤到路边和光纤到家这3种，它们都采用无源光网(PON)技术。混合接入主要有光纤与铜线的混合和光纤与同轴电缆的混合(即HFC)。无线接入系统方面，主要有用于无线固定接入的无线本地环路(WLL)系统，本地多址分配业务(LMDS)的宽带无线接入，在向光纤到家的过渡时期中肯定还会出现其他接入技术。不管采用何种技术，总可归入上述的分类之中。

显然，接入网已经成为全网带宽的最后瓶颈，接入网的宽带化和IP化将成为接入网发展的主要趋势。下面重点介绍和讨论几种近来发展势头较好的接入网技术的最新发展情况，并对其发展趋势作简要展望。

1.5.1　双绞线接入技术

到目前为止，全世界接入网中双绞线仍然占据了全部用户线的90%以上，总投资达数千亿美元。数字用户线系统(xDSL)充分利用这部分资源，是最现实经济的宽带接入技术。xDSL是各种数字用户环路技术的统称。DSL是指采用不同调制方式将信息在现有的PSTN引入线上高速传输的技术，包括ADSL(非对称DSL)、ADSL Lite(简易AD-SL)、HDSL(高速DSL)、IDSL(ISDN DSL)、RADSL(速率自适应DSL)、SDSL(对称DSL)和VDSL(甚高速DSL)等，速率从128 kbit/s～51 Mbit/s。在Internet高速接入方面，以ADSL和简易ADSL最具吸引力。下面几种技术是xDSL中较有前途的。

1. HDSL技术

DSL(Digtal Subscriber Line，数字用户线技术)是20世纪80年代后期的产物，主要用于ISDN的基本速率业务，在一个双绞线对上获得全双工传输，采用的技术是时间压缩复接(TCM)和回波消除。但是，当传输速率增加到T1(1.544 Mbit/s)或E1(2.048 Mbit/s)时，串扰和符号间干扰增加。为了改善通信质量，在DSL技术的基础上，提出了高速数字用户线(HDSL)技术，采用的调制技术是基带2BIQ、QAM/CAP和DMT(离散多音频)，使普通电话线传送数字信号的速率从2B+D(144 kbit/s)提高到T1/E1。HDSL还可以利用两个环路对，但只能限于载波服务区(CSA)范围。

2. ADSL与UDSL(ADSL Lite)系统

非对称数字用户线系统(ADSL)采用离散多频音(DMT)线路码，其下行单工信道速率可为2.048 Mbit/s、4.096 Mbit/s、6.144 Mbit/s、8.192 Mbit/s，可选双工信道速率为0 kbit/s、160 kbit/s、384 kbit/s、544 kbit/s、576 kbit/s。目前已能在0.5芯径双绞线上将6 Mbit/s信号传送3.6 km之远，实际传输速率取决于线径和传输距离。ADSL所支持的主要业务是因特网和电话。然而传统全速率ADSL系统成本偏高；而且实际能开通1.5 Mbit/s速率以上的线路通常仅为1/3；此外用户侧设备CPE的安装仍需派人去现场，不适于大规模发展。一种轻便型的无分路器的ADSL标准G.992.2迅速问世，有人称为UDSL(ADSL Lite)。其基本思路有两点：第一是下行速率降低到1.5 Mbit/s左右；第二是在用户处不用电话分路器，以分布式分路器即微滤波器来取而代之。前者使ADSL

Lite的频带只有ADSL的一半,从而使复杂性和功耗也只有其一半;而后者微滤波器体积小,价格便宜,用户可以自己安装,十分方便。另外UDSL抗射频干扰的能力比ADSL强,其OAM和计费功能嵌入在系统内,无须外部网管系统的介入。其主要业务为因特网接入、Web浏览、IP电话、远程教育、居家工作、可视电话和电话等。目前有关轻便型ADSL的开发工作获得Microsoft、Intel、Compaq、LT、Cisco、BT、DT和地方贝尔等各行各业的一致支持,其用户侧Modem将如同今天的模拟Modem一样,成为计算机插卡,且性能价格比更好,线路条件要求不高,应用前景十分可观。

另外,ADSL技术也在继续改进和发展,主要有两个方向。一是与ADSL Lite兼容的双模方式,即采用统一的可以支持ADSL的硬件平台,初期支持ADSL Lite业务,日后根据需要靠软件升级同样可以支持ADSL。二是将ADSL Lite无分路器的思路应用到ADSL,这种方式凸显了原来ADSL所具有的优点,诸如速率高、网络可升级、支持未来的图像和交互式在线游戏等新业务以及VoDSL应用,而这些是纯ADSL Lite无法做到的。

3. VDSL技术

VDSL(甚高速数字用户环路)技术能在普通的短距离(0.3～1.5 km)双绞线上提供高达55 Mbit/s传输速率,它的速度大大高于ADSL和Cable Modem。目前VDSL技术还处于研究阶段,统一的国际标准尚未出台,几大标准化组织正在制定这方面的规范。美国的ANSI T1.4和欧洲的ETSI TM6标准化小组已经确定了VDSL系统相关方面的规定,如数据传输速率、辐射抑制、功率谱密度等。

困扰VDSL应用的主要是各种噪声的影响,有串扰、无线电频率干扰和脉冲干扰。线缆的线束中有多对双绞线,不可能实现完全的相互屏蔽,于是形成了串扰。在VDSL应用中,串扰有两种形式:NEXT(近端串扰),是指本地接收机检测到了一个或多个本地发送机在其他线路上发送的信号;FEXT(远端串扰),是指本地接收机检测到了在其他频带中传输的一个或多个远端发送机发送的信号。与VDSL频带重叠的无线电信号耦合到双绞线上会形成一种类似尖峰噪声。而脉冲噪声的干扰则会把信号完全淹没,为了消除这种噪声可以采用FEC编码技术。

VDSL的线路编码技术主要有两种选择:单载波调制和多载波调制。单载波调制包括QAM(正交幅度调制)和CAP(无载波相位调制)。典型的多载波调制是DMT(离散多音频调制)。这两种方案实现时,各有其优缺点。一般来说,由于在DMT中采用了DFT,其复杂度要高于CAP/QAM,但随着集成度的提高,这种优势会削弱。在频率的兼容性上,DMT要做得更好一些。

1.5.2 以太网接入技术

对于企事业用户,以太网技术一直是最流行的方法,全球用户已达1亿,目前每年新增用户3 000万。采用以太网作为企事业用户接入手段的主要原因是已有巨大的网络基础和长期的经验知识。目前所有流行的操作系统和应用也都是与以太网兼容的,具有性能价格比好、可扩展性、容易安装开通以及高可靠性等优势。以太网接入方式与IP网很适应,技术已有重要突破(LAN交换,大容量MAC地址存储等),容量分为10 Mbit/s、100 Mbit/s、1 000 Mbit/s 3种等级,可按需升级。10 000 Mbit/s的以太网技术也即将问世。采用专用的无碰撞全双工光纤连接,已可以使以太网的传输距离大为扩展,完全可以满足接入网和城域网的应用需要。目前全球企事业用户的80%以上都采用以太网接入,成为企事业用户接入的最佳方式。

基于以太网技术的宽带接入网与传统的用于计算机局域网的以太网技术大不一样。它仅借用了以太网的帧结构和接口,网络结构和工作原理完全不一样。它具有高度的信息安全性、电信级的网络可靠性、强大的网管功能,并且能保证用户的接入带宽,这些都是现有的以太网技术根本做不到的。因此基于以太网技术的宽带接入网完全可以应用在公网环境中,为用户提供稳定可靠的宽带接入服务。另外由于基于以太网技术的宽带接入网给用户提供标准的以太网接口,能够兼容所有带标准以太网接口的终端,用户不需要另配任何新的接口卡或协议软件,因而它又是一种十分廉价的宽带接入技术。基于以太网技术的宽带接入网无论是网络设备还是用户端设备,都比ADSL、Cable Modem等便宜很多。基于以上考虑,基于以太网技术的宽带接入网将在以后的宽带IP接入中发挥重要作用。

在点对点光接入技术方面,ITU-T和IEEE分别发布了相应的标准G. 985和802. 3ah。我国于2008年7月发布接入网技术要求——点对点(P2P)光以太网接入系统。点对点光接入技术标准的出台,有利于专线和大宗客户接入的发展,然而从整个宽带接入客户市场局势来看,PON技术有着P2P技术不可超越的优越性,应该采取PON技术为主、P2P技术为辅的标准化策略。

1.5.3　Cable Modem电缆调制解调技术

混合光纤同轴(HFC)网是宽带接入技术中最先成熟和进入市场的,其巨大的带宽和相对经济性很具吸引力。HFC在一个500户左右的光节点覆盖区可以提供60路模拟广播电视,每户至少2路电话以及速率至少高达10 Mbit/s的数据业务。将来利用其550～750 MHz频谱还可以提供至少200路MPEG-2的点播电视业务以及其他双向电信业务。用户可以在市场上自己选购电缆调制解调器,无须网络运营者介入。目前在北美采用电缆调制解调器后只需每月花5美元就可以无限制地上网,很有吸引力。

从长远看,HFC网计划提供的是所谓全业务网(FSN),用户数可以从500户降到25户,实现光纤到路边,最终还可以实现光纤到家。但其回传信道的干扰问题仍需妥善解决。比较彻底的方案是所谓的小型光节点方案,用独立的光纤来传双向业务,回传信道则安排在高频端,从而彻底避免了回传信道的干扰问题。还有比较好的方案是采用同步码分多址(S-CDMA)技术,此时信号处理增益可达21.5 dB,干扰大大减少,系统可以工作在负信噪比条件,可望较好地解决回传信道的噪声和干扰问题。HFC的最新发展趋势是与DWDM相结合,可以充分利用DWDM的降价趋势简化第二枢纽站,将路由器和服务器等移到前端,消除光—射频—光变换过程,从而简化了系统,进一步降低了成本。

目前HFC主要业务为电视+数据,特别是IP业务势在必争,少数为电视+电话。我国有线电视部门自然地选择了这一宽带接入技术,网络的双向化改造比例已达10%,某些地区的电信部门也开始了较大规模的商用试验。影响电缆调制解调器发展的主要因素之一是统一标准问题,目前有4种不同标准,北美6 MHz带宽的DOCSIS、欧洲8 MHz带宽的Euro DOCSIS,Euro Modem(DVB标准)以及厂家专用标准。DOCSIS标准有可能成为占主导的事实标准。

目前,HFC网存在的主要问题有:

① HFC采用的是频分多路复用技术,而主干网络和交换机都是采用数字技术,中间需要进行调制转换,增加同步、网管和信令的技术难度;

② HFC的同轴电缆部分采用树状结构,安全保密性不好,容易产生噪声积累,形成“漏斗效应”,使上行信道干扰加大;

③ HFC系统可用于双向数据通信的带宽相当有限,由服务区内所有用户共享,不利于发展交互式宽带业务,而且,随着用户传输容量增加,系统指标会逐渐下降;

④ 改为双向网络后,上下行频率干扰问题不容忽视,使滤波技术难度加大。

1.5.4 有源光网络

基于SDH或PDH的有源光纤接入网(Active Optical Network,AON)有点对点、自愈环和星型等多种拓扑结构,无论哪一种结构,其技术都相当成熟,运营者已考虑在接入网引入2.5 Gbit/s系统。

SDH已经在核心网牢牢地站住了脚,目前的市场,带宽需求和技术都已显示有必要把SDH的技术上的巨大优势带进接入网领域,使SDH的功能和接口尽可能靠近用户。在接入网中应用SDH的主要优势如下:

① 对于要求高可靠高质量业务的大企事业用户,SDH可以提供理想的网络性能和业务可靠性。此时可以直接用SDH系统以点到点或环型拓扑形式与用户相连。

② 可以增加传输带宽,改进网管能力,简化维护工作,降低运行维护成本。

③ SDH的固有灵活性使网络运营者可以更快更有效地提供用户所需长期和短期的业务以及组网需要。对于发展极其迅速的蜂窝通信系统采用SDH系统尤其适合,可以迅速灵活地提供所需的2 Mbit/s透明通道。

当然,考虑到接入网对成本的高度敏感性和运行环境的恶劣性,适用于接入网的SDH设备必须是高度紧凑,低功耗和低成本的新型系统。目前已有若干厂家研制出专用于接入网的SDH设备,其应用市场前景看好。

为了更充分地利用 SDH 的优势，需要将 SDH 进一步扩展至低带宽用户，特别是无线用户，提供 64 kbit/s 等级的灵活性并能综合现有和新的业务传送平台。具体实施方法可以有多种，如使用 STM-0 子速率连接（Sub STM-0），对于小带宽用户是一种经济有效的方案，同时又能保持全部 SDH 管理能力和功能。目前 ITU-T 第 15 研究组已开发了一个新的建议 G.708，规定了两种接口，即传送 TUG-2 的接口 sSTM-2n 和传送 TU-12 的接口 sSTM-1k。当采用 sSTM-2n 接口时，每帧每个 TUG-2 为 108 字节加一列 9 个字节的复用段开销。该接口可适用于光纤。金属线和无线传送技术。当 $n=1$ 时，信号速率为 7.488 Mbit/s。当 $n=2$ 时，信号速率为 14.4 Mbit/s。当 $n=4$ 时，信号速率为 28.224 Mbit/s。当采用 sSTM-1k 接口时，k 值限于 1、2、4、8 和 16，且主要适用于无线传送技术，其速率则分别为 2.88 Mbit/s、5.184 Mbit/s、9.792 Mbit/s、19.008 Mbit/s 和 37.44 Mbit/s。届时 SDH 将进一步向用户推进，在接入网领域占据更大的份额。

接入网用 SDH/MSTP 的最新发展趋势是支持 IP 接入，目前至少需要支持以太网接口的映射。支持的方式有多种，除了现有的 PPP 方式外，利用 VC12 的级联方式来支持 IP 传输也是一种效率较高的方式。

1.5.5 无源光网络

有源点到点光纤接入技术已经被无源点到多点接入技术所取代，这是符合事物发展规律，满足技术优胜劣汰的要求。目前主流的 PON 技术有基于以太网的 EPON 技术和基于通用成帧规程（GFP）的 GPON 技术；也有作为下一代光纤接入技术的 10G-EPON 和 NG-PON 也正在积极探索中。

目前国内外主流的 FTTH 建设相关的标准数量众多。国际上 FTTH 标准主要按技术种类区分，有点到点光接入、APON/BPON、GPON、EPON 以及 FTTH 光纤光缆相关标准；国内有关光纤到户方面的标准结合中国特色，有着自己的体系，具体可以分为总体要求相关、系统与设备相关、纤缆相关、光电子器件相关、光纤连接器及附件相关、纤缆布线相关、网络管理相关、宽带业务相关和安全相关。

作为 FTTH 行业的源头，标准组织制定符合整个行业发展要求的技术协议、规定、模式、参数等。现有的国际标准组织包括制定 EPON 和 10G-EPON 标准的电气和电子工程师协会（IEEE）和制定 APON/BPON、GPON 和 NG-PON 标准的国际电信联盟（IUT）组织；中国通信标准化协会（CCSA）作为国内的标准组织，也积极跟进全球发展趋势，制定了完善的 EPON 系列标准和 GPON 的相关标准。

美国电气和电子工程师协会（IEEE）是一个国际性的电子技术与信息科学工程师的协会，是世界上最大的专业技术组织之一。以太网无源光网络（EPON）是 IEEE 组织“以太网第一公里（EFM）”研究组于 2000 年 11 月提出的接入技术，并于 2004 年 6 月，IEEE 一致同意将 IEEE 802.3ah EPON 协议方案正式批准为该组织的标准之一。接着 IEEE 在 2006 年成立了一个 Task Force 工作组，进行 10G EPON 标准 IEEE 802.3av 的研究和制定工作。10G-EPON 标准的制定进程较快,目前已完成所有关键技术研究及意见修订工作,并于 2009 年 9 月 11 日正式发布。

国际电信联盟(ITU-T)起源于 1865 年法、德、俄、意等 20 个欧洲国家在巴黎签订的《国际电报公约》,后来发展成联合国的一个专门机构,总部设在日内瓦。ITU-T 于 1998 年正式发布 G.983.1 建议,从此开始了基于 ATM 技术的 PON 系统的标准制定工作;后于 2001 年将 APON 改名为 BPON;ITU-T 在 2004 年 6 月发布 G.983.10,至此,G.983 BPON 系列标准已全部完成。吉比特无源光网络(GPON)是全业务接入网论坛(FSAN)组织于 2001 年提出的传输速率超过 1 Gbit/s 的 PON 系统标准,其在 APON/BPON 基础上发展而来。2003 年 1 月 31 日,ITU-T 批准了 GPON 标准 G.984.1 和 G.984.2;2004 年,相继批准了 G.984.3 和 G.984.4,形成了 G.984.x 系列标准;此后,G.984.5 和 G.984.6 相继推出,分别定义了增强带宽和距离延伸。此外,OMCI Implementation Study Group(OISG)正在对 OMCI 模型进行最后的完善。下一代无源光网络(NG-PON)是 GPON 的升级,ITU-T 和 FSAN 将 NG-PON 标准分成两个阶段:NG-PON1 和 NG-PON2。其中,NG-PON1 定位为中期研究的升级技术,研究时间段是 2009—2012 年,目前处于基础研究及技术论证阶段。NG-PON2 是一个远期研究的解决方案,研究期预计为 2012—2015 年,其特点为不再考虑与已部署的 GPON 与 ODN 网络的兼容性,目前处于早期头脑风暴阶段,不限定任何技术方向。

中国通信标准化协会(China Communications Standards Association,CCSA)于 2002 年 12 月 18 日在北京正式成立。该协会是国内企、事业单位自愿联合组织起来,经业务主管部门批准,国家社团登记管理机关登记,开展通信技术领域标准化活动的非营利性法人社会团体。协会的主要任务是为了更好地开展通信标准研究工作,把通信运营企业、制造企业、研究单位、大学等关心标准的企事业单位组织起来,按照公平、公正、公开的原则制定标准,进行标准的协调、把关,把高技术、高水平、高质量的标准推荐给政府,把具有我国自主知识产权的标准推向世界,支撑我国的通信产业,为世界通信作出贡献。目前中国通信标准化协会发布了较完善的 EPON 系列标准和部分 GPON 标准,并发布有关 FTTH 工程建设的标准,在技术和工程建设上对国内的 FTTH 建设有着至关重要的指导作用。中国标准化协会于 2009 年 12 月正式发布由武汉邮电科学研究院牵头撰写的《接入网技术要求 2 Gbit/s 以太网无源光网络(2G EPON) 第 1 部分:兼容模式》,弥补了 GEPON 在速率上跟 GPON 的差距,进一步完善 EPON 标准体系;对于 GPON,随着产业链的成熟和成本的逐步下降,亚太国家开始关注 GPON。我国于 2009 年 6 月发布 GPON 的技术要求,包括总体要求和物理媒质相关层要求两个部分,并于同年 12 月发布接入网设备测试方法——吉比特的无源光网络(GPON)。

1.5.6 宽带无线接入

为摆脱局域网中烦琐的布线工作,无线局域网(WLAN)应运而生。无线局域网是无线通信和局域网技术相结合的产物,它支持具有一定移动性的终端的无线连接能力,是有线局域网的补充。无线局域网除了保持有线局域网高速率的特点之外,采用无线电或红外线作为传输媒质,无须布线即可灵活地组成可移动的局域网。

20 世纪 90 年代,宽带无线接入技术得到了迅速发展,但由于没有统一的全球性的宽带无线接入标准,各个厂家制造的 MMDS 和 LMDS 设备还不能兼容,故相关市场一直没有繁荣扩大。IEEE 标准化组织一直关注宽带无线接入系统在城域网范围内的应用,积极推动宽带无线接入空中接口的标准化进程。1999 年,IEEE 成立了 IEEE 802.16 工作组来专门研究宽带无线接入标准,目标就是制定 LMDS 的网络无线传输标准,建立一个全球统一的宽带无线接入标准,解决“最后一公里”的宽带无线城域网的接入问题。至此 IEEE 802.16 小组已经相继发布了一系列相关协议,填补了 IEEE 在无线接入标准上的空白。

上述的几种接入技术都有其适用的市场,因为从某种意义上来说,它们都满足了用户某种程度上的需要。在应用中,要根据实际情况选用合适的产品、技术。在 21 世纪信息社会中,接入网,特别是宽带接入网不仅成了电信网必须尽快妥善解决的“瓶颈“,而且也成了未来国家信息基础设施(NII)的发展重点和关键。其市场之大,前所未有,吸引了所有制造商、运营公司和业务提供者的注意。同时其对管制、技术、业务和成本的高度敏感性也往往使人困惑和却步。简言之,谁能妥善地解决好接入网问题,谁就能在未来的市场竞争中赢得主动,并能在 21 世纪的信息高速公路的竞赛中处于优胜者地位,这就是接入网时代的基本含义。

第 2 章　接入网的接口与协议

接入网是连接业务节点和用户的纽带和桥梁。它通过业务节点接口(SNI)与业务节点相连，通过用户网络接口(UNI)与用户相连。另外，它还要通过 Q3 接口与电信管理网(TMN)相连。这三种接口在接入网中占据重要位置。接入网的接口的好坏直接关系到接入网的成本和先进性，也关系到接入网接入业务的数量和种类。

协议是控制两个对等实体进行通信的规则的集合。协议是“水平的”的概念。接口往往是多层协议的实现。一般认为电信界接口的概念用得多一些，而协议的概念数据通信领域用得多一些。本章首先介绍了各种常见的接口，然后介绍了 IP 接入中很常见的 AAA 协议。

2.1　用户网络接口

用户网络接口是用户和网络之间的接口，在接入网中则是用户和接入网的接口。由于使用业务种类的不同，用户可能有各种各样的终端设备，因此会有各种各样的用户网络接口。在引入接入网之前，用户网络接口是由各业务节点提供的。引入接入网后，这些接口被转移给接入网，由它向用户提供这些接口。

用户网络接口包括模拟话机接口(Z 接口)、ISDN-BRA 的 U 接口、ISDN-PRA 的基群接口、各种租用线接口等。

2.1.1　Z 接口

Z 接口是交换机和模拟用户线的接口。在当今的电信网中，模拟用户线和模拟话机占有绝对多数。在可预计的将来，它会仍然存在。因此，任何一个接入网都需要安装 Z

接口，以接入数量众多的模拟用户线（包括模拟话机、模拟调制解调器等）。

Z 接口提供了模拟用户线的连接，并且载运诸如话音、话带数据及多频信号等。此外，Z 接口必须对话机提供直流馈电，并在不同的应用场合提供诸如直流信令、双音多频（DTMF）、脉冲、振铃、计次等功能。

在接入网中，要求远端机尽量做到无人维护，因此对接入网所提供的 Z 接口的可靠性有较高的要求。另外，对接入网提供的 Z 接口还应能进行远端测试。

2.1.2　U 接口

在 ISDN 基本接入的应用中，将网络终端（NT）和交换机线路终端（LT）之间的传输线路称为数字传输系统（Digital Transmission System），又称 U 接口。在引入接入网之后，U 接口是指接入网与网络终端 NT1 之间的接口，是一种数字的用户网络接口，如图 2-1 所示。

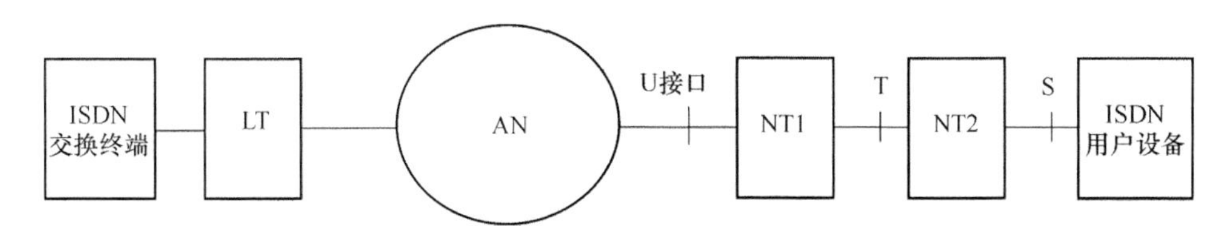

图 2-1　U 接口与 S/T 参考点的位置

U 接口用来描述用户线上传输的双向数据信号。但到目前为止，ITU-T 还没有为其建立一个统一的标准。当初 CCITT 在制定 ISDN 标准时，有的国家建议将 U 参考点作为用户设备与网络的分界点，并建立 U 参考点的国际标准。但是由于各国在 U 参考点的技术体制各不相同，而用户线投资巨大，不易改变，因此 CCITT 坚持制定了 T 参考点的国际标准，而回避了各国在 U 参考点的区别。引入接入网后，U 接口成为接入网的功能，因而制定 U 接口标准成为不可回避的问题。目前，我国倾向使用欧洲标准。

1. U 接口的功能

为了实现 ISDN，应提供端到端的数字连接。因此，用户线的数字化成为 ISDN 的关键技术之一。U 接口就是为此而设计的。U 接口有几项功能，简述如下：

（1）发送和接收线路信号

这是 U 接口最重要的功能。U 接口是通过一对双绞线与用户 ISDN 设备连接的，并且采用数字传送方式。数字传送方式是指交换机线路终端 LT 和用户网络终端 NT 之间的二线全双工数字传输。在接入网中，它的线路终端将替代交换机的线路终端。数字传送方式规定了分离用户线上双向传输信号的方法、克服环路中的噪声（白噪声，回波和远、近端串音)的方法以及减小桥接抽头上信号反射的方法。

由于U接口没有统一的标准,故二线全双工传输方式也没有统一的标准。日本采用乒乓方式或称TCM(Time Compression Modulation)方式;欧美一些国家采用具有混合电路的自适应回声抵消(Echo Cancellation,EC)方式。又由于各国用户线特性和配置的差异,其采用的线路码也不同。例如,美国和加拿大采用2B1Q码,日本和意大利采用AMI码,德国采用4B3T码等。

(2) 其他功能

U接口除了发送和接收线路码外,还提供如下功能:

- 远端供电——接入网应通过U接口向ISDN的网络终端NT1供电;
- 环路测试;
- 线路的激活与解激活——为减小AN的供电负担,希望NT不工作时处于待机状态,需要工作时再被激活;
- 电话防护等。

2. U接口的应用

U接口用来接入2B+D ISDN用户。它适用于家庭、小单位或办公室等。由于ISDN基本接入可提供多种业务(数字电话、64 kbit/s高速数据通信等),可以连接6~8个终端,并允许多个用户终端同时工作,因此在数据通信飞速发展特别是在Internet迅速普及的今天,具有广阔的应用前景。

2.1.3 RS-232

除了Z接口和U接口外,常见的用户网络接口还有多种多样的专线接口,如64 kbit/s数据接口、话带数据接口V.24以及V.35等。下面简要介绍一下物理层标准RS(EIA)-232的一些主要特点。

在机械特性方面,RS(EIA)-232使用ISO 2110关于插头座的标准。这就是使用25根引脚的DB-25插头座。引脚分为上、下两排,分别有13根和12根引脚,其编号分别规定为1~13和14~25,都是从左到右(当引脚指向人时)。

在电气性能方面,RS(EIA)-232与CCITT的V.28建议书一致。这里要提醒读者注意的是:RS(EIA)-232采用负逻辑。也就是说,逻辑0相当于对信号地线有+3 V或更高的电压,而逻辑1相当于对信号地线有-3 V或更负的电压。逻辑0相当于数据的“0”(空号)或控制线的“接通”状态,而逻辑1则相当于数据的“1”(传号)或控制线的“断开”状态。当连接电缆线的长度不超过15 m时,允许数据传输速率不超过20 kbit/s

RS(EIA)-232的功能特性与CCITT的V.24建议书一致。它规定了什么电路应当连接到 25 根引脚中的哪一根以及该引脚的作用。图 2-2 画的是最常用的 10 根引脚的作用，括弧中的数目为引脚的编号。其余的一些引脚可以空着不用。图中引脚 7 是信号地，即公共回线。引脚 1 是保护地(即屏蔽地)，有时可不用。引脚 2 和引脚 3 都是传送数据的数据线。“发送”和“接收”都是对 DTE 而言。有时只用图中的 9 个引脚(将“保护地”除外)制成专用的 9 芯插头，供计算机与调制解调器的连接使用。

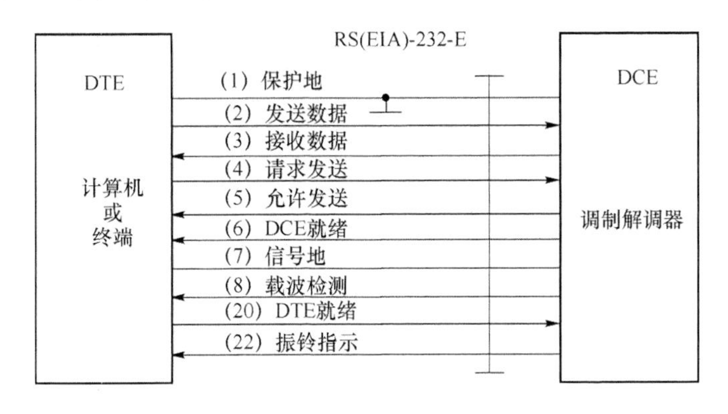

图 2-2 RS(EIA)-232 的功能特性

2.1.4 V.35

RS(EIA)-232 当连接电缆线的长度不超过 15 m 时，允许数据传输速率不超过 20 kbit/s。这就促使人们制定性能更好的接口标准。出于这种考虑，EIA 于 1977 年又制定了一个新的标准 RS-449，以便逐渐取代旧的 RS-232。

实际上，RS449 由 3 个标准组成。

- RS-499：规定接口的机械特性、功能特性和过程特性。RS-449 采用 37 根引脚的插头座。在 CCITT 的建议书中，RS-449 相当于 V.35。
- RS-423-A：规定在采用非平衡传输时(即所有的电路共用一个公共地)的电气特性。当连接电缆长度为 10 m 时，数据的传输速率可达 300 kbit/s。
- RS-422-A：规定在采用平衡传输时(即所有的电路没有公共地)的电气特性。它可将传输速率提高到 2 Mbit/s，而连接电缆长度可超过 60 m。当连接电缆长度更短时(如 10 m)，则传输速率还可以更高些(如达到 10 Mbit/s)。

通常 RS(EIA)-232 用于标准电话线路(一个话路)的物理层接口，而 RS-499/V.35 则用于宽带电路(一般都是租用电路)，其典型的传输速率为 48～168 kbit/s，都是用于点到点的同步传输。

图 2-3 画的是 RS-449/V.35 的一些主要控制信号，包括发送、接收数据的接口。在 DTE 和 DCE 之间的连线上注明的“2”字，表明它们都是一对线。图中所示的几对线，在 DTE 方标注的是该线的英文缩写名称，而在 DCE 方有对应的中文名称。

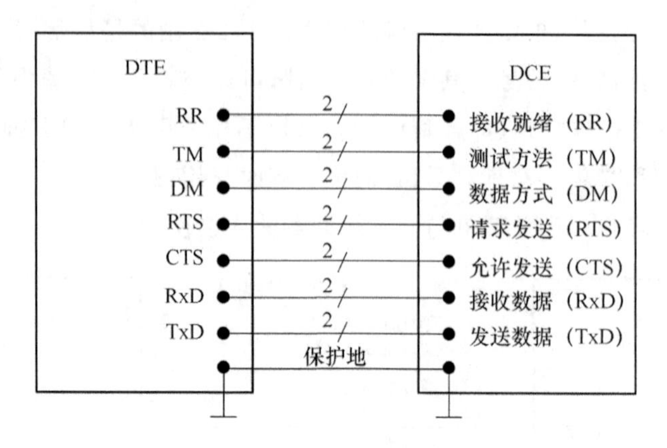

图 2-3 RS-449/V.35 的主要控制信号

2.1.5 DVB

在欧洲,从 1991 年开始,电视台、家电产品生产厂家和标准制定者坐到了一起,商谈组成一个工作组,共同制定数字电视的发展规划。工作组的成员发展很快,这一个由欧洲人发起的组织很快就吸引了美国及日本的许多成员,变成了一个世界性组织。1993 年 9 月工作组起草了一个备忘录,将工作组更名为 DVB 组织,即国际数字视频广播组织。数字电视的发展进入了新的时代。

DVB 标准提供了一套完整的,适用于不同媒介的数字电视广播系统规范,其周全的计划及广泛的共识是其成功的关键。从一开始,大家就选定 ISO/IEC MPEG-2 标准作为音频及视频的编码压缩方式,对信源编码进行了统一,随后对 MPEG-2 码流进行打包形成传输流(TS),进行多个传输流复用,最后通过卫星、有线电视及开路电视等不同媒介传输方式进行传输。

在电视数字化的进程中,国际 DVB(Digital Video Broadcasting)组织提出了全套的解决方案,这一方案涉及我们常用的传输媒介:数字卫星电视(DVB-S)、数字有线电视(DVB-C)和数字地面电视(DVB-T)。根据过去痛苦的教训,工业界决定要以市场的商业需求作为标准制定的指导,DVB 组织决定新的技术必须是建立在 MPEG-2 压缩算法上的数字技术,必须是市场导向的。

1995 年 DVB 组织确立了数字卫星电视的标准。1996 年,数字有线电视、数字共用天线电视、数字微波电视等标准随之确立,数字地面电视的标准采用紧随其后,给整个社会带来了更深刻的变化。1997 年以 DVB 标准为基础的数字电视已经在全世界普及,拥有了几百万用户。1998 年年末,微型计算机用户可以通过在他们使用的计算机内插入数字卫星接收卡,用来享受因特网服务。目前,数字地面电视标准正在逐渐被世界各国所采用,为今后的高清晰度电视开辟了广泛的前景。

1. DVB 标准的核心

- 系统采用 MPEG 压缩的音频,视频及数据格式作为数据源;

• 系统采用公共 MPEG-2 传输流(TS)复用方式；
• 系统采用公共的用于描述广播节目的系统服务信息(SI)；
• 系统的第一级信道编码采用 R-S 前向纠错编码保护；
• 调制与其他附属的信道编码方式,由不同的传输媒介来确定；
• 使用通用的加扰方式以及条件接收界面。

2. MPEG-2 编码

在讲 MPEG-2 之前,先介绍两个基本概念:数字和压缩。数字就是用一串数字代表模拟信号,模拟视频信号线性抽样后就变成离散抽样值,这个抽样值再用一串二进制数字表示。为了保持信号质量,一般采用 8 比特或 10 比特,这样其数字信号的比特率非常之高,难于传输和存储,于是产生了音频和视频压缩技术。压缩技术通过去掉音频和视频信息中冗余度和相关性使数字信号的比特率大大下降。

MPEG 是对音频和视频信号非常优秀的压缩技术系列标准。MPEG 家族有:MPEG-1、MPEG-2、MPEG-4。其中 MPEG-2 在广播电视领域使用最广泛。MPEG-2 定义了通用处理数据的应用规则,借助于数据压缩来传送视频及相关的音频信号。MPEG-2 的大概性能如下:

(1) MPEG-2 常用4∶2∶0和4∶2∶2。4∶2∶2 编码方式是每隔两个亮度采样一次色度信号,每行都采样。4∶2∶0 编码方式是每隔两个亮度采样一次色度信号,隔行采样。

(2) 每路 MPEG-2 4∶2∶0 编码视频信号的速率为 2～15 Mbit/s,速率可调节,速率越高质量越好。一般 8 Mbit/s 的 MPEG-2 编码信号的质量就非常好了,可传运动会这类节目。2 Mbit/s MPEG-2 编码信号只能传图文节目。

(3) 每路 MPEG-2 4∶2∶2 编码视频信号的速率为 8～45 Mbit/s,速率可调节,速率越高质量越好。一般都取 30 Mbit/s 左右。

MPEG-2 编码器输出的码流叫传送流(TS)。若干路 TS 复用高速信号,可以复用成 34 M PDH 信号,也可复用成 STM-1 或以 ATM 方式传输。一个 155 M(ATM 方式)可装 12～16 路视频信号;34 M 中可以装 4 路 MPEG-2 信号,也可以装 5～6 路。这主要依据电视节目是哪类的,如图文节目或教育节目的速率能低点,则可多装。

在每路 MPEG-2 信流中还可顺带装几路立体声广播,这需要配置立体声广播板件。从视频/音频模拟信号到与 SDH 设备接口,主要经过如下过程:MPEG-2 编码—复用—G.703 接口变换。G.703 接口变换主要功能是将 TS 码流变换成 G.703 标准接口,因为 SDH 设备的支路信号接口是 G.703 标准接口。

2.2 电信管理网接口

光纤接入网是整个电信网的一个组成部分,它应该纳入电信管理网(TMN)的管理之下,以便整个电信网能协调一致地工作。按规定,光纤接入网同电信管理网的接口为 Q3。

AN 应通过 TMN 的标准管理接口 Q3 与 TMN 相连,以便统一协调对不同网元(例如 AN 和 SN)的各种功能的管理,形成用户所需要的接入和承载能力。

实际组网时,接入网往往先经由 Qx 接口连接至协调设备,再由协调设备经由 Q3 接口连接至 TMN。随着电信网络技术和电信管理网所采用的计算机技术的不断发展,对于网管理论的研究也在不断深入,当前最典型的网络管理体系结构主要有 Internet/SNMP 管理体系结构、TMN 管理体系结构和 TINA 体系结构 3 种。随着理论研究和实际应用的不断深入,TMN 通过吸收其他两种结构的某些思想而不断完善,在电信网络管理领域逐渐占据了主导地位。

TMN 的核心思想是一种网管网的概念,它将管理网提供的管理业务与电信网提供的电信业务分开,相对于被管理的电信网来说属于一种带外管理。TMN 通过对网管接口的引入,将业务网和管理网分开,在保持接口相对稳定的同时,尽量屏蔽了电信网络技术和网络管理技术的发展对彼此的影响。同时,TMN 通过引入信息模型管理功能和软件体系结构的重复使用,以及开发方法的重复使用等软件重用的思想,缩短了网管系统的开发周期,提高了网管软件的质量。

相对于 TMN 管理体系结构,TINA 体系结构将管理业务和电信业务统一考虑,更像是一种带内管理方式,从理论上来说更容易满足网络管理实时性的要求,特别适合处理高层网络管理问题。但是,它所要求的计算技术较高,在短时间内还不可能达到实用化的程度,在没有得到市场认同的情况下,其影响力会逐渐丧失。

Internet/SNMP 管理体系结构在计算机网的网络管理领域取得了巨大成功。根据计算机网管理信息较少的特点,采用这种带内管理的方式一般不会对网络的性能带来太大的影响,但是,其轮询机制所固有的缺点限制了被管节点的数目和操作响应时间,决定了该体系结构不可能用于大型网络的实时管理。在传统的电信网和 IP 网融合趋势日益明显的今天,在 TMN 管理体系结构基础上,如何解决信息网的综合管理问题是网络管理体系结构标准化研究的主要内容。

2.3 业务节点接口

1. 业务节点

所谓业务节点,是指能独立地提供某种业务的实体(设备和模块),是一种可以提供各种交换型和/或永久连接型电信业务的网元。可提供规定业务的业务节点有本地交换机、X.25 节点、租用线业务节点(如 DDN 节点机)或特定配置下的点播电视和广播电视业务节点等。

2. 业务节点类型

业务节点类型主要有 3 种:

• 仅支持一种接入类型；
• 可支持多种接入类型，但所有接入类型支持相同的接入能力；
• 可支持多种接入类型，且每种接入类型支持不同的承载能力。

按照特定的业务节点类型所要求的能力，根据所选择的接入类型、接入承载能力和业务要求可以规定合适的业务节点接口。支持一种特定业务的业务节点有：

（1）单个本地交换机（例如公用电话网业务、窄带 ISDN 业务、宽带 ISDN 业务以及分组数据网业务等）；

（2）单个租用线业务节点（例如以电路方式为基础的租用线业务、以 ATM 为基础的租用线业务以及以分组方式为基础的租用线业务等）；

（3）特定配置下提供数字图像和声音点播业务的业务节点；

（4）特定配置下提供数字或模拟图像和声音广播业务的业务节点。

支持一种特定业务的业务节点经特定的 SNI 与接入网相连，在用户侧按业务不同有相应的 UNI，如图 2-4(a)所示。图 2-4(a)中的业务节点 SN_1 和 SN_2 分别支持不同的业务，它们通过不同的 SNI 与接入网相连，在用户侧，则有不同的 UNI 与 SN、SNI 一一对应。

支持一种以上业务的业务节点称为模块式业务节点，此时单个业务节点经单个 SNI 与接入网相连，用户侧则按业务不同有相应的 UNI，如图 2-4(b)所示。

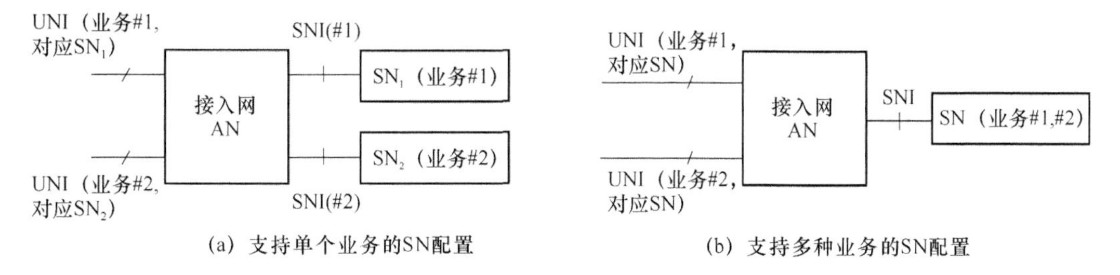

图 2-4　业务节点配置

3. 业务节点接口类型

业务节点接口（SNI）是接入网（AN）和 1 个业务节点（SN）之间的接口。如果 AN-SNI侧和 SN-SNI 侧不在同一地方，可以通过透明传送实现远端连接，如图 2-5 所示。

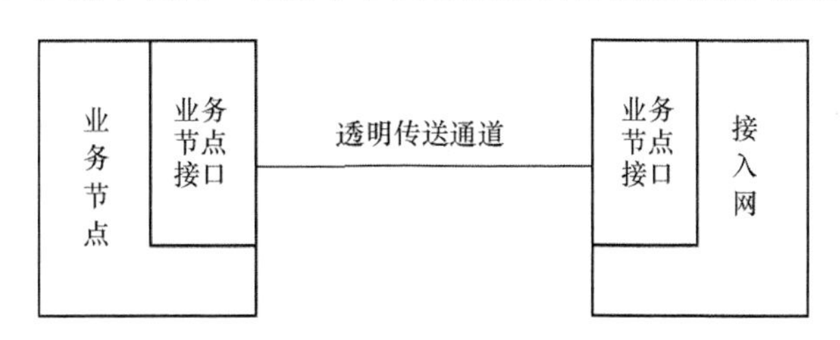

图 2-5　采用透明传送通道时 SN 和 AN 的连接

接入网是一种能够实现多种业务综合接入的接入网。它需要通过多种类型SNI和各种业务节点相连,以实现业务的综合接入。传统的交换机是通过模拟的Z接口与用户设备相连。在接入网的演变过程中,作为一种过渡性措施,还存在着模拟业务节点接口的应用。SLC系统的SNI就是模拟Z接口。但是,在SLC系统中,由于对每一个话路都要进行A/D和D/A转换,从而导致话路成本提高、可靠性降低,而且系统的维护量大,业务升级困难。因此,模拟SNI不能成为发展方向。

数字业务的发展往往要求从用户到业务节点之间是透明(当接入网具有集线功能时,就不是透明的了)的纯数字连接,因此要求业务节点能提供纯数字用户接入能力。为此,要求新开发的业务节点都具备数字的业务节点接口。数字SNI称为V接口。

按照前述关于SNI的定义,SNI可以覆盖多种不同类型的接入。传统的参考点只允许单个接入,例如ISDN用户从BRA接入时使用V1参考点,V1只是参考点,没有实际物理接口且只允许接入单个UNI;当ISDN用户从PRA接入时使用V3参考点,V3也只允许接入单个UNI;当用户以B-ISDN速率接入时使用VB1参考点,VB1参考点也只允许接入单个UNI。近年来,ITU-T开发并规范了新的综合接入V接口,即V5.1和V5.2接口,还有VB5.1和VB5.2,从而使长期以来封闭的交换机用户接口成为标准化的开放型接口,使得本地交换机可以与接入网经标准接口任意互连,而不再受限于某一厂商,也不局限于特定传输媒质和网络结构,具有极大的灵活性。V5接口的标准化代表了重要的网络演进方向,具有十分深远的意义。表2-1总结了不同的接入类型和标准化的SNI。

表2-1　标准化的SNI及相应接入类型

接入类别	单独接入			综合接入	
SN参考点 / 接入类型	V1	V3	VB1	V5.1	V5.2
PSTN和窄带ISDN的UNI:					
PSTN				√	√
ISDN-BA	√			√	√
ISDN-PRA(2 Mbit/s)		√			√
B-ISDN的UNI:					
B-ISDN SDH(155 520 kbit/s)			√		
B-ISDN 信元(155 520 kbit/s)			√		
B-ISDN SDH(622 080 kbit/s)			√		
B-ISDN 信元(622 080 kbit/s)			√		
B-ISDN 低速率(2 048 kbit/s)			√		
数据业务:					
用户适配构成AN部分					
用户适配处于AN之外	√	√		√	√

2.4　V5接口

V5接口是业务节点接口的一种。其处理的信令属于共路的用户信令范畴。由于它在当前接入网的应用中占有特殊的位置，故单列一节来讲述。V5接口是专为接入网(AN)的发展而提出的本地交换机(LE)和接入网之间的接口。该接口不仅把交换机与接入设备之间模拟连接改变为标准化的数字接口连接，解决了过去模拟连接传输性能差、设备费用高、数字业务发展难的问题，而且该接口具有很好的通用性，使接入网与交换机能够采用一个自由连接的接口。

交换机与接入网的接口有Z接口和V接口。本地交换机用户侧数字接口统称为V接口。ITU-T Q.512规范了V1～V4接口，其中V2为PCM帧接入，V1、V3、V4都专用于ISDN而不支持非ISDN接入。这样就影响了多供货厂商环境下对LE和AN的开发，使数字技术得不到充分发挥，也使经济性受到了限制。为适应AN范围内多种传输媒介、多种接入配置和业务，希望有标准化的V接口能同时支持多种类型的用户接入。20世纪90年代初，美国贝尔通信研究所(Bellcore)公布了类似于V5接口的TR303接口，该接口把交换机与接入设备间的模拟连接改为标准化的数字接口连接，解决了过去模拟连接传输性能差、设备费用高、数字业务发展等问题。1993年欧洲电信标准化组织(ETSI)颁布了V5接口标准，使该接口更加完善，通用性更好。

鉴于V5接口的优越性、重要性和接入网发展的迫切性，国际电信联盟(ITU-T)于1994年以加速程序通过了V5接口规范：G.964-V5.1接口规范和G.965-V5.2接口规范。我国电信主管部门也于1996年12月发布了YDN 020-1996《本地数字交换机和接入网之间的V5.1接口技术规范》及YDN 021-1996《本地数字交换机和接入网之间的V5.2接口技术规范》国内标准。

国内外许多交换机和接入网厂家纷纷为交换机增加V5接口功能或重新开发具有V5接口的交换机和V5接口的接入网设备。在中国电信总局的组织和支持下，从1996年年底开始了接入网的试验工作。1997年颁布了接入网V5接口现场测试规范。1997年年底至1998年又组织接入网设备的现场测试工作。目前V5接口接入网设备已经大量的应用了。

2.4.1　V5接口的基本概念

1. V5接口的概念

V5接口是本地数字交换机(LE)和接入网(AN)之间的标准接口，包括V5.1和V5.2接口。

2. V5 接口的优点

V5 接口的优点体现在:V5 接口是一个开放的接口;支持不同的接入方式;提供综合业务;降低系统成本。

3. V5 接口所支持的业务

V5 接口所支持的业务如表 2-2 所示。

表 2-2　V5 接口所支持的业务

业务种类	V5.1 所支持的业务	V5.2 所支持的业务
单个 PSTN 用户接入	√	√
PABX 接入	√	√
ISDN 基本接入(2B+D)	√	√
ISDN 基群速率接入(30B+D)		√
永久线路(PL)业务	√	√
半永久线路业务	√	√

4. V5.1 与 V5.2 的比较

V5.1 与 V5.2 的比较如表 2-3 所示。

表 2-3　V5.1 与 V5.2 的比较

比较项	V5.1 接口	V5.2 接口
物理口个数	1 个 2 048 kbit/s 链路	1～16 个 2 048 kbit/s 链路
集线功能	固定时隙分配,无集线功能	动态时隙分配,有集线功能
保护功能	无保护功能	保护通信(C)通路
所支持的 ISDN 业务	仅支持 2B+D 业务	支持 2B+D
协议	PSTN/CTRL	PSTN/CTRL/BCC/PROT/LLC

2.4.2　V5 接口的基本功能

1. V5 接口的功能描述

V5 接口的功能是分层描述的,它具有物理层、链路层和网络层多种功能。图 2-6 给出了 V5 接口的功能描述,它表示了 V5 接口需要传递的信息以及所实现的控制功能。各功能要求叙述如下:

- 承载通路:为 ISDN 基本接入用户端口已分配的 B 通路或 PSTN 用户端口的 PCM 编码的 64 kbit/s 通路提供双向传输能力。
- ISDN D 通路信息:为 ISDN 基本接入用户端口的 D 通路信息(包括 Ds 型、p 型和 f 型数据)提供双向传输能力。

- PSTN 信令信息：为 PSTN 用户端口的信令信息提供双向传输能力。
- 用户端口控制：提供双向传输每一独立用户端口的状态和控制信息的能力。
- 2 048 kbit/s 链路控制：对 2 048 kbit/s 链路的帧定位、复帧定位、告警指示和 CRC 信息进行管理控制。
- 第二层链路控制：为控制协议和 PSTN 信令信息提供双向通信能力。
- 用于支持公共功能的控制：为指配数据和重启动能力提供同步应用。
- 要求多个时隙连接的业务，应在一个 V5.2 接口内的一个 2 048 kbit/s 链路上提供。在这种情况下，应总能提供 8 kHz 和时隙顺序的完整性。
- 链路控制信息：链路控制协议支持 V5.2 接口的 2 048 kbit/s 链路的管理功能。
- 保护信息：保护协议支持逻辑 C 通路在物理 C 通路之间的适当的倒换。
- 承载通路连接（BCC）：BCC 协议用于在 LE 控制下分配承载通路。
- 定时：为比特传输、字节识别和帧同步提供必需的定时信息。这种定时信息也可以用于 LE 和 AN 之间的同步操作。

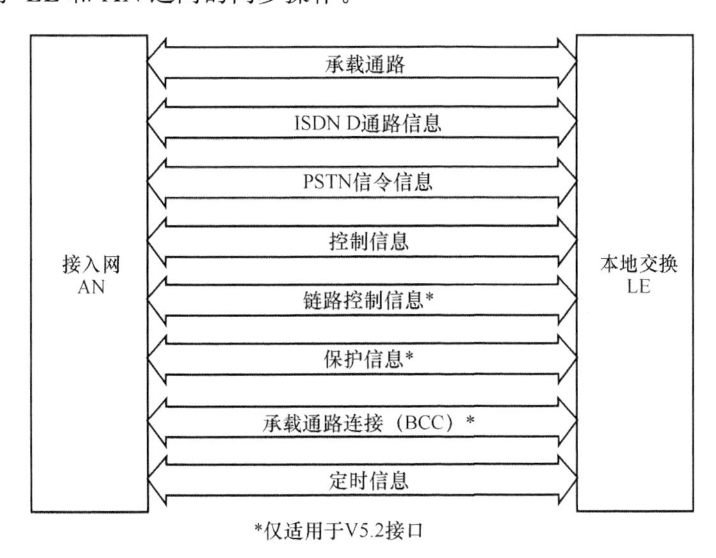

图 2-6　V5 接口的功能描述

2. V5 接口的协议结构

如图 2-7 所示，ISDN 基本接入和基群速率接入的用户端口的 D 通路信息应在第二层上复用，并在 V5 接口上进行帧中继。在 AN 和 LE，应支持将 Ds 信令与 p、f 型数据分开并分别送到不同的通信通路（C 通路）上的能力。

用于 PSTN 用户端口的协议规范基于以下原则：

- 模拟 PSTN 信令信息应使用 V5-PSTN 协议的第三层消息在 V5 接口上传送；
- 信令信息应在第三层复用，并由一个单一的第二层数据链路承载；

- 当 V5 接口处于工作状态时,只有 LE 知道 PSTN 业务;
- DTMF 发生器和接收器、信号音发生器、通知音发生器等都应位于 LE 内。

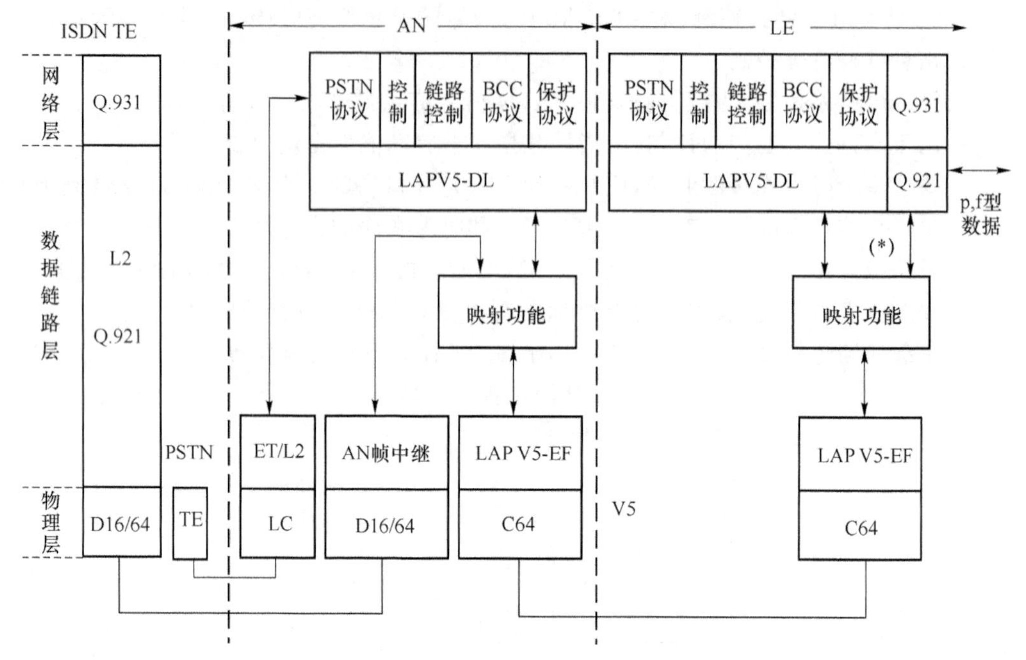

* 不包含 AN 中终结在 AN 帧中继功能处的那些功能;
链路控制、BCC 协议、包含协议仅用于 V5.2 接口。

图 2-7 V5 接口的协议结构

3. V5 接口的分层结构

V5 接口包含 OSI 7 层协议的下三层:物理层(第一层)、数据链路层(第二层)、网络层(第三层)。

物理层:每个 2 048 kbit/s 接口链路的电气和物理特性应符合 G.703,功能和规程要求应符合 G.704、G.706。实现循环冗余检验(CRC)功能,包括在 CRC 复帧中使用 E 比特作 CRC 差错报告,使用 Sa7 比特实现链路身份识别功能。

数据链路层:也称 LAPV5,仅对通信通路(C)而言。LAPV5 分为两个子层,即封装功能子层(LAPV5-EF)和数据链路子层(LAPV5-DL)。LAPV5-EF 为 LAPV5-DL 信息和 ISDN 接入的 D 通路信息提供封装功能。LAPV5-DL 完成 Q.921 中规定的多帧操作规程、数据链路监视、传送 AN 和 LE 间的第三层协议实体的信息。

网络层功能是协议处理的功能。V5 接口可以支持下面几种协议:PSTN 信令协议、控制协议(公共控制和用户端口控制)、链路控制协议、BCC 协议和保护协议。后三种协议仅适用于 V5.2 接口。

所有第三层协议都是面向消息的协议。每个消息应由协议鉴别语(1 个字节)、第三层(L3)层地址(2 个字节)、消息类型(1 个字节)等信息单元和视具体要求而定的其他信息单元组成。

协议鉴别语信息单元用来区分对应于 V5 接口第三层协议之一的消息与使用同一 V5 数据链路连接的、对应于其他协议的消息。第三层地址信息单元用来在发送或接收信息的 V5 接口上识别第三层实体。消息类型信息单元用来识别消息所属的协议和所发送或接收的消息的功能。

2.4.3 V5 接口的几个重要概念

1. 主链路与次链路

1 个 V5.2 接口由 1～16 个 2 Mbit/s 链路组成,其中有 2 条链路分别指配为主链路和次链路。系统启动时,控制协议、BCC 协议、保护协议、链控协议均在主链路的 TS16 上传送,保护协议在次链路上广播传送。PSTN 协议可以指配在主链路的 TS16 上传送,也可以指配在其他 C 通路上传送。

2. 物理 C、逻辑 C、C 路径(C-Path)

用于传送 V5 协议的 V5 链路的 64 kbit/s 时隙称为物理 C 通路;每条 V5 链路的 TS16、TS15、TS31 可指配为 C 通路;V5 的每种协议数据链路(包括 ISDN D 信令)均是一种 C 路径(C-Path);一个逻辑 C 通路中可运载多个 C 路径。V5 C 信令包含 PSTN C 信令和 ISDN D 信令,而 D 信令包含 Ds、p、f 型数据。

3. 变量和接口 ID

一个 V5 接口可以由多条 2.48 kbit/s 链路组成,而每个 V5 接口用唯一的号码标识,即 V5 接口 ID(3 字节)。指配变量是 AN 和 LE 之间互通的完整的指配数据集的唯一标识(0～127)。

4. 包封地址、数据链路地址、L3 地址

0～8175 范围的包封地址用来标识 V5 接口的 ISDN 用户端口,8176～8191 的地址用来标识第二层实体向第三层提供数据链路的服务点,其值等于 V5 数据链路地址,其约定如下:8176—PSTN 协议(PSTN)、8177—控制协议(CTRL)、8178—承载通路控制协议(BCC)、8179—保护协议(PROT)、8180—链路控制协议(LLC)。LE 和 AN 之间传递的用户端口不是用电话号码来标识的,而是用 L3 地址来标识的,在每个 V5 接口中,用户号码与 L3 地址有唯一的对应关系。

5. 帧中继功能

V5 接口对 ISDN 用户的接续处理是:V5 接口完成对 ISDN 用户的控制,包括激活控制、数字段维护和性能监视,而对 ISDN 接续的 D 信令采用"帧中继"方式传送。即将从 ISDN 接入第二层 ISDN D 通路上用统计方式复用到 V5 通信通路上,和从 V5 通信通路接收到的帧分路到 ISDN D 通路帧。

2.4.4 V5 接口协议

V5.1 接口包含两个协议:PSTN 协议和控制协议。V5.2 接口涵盖了 V5.1 接口的两个协议,还有另外三个协议:承载通路控制(BCC)协议、保护协议、链路控制协议。

1. PSTN 协议

PSTN 是一个激励型协议,它不控制 AN 中的呼叫规程,而是在 V5 接口上传送有关模拟线路状态的信息。V5 接口中 PSTN 协议需要与 LE 中的国内协议实体一起使用。LE 负责呼叫控制、基本业务和补充业务的提供。AN 应有国内信令规程实体,并处理与模拟信令识别单间、时长、振铃电路等有关的接入参数。

2. 控制协议

控制协议分为端口控制协议和公共控制协议。端口控制协议用于控制 PSTN 和 ISDN 用户端口的阻塞/解除阻塞等。公共控制协议用于系统启动时的变量及接口 ID 的核实、重新指配、PSTN 重启动等。

3. BCC 协议

V5.2 BCC 协议支持以下处理过程:

- 承载通路的分配与去分配;
- 审计;
- 故障通知。

4. 保护协议

保护协议用于 C 通路的保护切换,这里的 C 通路包括:

- 所有的活动 C 通路;
- 传送保护协议 C 通路本身。保护协议不保护承载通路。

保护协议的消息在主、次链路的 TS16 广播传送,应根据发送序号和接收序号来识别消息的有效性、是最先消息还是已处理过的消息等。切换可由 LE(LE 管理,QLE)发起,也可由 AN(AN 管理,QAN)发起,两者的处理流程有所不同。保护协议中使用序列号复位规程实现 LE 和 AN 双方状态变量的对齐。

5. 链路控制协议

链路控制协议可以与控制协议对照起来理解:控制协议是针对每个用户端口的,它的主要内容是对用户端口的闭塞与去闭塞;而链路控制协议是针对每个 2 Mbit/s 链路的,也包含有对 2 Mbit/s 链路的闭塞与去闭塞等协议消息。

链路控制协议涉及以下内容:

(1) 物理层的事件及故障报告。除通用 2 048 kbit/s 接口的事件及故障报告以外,V5.2 接口还要求物理层能检测报告链路身份标识信号等事件。

(2) 链路身份标识。用于检测某一特定的链路身份标识,在 AN 和 LE 两侧对称。

(3) 2 048 kbit/s 链路的闭塞与协调的去闭塞。AN 侧有两种类型的闭塞请求,即可延迟的和不可延迟的闭塞请求。去闭塞时,AN 与 LE 两端必须协调。

2.4.5　V5 接口的网管

LE 与 AN 互通时要求两者的数据完全匹配，如 V5 接口 ID 号、缺省变量号、V5 链路标识、物理 C 通路与逻辑 C 通路、用户 L3 地址等，若这些数据中某一组不匹配，可能导致数据链路建链失败，或系统启动失败，或用户状态不匹配。而这些数据均要根据实际应用环境从网管系统下发，可见 V5 接口的网管设备很重要，是必不可少的。

从长远的观点来看，AN 网管和 LE 网管均应在电信管理网（TMN）的统一协调管理之下，AN 和 LE 数据的一致性、完整性由 TMN 来保证（如图 2-8 所示）。但是目前统一的 TMN 尚未形成，AN 和 LE 有各自独立的网管系统，两者数据的一致性、完整性仍由人工来保证。

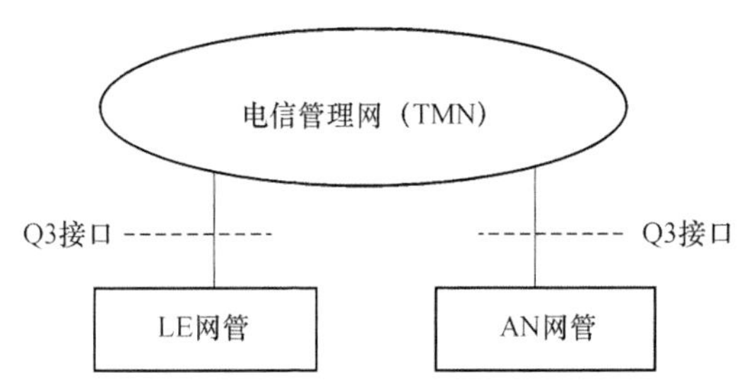

图 2-8　最终统一的电信管理网（TMN）

V5 接口的网管（如图 2-9 所示）应以原邮电部技术规定 YDN 020—1996、YDN 021—1996 为依据，符合 ITU-T 电信管理网（TMN）的相关标准，如 M. 3010 等，具有完善的配置管理、故障管理、性能管理、安全管理功能，要求与 112 集中维护系统相接，对接入用户进行测试和维护。

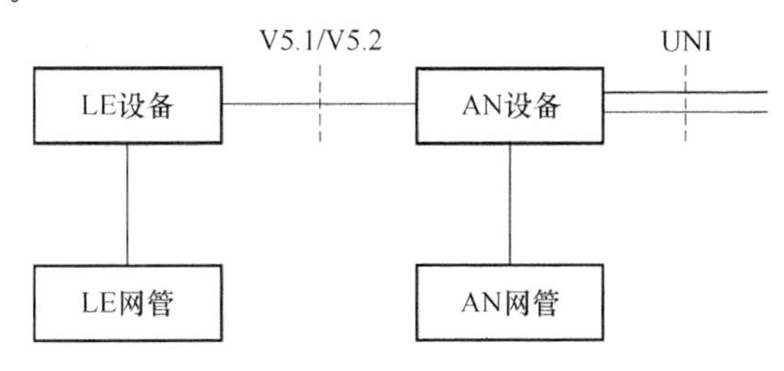

图 2-9　目前 V5 接口的网管

就 V5 接口网管的配置管理功能而言应涵盖以下内容：

- 物理 C 通路的指配；
- 物理 C 通路与逻辑 C 通路的映射；
- 逻辑 C 通路与 C-PATH 的映射；
- 保护组 2 的定义；
- 2 048 kbit/s 链路序号与链路标识的映射；
- 参数集的指配；

- V5.1 接口时的交叉连接表的指配；
- 用户物理端口与用户 L3 地址(包括接入类型)的映射；
- V5 接口系统数据(如接口标识)的指配。

网管系统与 112 集中受理系统之间的通信协议为 TCP/IP,底层协议推荐使用 X.25 和 ATM,也可根据实际情况选用其他支持 IP 的底层协议。

2.4.6 V5 接口设备的工作过程

与以前的 Z 接口的设备不同,V5 接口设备并不是一加电就能接续的。前面已介绍 V5 接口包含 OSI 7 层协议的下三层,只有 LE 与 AN 间的三层完全适配才能进行接续服务。

LE 与 AN 的适配过程可简述为:物理层适配(2 048 kbit/s 链路物理连接正确、CRC-4 复帧、Sa7 比特、E 比特匹配)→数据链路层握手(建立各协议的数据链路,相当于建立运载协议的“马路”)→网络层握手(运行系统启动流程:参数同步、协议同步、用户状态同步)→这时就可用 V5 信令为用户服务了。

以 ISDN 2B+D 数字话机用户呼叫普通 PSTN 用户为例,说明 AN 与 LE 间 V5 信令的交互过程,参见图 2-10。

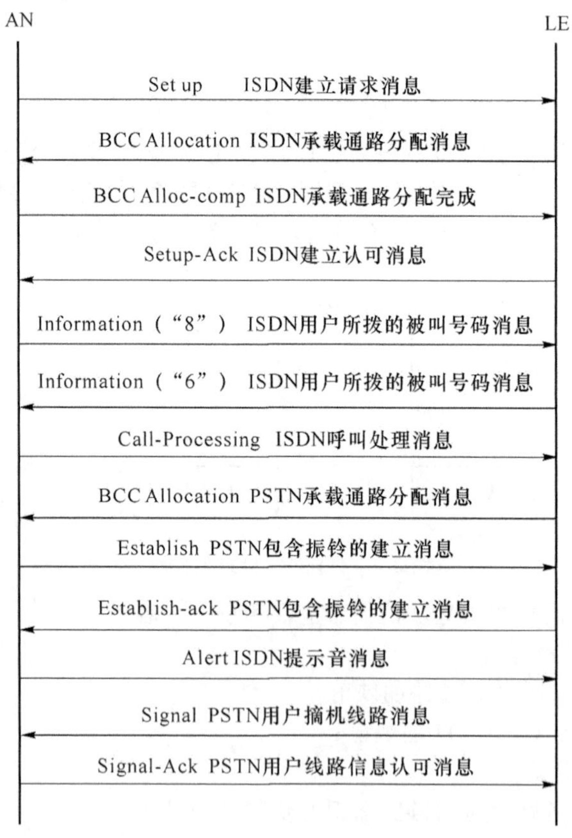

图 2-10 AN 与 LE 间 V5 信令的交互过程

2.4.7 V5 接口的特点

1. V5 接口的优点

V5 接口具有如下优点：

(1) V5 接口是一个综合化的数字接口。其引入为接入网的数字光纤化创造了有利条件，符合通信网数字化、综合化的趋势。

(2) V5 接口是一个开放的接口。网络运营者可以自由选择多个交换机和接入设备供应商，通过竞争选择最好的设备组合、获得最佳的服务，避免了交换机厂商对市场的垄断。这既可降低成本，又可优化网络、提高服务质量。

(3) V5 接口的引入扩大了交换机的服务范围。一个带 V5 接口的交换机可以为 5 万～8 万个用户提供服务，这有利于减少交换机，建立虚拟交换网，符合通信网从多级制向少级制发展的趋势。

(4) 通过开放的 V5 接口，交换机可以接纳各种接入设备。同一接入网的多个 V5 接口既可连到一个交换机，也可连到多个交换机；同一用户的不同用户端口既可指配给一个 V5 接口，也可指配给多个 V5 接口。这不仅使得组网方式灵活，使网络向着有线/无线相结合的方向发展，而且提高了网络的安全性、可靠性。

目前，V5 接口主要有如图 2-11 所示的(a)、(b)两种基本组网方式。

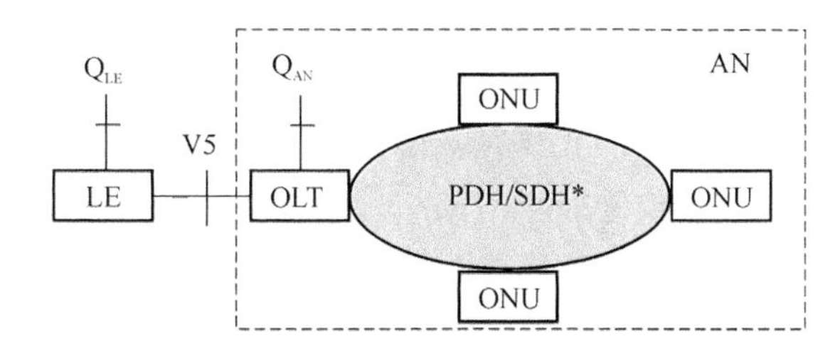

(a) V5由局端处理，OLT与ONU之间采用内部协议

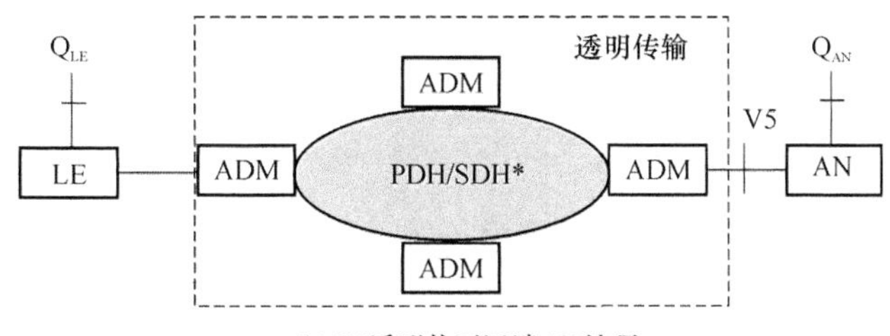

(b) V5透明传至远端AN处理

* PDH/SDH支持环型、链型、星型等结构。

图 2-11 采用 V5 接口的接入网组网方式

V5 接口设备一般由局端(CT)和远端(RT)组成,中间是传输线路。根据 V5 协议是在局端处理还是在远端处理来划分,V5 接口设备可分为局端终接型和远端终接型(分别如图 2-11(a)和(b)所示)。V5 在局端终接时,局端和远端间可采用非标准的内部信令或标准的信令,例如借用 V5 信令。集线可以在局端也可在远端。

局端集线可以实现全利用度的交叉,远端的所有用户可以共享所有可用的承载通路,其缺点是只有在局端和远端间有足够的传输带宽时,才能接入足够多的用户。远端集线时局端可以做得较简单,却是以电路分群为代价的,即部分交叉。部分交换机厂家的 V5 接入网设备就是这样做的。

远端终接时,V5 协议处理、交叉集线在远端完成,局端可简化成透明传输光端机,甚至可以借用原来已存在的光传输系统。远端终接特别适合于全利用度的大容量系统。在一点对多点的网络结构中,如果点多而每点所需容量较小,远端终接可能不太经济。另外,在条件恶劣的站点,复杂的远端设备不利于维护。

是远端终接还是局端终接,应因地制宜选用。对用户来说,大可不必关心设备的终接方式,只要性能优越、稳定可靠,就是好的选择。

2. V5 接口目前存在的问题

V5 接口作为一个新型的数字用户接口正日益受到各国电信部门的重视,并在接入网建设中应用。但由于 V5 接口提出的时间还不长,标准化工作亦在不断完善之中。V5 接口的应用中还存在以下问题:

(1) 网络管理困难

为便于未来新业务的引入,ITU-T 没有将接入网的管理交由业务网统一实施,而是分别经标准化的 Q3 接口纳入电信管理网(TMN)来协调实施。而 V5 接口作为一个业务网络接口,其中未定义管理协议。但就目前而言,ITU-T 对于 TMN 仅提出了不可操作的框架协议(M.3010),TMN 和 Q3 接口尚不能提供。因而各厂家在提供不同交换机或接入设备的同时也提供了各自不同的管理接口,使得网络运营者难以在统一的管理平台上对不同厂家的交换机和接入设备实施管理,从而造成协调困难,阻碍了接入网的发展进程。因此,必须尽快制定相应的网管规范,建立统一的网管平台,以利于接入网在全网的发展。

(2) 维护测试不便

V5 接口的引入,使得原先由交换机统一管理用户号码和用户端口变成由交换机和接入设备分别管理用户号码和用户端口。由于 AN 用户的用户端口不属于交换机的一部分,通过交换机对 AN 用户进行维护测试变得不可能,造成用户申告后,须由交换机通过号码查出相应的 L3 addr(PSTN 用户端口第三层地址)或 EF addr(ISDN 用户端口封装地址),再由 AN 实施测试的局面,给维护测试带来不便。因此,必须尽快制定相应规范,建立 112 测量中心对局内用户和 AN 用户实施统一的维护测试,确保接入网发展后的服务质量。

前已叙述过，V5 接口是接入网数字传输系统和程控交换机相接合的新型开放式接口，用以取代交换机原有的模拟用户线接口、各种专线接口及 ISDN 用户接口。总之，V5 接口的出现使得交换机可以用一种接口与接入网相接，这就大大减化了交换机的设计，使其用户侧接口标准化、数字化。V5 接口的 2 Mbit/s 链路很容易用 PDH、SDH 等设备复用、传输。这样就扩大了交换局的服务范围，使交换局的容量，布局更加合理，有利于交换网向少级制过渡。

2.5　接入网线路测试技术

随着电话用户数量的不断增加，提高和完善电信服务质量已经成为电信业面临的一个重要环节。其中用户电话业务发生故障后的质量投诉能否得到及时有效的解决成为衡量电信服务质量的一项重要指标。目前中国电信的用户线路故障集中受理中心采用 112（其他国家或运营商的特服号可能不同）集中受理系统的方式实现，传统的 112 集中受理系统只是针对交换机直接接出的用户进行业务受理。随着电信技术的不断发展和接入网技术的日趋成熟，光纤接入设备解决了城乡电信用户对通信的需求，接入网逐渐成为电信网上用户接入的主流。因此，在引入了接入网用户之后，如何实现在现有的 112 集中受理系统中对新增的接入网用户进行线路测试成为了接入网发展中的一个重要课题。而且随着光接入网向用户的延伸，针对光纤的“112 测试系统”也越来越有必要。

2.5.1　接入网用户线路测试技术

对接入网用户进行 112 测试可采用旁路技术，即通过原有测试头对远端接入单元进行测试或是通过在远端安装测试单元（测试板卡）在局端通过网管进行仿真测试等。

1. 旁路技术

旁路技术包括物理旁路技术和虚拟旁路技术。所谓物理旁路技术就是采用铜线旁路的方式，在局端和远端之间除了光纤数字电路以外，另外放置一对测试用金属旁路线，如图 2-12 所示。

采用旁路技术，应当将该旁路线直接接到接入网远端的用户测试总线上，这使得受理中心仍然能够使用原有的局端测试头对接入网的远端用户进行测试，同时 112 受理系统的软件部分也可基本保持不变。也就是说，在 112 受理中心看来，接入网的远端用户与从传统的交换机接出的模拟用户没有什么区别。

但应当看到，根据接入网的特点，接入用户与局端之间的距离相对比较远，提供一对金属旁路线的费用很高，并且考虑到线路上的信号衰减，旁路线的长度将十分有限，同时铜线旁路技术背离了接入网的数字化发展方向,因此这种方式的应用范围有较大的局限。

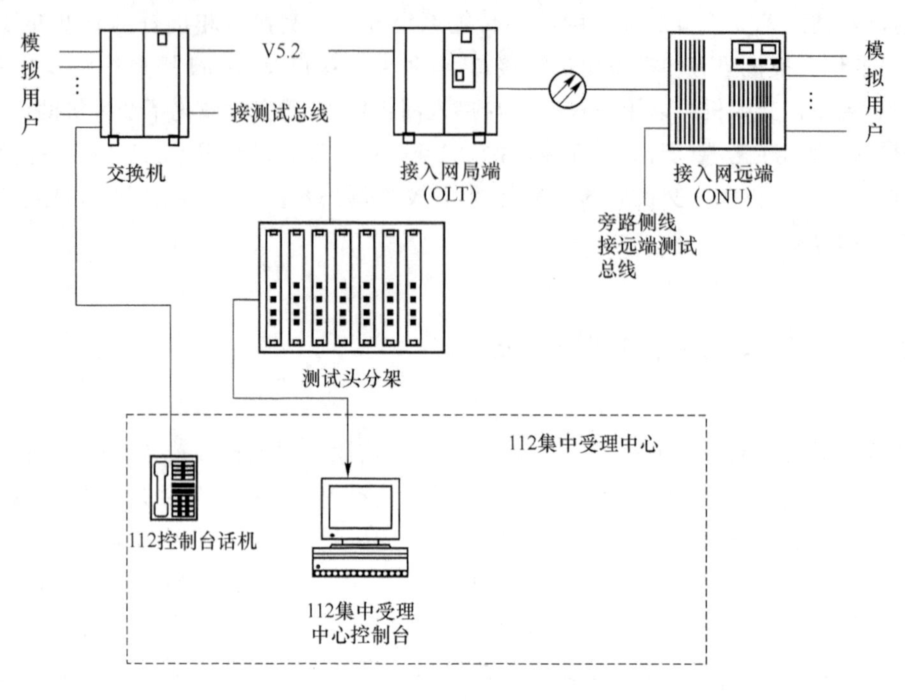

图 2-12 接入网用户测试中的铜线旁路技术

为了既能利用母局的测试头,又能克服铜线旁路的缺点,20 世纪 90 年代早期再现了一种数字虚拟旁路技术。该技术是利用局端与远端之间已经存在的光纤传输系统,通过占用固定时隙完成测试命令与测试结果的传递,实现测试功能。采用数字虚拟旁路技术一般需要在接入设备的局端和远端各插一块金属通路仿真板(MCU),一端的 MCU 板通过 A/D、D/A 转换,通过 2 个 64 kbit/s 的进隙传到另一端的 MCU 板上。局端的 MCU 板接到测试头的通信接口,远端的 MCU 板接驳到远端的测试总线,实现将测试头的测试线路延伸的目的。因此我们可以将这种旁路方式看做是铜线旁路的一种变形,是连接局端的测试头和远端的用户环路之间的一对虚拟的模拟线。母局的测试头就可以利用这对虚拟的模拟线直接测试远端的用户线路。如图 2-13 所示。

2. 远端用户测试单元技术

可以看出,旁路技术完全是考虑到用户原有的测试手段而采取的方式,需要解决的只是数据的传递技术以及将原先的抓线技术加以扩充,以使局端的测试头能够直接测试远端的用户。考虑到接入网用户分布相对比较分散,容量较小,同时接入网自身的网管终端也要求具有线路测试的功能,因此可以采用测试板的技术以简化测试复杂程度、降低测试成本。这种测试技术的核心思想是直接将测试设备移到远端,直接对远端用户进行测试,如图 2-14 所示。

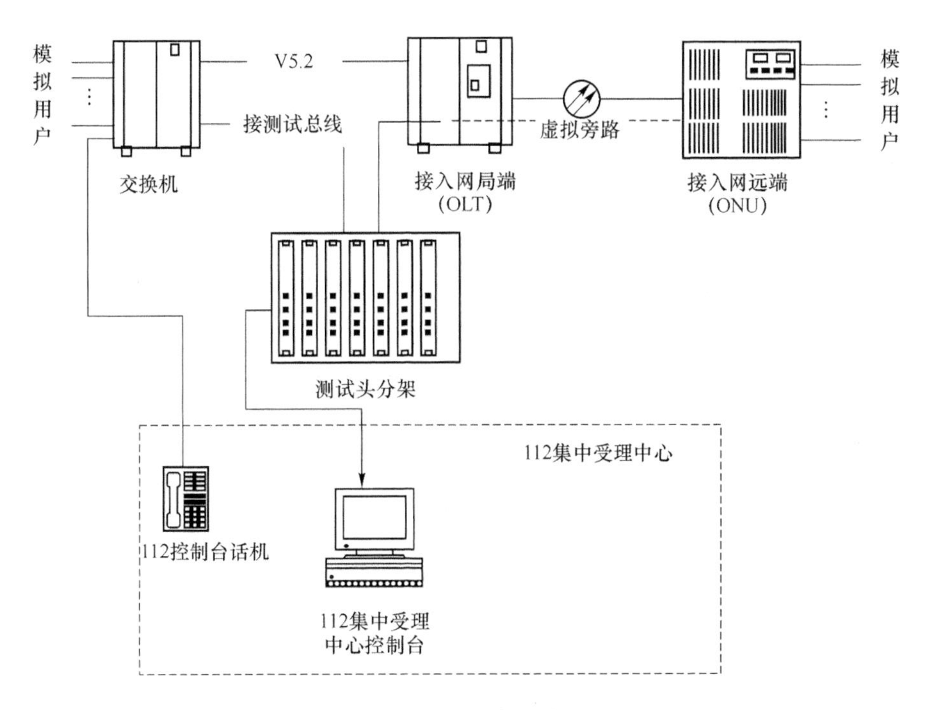

图 2-13　虚拟旁路技术

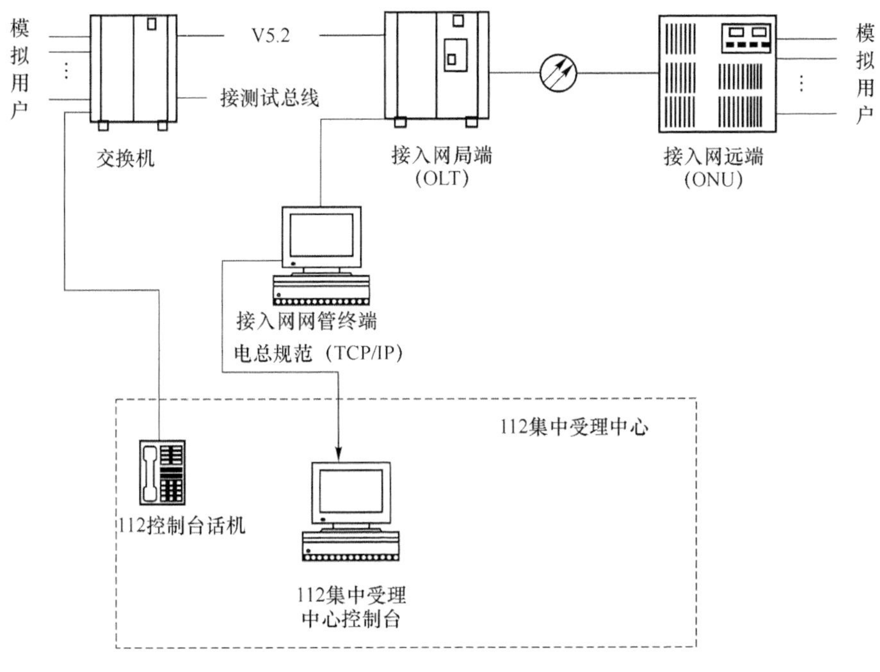

图 2-14　远端测试单元技术

图 2-14 中的 RTU 就是我们提出的远端测试单元(Remote Test Unit),在这种测试方法中,由接入网的本地网管完成对用户线路的抓线以及测试工作。因此 112 集中受理中心对接入网用户的线路测试则完全是通过与接入网网管终端的交互来实现的。对于受理中心来说,可以将接入网的网管终端看成是一个仿真的测试设备。这种测试方法适应性强,容易提供规范、统一、开放的接口,同样可以在原有的测试技术上实现。同时,采用该技术可以灵活地配置远端测试单元。对测试精度要求不是很高的用户,可以配置远端测试板,从而降低成本;若用户对测试精度要求很高,可以配置高精度的远端测试头。实际上现在许多厂商提供的测试板的测试精度已经达到与测试头基本相同的测试精度要求。

2.5.2 测试技术比较

从表 2-4 可以看出,采用远端测试单元技术具有明显的优点,这也是目前大多数电信设备厂商和电信运营商所采用的方法。

表 2-4 测试技术的比较

	物理旁路	虚拟旁路	远端测试单元
通信技术	必须铺设专用测试线路	占用通信信道进行数据交互	利用传输系统中的公务通道或采用串行专线等技术,根据各厂商远端和局端提供的通信手段灵活配置
测试距离	较短	无限制	无限制
测试精度	由局端测试头决定	由局端测试头决定	由远端测试模块决定
接入网本地测试功能	无	无	由本地网管提供
技术实现	简单	复杂	中等
扩展性	低	中等	高
成本	高	中等	低

由于提供 112 集中受理中心系统的厂商以及提供接入设备的厂商以往都是使用各自专用的通信协议,接口完全不开放,不利于互通。因此,目前,暂定 112 集中受理系统接收到用户的 112 申告电话后,能够根据电话号码区分该故障用户是接入网用户还是其他业务的用户,如果是接入网用户,112 集中受理系统初步确定应做哪些测试后,把需要进行测试的用户号码和测试命令送给接入网网管系统,由网管系统进行线路测试,然后将测试结果返回受理中心。同时,还暂定了 112 集中受理中心与接入网网管之间的通信协议采用 TCP/IP 方式。

2.5.3 测试项目

用户线路测试主要包括内线测试(电路测试)、外线测试(线路测试)以及配合测试(终端测试)三部分。

1. 电路测试

- 拨号音测试;
- 馈电电压测试;
- 环路电流测试。

2. 线路测试

- 群侧(12 项外线测试);
- 用户交流电压(AB、AG、BG);
- 用户直流电压(AB、AG、BG);
- 用户环路直流电流(AB);
- 用户环路电阻(AB);
- 用户绝缘电阻(AB、AG、BG);
- 用户线路电容(AB、AG、BG);
- 用户线路阻抗(AB、AG、BG)。

3. 终端测试

- 对被测用户振铃;
- 测试用户话机双音频特性或脉冲特性;
- 送蜂鸣音。

随着光接入网向用户的延伸,针对光纤的"112 测试系统"也越来越有必要。烽火通信公司开发的 RFTS(光纤监视系统)和 OFAMS(光纤自动测量系统)可以作为一个大型自动化管理系统的一部分,又是整个电信管理系统资源管理的组成部分,该系统可以检测到光纤的通断、光纤的劣化,还具有光纤的自动切换功能。采用该系统能够节约人力资源费用,提高工作效率。此外,国内外还有一些公司能提供类似的产品。

2.6 点对点协议

随着 IP 接入网的兴起,ATM、IP 成为理解综合宽带接入网必不可少的基础知识。关于 ATM、IP 的书籍已经较多,这里只是介绍国内书籍较少谈到而又特别重要的 PPP (Point to Point Protocol)——点对点协议。PPP 提供了在 Internet 上通过串行的点对点连接传输报文分组的方法。

2.6.1 PPP协议概述

PPP与SLIP(Serial Line Internet Protocol)一样,都允许拨号用户将其计算机作为平等的主机连接至Internet上进行通信。不过,PPP在建立时不需太多的配置信息,因为PPP协议本身内置了先进的通信协商过程,能判断出分配给用户的IP地址或路由器地址,而无须用户的预先设置;而在建立SLIP连接时,用户需要将这些信息加入到配置说明或配置文件中。因此,通常更多采用PPP协议。

串行线路网际协议(SLIP)是一种比较老的协议,用于处理通过拨号或其他串行连接进行的TCP/IP通信。SLIP是一种物理层协议,它不提供差错校验,且依赖于硬件(如调制解调器差错检验)来完成这一任务,另外它只支持一种协议(TCP/IP)的传输。

为了解决SLIP存在的问题,IETF成立了一个组来制定点到点的数据链路协议。该标准命名为RFC1661——PPP协议,即点到点协议。PPP能支持差错检测,支持各种协议,在连接时IP地址可赋值,具有身份验证功能,以及很多对SLIP改进的功能。虽然目前很多Internet服务提供者ISP同时支持SLIP和PPP,但从今后发展看,很明显PPP是主流,它不仅适用于拨号用户,而且适用于路由器对路由器线路。

PPP和SLIP协议的主要区别:

- PPP具有动态分配IP地址的能力,而SLIP必须静态输入;
- PPP支持多种网络协议,比如TCP/IP、NetBEUI、NWLINK等,而SLIP只支持TCP/IP;
- PPP具有错误检测以及纠错能力,支持数据压缩,而SLIP均不具备;
- PPP具有身份验证功能,而SLIP不具备。

2.6.2 PPP的功能

PPP的帧格式类似于HDLC(High Data Link Protocol)的帧格式,但前者是面向字符的,后者是面向位的。PPP不采用编号帧,只有在干扰大的环境可采用编号帧来实现可靠传输,如RFC1663所描述。

PPP提供物理层和数据链路层的功能。在数据链路层中,PPP提供差错校验,以确保该层发送和接收的帧的正确交付。PPP还可通过使用链路控制协议(Link Control Protocol,LCP)来维持两个连接着的设备间的逻辑链路控制(Logic Link Control)通信。另外PPP还允许使用用户想在该链路中使用的任何协议,如TCP/IP、IPX/SPX、NetBEUI和AppleTalk都可以通过调制解调器连接和发送。

PPP是为在同等单元之间传输数据包这样简单的链路而设计的。这种链路提供全双工操作,并按照顺序传递数据包。人们有意让PPP为基于各种主机、网桥和路由器的简单连接提供一种共通的解决方案。

(1) 成帧的方法可清楚地区分帧的结束和下一帧的开始,帧格式还处理差错检测。

(2) 利用链路控制协议(Link Control Protocol,LCP)建立、配置、测试、关闭数据链路。

(3) 利用网络控制协议(Network Control Protocol,NCP)建立、配置不同的网络层协议。

1. 封装

PPP 封装提供了不同网络层协议同时通过统一链路的多路技术。人们精心的设计 PPP 封装,使其保有对常用支持硬件的兼容性。当使用默认的类 HDLC 帧(HDLC-like framing)时,仅需要 8 个额外的字节,就可以形成封装。在带宽需要付费时,封装和帧可以减少到 2 个或 4 个字节。为了支持高速的执行,默认的封装只使用简单的字段,多路分解只需要对其中的一个字段进行检验。默认的头和信息字段落在 32 比特边界上,尾字节可以被填补到任意的边界。

2. 链路控制协议(LCP)

为了在一个很宽广的环境内能够方便地使用,PPP 提供了 LCP。LCP 用于就封装格式选项自动地达成一致,处理数据包大小的变化,探测环回链路和其他普通的配置错误,以及终止链路。提供的其他可选功能有:对链路中同等单元标识的认证,当链路功能正常或链路失败时的决定。

3. 网络控制协议(NCP)

点对点连接可能和当前的一族网络协议产生许多问题。例如,基于电路交换的点对点连接(比如拨号模式服务)以及分配和管理 IP 地址,即使在 LAN 环境中,也非常困难。这些问题由一族网络控制协议(NCP)来处理,每一个协议管理着各自的网络层协议的特殊需求。

4. 配置

人们有意使 PPP 链路很容易配置。通过设计标准的默认值处理全部的配置。执行者可以对默认配置进行改进,它被自动地通知给其同等单元而无须操作员的干涉。最终,操作员可以明确地为链路设定选项,以便其正常工作。

2.6.3　PPP 封装

PPP 封装用于消除多协议数据报的歧义。封装需要帧同步以确定封装的开始和结束。提供帧同步的方法在参考文档中。

PPP 封装的概要如图 2-15 所示。字段的传输从左到右。

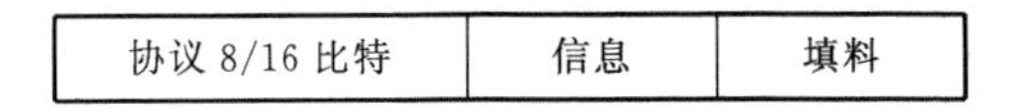

图 2-15　PPP 封装的概要

1. 协议字段

协议字段由一个或两个字节组成。它的值标识着压缩在包的信息字段里的数据类型。字段中最有意义位(最高位)被首先传输。

该字段结构与ISO 3309地址字段扩充机制相一致。该字段必须是奇数:最轻意义字节的最轻意义位(最低位)必须等于1。另外,字段必须被赋值,以便最有意义字节的最轻意义位为0。收到的不符合这些规则的帧,必须被视为带有不被承认的协议。

在范围"0 * * *"到"3 * * *"内的协议字段,标识着特殊包的网络层协议。在范围"8 * * *"到"b * * *"内的协议字段,标识着包属于联合的(相关的)网络控制协议(NCP)。在范围"4 * * *"到"7 * * *"内的协议字段,用于没有相关NCP的低通信量协议。在范围"c * * *"到"f * * *"内的协议字段,标识着使用链路层控制协议(例如LCP)的包。

到目前为止,协议字段的值在最近的"Assigned Numbers" RFC [2]里有详细的说明。举例如表2-5所示。

表2-5 协议字段的值

Value (in hex)	Protocol Name
c021	Link Control Protocol 链路控制协议
c023	Password Authentication Protocol 密码认证协议
c025	Link Quality Report 链路品质报告
c223	Challenge Handshake Authentication Protocol 挑战-认证握手协议

2. 信息字段

信息字段是0或更多的字节。对于在协议字段里指定的协议,信息字段包含数据净荷。

信息字段的最大长度包含填料但不包含协议字段,术语叫做最大接收单元(MRU),默认值是1 500字节。若经过协商同意,也可以使用其他的值作为MRU。

3. 填充

在传输的时候,信息字段会被填充若干字节以达到MRU。每个协议负责根据实际信息的大小确定填充的字节数。

2.6.4 PPP链路操作

1. 概述

为了通过点对点链路建立通信,PPP链路的每一端,必须首先发送LCP包以便设定和测试数据链路。在链路建立之后,对方才可以被认证。然后,PPP必须发送NCP包以便选择和设定一个或更多的网络层协议。一旦每个被选择的网络层协议都被设定好了,来自每个网络层协议的相应的数据包就能在链路上发送了。链路将保持通信设定不变,直到外在的LCP和NCP关闭链路,或者是发生一些外部事件的时候(休止状态的定时器期满或者网络管理员干涉)。在设定、维持和终止点对点链路的过程里,PPP链路经过几个清楚的阶段,如图2-16所示。这张图并没有给出所有的状态转换。

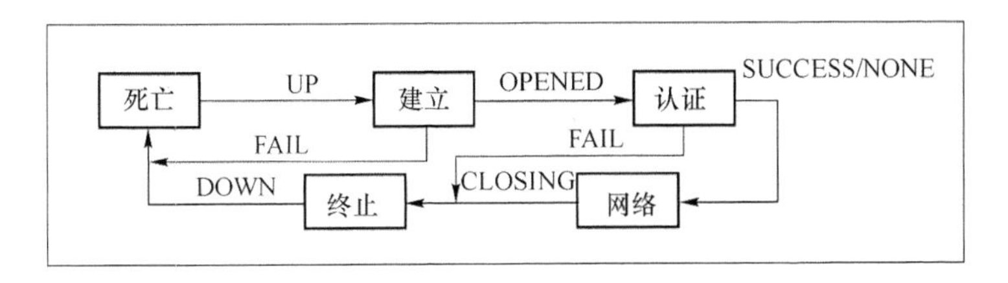

图 2-16　阶段划分框图

2. 链路死亡(物理连接不存在)

链路一定开始并结束于这个阶段。当一个外部事件(例如载波侦听或网络管理员设定)指出物理层已经准备就绪时,PPP 将进入链路建立阶段。在这个阶段,LCP 自动机将处于初始状态,向链路建立阶段的转换将给 LCP 自动机一个 UP 事件信号。典型的,在与调制解调器断开之后,链路将自动返回这一阶段。在用硬件实现的链路里,这一阶段相当的短——仅够侦测设备的存在。

3. 链路建立阶段

LCP 用于交换配置信息包建立连接。一旦一个配置成功信息包(Configure-Ack Packet)被发送且被接收,就完成了交换,进入了 LCP 开启状态。所有的配置选项都假定使用默认值,除非被配置交换所改变。有一点要注意:只有不依赖于特别的网络层协议的配置选项才有 LCP 配置。在网络层协议阶段,个别的网络层协议的配置由个别的网络控制协议(NCP)来处理。

在这个阶段接收的任何非 LCP 包必须被丢弃。收到 LCP Configure-Request(LCP 配置请求)能使链路从网络层协议阶段或者认证阶段返回到链路建立阶段。

4. 认证阶段

在一些链路上,在允许网络层协议包交换之前,链路的一端可能需要对方去认证它。默认的,认证是不需要强制执行的。如果一次执行希望对方根据某一特定的认证协议来认证,那么它必须在链路建立阶段要求使用那个认证协议。网络层协议包交换之前尽可能在链路建立后立即进行认证,而链路质量检查可以同时发生。在一次执行中,禁止因为交换链路质量检查包而不确定地将认证向后推迟这一做法。

在认证完成之前,禁止从认证阶段前进到网络层协议阶段。如果认证失败,认证者应该跃迁到链路终止阶段。在这一阶段里,只有链路控制协议、认证协议和链路质量监视协议的包是被允许的。在该阶段里接收到的其他的包必须被静静地丢弃。一次执行中,仅仅是因为超时或者没有应答就造成认证的失败是不应该的。认证应该允许某种再传输,只有在若干次的认证尝试失败以后,不得已的时候,才进入链路终止阶段。在执行中,哪一方拒绝了另一方的认证,哪一方就要负责开始链路终止阶段。

5. 网络层协议阶段

一旦 PPP 完成了前面的阶段,每一个网络层协议(例如 IP、IPX 或 AppleTalk)必须被适当的网络控制协议(NCP)分别设定。每个NCP可以随时被打开和关闭。

因为一次执行最初可能需要大量的时间用于链路质量检测,所以当等待对方设定NCP的时候,执行应该避免使用固定的超时。

当一个NCP处于Opened状态时,PPP将携带相应的网络层协议包。当相应的NCP不处于Opened状态时,任何接收到的被支持的网络层协议包都将被静静地丢弃。

当LCP处于Opened状态时,任何不被该执行所支持的协议包必须在Protocol-Reject里返回。只有支持的协议才被静静地丢弃。在这个阶段,链路通信量由LCP、NCP和网络层协议包的任意可能的联合组成。

6. 链路终止阶段

PPP可以在任意时间终止链路。引起链路终止的原因很多:载波丢失、认证失败、链路质量失败、空闲周期定时器期满或者管理员关闭链路。LCP用交换终止(Terminate)包的方法终止链路。当链路正被关闭时,PPP通知网络层协议,以便它们可以采取正确的行动。

交换终止包之后,执行应该通知物理层断开,以便强制链路终止,尤其当认证失败时。Terminate-Request(终止-要求)的发送者,在收到Terminate-Ack(终止-允许)后,或者在重启计数器期满后,应该断开连接。收到Terminate-Request的一方,应该等待对方去切断,在发出Terminate-Request后,至少也要经过一个Restart time(重启时间),才允许断开。PPP应该前进到链路死亡阶段。在该阶段收到的任何非LCP包,必须被静静地丢弃。执行笔记:LCP关闭链路就足够了,不需要每一个NCP发送一个终止包。相反,一个NCP关闭却不足以引起PPP链路的终止,即使那个NCP是当前唯一一个处于Opened状态的NCP。

窄带接入方式下利用PPP技术通过AAA服务器实现用户的身份认证并分配IP地址,使得用户能够通过接入服务器接入网络,进行信息的交互。而宽带接入方式下,通过以太网交换机或路由器实现的网络,并不提供相应的功能对用户进行身份认证。目前,需要严格认证的方法又分为两种,即PPPoE/A技术和DHCP+技术。

(1) PPPoE/A(PPP over Ethernet/ATM)技术

PPPoE/A技术既能够实现一个客户端或多个客户端与多个远程主机连接的功能,又能够提供类似于PPP的访问控制和计费功能。使用PPPoE/A技术,类似于使用点对点协议的拨号服务方式,每个主机使用自己的点对点协议栈,用户使用他们所熟悉的拨号网络用户接口进行拨号。通过PPPoE/A技术,每个用户可以有他自己的接入管理、计费和业务类型。

PPPoE/A技术有IETF的RFC,技术与设备比较成熟,可以防止地址盗用,既可以按时长计费也可以按流量计费,能够对待特定用户设置访问列表过滤或防火墙功能,能够对具体用户访问网络的速率进行控制,能够利用现有的用户认证、管理和计费系统实现宽窄带用户的统一管理认证和计费,能够方便地提供动态业务选择特性,而这些都是DHCP+所不具备的。

(2) 主机(地址)动态配置协议 DHCP+(Dynamic Host Configuration Protocol)

DHCP+是为了适应网络发展的需要而对传统的 DHCP 协议进行的改进,主要增加了认证功能,即 DHCP 服务器在将配置参数发给客户端之前必须将客户端提供的用户名和密码送往 RADIUS 服务器进行认证,通过后才将配置信息发给客户端。与 PPPoE/A 技术一样,DHCP+也需要在客户端上安装客户端软件。但不同的是,DHCP+客户与服务器可以通过在每个子网内增加中继代理而跨越三层,不一定要在同一个二层内。而且,服务器只是在获得 IP 配置信息阶段起作用,以后的通信完全不经过它,而 PPPoE/A 技术由于服务器与客户端之间存在 PPP 连接,因此服务器是所有通信的必经之路。

DHCP+的主要优点是使用 DHCP+服务器只在用户接入网络前为用户提供配置与管理信息,一般不会成为瓶颈,并能够很容易地实现组播的应用。但是,DHCP+还没有正式的标准,产品和应用很少;不能防止地址冲突和地址被盗用;不能按流量进行计费;不能对用户的数据流量进行控制;并且,应用 DHCP+需要改变现有的后台管理系统。因此,这种方式目前还不具备实际应用的能力,需要等到进一步成熟后才能考虑使用。

2.7　认证、授权、计费协议

AAA 指的是 Authentication(认证)、Authorization(授权)、Accounting(计费)。自网络诞生以来,认证、授权以及计费体制(AAA)就成为其运营的基础。网络中各类资源的使用,需要由认证、授权和计费进行管理。而 AAA 的发展与变迁自始至终都吸引着运营商的目光。对于一个商业系统来说,鉴别是至关重要的,只有确认了用户的身份,才能知道所提供的服务应该向谁收费,同时也能防止非法用户(黑客)对网络进行破坏。在确认用户身份后,根据用户开户时所申请的服务类别,系统可以授予客户相应的权限。最后,在用户使用系统资源时,需要有相应的设备来统计用户所对资源的占用情况,据此向客户收取相应的费用。

其中,鉴别指用户在使用网络系统中的资源时对用户身份的确认。这一过程,通过与用户的交互获得身份信息(诸如用户名—口令组合、生物特征获得等),然后提交给认证服务器;后者对身份信息与存储在数据库里的用户信息进行核对处理,然后根据处理结果确认用户身份是否正确。例如,GSM 移动通信系统能够识别其网络内网络终端设备的标志和用户标志。授权指网络系统授权用户以特定的方式使用其资源,这一过程指定了被认证的用户在接入网络后能够使用的业务和拥有的权限,如授予的 IP 地址等。仍以 GSM 移动通信系统为例,认证通过的合法用户,其业务权限(是否开通国际电话主叫业务等)则是用户和运营商在事前已经协议确立的。计费指网络系统收集、记录用户对网络资源的使用,以便向用户收取资源使用费用,或者用于审计等目的。以互联网接入业务供应商

ISP 为例,用户的网络接入使用情况可以按流量或者时间被准确记录下来。在第三代移动通信系统的早期版本中,用户也称为 MN(移动节点),认证在 NAS(Network Access Server)中实现,它们之间采用 PPP 协议,认证器和 AAA 服务器之间采用 AAA 协议(以前的方式采用远程访问拨号用户服务 RADIUS(Remote Access Dial up User Service);Raduis 英文原意为半径,原先的目的是为拨号用户进行认证和计费。后来经过多次改进,形成了一项通用的认证计费协议。

认证、授权和计费一起实现了网络系统对特定用户的网络资源使用情况的准确记录。这样既在一定程度上有效地保障了合法用户的权益,又能有效地保障网络系统安全可靠的运行。考虑到不同网络融合以及互联网本身的发展,迫切需要新一代的基于 IP 的 AAA 技术,因此出现了 Diameter 协议。

2.7.1 RADIUS 协议

RADIUS 是一种 C/S 结构的协议,它的客户端最初就是 NAS(Net Access Server)服务器,现在任何运行 RADIUS 客户端软件的计算机都可以成为 RADIUS 的客户端。RADIUS 协议认证机制灵活,可以采用 PAP、CHAP 或者 UNIX 登录认证等多种方式。RADIUS 是一种可扩展的协议,它进行的全部工作都是基于 Attribute-Length-Value 的向量进行的。RADIUS 也支持厂商扩充厂家专有属性。由于 RADIUS 协议简单明确,可扩充,因此得到了广泛应用,包括普通电话上网、ADSL 上网、小区宽带上网、IP 电话、VPDN(Virtual Private Dialup Networks,基于拨号用户的虚拟专用拨号网业务)、移动电话预付费等业务。最近 IEEE 提出了 802.1x 标准,这是一种基于端口的标准,用于对无线网络的接入认证,在认证时也采用 RADIUS 协议。

RADIUS 协议最初是由 Livingston 公司提出的,原先的目的是为拨号用户进行认证和计费。后来经过多次改进,形成了一项通用的认证计费协议。创立于 1966 年的 Merit Network, Inc. 是密执安大学的一家非营利公司,其业务是运行维护该校的网络互联 MichNet。1987 年,Merit 在美国 NSF(国家科学基金会)的招标中胜出,赢得了 NSFnet(即 Internet 前身)的运营合同。因为 NSFnet 是基于 IP 的网络,而 MichNet 却基于专有网络协议,Merit 面对着如何将 MichNet 的专有网络协议演变为 IP 协议,同时也要把 MichNet 上的大量拨号业务以及其相关专有协议移植到 IP 网络上来。

1991 年,Merit 决定招标拨号服务器供应商。几个月后,一家叫 Livingston 的公司提出了建议,冠名为 RADIUS,并为此获得了合同。1992 年秋天,IETF 的 NASREQ 工作组成立,随之提交了 RADIUS 作为草案。很快,RADIUS 成为事实上的网络接入标准,几乎所有的网络接入服务器厂商均实现了该协议。1997 年,RADIUS RFC2058 发表,随后是 RFC2138,最新的 RADIUS RFC2865 发表于 2000 年 6 月。

用户接入 NAS,NAS 向 RADIUS 服务器使用 Access-Require 数据包提交用户信息,包括用户名、密码等相关信息,其中用户密码是经过 MD5 加密的,双方使用共享密钥,这个密钥不经过网络传播；RADIUS 服务器对用户名和密码的合法性进行检验，必要时可以提出一个 Challenge，要求进一步对用户认证，也可以对 NAS 进行类似的认证；如果合法，给 NAS 返回 Access-Accept 数据包，允许用户进行下一步工作，否则返回 Access-Reject 数据包，拒绝用户访问；如果允许访问，NAS 向 RADIUS 服务器提出计费请求（Account-Require），RADIUS 服务器响应 Account-Accept，对用户的计费开始，同时用户可以进行自己的相关操作。

RADIUS 还支持代理和漫游功能。简单地说，代理就是一台服务器，可以作为其他 RADIUS 服务器的代理，负责转发 RADIUS 认证和计费数据包。所谓漫游功能，就是代理的一个具体实现，这样可以让用户通过本来与其无关的 RADIUS 服务器进行认证，用户到非归属运营商所在地也可以得到服务，也可以实现虚拟运营。

RADIUS 服务器和 NAS 服务器通过 UDP 协议进行通信，RADIUS 服务器的 1812 端口负责认证，1813 端口负责计费工作。采用 UDP 的基本考虑是因为 NAS 和 RADIUS 服务器大多在同一个局域网中，使用 UDP 更加快捷方便，而且 UDP 是无连接的，会减轻 RADIUS 的压力，也更安全。

RADIUS 协议还规定了重传机制。如果 NAS 向某个 RADIUS 服务器提交请求没有收到返回信息，那么可以要求备份 RADIUS 服务器重传。由于有多个备份 RADIUS 服务器，因此 NAS 进行重传的时候，可以采用轮询的方法。如果备份 RADIUS 服务器的密钥和以前 RADIUS 服务器的密钥不同，则需要重新进行认证。

RADIUS 客户端和 RADIUS 服务器之间通过共享密钥认证相互间交互的消息，用户密码采用密文方式在网络上传输，增强了安全性。RADIUS 协议合并了认证和授权过程，即响应报文中携带了授权信息。图 2-17 是 RADIUS 的基本工作原理。RADIUS 基本交互步骤如下：

（1）用户输入用户名和口令；

（2）RADIUS 客户端根据获取的用户名和口令，向 RADIUS 服务器发送认证请求包（Access-Request）；

（3）RADIUS 服务器将该用户信息与 users 数据库信息进行对比分析，如果认证成功，则将用户的权限信息以认证响应包（Access-Request）发送给 RADIUS 客户端；如果认证失败，则返回 Access-Reject 响应包；

（4）RADIUS 客户端根据接收到的认证结果接入/拒绝用户。如果可以接入用户，则 RADIUS 客户端向 RADIUS 服务器发送计费开始请求包（Accounting-Request），status-type 取值为 start；

（5）RADIUS 服务器返回计费开始响应包（Accounting-Response）；

（6）RADIUS 客户端向 RADIUS 服务器发送计费停止请求包（Accounting-Request），status-type 取值为 stop；

（7）RADIUS 服务器返回计费结束响应包（Accounting-Response）。

RADIUS 协议应用范围很广,包括普通电话、上网业务计费,对 VPN 的支持可以使不同的拨入服务器的用户具有不同权限。

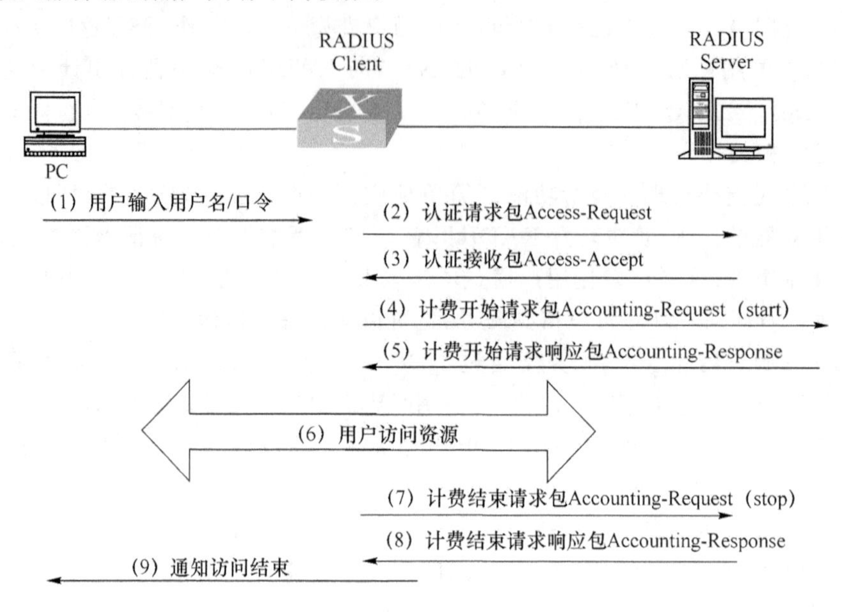

图 2-17 RADIUS 的基本工作原理

RADIUS 是目前最常用的认证计费协议之一,它简单安全,易于管理,扩展性好,所以得到广泛应用。但是由于协议本身的缺陷,比如基于 UDP 的传输、简单的丢包机制、没有关于重传的规定和集中式计费服务,都使得它不太适应当前网络的发展,需要进一步改进。

当前 IETF 成立了专门的工作组讨论关于认证、授权和计费的问题。他们认为,一个良好的 AAA 协议必须具有如下特点:

- 协议必须对典型的信息和协同工作的需求进行明确的规定。
- 协议必须定义错误信息类别,并且可以正确地根据错误类别返回。错误信息类别必须覆盖所有的操作错误。
- 计费操作模型必须描述所有的上网方式。
- 协议必须能够在 IPv6 上正常运行。
- 协议应该能够在传输过程中正确处理拥塞问题。
- 支持代理。
- 与 RADIUS 兼容。
- 协议应该定义轻量级数据对象,以便于 NAS 实现。
- 协议应该提供协议本身和数据模型的逻辑区别,并且支持更多的数据类型。
- 必须定义 MIB,支持 IPv4 和 IPv6 操作。

基于上述考虑，IETF 的 AAA 工作组在 2002 年 3 月提出了 Diameter 的认证计费协议草案。

2.7.2　Diameter 协议

随着新的接入技术的引入（如无线接入、DSL、移动 IP 和以太网）和接入网络的快速扩容，越来越复杂的路由器和接入服务器大量投入使用，对 AAA 协议提出了新的要求，使得传统的 RADIUS 结构的缺点日益明显。目前，3G 网络正逐步向全 IP 网络演进，不仅在核心网络使用支持 IP 的网络实体，在接入网络也使用基于 IP 的技术，而且移动终端也成为可激活的 IP 客户端。如在 WCDMA 当前规划的 R6 版本就新增以下特性：UTRAN 和 CN 传输增强；无线接口增强；多媒体广播和多播（MBMS）；数字权限管理（DRM）；WLAN-UMTS 互通；优先业务；通用用户信息（GUP）；网络共享；不同网络间的互通等。在这样的网络中，移动 IP 将被广泛使用。支持移动 IP 的终端可以在注册的家乡网络中移动，或漫游到其他运营商的网络。当终端要接入到网络，并使用运营商提供的各项业务时，就需要严格的 AAA 过程。AAA 服务器要对移动终端进行认证，授权允许用户使用的业务，并收集用户使用资源的情况，以产生计费信息。这就需要采用新一代的 AAA 协议——Diameter。此外，在 IEEE 的无线局域网协议 802.16e 的建议草案中，网络参考模型里也包含了认证和授权服务器 ASA Server，以支持移动台在不同基站之间的切换。可见，在移动通信系统中，AAA 服务器占据很重要的位置。

经过讨论，IETF 的 AAA 工作组同意将 Diameter 协议作为下一代的 AAA 协议标准。Diameter（英文原意为直径，意味着 Diameter 协议是 RADIUS 协议的升级版本）协议包括基本协议、NAS（网络接入服务）协议、EAP（可扩展认证）协议、MIP（移动 IP）协议、CMS（密码消息语法）协议等。Diameter 协议支持移动 IP、NAS 请求和移动代理的认证、授权和计费工作，协议的实现和 RADIUS 类似，也是采用 AVP，属性值对（采用 Attribute-Length-Value 三元组形式）来实现，但是其中详细规定了错误处理和 failover 机制，采用 TCP 协议，支持分布式计费，克服了 RADIUS 的许多缺点，是最适合未来移动通信系统的 AAA 协议。Diameter 协议簇包括基础协议（Diameter Base Protocol）和各种应用协议。本书介绍的基础协议提供了作为一个 AAA 协议的最低需求，是 Diameter 网络节点都必须实现的功能，包括节点间能力的协商、Diameter 消息的接收及转发、计费信息的实时传输等。应用协议则充分利用基础协议提供的消息传送机制，规范相关节点的功能以及其特有的消息内容，来实现应用业务的 AAA。基础协议可以作为一个计费协议单独使用，但一般情况下需与某个应用一起使用。

在 Diameter 协议中，包括多种类型的 Diameter 节点。除了 Diameter 客户端和 Diameter 服务器外，还有 Diameter 中继、Diameter 代理、Diameter 重定向器和 Diameter 协议转换器。

- Diameter中继能够从Diameter请求消息中提取信息,再根据Diameter基于域的路由表的内容决定消息发送的下一跳Diameter节点。Diameter中继只对过往消息进行路由信息的修改,而不改动消息中的其他内容。
- Diameter代理根据Diameter路由表的内容决定消息发送的下一跳Diameter节点。此外,Diameter代理能够修改消息中的相应内容。
- Diameter重定向器不对消息进行应用层的处理,它统一处理Diameter消息的路由配置。当一个Diameter节点按照配置将一个不知道如何路由的请求消息发给Diameter重定向器时,重定向器将根据其详尽的路由配置信息,把路由指示信息加入到请求消息的响应里,从而明确地通知该Diameter节点的下一跳Diameter节点。
- Diameter协议转换器主要用于实现RADIUS与Diameter,或者TACACS+与Diameter之间的协议转换。

上述各种Diameter节点,通过配置建立一对一的网络连接,组成一个Diameter网络。

(1) Diameter网络节点间的对等连接

Diameter节点间的网络连接是在Diameter节点启动过程中动态建立的基于TCP或者SCTP传输协议上的套接字连接。

对于一个Diameter节点,其对端节点,或者基于静态配置,或者基于动态(利用SLP、DNS协议)发现。当Diameter协议栈启动时,Diameter节点会尝试与每一个它所得知的对端节点建立套接字连接。

在成功建立一个套接字连接,即对等连接后,两个Diameter节点将进行能力协商,交换协议版本、所支持的应用协议、安全模式等信息。能力协商是通过Diameter的能力交换请求(Capabilities-Exchange-Request,CER)和能力交换响应(Capabilities-Exchange-Answer,CEA)两个Diameter消息的交互实现的。能力协商之后,应该把有关对端所支持的应用等信息保存在高速缓存中,这样就可以防止把对端不认识的消息和AVP发送给对端。

对等连接可以被正常中止,这需要一个Diameter节点主动发起对等连接中止请求(Disconnect-Peer-Request,DPR)消息,对端收到此消息,并回答对等连接中止应答(Disconnect-Peer-Answer,DPA)消息后,先行中止底层连接。对于除此之外的对等连接的中止情况(如网络故障、一端系统故障等),在发现这类连接异常中止的一端,要按照定时器设置,不断地尝试恢复建立对等连接。

正常的对等连接上可以传输各类Diameter消息,在连接空闲无消息传送超过一定时间时,对等连接两端将发送连接正常检测消息(Device-Watchdog-Request/Answer,DWR/DWA)。而一旦DWR/DWA消息收发异常,Diameter节点将认定对等连接故障,或者尝试恢复建立连接,或者将消息通路转换到备用的对等连接上。

（2）Diameter 的消息格式

Diameter 消息的头部包括 20 个字节。头 4 个字节是 8 比特的版本信息和 24 比特的消息长度(包括消息头长度)。随后的 4 个字节是 8 比特的消息标志位和 24 比特的命令代码。

命令代码用来表示这个消息所对应的命令，请求消息和相应的回答消息共享一个命令代码。

应用标识、逐跳标识和端到端标识都有 4 个字节，其中应用标识用以指示消息适用的应用，逐跳标识用于判断请求与应答的对应关系，而端到端标识主要用于重复消息的检查。

消息头部后的全部字节就是消息的具体内容，以属性值对 AVP(Attribute-Value-Pair)的形式逐个头尾衔接。AVP 的格式也是由头部和数据组成，结构为：头 4 个字节是 AVP 代码，下四个字节由 8 比特的 AVP 标志和 24 比特的 AVP 长度(包括 AVP 头部长度)构成，AVP 标志用于通知接收端如何处理这个属性。

头部后的字节就是数据内容。AVP 内的数据类型，目前包括字符串、32 比特整数、64 比特整数、32 比特浮点数、64 比特浮点数以及 AVP 组等。

（3）Diameter 的消息处理和用户会话

Diameter 客户端与 Diameter 服务器都可以组成相应的请求消息，发送给对方。正是从这点考虑，Diameter 属于对等协议(peer to peer)，而不是如 RADIUS 一样的客户/服务器模式的协议。

为处理用户的接入，Diameter 客户端通过 Diameter 基础协议和应用协议，与 Diameter 服务器进行一系列的信息交换，而这样一个从发起到中止的一系列信息交互，在 Diameter 协议里被称为一个用户会话(User Session)。

一般的 AAA 业务可以大致分成两类：一类包括用户的认证和授权，可能还包括计费(如移动电话业务)；另一类则是仅包括对用户的计费(如目前的主叫拨号接入业务)。为此，Diameter 基础协议提供对应的两类用户会话，为上层的应用服务。

一个用户会话的建立，一般是由 Diameter 客户端发起，中间可以途径若干 Diameter 代理、重定向器或协议转换器，一直延伸到 Diameter 服务器。

用户会话的结束，完全由 Diameter 客户端决定，但服务器也可以先行发出中止用户会话请求(Abort-Session-Request，ASR)，在客户端同意中止请求的情况下，会响应中止用户会话应答(Abort-Session-Answer，ASA)，然后再发出用户会话结束请求，通知服务器结束用户会话；否则用户会话仍得以保持。在未得到服务器请求的情况下，客户端也可以自行给服务器发出用户会话结束请求，例如在客户端自身异常，或是用户接入异常等的情况下。

通过对用户会话的建立和结束的控制，Diameter 应用很容易实现可靠的以用户为单位的业务资源管理。

(4) Diameter的计费

当用户被允许接入时,Diameter客户端将根据情况产生针对用户的计费信息。这些计费信息将被封装在具体Diameter应用专有的AVP内,由Diameter基础协议中定义的计费请求消息,传送给Diameter服务器。服务器将响应计费应答消息,指示计费成功或拒绝。客户端只有在收到成功的计费响应时,才能清除已经被发送的计费记录。当收到计费拒绝指示时,客户端将中止用户接入。

Diameter支持实时的计费,客户端通过在首次计费请求/响应交互过程中协商好的计费消息间歇时间,定时向服务器发送已收集的计费信息。这种实时计费确保了对用户信用的实时检查。

(5) Diameter消息的安全传输

Diameter客户端(如网络接入服务器)必须支持IPsec,可以支持TLS;而Diameter服务器必须支持IPsec和TLS。IPsec主要应用在网络的边缘和域内的流量,而域间的流量主要通过TLS来保证安全。

由于IPsec和TLS只能保证逐跳的安全,也就是一个传输连接上的安全。当消息通过Diameter代理时,代理会修改消息,这样通过IPsec或TLS取得的安全信息在通过代理时就丢弃了。而Diameter CMS应用提供了端到端的安全性。端到端的安全性是通过两个对等端点间支持AVP的完整性和机密性提供的。Diameter CMS应用中采用了数字签名和加密技术来提供所要求的安全业务。

尽管是由每个对等端的安全策略决定使用端到端的安全性的场合,如当TLS或IPsec提供的传输层面上的安全性足够时,可能不需要端到端的安全性,但Diameter基础协议中还是强烈建议所有的Diameter实现都支持端到端的安全性。这样Diameter CMS应用就有别于其他的Diameter应用,它一般是和Diameter基础协议共存的。

2.7.3 Diameter和RADIUS比较

AAA协议Diameter和RADIUS比较具有如下优势:

(1) RADIUS固有的C/S模式限制了它的进一步发展。Diameter采用了peer-to-peer模式,peer的任何一端都可以发送消息以发起计费等功能或中断连接。

(2) 可靠的传输机制。RADIUS运行在UDP协议上,并且没有定义重传机制,而Diameter运行在可靠的传输协议TCP、SCTP之上。Diameter还支持窗口机制,每个会话方可以动态调整自己的接收窗口,以免发送超出对方处理能力的请求。

(3) 失败恢复机制。RADIUS协议不支持失败恢复机制,而Diameter支持应用层确认,并且定义了失败恢复算法和相关的状态机制,能够立即检测出传输错误。

(4) 大的属性数据空间。Diameter采用AVP(Attribute Value Pair)来传输用户的认证和授权信息、交换用以计费的资源使用信息、中继代理和重定向Diameter消息等。网络的复杂化使Diameter消息所要携带的信息越来越多,因此属性空间一定要足够大,才能满足未来大型复杂网络的需要。

(5) 支持同步的大量用户的接入请求。随着网络规模的不断扩大,AAA 服务器需要同时处理的用户请求的数量不断增加,这就要求网络接入服务器能够保存大量等待认证结果的用户的接入信息,而 RADIUS 的 255 个同步请求显然是不够的,Diameter 可以同时支持 2^{32} 个用户的接入请求。

(6) 服务器初始化消息。由于在 RADIUS 中服务器不能主动发起消息,只有客户能发出重认证请求,所以服务器不能根据需要重新认证。而 Diameter 指定了两种消息类型,重认证请求和重认证应答消息,使得服务器可以随时根据需要主动发起重认证。

(7) Diameter 还支持认证和授权分离,重授权可以随时根据需求进行。而 RADIUS 中认证与授权必须是成对出现的。

(8) RADIUS 仅仅在应用层上定义了一定的安全机制,但没有涉及到数据的机密性。Diameter 要求必须支持 IPsec 以保证数据的机密性和完整性。

(9) RADIUS 没有明确的代理概念,RADIUS 服务器同时具有 proxy 服务器和前端服务器的功能。Diameter 加入代理来承担 RADIUS 服务器的 proxy 功能。

第3章　铜线接入新技术

电信网，主要是电话网，多年来追求的理想是实现信息传送的数字化。20 世纪 60 年代 PCM 设备的应用实现了中继线传输的数字化，70 年代程控数字交换机的应用开始实现信息交换的数字化。在基本实现中继传输和信息交换的数字化后，开始着手实现用户线的数字化，以攻克“最后一公里”的数字传送难关。1972 年 CCITT 提出了综合业务数字网(ISDN)的概念，80 年代初实现了用户线数字传输技术的实用化。随着需求的发展，ISDN 已不能满足用户使用对带宽的要求。目前，电信公司的接入网仍以铜线为主，而且这种状况还将持续相当长的一段时间。如何利用现有铜线接入网来满足用户对高速数据、视频业务日益增长的需求，已成为电信公司亟待解决的问题。

Bellcore 1987 年首先提出了数字用户线(DSL)的概念，并开发了高比特率数字用户线(HDSL)技术；1989 年又进一步提出了非对称数字用户线(ADSL)的概念。20 世纪 90 年代以来，HDSL 和 ADSL 成为数字用户线研究的热点和主流技术，并衍生出若干分支技术。2001 年，中国用户的上网方式还以低速的拨号接入为主，占比达 83%。到 2009 年 6 月月底，宽带接入的比例已经达到 94.3%，其中 80% 为 ADSL 接入。1999 年 ITU-T 颁布了第一代 ADSL 标准，随后两三年，该技术逐步发展成熟，在解决了工艺、互通等方面的问题之后，ADSL 进入了快速发展的时期。但第一代 ADSL 技术在业务开展、运维等方面仍然暴露出许多难以克服的缺点。为了克服这些缺点，ITU-T 于 2002 年 5 月又通过了新一代的 ADSL 标准：G.992.3 和 G.992.4，且在此基础上，扩展频谱的 G.992.5 标准也于 2003 年 1 月通过。人们通常把 G.992.3、G.992.4 和 G.992.5 标准称为第二代 ADSL 技术。第二代 ADSL 技术又经过两三年的改进，特别是 ADSL2+技术解决了互通性的问题，使 ADSL 于 2006 年再次进入迅速发展的时期。截至 2006 年 6 月月底，全世界 DSL 的用户数已达 1.64 亿。

在 ADSL2+技术得到普遍应用的同时，ITU-T 还迅速推动了 VDSL2 标准的制定。VDSL2 与 ADSL2+的兼容性使业界对 DSL 技术的发展有了明确的思路，在 VDSL2 标准成熟前可以优先发展 ADSL2＋技术，待 VDSL2 技术和标准成熟后，再平滑过渡到 VDSL2 解决方案。可见，VDSL2 将是 ADSL2＋之后 DSL 技术重点发展的对象。在随后的几节中将详细介绍各种铜线接入技术。

3.1　铜线接入技术概述

3.1.1　模拟调制解调器接入技术

模拟调制解调器是利用电话网模拟交换线路实现远距离数据传输的传统技术。从传输速率为 300 bit/s 的 Bell103 调制解调器到 33.6 kbit/s 的 V.34 调制解调器，经过了数十年的发展历程。近年来随着 Internet 的迅猛发展，拨号上网用户要求提高上网速率的呼声日涨，56 kbit/s 的调制解调器应运而生。56 kbit/s Modem 又称 PCM Modem，与传统 Modem 在应用上的最大不同，是在拨号用户与 ISP 之间只经过一次 A/D 和 D/A 转换，即仅在用户与电话程控交换机间使用一对 Modem，交换机与 ISP 间为数字连接。

PCM Modem 有两个关键技术：一是多电平映射调制技术，二是频谱成型技术。多电平映射调制是采用一组 PAM 调制，从 A 律（或 μ 律）PCM 编码 256 个电平中选择部分电平作调制星座映射，调制符号率为 8 kHz。使用频谱成型技术，目的是抑制发送信号中的直流分量，减少混合线圈中的非线性失真。早期的 56 kbit/s Modem 主要有两大工业标准：一个是 X2 标准，另一个是 K56flex 标准，两者互不兼容。国际电联电信标准局（ITU-T）第 16 研究组（SG16）1998 年 9 月正式通过了 V.90 建议"用于公用电话网 PSTN 上的，上行速率为 33.6 kbit/s，下行速率为 56 kbit/s 的数字/模拟调制解调器"。已投入使用的 X2 或 K56flexmodem 均可以通过软件升级的方法实现与 V.90 Modem 的兼容。

传统的 V 系列话带 Modem 的速率从 V.21（300 bit/s）发展到 V.90（上行 33.6 kbit/s，下行 56 kbit/s），已经接近话带信道容量的香农极限。目前大部分 PC 都是靠这样的拨号调制解调器接入 Internet。这样慢的速率远远不能满足用户的需要。要提高铜线的传输速率，就要扩展信道的带宽。话带 Modem 占用话音频带，使用时不能在同一条铜线上打电话，而且用户不能一直和 Internet 保持连接。因此迫切需要一种新的技术来解决这些问题。

3.1.2　ISDN 接入技术

N-ISDN 也是一种典型的窄带接入的铜线技术，它比较成熟，提供 64 kbit/s、128 kbit/s、384 kbit/s、1.536 kbit/s、1.920 kbit/s 等速率的用户网络接口。N-ISDN 近年的发展与 Internet 的发展有很大的关系，目前主要是利用 2B＋D 来实现电话和 Internet 接入，利用 N-ISDN 上 Internet 时的典型下载速率在 8 000 B/s 以上，基本上能够满足目前 Internet 浏览的需要,使 ISDN 成为广大 Internet 用户提高上网速度的一种经济而有效的选择。目前 N-ISDN 主要优点是其易用性和经济性,既可满足边上网边打电话,又可满足一户二线,同时还具有永远在线的技术特点,从目前的经济、ICP/ISP 所提供的服务等情况来看,使用 N-ISDN 来实现 Internet 接入的市场还是相当大的,是近期需大力推广的技术,也是近期内能够解决普通用户接入的最主要的方式。

ISDN 用户/网络接口中有两个重要因素,即通道类型和接口结构。通道表示接口信息传送能力。通道根据速率、信息性质以及容量可以分成几种类型,称为通道类型。通道类型的组合称为接口结构,它规定了在该结构上最大的数字信息传送能力。根据 CCITT 的建议,在用户网络接口处向用户提供的通路有以下类型:

① B 通路:64 kbit/s,供用户传递信息用。

② D 通路:16 kbit/s 和 64 kbit/s,供用户传输信令和分组数据用。

③ H0 通道:384 kbit/s,供用户信息传递用(如立体声节目、图像和数据等)。

④ H11 通道:1 536 kbit/s,供用户信息传递用(如高速数据传输、会议电视等)。

⑤ H12 通道:1 920 kbit/s,供用户信息传递用(如高速数据传输、图像会议电视等)。

BRI 2B+D 基本速率接口:

由 2 个用户信息通路即 B 通路和 1 个信令通路即 D 通路组成,因此一个 2B+D 连接可以提供高达 144 kbit/s 的传输速率,其中纯数据速率可达 128 kbit/s,通过一对 ISDN 用户线最多可连接 8 个用户终端,适用于家庭用户和小型办公室。

PRI 30B+D 一次群速率接口:

30B+D 模式由 30 个 B 通路和 1 个 D 通路组成,传输速率为 2 048 kbit/s。(PRI 采用光缆接入)

ISDN 的终端设备具体如下:

NT-1:一类网络终端接口,该设备为连接电话局线路和用户设备的网络接口,提供标准的 S/T 数字接口。

NT-PLUS-A:第二代网络用户接口,除了提供标准的 S/T 数字接口外,增加了模拟接口,使用户能够直接使用原有的模拟设备。

TE-1:标准的 ISDN 终端设备,如数字话机、数字传真机、PC 适配卡。

TE-2:非标准的 ISDN 终端设备。

TA:终端适配器,一般提供一个可连接计算机的数据接口和两个模拟接口,实现非标准的 ISDN 终端设备的连接。

用户网络接口:

“一线通”使用统一的多用途用户网络接口,所有的业务都通过单一的网络接口来提供。对于用户而言,虽然用户端线路和普通模拟电话线路是完全相同的,但是用户设备不再直接与线路连接。所有终端设备都是通过 NT1 上的两个 S/T 接口接入网络的。通常情况下,用户端设备连接方式如图 3-1 所示。图 3-1 中 NT1 是网络终端 1,完成用户终端信号和线路信号的转换。NT1 一般提供一个 U 接口插槽，两个 S/T 接口插槽，可以同时连接两台终端设备。U 接口采用 RJ11 的插头，S/T 采用 RJ45 的插头。注意：大多数的用户终端设备必须通过 NT1 与用户线路连接，不能直接与用户线路连接。

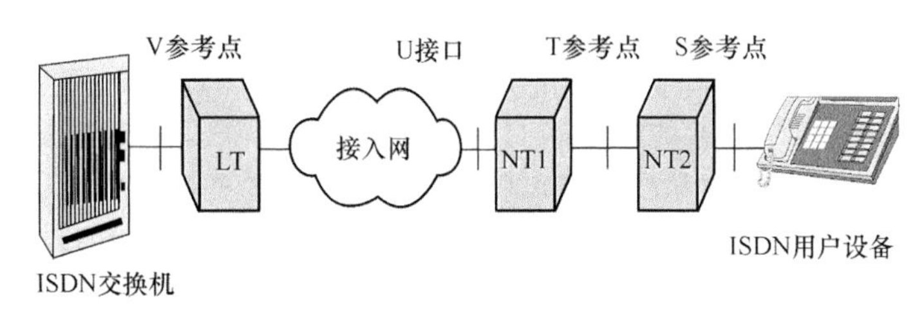

图 3-1　用户网络接口连接图

在应用和业务上，目前 N-ISDN 还有很大的潜力可挖掘，特别是利用 D 信道永远在线和免费的特点提供窄带的增值业务具有广阔的市场前景，利用 D 信道可以进行小额电子支付结算，用于彩票系统、交通及事业性收费、日常生活性费用支付、电子商务小额支付等。此外，还可以大力开展 MOD(Message On Demand)和 NOD(News On Demand)等新业务。

3.1.3　线对增容技术

线对增容是利用普通电话线对在交换局与用户终端之间传送多路电话的复用传输技术。早期的线对增容传输系统使用频分复用模拟载波的方式，因其传输性能较差，已经基本被淘汰。现在的线对增容传输系统借助 ISDN 的 U 接口，使用时分复用的数字传输技术，并配合使用高效话音编码技术，提高了用户线路的传输能力。目前使用最多的线对增容传输系统是在一对用户线上传送四路 32 kbit/s 的 ADPCM 话音信号，即 0+4 线对增容系统。

线对增容传输系统的网络结构如图 3-2 所示。线对增容传输系统直接使用 ISDN U 接口的电路。ITU-T I.412 建议规范了 U 接口的传送能力。

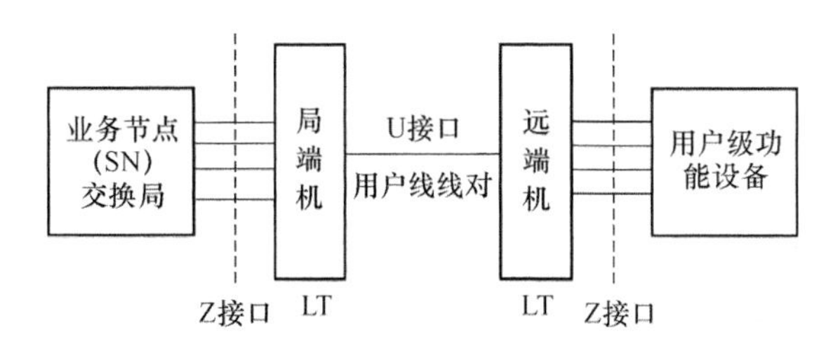

图 3-2　线对增容传输用户接入系统网络结构

3.2 DSL采用的复用与调制技术

DSL(Digital Subscriber Line,数字用户线)中使用的主要关键技术有:复用技术和调制技术。普通铜缆电话线的传输数据信号的调制技术有:2B1Q调制、CAP调制和DMT调制。其中ISDN使用2B1Q调制技术,HDSL使用2B1Q和CAP调制技术,目前常用的是2B1Q技术,ADSL一般使用DMT调制,最近也有厂家的产品采用CAP调制。

复用技术为了建立多个信道,ADSL可通过两种方式对电话线进行频带划分:一种方式是频分复用(FDM),另一种是回波消除(EC)。这两种方式都将电话线0～4 kHz的频带用作电话信号传送。对剩余频带的处理,两种方法则各有不同。FDM方式将电话线剩余频带划分为两个互不相交的区域:一端用于上行信道,另一端用于下行信道。下行信道由一个或多个高速信道加入一个或多个低速信道以时分多址复用方式组成,上行信道由相应的低速信道以时分方式组成。EC方式将电话线剩余频带划分为两个相互重叠的区域,它们也相应地对应于上行和下行信道。两个信道的组成与FDM方式相似,但信号有重叠,而重叠的信号靠本地回波消除器将其分开。频率越低,滤波器越难设计,因此上行信道的开始频率一般都选在25 kHz,带宽约为135 kHz。在FDM方式中,下行信道一般起始于240 kHz,带宽则由线路特性、调制方式和传输数据率决定。EC方式由于上、下行信道是重叠的,使下行信道可利用频带增宽,但这也增加了系统的复杂性,一般在使用DMT调制技术的系统才运用EC方式。

目前,国际上广泛采用的ADSL调制技术有3种:正交幅度调制QAM、无载波幅度/相位调制CAP和离散多音DMT。其中DMT调制技术被ANSI标准化小组TIE1.4制定的国际标准所采用。但由于此项标准推出时间不长,目前仍有相当数量的ADSL产品采用QAM或CAP调制技术。另外,CAP调制技术由于处理简单,发展较快,其势头也不容忽视。

3.2.1 QAM调制技术

QAM是基于正交载波的抑制载波振幅调制,每个载波间相差90°。QAM调制器的工作原理是,发送数据在比特/符号编码器内被分成两路(速率各为原来的1/2),分别与一对正交调制分量相乘,求和后输出。与其他调制技术相比,QAM编码具有能充分利用带宽、抗噪声能力强等优点。

QAM用于ADSL的主要问题是如何适应不同电话线路之间性能较大的差异性。要取得较为理想的工作特性,QAM接收器需要一个和发送端具有相同的频谱和相位特性的输入信号用于解码。QAM接收器利用自适应均衡器来补偿传输过程中信号产生的失真,因此采用QAM的ADSL系统的复杂性主要来自于它的自适应均衡器。

QAM是一种非专用的并被广泛使用的调制格式。现在市场上已将QAM技术以高效的ASIC(专用集成电路)实现。QAM的普遍性和强壮性使之对大部分设备制造商来说已成为合理的选择。

QAM是一种对无线、有线或光纤传输链路上的数字信息进行编码的方式,这种方法结合了振幅和相位两种调制技术。QAM是多相位移相键控的一种扩展,多相位移相键控也是一种相位调制方法,这二者之间最基本的区别是在QAM中不出现固定包络,而在相移键控技术中则出现固定的包络。由于其频谱利用率高的性能而采用了QAM技术。QAM可具有任意数量的离散数字等级。常见的级别有:QAM-4、QAM-16、QAM-64、QAM-256。

3.2.2 CAP调制技术

CAP调制技术是以QAM调制技术为基础发展而来的,可以说它是QAM技术的一个变种。输入数据被送入编码器,在编码器内,m位输入比特被映射为$k=2m$个不同的复数符号$A_n=a_n+jb_n$由k个不同的复数符号构成k-CAP线路编码。编码后a_n和b_n被分别送入同相和正交数字整形滤波器,求和后送入D/A转换器,最后经低通滤波器信号发送出去。

CAP技术用于ADSL的主要技术难点是要克服近端串音对信号的干扰。一般可通过使用近端串音抵消器或近端串音均衡器来解决这一问题。CAP是基于正交幅度调制(QAM)的调制方式。上、下行信号调制在不同的载波上,速率对称型和非对称型的xDSL均可采用。

V.34等模拟Modem也采用QAM,它和CAP的差别在于其所利用的频带。V.34 Modem只用到4 kHz,而ADSL方式中的CAP要利用30 kHz~1 MHz的频带。频率越高,其波形周期越小,故可提高调制信号的速率(即数据传输速率)。CAP中的"Carrier-less(无载波)"是指生成载波(Carrier)的部分(电路和DSP的固件模块)不独立,它与调制/解调部分合为一体,使结构更加精练。

3.2.3 DMT调制技术

DMT调制技术的主要原理是将频带(0~1.104 MHz)分割为256个由频率指示的正交子信道(每个子信道占用4 kHz带宽),输入信号经过比特分配和缓存,将输入数据划分为比特块,经TCM编码后再进行512点离散傅里叶逆变换(IDFT)将信号变换到时域,这时比特块将转换成256个QAM子字符。随后对每个比特块加上循环前缀(用于消除码间干扰),经数/模变换(D/A)和发送滤波器将信号送入信道。由于美国的ADSL国家标准(T1.413)推荐使用DMT技术,所以在今后,将会有越来越多ADSL调制解调器采用DMT技术。

ADSL技术的数据传输能力优于ISDN线路技术和HDSL技术,而且还具有速率的自适应性和较好的抗干扰能力。ADSL之所以能充分的利用普通双绞电话线的传输潜力，在于它使用了DMT调制技术，在设备初始化过程中进行了收发器训练和子信道分析，同时在使用中动态调节各个信道的功率和传输比特数，达到最优的传输速率。下面简要介绍这些技术的原理。

DMT，即离散多音频调制，是一种多载波调制技术，其核心的思想是将整个传输频带分成若干子信道，每个子信道对应不同频率的载波，在不同的载波上分别进行QAM调制，不同信道上传输的信息容量(即每个载调制的数据信号)根据当前子信道的传输性能决定。早在1963年美国麻省理工学院就已经从理论上证明多载波调制技术可以获得最佳的传输性能，但直到低成本、高性能的数字处理技术成熟后，这一技术才得以实用。

如图3-3所示，铜缆线路的0～1 104 kHz频带，其中0～4 kHz为话音频段，用于普通电话业务的传输，ADSL的DMT调制将其他的频带分成255个子载波，子载波之间频率间隔为4.312 5 kHz，容限为50 ppm。在每个子载波上分别进行QAM调制形成一个子信道，其中低频一部分子载波用于上行数据的传输，其余子载波用于下行信号传输，上、下行载波的分离点由具体设备设定(如果设备采用回波抵消法，则上下行信号可共用部分子载波)。

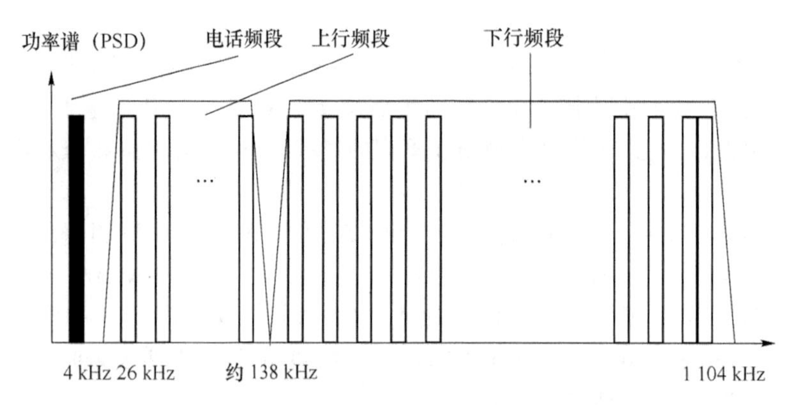

图3-3　ADSL的DMT功率谱图(FDM方式)

DMT调制系统根据情况使用这255个子信道，可以根据各子信道的瞬时衰减特性、群时延特性和噪声特性，在每个子信道上分配1～15个比特的数据，并关闭不能传输数据的信道，从而使通信容量达到可用的最高传输能力。DMT调制的基本结构如图3-4所示，如实际使用了N个子信道，每个子信道上传b_j个比特，映射为一个DMT复数子符号$X_j(j=1,\cdots,N)$，利用$2N$点IFFT(傅里叶逆变换)将频域中N个复数子符号变化成$2N$个实数样值$x_j(j=1,\cdots,2N)$，经数模变换和低通滤波后在线路上输出。接收端进行相反的变换，对抽样后的$2N$个时域样值做FFT变换，得到频域内的N个复数子符号Y_j，译码后恢复成原始输入比特流。

图3-4只是DMT调制的基本结构图，实际ADSL设备在进行信号处理还采用了前

向纠错、载波排序、比特交织、网格编码等技术，使传输的抗干扰能力更强。电话双绞线的 0～1.1 MHz 的频带是非线性的，不同频率衰减不同，噪声干扰情况不同，时延也不同；而且将全频带作为一个通道，一个单频噪声干扰就会影响整个传输性能。而 DMT 调制方式将整个频带分成很多信道，每个信道频带窄，可认为是线性的，各个信道根据干扰和衰减情况可以自动调整传输比特率，获得较好的传输性能，如图 3-5 所示。

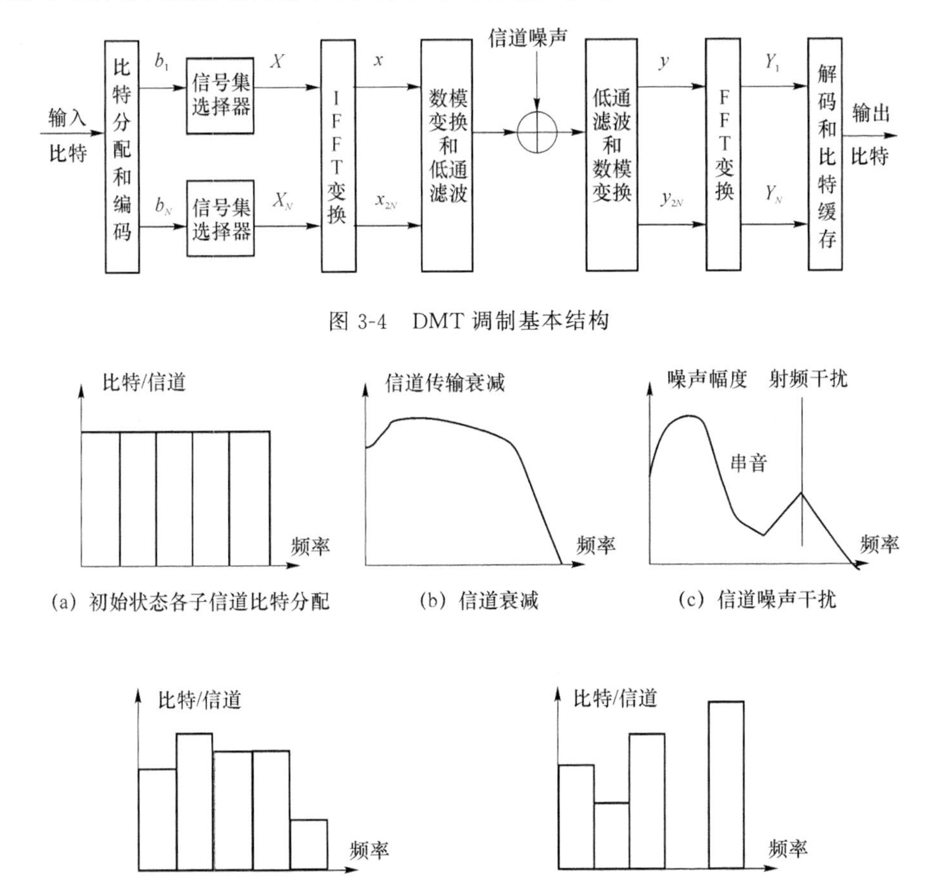

图 3-4　DMT 调制基本结构

(a) 初始状态各子信道比特分配　(b) 信道衰减　(c) 信道噪声干扰

(d) 考虑信息衰减后的各子信道比特分配　(e) 考虑噪声干扰后的各子信道比特分配

图 3-5　DMT 调制方式信道分配

DMT 调制技术提供了子信道传输速率自适应和动态调整的理论，但还要通过具体的方法实现。ADSL 设备主要是通过初始化过程中的收发器训练、子信道分析和运行中的功率调整来实现的。在 ADSL 系统加电后，系统首先要进行初始化，在 ATU-C 和 ATU-R 之间建立传输通路。为了优化通信链路的传输容量和可靠性，ADSL 收发器先要在各个子信道发送一些训练信息，进行收发器的训练，收发器根据接收到的信号对传输通道进行分析（包括信道的衰减、信噪比、数据比特数），确定适合该信道的传输和处理参数。

信道分析结束后,本地的接收器将它已设定的参数和远端的发送器进行交换以保证发送和接收的匹配,交换的数据包括:平均环路衰减估值、选定速率的性能容限、每个子载波支持的比特数量、发送功率电平、净负荷的传输速率等。

在工作过程中,ADSL系统具有在不中断业务下对业务性能监控的功能,对异常的事件、故障和误码可进行监测,对相对衰减大和信噪比低于容限要求的子信道,可增加信号功率,对信噪比较高的,可减小信号功率,功率调整幅度范围为3 dB。同时,系统还具有比特交换的功能,将传输质量差的子信道的部分比特转移到信噪比富余度较大的子信道传输。在ADSL的标准化进程中,DMT调制方式比CAP方式获得了更广泛的支持。与CAP方式相比,DMT具有以下优点:

(1) 带宽利用率更高。DMT技术可以自适应地调整各个子信道的比特率,可以达到比单频调制高得多的信道速率。

(2) 可实现动态带宽分配。DMT技术将总的传输带宽分成大量的子信道,这就有可能根据特定业务的带宽需求,灵活地选取子信道的数目,从而达到按需分配带宽的目的。

(3) 抗窄带噪声能力强。在DMT方式下,如果线路中出现窄带噪声干扰,可以直接关闭被窄带噪声覆盖的几个信道,系统传送性能不会受到太大影响。

(4) 抗脉冲噪声能力强。根据傅里叶分析理论,频域中越窄的信号其时域延续时间越长。DMT方式下各子信道的频带都非常窄,因而各子信道信号在时域中都是延续时间较长的符号,因而可以抵御短时脉冲的干扰。

从性能上看,DMT是比较理想的方式,信噪比高、传输距离远(同样距离下传输速率较高)。但DMT也存在一些问题,比如DMT对某个子信道的比特率进行调整时,会在该子信道的频带上引起噪声,对相邻子信道产生干扰,而且比CAP实现复杂。目前CAP产品较为成熟。为得到更广泛的应用,DMT应该很好地解决其存在的问题,使优势充分发挥出来。

3.3 HDSL接入技术

目前,与DSL标准有关的国际组织很多,其中比较重要的是美国国家标准协会ANSI(American National Standards Institute)、欧洲技术标准协会ETSI(European Technical Standards Institute)和国际电信联盟ITU(International Telecommunication Union)。在ANSI中T1E1委员会负责网络接口、功率及保护方面的工作,T1E1.4工作组具体负责DSL接入的标准工作。在ETSI中,负责DSL接入标准的是TM6工作组。以上两个标准组织只是局部地区的标准组织,而ITU则是一个全球性的标准组织。目前,ITU中与DSL有关的主要标准如下:

- G.991.1:第一代 HDSL 标准
- G.991.2:第二代 HDSL 标准(HDSL2 或 SDSL)
- G.992.1:全速率 ADSL 标准(G.DMT)
- G.992.2:无分离器的 ADSL 标准(G.LITE)
- G.993:保留为 VDSL 的未来标准(尚未完全确定)
- G.994.1:DSL 的握手流程(G.HS)
- G.995.1:DSL 概览
- G.996.1:DSL 的测试流程(G.TEST)
- G.997.1:DSL 的物理层维护工具(G.OAM)

HDSL(高比特率数字用户线)是 ISDN 编码技术研究的产物,可为 ISDN 提供 2B+D 的基本速率。1988 年 12 月,Bellcore 首次提出了 HDSL 的概念,1990 年 4 月,IEEET1E1.4 工作组就此主体展开讨论,并列之为研究项目。之后,Bellcore 向 400 多家厂商发出技术支持的呼吁,从而展开了对 HDSL 的广泛研究。Bellcore 于 1991 年制定了基于 T1(1.544 Mbit/s)的 HDSL 标准,ETSI(欧洲电信标准委员会)也制定了基于 E1(2 Mbit/s)的 HDSL 标准。

1. 基本原理

HDSL(也称为"高速数字用户环路")传输技术是一种基于现有铜线的技术,它采用了先进的数字信号自适应均衡技术和回波抵消技术,以消除传输线路中近端串音、脉冲噪声、波形噪声以及因线路阻抗不匹配而产生的回波对信号的干扰,从而能够在现有的普通电话双绞铜线(两对或三对)上全双工传输 E1 速率数字信号,无中继传输距离可达 3～5 km。接入网中采用 HDSL 技术应基于以下因素考虑:

- 充分利用现有的占接入网网路资源 94%的铜线,较经济地实现了用户的接入;
- 在目前大中城市地下管道不足、机线矛盾突出并在短期内难以解决的地区,可在较短时间内实现用户线增容;
- 传输速率和传输距离有限,只能提供 2 Mbit/s 以下速率的业务。

2. 系统组成及参考配置

图 3-6 规定了一个与业务和应用无关的 HDSL 接入系统的功能参考配置示例。该参考配置是以两线对为例的,但同样适合于三线对或其他多线对的 HDSL 系统。

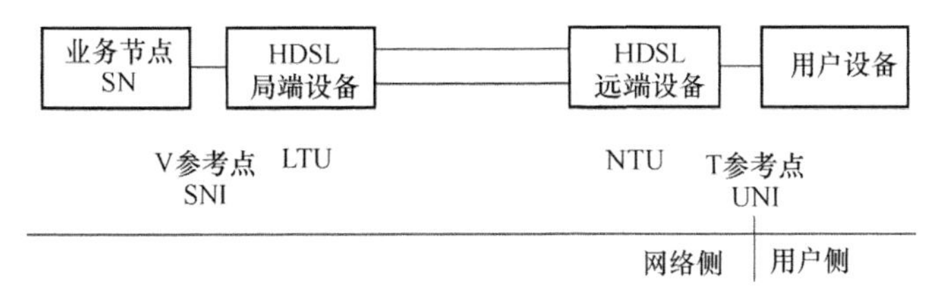

图 3-6　HDSL 的参考配置

HDSL线路终端单元LTU为HDSL系统的局端设备,提供系统网络侧与业务节点SN的接口,并将来自业务节点的信息流透明地传送给位于远端用户侧的NTU设备。LTU一般直接设置在本地交换机接口出处。NTU的作用是为HDSL传输系统提供直接或远端的用户侧接口,将来自交换机的用户信息经接口传送给用户设备。在实际应用中,NTU可能提供分接复用、集中或交叉连接的功能。

HDSL系统由很多功能块组成,一个完整的系统参考配置和成帧过程如图3-7所示。

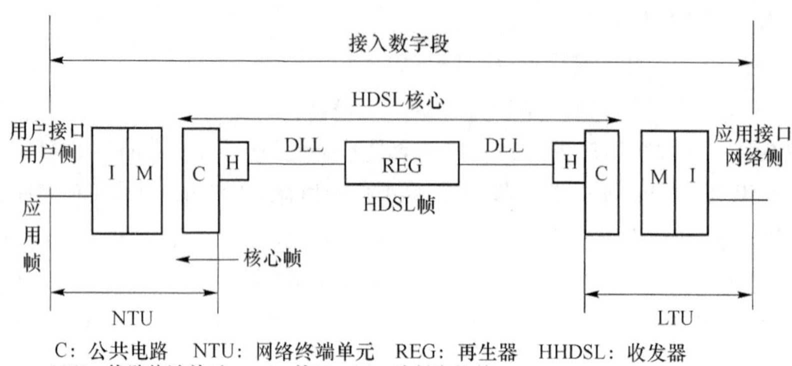

图3-7　HDSL系统的参考配置

信息在LTU和NTU之间的传送过程如下:

应用接口(I):在应用接口,数据流集成在应用帧结构(G.704,32时隙帧结构)中。

映射功能块(M):映射功能块将具有应用帧结构的数据流插入144字节的HDSL帧结构中。

公共电路(C):在发送端,核心帧被交给公共电路,加上定位、维护和开销比特,以便在HDSL帧中透明传送核心帧。

再生器是可选功能块。在接收端,公共电路将HDSL帧数据分解为帧,并交给映射功能块,映射功能块将数据恢复成应用帧,通过应用接口传送。

3. HDSL的帧结构

HDSL的帧结构如图3-8所示。

图3-8中,H字节包括CRC-6、指示比特、嵌入操作信道(EOC)和修正字等,Z-bit为开销字节,目前尚未定义。2.048 Mbit/s的比特流被分割在2对或3对传输线上传输,分割的信号映射入HDSL帧,接收端再把这些分割的HDSL帧重新组合成原始信号。HDSL帧长6 ms,对于双全双工系统,传输速率为1168 kbit/s;对于三全双工系统,传输速率为784 kbit/s。帧包括开销字节和数据字节。开销字节是为HDSL操作目的而用的,数据字节则用来传输2.034 Mbit/s容量的数据。

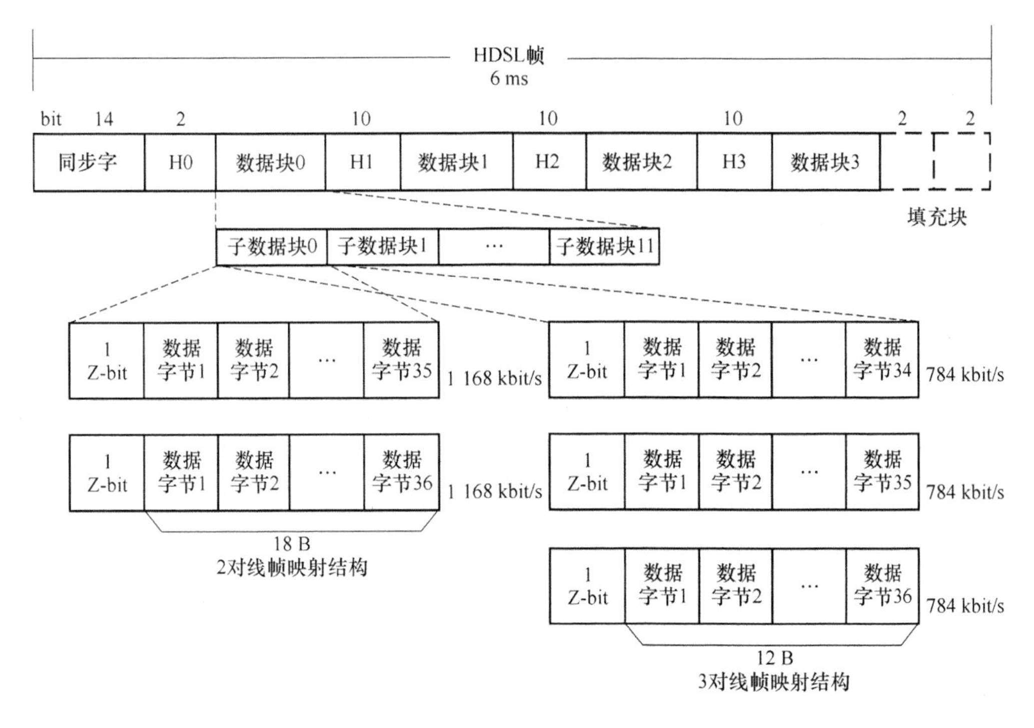

图 3-8　HDSL 的帧结构

4. HDSL 系统分类

HDSL 技术的应用具有相当的灵活性，在基本核心技术的基础上，可根据用户需要改变系统组成。目前与具体应用无关的 HDSL 系统也有很多类型。

按传输线对的数量分，常见的 HDSL 系统可分为两线对和三线对系统两种。在两线对系统中，每线对的传输速度为 1 168 kbit/s，利用三线对传输，每对收发器工作于 784 kbit/s。三线对系统由于每线对的传输速率比两线对的低，因而其传输距离相对较远，一般情况下传输距离增加 10%。但是，由于三线对系统增加了一对收发信机，其成本也相对较高，并且该系统利用三线对传输，占用了更多的网络线路资源。综合比较，建议在一般情况下采用两线对 HDSL 传输。另外，HDSL 还有四线对和一线对系统，其应用不普遍。按线路编码分，HDSL 系统可分为两种：

(1) 2B1Q 码。2B1Q 码是无冗余度的 4 电平脉冲幅度调制(PAM)码，属于基带型传输码，在一个码元符号内传送 2 bit 信息。

(2) CAP 码。CAP 码是一种有冗余的无载波幅度相位调制码，目前的 CAP 码系统可分为二维八状态码和四维十六状态码两种。在 HDSL 系统中广泛应用的是二维八状态格栅编码调制(TCM)，数据被分为 5 个比特一组与 1 比特的冗余位一起进行编码。

从理论上讲，CAP 信号的功率谱是带通型，与 2B1Q 码相比，CAP 码的带宽减少了一半，传输效率提高一倍，由群时延失真引起的码间干扰较小，受低频能量丰富的脉冲噪声及高频的近端串音等的干扰程度也小得多,因而其传输性能比2B1Q码好。从实验室条件下的测试表明,在26号线(0.4 mm线径)上,2B1Q码系统最远传输距离为3.5 km,CAP码系统最远传输距离为4.4 km。各种HDSL系统的比较见表3-1。

表3-1 各HDSL系统的比较

		传输距离(0.4 mm)	对信号要求	性能(误比特率)
2B1Q码	二线对	3.2 km	成帧/不成帧	1×10^{-7}
	三线对	3.8 km	成帧/不成帧	1×10^{-7}
CAP码(二线对)		4.0 km	成帧/不成帧	1×10^{-9}

CAP码系统有着比2B1Q码系统更好的性能,但CAP码系统现无北美标准,且价格上相对较贵。因此2B1Q系统和CAP系统各有各的优势,在将来的接入网中,应根据实际情况灵活地采用。

5. 接口

在接入网中,HDSL局端设备LTU可经过V5接口与交换机相接。当交换机不具备V5接口时,和交换机的接口可以是Z接口、ISDN U接口、租用线节点接口或其他应用接口。相应地,在远端,HDSL远端设备可经由T参考点与用户功能级设备或直接与用户终端设备相连,其接口可为X.21、V.35、Z等应用接口。HDSL的网管接口暂不作规定,现有的HDSL设备的网管信息一般经过由RS-232接口报告给网管中心。

6. HDSL的业务支持能力

HDSL是一种双向传输的系统,其最本质的特征是提供2 Mbit/s数据的透明传输,因此它支持净负荷速率为2 Mbit/s以下的业务,在接入网中,它能支持的业务有:

- ISDN基群率接入(PRA)数字段;
- 普通电话业务(POTS);
- 租用线业务;
- 数据;
- $n\times64$ kbit/s;
- 2 Mbit/s(成帧和不成帧)。

就目前HDSL提供的业务能力而言,它还不具备提供2 Mbit/s以上宽带业务的能力,因此HDSL系统的传输能力是十分有限的。

7. HDSL系统的特点

HDSL最大的优点是充分利用现有的铜线资源实现扩容,以及在一定范围内解决部分用户对宽带信号的需求。性能好,HDSL可提供接近于光纤用户线的性能。采用2B1Q码,可保证误码率低于1×10^{-7},加上特殊外围电路,其误码率可达1×10^{-9}。采用CAP码的HDSL系统性能更好。另外,当HDSL的部分传输线路出现故障时,系统仍然可以利用剩余的线路实现较低速率的传输,从而减小了网路的损失。

初期投资少,安装维护方便,使用灵活。HDSL传输系统的传输介质就是现存的市话铜线，不需要加装中继器及其他相应的设备，也不必拆除线对原有的桥接配线，无须进行电缆改造和大规模的工程设计工作。同时 HDSL 系统也无须另配性能监控系统，其内置的故障性能监控和诊断能力可进行远端测试和故障隔离，从而提高了网络维护能力。系统升级方便，可较平滑地向光纤网过渡。HDSL 系统的升级策略实际上就是设备更新，用光网取代 HDSL 设备，而被取代的 HDSL 设备可直接转到异地使用。HDSL 系统的缺点是目前还不能传送 2 Mbit/s 以上的信息，传输距离一般不超过 5 km。因此其接入能力是有限的，只能作为建设接入网的过渡性措施。

8. HDSL 在接入网中的应用

HDSL 技术能在两对双绞铜线上透明地传输 E1 信号达 3～5 km。鉴于我国大中城市用户线平均长度为 3.4 km 左右，因此基于铜缆技术的 HDSL 在接入网中有广泛的应用。HDSL 系统既适合点对点通信，也适合点对多点通信。其最基本的应用是构成无中继的 E1 线路，它可充当用户的主干传输部分，其网络结构示意图如图 3-9 所示。

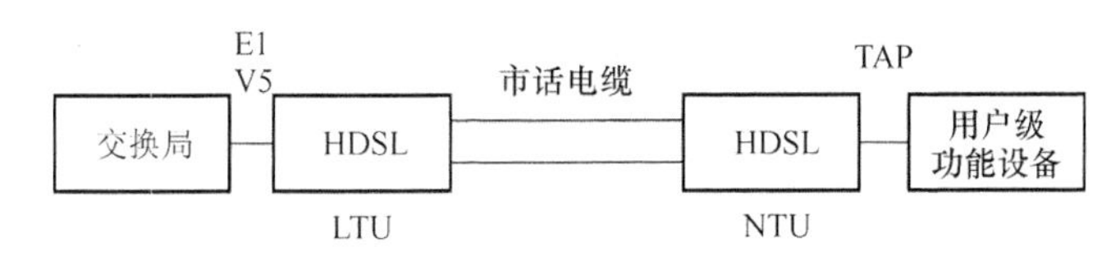

图 3-9 HDSL 系统结构示意图

较经济的 HDSL 接入方式将用于现有的 PSTN 网。HDSL 局端设备放在交换局内；用户侧 HDSL 端机安放在 DP 点（用户分线盒）处，为 30 个用户提供每户 64 kbit/s 的话音业务；配线部分使用双绞引入线，配线部分的结构为星型分布。但是，该接入方案由于提供的业务类型较单一，只是对于业务需求量较少的用户（如不太密集的普通住宅）较为适合。

若在 HDSL 系统加入数据服务单元的功能，提供若干个数据接口如 V.35、X.21 等，用户可根据需要租信道，这样可使一条 E1 线路为多种类型的用户服务，提高线路利用率。当然，更灵活的 HDSL 系统能同时提供多种业务接口，如 POTS、X.21、V.35、会议电视等接口，从而使 HDSL 成为真正意义上的铜线用户接入业务（包括话音、数据、图像）的通信平台。在实际使用中，这种较为灵活的 HDSL 传输系统更适合于业务需求多样化的商业地区及一些小型企业。当然，这种系统成本相对较高。

3.4 ADSL 接入技术

ADSL 技术是由 Bellcore 的 Joe Lechleder 于 20 世纪 80 年代末首先提出的，它是一种利用双绞线传送双向不对称比特率数据的方法，是对提供 ISDN 基本接入速率的

HDSL技术的发展。ADSL 系统可提供三条信息通道:高速下行信道、中速双工信道和普通电话业务信道。ADSL 将高速数字信号安排在普通电话频段的高频侧,再用滤波器滤除如环路不连续点和振铃引起的瞬态干扰后即可与传统电话信号在同一对双绞线共存而不互相影响。1997 年 6 月阿尔卡特、微软等公司联合发表了 ADSL 系统规范,给出了利用 xDSL 设备设计 ATM 网络的基本方法。通常对各个 ATM 终端独立地设定 VPI(虚路径标识符)和 VCI(虚通道标识符),如果在基于 ATM 的 ADSL 中原封不动地沿用这种规范,因导入了带有复用功能的综合型 ADSLModem 不能保持 VPI/VCI 的唯一性。因此,联合建议中规定 ATM 终端只设定 VCI,VPI 作为多路复用功能(Digital Subscriber Line Access Multiplexer,DSLAM)识别各 ATM 终端(ADSL 线路)的标志。

ANSI T1.143 标准规定 ADSL 在传输距离为 2.7~3.7 km 时,下行速率为 8 Mbit/s,上行速率为 1.5 Mbit/s(和铜线的规格有关);在传输距离为 4.5~5.5 km 时,数据速率降为下行 1.5 Mbit/s 和上行 64 kbit/s。从 ADSL 的传输速率和传输距离上看,ADSL 都能够较好地满足目前用户接入 Internet 的要求。而且 ADSL 这种不对称的传输技术符合 Internet业务下行数据量大、上行数据量小的特点。虽然从理论上说 ADSL 系统中 ADSL 信号(数据信号)和话音信号占用不同频带传输,但由于电话设备的非线性响应,高频段的 ADSL 信号会干扰电话业务;同样,电话信号也会干扰 ADSL 信号。所以,ADSL 系统必须在用户端安装防止数据信号和电话信号互相干扰的分离器(Splitter),而且安装工作必须由专门的技术人员完成。这极大地影响了 ADSL 技术的普及。

为使 ADSL 技术得到广泛的应用,ADSL Modem 的使用应该像传统的话带 Modem 那样简单,将电话线插入即可使用。这促使了另一种 ADSL 标准的产生:ITU-T 于 1998 年 10 月制定了无须分离器的 G.992.2(又称 G.Lite)标准。G.Lite Modem 的价格比 ADSL Modem 便宜,支持 T1.413 标准的 ADSL 设备也能够通过软件升级支持 G.Lite。

通常一种新的标准要得到广泛的接受是非常费时的,但对 G.Lite 却不是这样。由世界上主要的电信公司和康柏、英特尔与微软等计算机公司组成了 UAWG(Universal ADSL Working Group),其目的是开发出符合 G.Lite 标准支持即插即用的 Modem。相信得到广泛支持的 G.Lite 标准将会很快普及。G.Lite 标准支持传输速率的自适应。它的数据率不仅和传输距离有关,而且和屋内的布线情况以及所连接的电话设备有关。在良好的环境中,当下行速率 1.5 Mbit/s、上行速率 384 kbit/s 时可以传输 5 km 以上,并且限制传输速率低于该值。

为避免 G.Lite Modem 影响电话设备,当 G.Lite Modem 检测到电话摘机时就将发送功率减小,同时传输速率也要相应减小。用户挂机后,发送功率和传输速率又会恢复。所以,最好不要使用 ADSL Modem 传送需要保证比特率的业务,除非可以确信传送时不使用电话。应当指出,G.Lite 的产生并不是对高速 ADSL 技术的否定。相反,G.Lite 的产生正是为了更好地引导用户进入高速铜线传输的世界。当一部分用户逐渐感到需要比 G.Lite 更高的数据率时,就会转而使用较为复杂的高速 ADSL 技术。

1. ADSL 的网络结构

ADSL Modem 内部结构与 V. 34 等模拟 Modem 几乎相同。主要由处理 D/A 变换的模拟前端(analog front end)、进行调制/解调处理的数字信号处理器(DSP)以及减小数字信号发送功率和传输误差,利用“网格编码”和“交织处理”实现差错校正的数字接口构成,如图 3-10 所示。

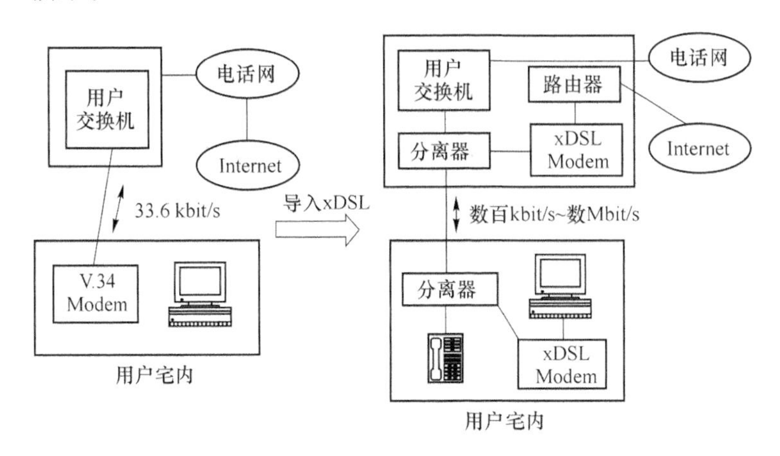

图 3-10 传统 Modem 与 xDSL 技术的比较

交换局侧的 xDSL Modem 产品大多具有多路复用功能。各条 xDSL 线路传来的信号在 DSLAM 中进行复用,通过高速接口向主干网侧的路由器等设备转发,这种配置可节省路由器的端口,布线也得到简化。目前已有将数条xDSL线路集束成一条 10BASE-T 的产品和将交换机架上全部数据综合成 155 Mbit/sATM 端口的产品。

ADSL 等 xDSL 技术能同时提供电话和高速数据业务,为此应在已有的双绞线的两端接入分离器,分离承载音频信号的 4 kHz 以下的低频带和 xDSL Modem 调制用的高频带。分离器实际上是由低通滤波器和高通滤波器合成的设备,为简化设计和避免馈电的麻烦,通常采用无源器件构成。图 3-11 给出了 ADSL Modem 的应用实例。

ADSL 的接入模型主要由局端模块和远端模块组成。局端模块包括在中心位置的 ADSL Modem 和接入多路复合系统,处于中心位置的 ADSL Modem 被称为 ATU-C (ADSL Transmission Unit-Central)。接入多路复合系统中心 Modem 通常被组合成一个被称作接入节点,也被称作“DSLAM”(DSL Access Multiplexer)。

远端模块由用户 ADSL Modem 和滤波器组成,用户端 ADSL Modem 通常被称为 ATU-R(ADSLTransmission Unit-Remote)。

ADSL 接入的优点是可以利用现有的市内电话网,降低施工和维护成本;缺点是对线路质量要求较高,线路质量不高时推广使用有困难。它适合用于下行传输速率 1～2 Mbit/s的应用。由于带宽可扩展的潜力不大,ADSL 不能满足今后日益增长的接入速率需求,只能是不长的一段时期的过渡性产品。

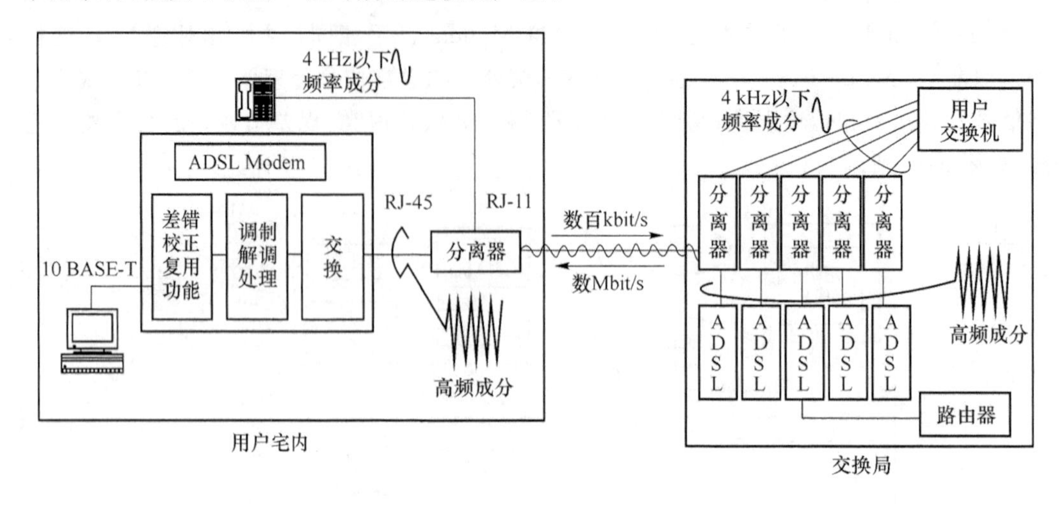

图 3-11 ADSL 网络结构

2. ADSL 的传输能力

一个 ADSL 系统可以同时传送 6 个承载通路:3 个独立下行单工承载通路,3 个双工承载通路。上行和下行承载通路速率无须匹配。

ADSL 系统应可以选择地传送下述规定的下行比特流:

- 2.048 Mbit/s
- 2×2.048 Mbit/s
- 4×2.048 Mbit/s

传送承载通路的 3 个下行单工子信道为 AS0、AS1 和 AS2。ADSL 子信道的速率应匹配承载通路的速率,承载通路传送应服从表 3-2 的限制。

表 3-2 ADSL 子信道速率限制

子信道	子信道数据速率/(Mbit·s^{-1})	允许 n 值
AS0	n_0×2.048	n=0,1,2 或 3
AS1	n_1×2.048	n=0,1 或 2
AS2	n_2×2.048	n=0 或 1

(1) 传送等级 1 的下行单工承载通路配置

传送等级 1 的单工承载通路能力为 8 Mbit/s,它可以是 n×2.048 Mbit/s 速率的 3 个承载通路中的任一组合。传送等级 1 配置选择应为:

- 1 个 8 Mbit/s 承载通路;
- 1 个 4.096 Mbit/s 承载通路和 1 个 2.048 Mbit/s 承载通路;
- 1 个 2.048 Mbit/s 承载通路。

(2) 传送等级 2 的下行单工承载通路配置

传送等级 2 的单工承载通路能力为 4.096 Mbit/s，可由 $n\times2.048$ Mbit/s 速率的一个或两个承载通路组成。传送等级 2 配置选择应为：

- 1 个 4.096 Mbit/s 承载通路；
- 2 个 2.048 Mbit/s 承载通路。

本配置中不使用子通路 AS2。

(3) 传送等级 3 的下行单工承载通路配置

只有在 ADSL 子通路 AS0 上传送一个下行单工承载通路 2.048 Mbit/s 才能用传送等级 3 支持。

(4) ADSL 系统开销

内部开销通路和速率的规定如表 3-3 所示。

表 3-3　内部开销通道功能和速率

	下行速率/(kbit·s^{-1}) 最大/最小/默认值		上行速率/(kbit·s^{-1}) 最大/最小/默认值	
	传送等级 1 或 2	传送等级 3	传送等级 1 或 2	传送等级 3
同步能力所有承载通路共用	128/64/96	96/64/96	64/32/64	64/32/64
同步控制和 CRC 交插缓冲器	32	32	32	32
同步控制和 CRC，高速缓冲器，加 EoC 和指示器比特	32	32	32	32
总计	192/128/160	160/128/160	128/96/128	128/96/128

3. ADSL 的应用范围

(1) 用做专线网的接入线

专线提供上、下行速率对称的通信业务，因此可采用 IDSL、SDSL 和 HDSL 型 Modem，终端通过 V.35 或 X.21 等串口与其相连，其双向传输速率为 128 kbit/s～2 Mbit/s。

(2) 用做 Internet 的接入线

在 Internet 中，浏览 Web 等客户机/服务器业务的下行数据量要大得多，因此可采用下行高速化的 ADSL Modem。

4. ADSL 的性能损伤

要获得比较满意的性能，除了要更好地设计 ADSL 设备外，运营商也要提供高质量的线路。一般来说，线路规格不同，会给 ADSL 的性能带来一些差异。按照美国国家标准 T1.413 的规定，ADSL 产品的设计应适应不同线规的分段线路。目前最常用的电缆规格是 24 线规(～0.5 mm)和 26 线规(～0.4 mm)，一个好的 ADSL 产品应至少能够适用于这些规格的电缆。因为 ADSL 设备可以自适应地改变传输速率，当线路不能满足一定的要求时,用户会感到传输速率得不到保证。所以,在开通ADSL业务之前,要对线路进行测试和优化。如测试环路长度、环路电阻、环路损耗是否可接受,定位并去掉影响高速传输的加感线圈和桥分点,对线路误码率进行测试等。

(1) 衰减

由于双绞线是为传电话设计的,其频段为300～3400 Hz,在此频率范围内衰减很低。而ADSL的工作频段为100～400 kHz,传输衰减可达50～70 dB。ADSL系统必须能补偿这么大的信号损失。

(2) 串音

在多线对接入线缆中存在两种不同的串音:一种是近端串音NEXT(near-end cross talk);另一种是远端串音FEXT(far-end cross talk)。近端串音发生在与干扰源同一端的另一对线上,它的幅度与线长无关。而远端串音发生在干扰源对端的另一对线上,它的幅度衰减至少与信号传输相同距离的衰减相同。避免近端串音的方法是不在相同的频带上同时发送信号。ADSL系统采用频分复用(FDM)方式可以把上、下行信号频带分开,大大减少了近端串音的影响。而远端串音的影响不会造成大的损害。

(3) 电磁干扰

ADSL传输系统接入线对工作在苛刻的电磁环境中。在这里它的特性可以视为天线。一方面它会接受到可能对ADSL系统造成影响的电磁辐射,另一方面它也会产生对其他射频系统造成干扰的电磁辐射。ADSL系统采用在线对上传送幅度相等、极性相反的信号来消除它产生的电磁干扰。

5. ADSL2与ADSL2+协议

2002年7月,ITU-T公布了ADSL的两个新标准(G. 992. 2和G. 992. 4),也就是所谓的ADSL2。到2003年3月,在第一代ADSL标准的基础上,ITU-T又制订了G. 992. 5,也就是ADSL2plus,又称ADSL2+。下面将详细介绍ADSL和ADSL2+在技术方面的特性。

(1) ADSL2的主要技术特性

① 速率提高,覆盖范围扩大

ADSL2在速率、覆盖范围上拥有比第一代ADSL更优的性能。ADSL2下行更高速率可达12 Mbit/s,上行最高速率可达1 Mbit/s。ADSL2是通过减少帧的开销,提高初始化状态机的性能,采用了更有效的调制方式、更高的编码增益以及增强性的信号处理算法来实现。

与第一代ADSL相比,在长距离电话线路上,ADSL2将在上行和下行线路上提供比第一代ADSL多50 kbit/s的速率增量。而在相同速率的条件下,ADSL2增加了传输距离约为180m,相当于增加了覆盖面积6%。

ADSL2定义的下行传输频带的最高频率为1.1 MHz,而ADSL2+技术标准将高频段的最高调制频点扩展至2.2 MHz,如图3-12所示。通过此项技术改进,ADSL2+提高了上、下行的接入速率，在短距离情况下，其下行接入能力能够达到最大 26 Mbit/s 以上的接入速率。

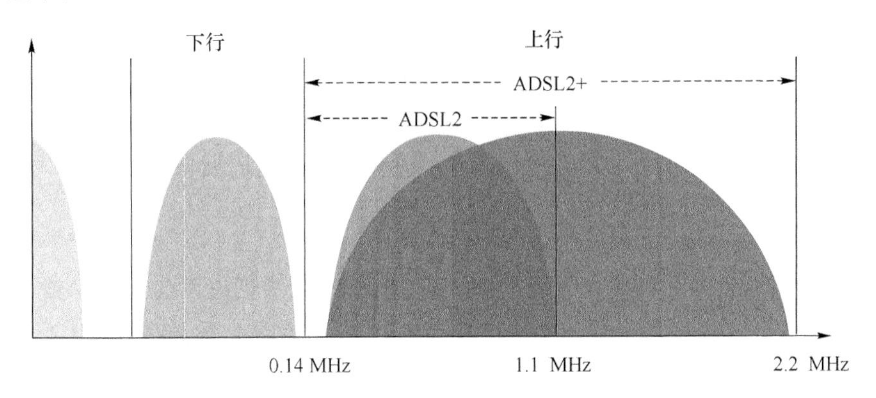

图 3-12　ADSL2 与 ADSL2＋的频谱分布

高达 24 Mbit/s 的下行速率，可以支持多达 3 个视频流的同时传输，使大型网络游戏，海量文件下载等都成为可能。

② 线路诊断技术

对于 ADSL 业务，如何实现故障的快速定位是一个巨大的挑战。为解决这个问题，ADSL2＋传送器增强了诊断工具，这些工具提供了安装阶段解决问题的手段、服务阶段的监听手段和工具的更新升级。

为了能够诊断和定位故障，ADSL2 传送器在线路的两端提供了测量线路噪声、环路衰减和 SNR 的手段，这些测量手段可以通过一种特殊的诊断测试模块来完成数据的采集。这种测试在线路质量很差（甚至在 ADSL 无法完成连接）的情况下也能够完成。此外，ADSL2 提供了实时的性能监测，能够检测线路两端质量和噪声状况的信息，运营商可以利用这些通过软件处理后的信息来诊断 ADSL2 连接的质量，预防进一步的失败，也可以用来确定是否可以提供给用户一个更高速率的服务。

③ 增强的电源管理技术

第一代 ADSL 传送器在没有数据传送时也处于全能量工作模式。如果 ADSL Modem 能有工作与待机/睡眠状态，那么对于数百万台的 Modem 而言，就能节省很可观的电量。为了达到上述目的，ADSL2 提出了两种电源管理模式。低能模式 L2 和低能模式 L3，这样，在保持 ADSL“一直在线”的同时，能减少设备总的能量消耗。

低能量模式 L2 使得中心局调制解调器 ATU-C 端可以根据 Internet 上流过 ADSL 的流量来快速地进入和退出低能模式。当下载大量文件时，ADSL2 工作于全能模式，以保证最快的下载速度；当数据流量下降时，ADSL2 系统进入 L2 低能模式，此时数据传输速率大大降低，总的能量消耗就减少了。当系统处于 L2 模式时，如果用户开始增加数据流量,系统可以立即进入L0模式,以达到最大的下载速率。L2状态的进入和退出的完成,不影响服务,不会造成服务的中断,甚至1个比特的错误。

低能模式L3是一个休眠模式,当用户不在线及ADSL线路上没有流量时,进入此模式。当用户回到在线状态时,ADSL收发器大约需要3 s的时间重新初始化,然后进入稳定的通信模式。通过这种方式,L3模式使得在收发两端的总功率得到节省。总之,根据线路连接的实际数据流量,发送功率可在L0、L2、L3之间灵活切换,其切换时间可在3 s内完成,以保证业务不受影响。

④ 速率自适应技术

电话线之间的串话会严重影响ADSL的数据速率,且串话电平的变化导致ADSL掉线。AM无线电干扰、温度变化、潮湿等因素也会导致ADSL掉线。ADSL2通过采用SRA(Seamless Rate Adapation)技术来解决这些问题,使ADSL2系统可以在工作时在没有任何服务中断和比特错误的情况下改变连接的速率。ADSL2通过检测信道条件的变化来改变连接的数据速率,以符合新的信道条件,改变对用户是透明的。

⑤ 多线对捆绑技术

运营商通常需要为不同的用户提供不同的服务等级。通过把多路电话线捆绑在一起,可以提高用户的接入速率。为了达到捆绑的目的,ADSL2支持ATM论坛的IMA标准,通过IMA、ADSL2芯片集可以把两根或更多的电话线捆绑到一条ADSL链路上,从而使线路的下行数据速率具有更大的灵活性。

⑥ 信道化技术

ADSL2可以将带宽划分到具有不同链路特性的信道中,从而为不同的应用提供服务。这一能力使它可以支持CVoDSL(Channelized Voice over DSL),并可以在DSL链路内透明地传输TDM语音。CVoDSL技术为从DSL Modem传输TDM到远端局或中心局保留了64 kbit/s的信道,局端接入设备通过PCM直接把语音64 kbit/s信号发送到电路交换网中。

⑦ 其他优点

改进的互操作性:简化了初始化的状态机,在连接不同芯片供应商提供的ADSL收发时,可以互操作并且提高了性能。

快速启动:ADSL2提供了快速启动模式,初始化时间从ADSL的10 s减少到3 s。

全数字化模式:ADSL2提供一个可选模式,它使得ADSL2能够利用语音频段进行数据传输,可以增加256 kbit/s的数据速率。

支持基于包的服务:ADSL2提供一个包传输模式的传输会聚层,可以用来传输基于包的服务。

(2) ADSL2+的技术特点

ADSL2+除了具备ADSL2的特点外,还有一个重要的特点是扩展了ADSL2的下行频段，从而提高了短距离内线路上的下行速率。ADSL2 的两个标准中各指定了 1.1 MHz 和 552 kHz 下行频段，而 ADSL2＋指定了一个 2.2 MHz 的下行频段。这使得 ADSL2＋在短距离(1.5 km 内)的下行速率有非常大的提高，可以达到 20 Mbit/s 以上。而 ADSL2＋的上行速率大约是 1 Mbit/s，这要取决于线路的状况。

使用 ADSL2＋可以有效地减少串话干扰。当 ADSL2＋与 ADSL 混用时，为避免线对间的串话干扰，可以将其下行工作频段设置在 1.1～2.2 MHz 之间，避免与 ADSL 的 1.1 MHz 下行频段产生干扰，从而达到降低串扰、提高服务质量的目的。

3.5　VDSL 接入技术

鉴于现有 ADSL 技术在提供图像业务方面的带宽十分有限以及经济上的成本偏高的弱点，近来人们又进一步开发了一种称为甚高比特率数字用户线(VDSL)的系统，有人称之为宽带数字用户线(BDSL)系统，其系统结构图与 ADSL 类似。

ITU-T SG15 Q4 一直在致力于 VDSL 的标准化工作，并在 2001 年通过了其第一个基础性的 VDSL 建议 G.993.1。为规范和推动 VDSL 技术在我国的应用和推广，传送网和接入网标准组于 2002 年初开始研究制定我国 VDSL 的行业标准。此标准的起草由中国电信集团公司牵头，国内六个设备制造商和研究机构参与，于 2002 年年底发布。此标准在参考相关国际标准的基础上，从 VDSL 技术的应用出发，对 VDSL 的频段划分方式、功率谱密度(PSD)、线路编码、传输性能、设备二层功能、网管需求等重要内容进行了规定。由于电话铜缆上的频谱是一种重要资源，频段划分方式决定了 VDSL 的传送能力(速率和距离的关系)，进而决定 VDSL 的业务能力，因此频段划分方式的确定成为 VDSL 标准制定过程中最为重要的内容。本节将介绍 VDSL 的基本构成、相关技术以及存在问题，最后介绍 VDSL 的应用。

3.5.1　VDSL 系统构成

VDSL 计划用于光纤用户环路(FTTL)和光纤到路边(FTTC)的网络的“最后一公里”的连接。FTTL 和 FTTC 网络需要有远离中心局(Central Office，CO)的小型接入节点。这些节点需要有高速宽带光纤传输。通常一个节点就在靠近住宅区的路边，为 10～50 户提供服务。这样，从节点到用户的环路长度就比 CO 到用户的环路短。

图 3-13 为一种 VDSL 的体系结构。远端 VDSL 设备位于靠近住宅区的路边，它对光纤传来的宽带图像信号进行选择复制，并和铜线传来的数据信号和电话信号合成，通过铜线送给位于用户家里的 VDSL 设备。位于用户家里的 VDSL 设备，将铜线送来的电话信号、数据信号和图像信号分离送给不同终端；同时将上行电话信号与数据信号合成，通过

铜线送给远端 VDSL 设备。远端 VDSL 设备将合成的上行信号送给交换局。在这种结构中,VDSL 系统与 FTTC 结合实现了到达用户的宽带接入。值得注意的是,从某种形式上看,VDSL 是对称的。目前,VDSL 线路信号采用频分复用方式传输,同时通过回波抵消达到对称传输或达到非常高的传输速率。

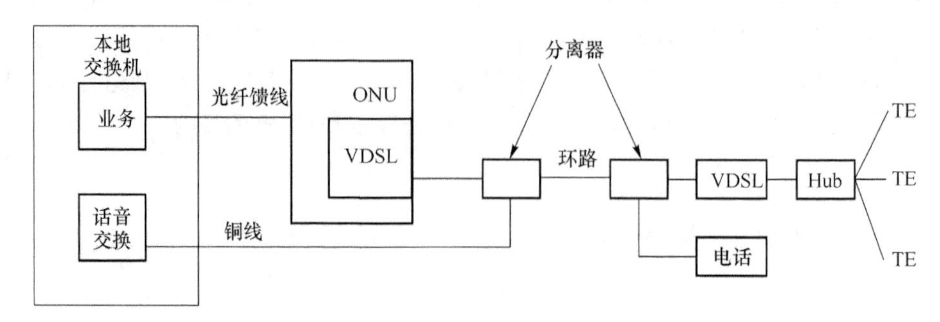

图 3-13 VDSL 的体系结构

很明显,VDSL 与 ADSL 的区别在于 VDSL 有光纤网络单元(ONU)。光缆在这种结构中比其他结构更接近于普通用户,图 3-13 中分离器的作用是为了在新的 ONU/DLC 结构中支持以前的模拟话音。如果网络完全数字化,VDSL 就不必保留模拟话音业务。图 3-13 中指出了可行的 VDSL 上行/下行速率。当铜线长度为 1.2 km 时,下行速率可为 12.96～13.8 Mbit/s;铜线长度 0.8 km 时,下行速率可为 25.92～27.6 Mbit/s;铜线长度为 300 m 时,下行速率可为 51.84～55.2 Mbit/s;上行速率的变化范围可以在 1.5～26 Mbit/s之间。有些情况下上、下行速率也可能相等。以上只是一些设计参数,要想在 10 Mbit/s 的传输速率和有限的距离长度内使用户端设备的造价最低且功能达到最优,还需要克服许多技术障碍。

目前,光纤系统的应用已相当广泛,VDSL 就是为这些系统而研究的。也就是,采用 VDSL 系统的前提条件是:以光纤为主的数字环路系统必须占有主要地位,本地交换到用户双绞铜线减到很少。当前 15%的本地环路是光纤数字本地环路系统,随着光纤价格的下降及城市的发展它将逐步扩大。现有的电信业务服务地区限制了本地数字环路的运行和铜线尺寸的变化。

VDSL 不仅仅是为了 Internet 的接入,它还将为 ATM 或 B-ISDN 业务的普及而发展。例如,类似于 ADSL 与 ATM 的服务关系,VDSL 也会通过 ATM 提供宽带业务。宽带业务包括多媒体业务和视频业务。压缩技术在 VDSL 中将起关键作用,将 ATM 技术和压缩技术相结合,将会永远消除线路带宽对业务的限制。

3.5.2 VDSL 的关键技术

1. 传输模式

VDSL 的设计目标是进一步利用现有的光纤满足居民对宽带业务的需求。ATM 将作为多种宽带业务的统一传输方式。除了 ATM 外,实现 VDSL 还有其他的几种方式。VDSL 标准中以铜线/光纤为线路方式定义了 5 种主要的传输模式,如图 3-14 所示。在这些传输模式中,大部分的结构类似于 ADSL。

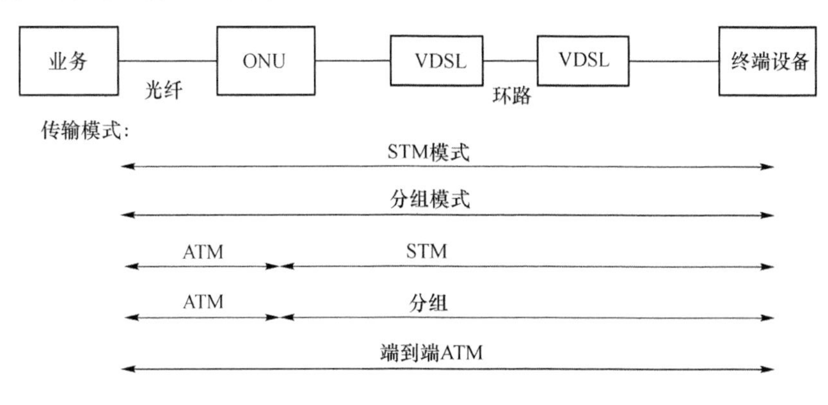

图 3-14 VDSL 传输模式

(1) 同步转移模式

同步转移模式(Synchronous Transport Module,STM)是最简单的一种传输方式,也称 STM 为时分复用(TDM),不同设备和业务的比特流在传输过程中被分配固定的带宽。与 ADSL 中支持的比特流方式相同。

(2) 分组模式

在这种模式中,不同业务和设备间的比特流被分成不同长度、不同地址的分组包进行传输;所有的分组包在相同的"信道"上,以最大的带宽传输。

(3) ATM 模式

ATM 在 VDSL 网络中可以有 3 种形式。第一种是 ATM 端到端模式,它与分组包类似,每个 ATM 信元都带有自身的地址,并通过非固定的线路传输,不同的是 ATM 信元长度比分组包小,且有固定的长度。第二种和第三种分别是 ATM 与 STM 和 ATM 与分组模式的混合使用,这两种形式从逻辑上讲是 VDSL 在 ATM 设备间形成了一个端到端的传输模式。光纤网络单元用于实现各功能的转换。利用现在广泛使用的 IP 网络,VDSL 也支持 ATM 与光纤网络单元和分组模式的混合传输方式。

2. 传输速率与距离

由于将光纤直接与用户相连的造价太高,因此光纤到户(FTTH)和光纤到大楼(FTTB)受到很多的争议,由此产生了各种变形,如光纤到路边(FTTC)及光纤到节点(FTTN)(是指用一个光纤连接 10~100 个用户)。有了这些变形,就不必使光纤直接到用户了。许多模拟本地环路可由双绞线组成,这些双绞线从本地交换延伸到用户家中。

图 3-15 所示为 VDSL 与 ADSL 的传输速率和传输距离的比较。可以看出,VDSL 实际上涉及的是 ADSL 没有涉及的部分。根据双绞线的传输距离,VDSL 可以和 ADSL 同

时使用。这两者的混合使用可以提供更广泛的业务范围,包括从以PC为主的业务到交互式电视业务都可以在一个系统上实现。

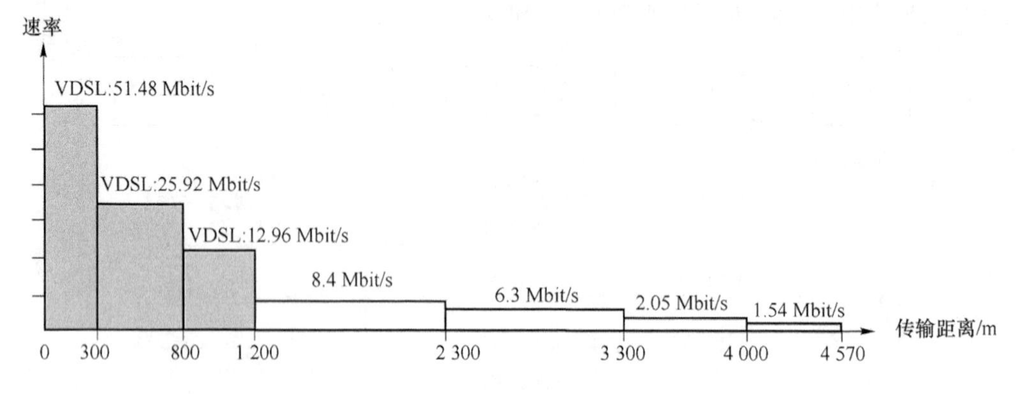

图3-15 VDSL与ADSL的传输速率和传输距离

从传输和资源的角度来考虑,VDSL单元能够在各种速率上运行,并能够自动识别线路上新连接的设备或设备速率的变化。无源网络接口设备能够提供"热插入"的功能,即一个新用户单元介入线路时,并不影响其他调制解调器的工作。

VDSL所用的技术在很大程度上与ADSL相类似。不同的是,ADSL必须面对更大的动态范围要求,而VDSL相对简单得多;VDSL开销和功耗都比ADSL小;用户方VDSL单元需要完成物理层媒质访问控制及上行数据复用功能。从HDSL到ADSL,再到VDSL,xDSL技术中的关键部分是线路编码。

在VDSL系统中经常使用的线路码技术主要有以下几种:① 无载波调幅/调相技术(Carrierless Amplitude/Phase modulation,CAP)。② 离散多音频技术(Discrete MultiTone,DMT)。③ 离散小波多音频技术(Discrete Wavelet MultiTone,DWMT)。④ 简单线路码(Simple Line Code,SLC),这是一种4电平基带信号,经基带滤波后送给接收端。以上4种方法都曾经是VDSL线路编码的主要研究对象。但现在,只有DMT和CAP/QAM作为可行的方法仍在讨论中,DWMT和SLC已经被排除。

早期的VDSL系统,使用频分复用技术来分离上、下信道及模拟话音和ISDN信道。在后来的VDSL系统中,使用回波抵消技术来满足对称数据速率的传输要求。在频率上,最重要的就是要保持最低数据信道和模拟话音之间的距离,以便模拟话音分离器简单而有效。在实际系统中,都是将下行信道置于上行信道之上,如ADSL。

VDSL下行信道能够传输压缩的视频信号。压缩的视频信号要求有低时延和时延稳定的实时信号,这样的信号不适合用一般数据通信中的差错重发算法,为在压缩视频信号允许的差错率内,VDSL采用带有交织的前向纠错编码,以纠正某一时刻由于脉冲噪声产生的所有错误,其结构与TI.413定义的ADSL中所使用的结构类似。值得注意的问题是,前向差错控制(FEC)的开销(约占8%)是占用负载信道容量还是利用带外信道传送。

前者降低了负载信道容量，但能够保持同步；后者则保持了负载信道的容量，却有可能产生前向差错控制开销与 FEC 码不同步的问题。

如果用户端的 VDSL 单元包含了有源网络终端，则将多个用户设备的上行数据单元或数据信道复用成一个单一的上行流。有一种类型的用户端网络是星型结构，将各个用户设备连至交换机或共用的集线器，这种集线器可以继承到用户端的 VDSL 单元中。

VDSL 下行数据有许多分配方法。最简单的方法是将数据直接广播给下行方向上的每一个用户设备(CPE)，或者发送到集线器，由集线器把数据进行分路，并根据信元上的地址或直接利用信号流本身的时分复用将不同的信息分开。上行数据流复用则复杂得多，在无源网络终端的结构中，每个用户设备都与一个 VDSL 单元相连接。此时，每个用户设备的上行信道将要共享一条公共电缆。因此，必须采用类似于无线系统中的时分多址或频分多址将数据插入到本地环路中。TDMA 使用令牌环方式来控制是否允许光纤网络单元中的 VDSL 传输部分向下行方向发送单元或以竞争方式发送数据单元，或者两者都有。FDMA 可以给每一个用户分配固定的信道，这样可以不必使许多用户共享一个上行信道。FDMA 的方法的优点是消除了媒质访问控制所用的开销，但是限制了提供给每个用户设备的数据速率，或者必须使用动态复用机制，以便使某个用户在需要时可以占用更多的频带。对使用有源网络接口设备的 VDSL 系统，可以把上行信息收集到集线器，由集线器使用以太网协议或 ATM 协议进行上行复用。

3.5.3　VDSL 的应用

与 ADSL 相同，VDSL 能在基带上进行频率分离，以便为传统电话业务(POTS)留下空间。同时传送 VDSL 和 POTS 的双绞线需要每个终端使用分离器来分开两种信号。超高速率的 VDSL 需要在几种高速光纤网络中心点设置一排集中的 VDSL 调制解调器，该中心点可以是一些远距离光纤节点的中心局(CO)。因此，与 VTU-R 调制解调器相对应的调制解调器称为 VTU-O，它代表光纤馈线。

从中心点出发，VDSL 的范围和延伸距离分为下面几种情况：

对于 25 Mbit/s 对称或 52 Mbit/s/6.4 Mbit/s 非对称的 VDSL，所覆盖服务区半径约为 300 m；

对于 13 Mbit/s 对称或 26 Mbit/s/3.4 Mbit/s 非对称的 VDSL，所覆盖服务区半径约为 800 m；

对于 6.5 Mbit/s 对称或 13.5 Mbit/s/1.6 Mbit/s 非对称的 VDSL，所覆盖服务区半径约为 1.2 km。

VDSL 实际应用的区域(或者说覆盖区域)，比中心局(CO)所提供服务的区域(3 km)小得多。VDSL 所覆盖的服务区域被限制在整个服务区域较小的比例上，这严重地限制了 VDSL 的应用。

VDSL 应用既可以来自于中心局，也可以来自光纤网络单元(ONU)。这些节点通常应用并服务于街道、工业园以及其他具有较高电信业务量模式的区域,并利用光纤进行连接。连接用户到ONU的媒质可以是同轴电缆、无线链接,更有可能的是双绞线。高容量链接与服务节点的结合及连接到服务节点的双绞线的通用性,使得利用光纤网络单元的网络非常适合采用VDSL技术。

图3-16所示为一个采用VDSL的区域。该区域使用ONU为更远距离的区域服务,而来自于中心局的VDSL则服务于较近的区域。图中采用简单的光纤链接来为每个ONU服务。实际使用中,主要使用光纤环或其他类型光纤分布。

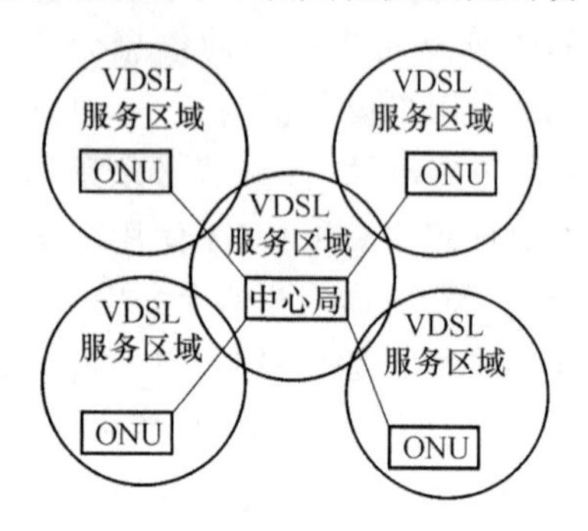

图3-16 采用远端ONU时VDSL的覆盖区域

一个ONU可用的光纤总带宽通常不大于所有ONU用户可能的带宽总和。例如,如果一个ONU服务20个用户,每个用户有一条50 Mbit/s的VDSL链路,那么ONU总的可用带宽为1 Gbit/s,这比通常ONU所提供的带宽要大得多。可用于ONU的光纤带宽与所有用户可能的带宽累计值之间的比值,称为订购超额(Over Subscription)比例。订购超额比例应精心地设计以便对于所有用户来说都能得到合理的性能。

VDSL支持的速率使它适合很多类型的应用。现有的许多应用均可使用VDSL作为其传送机制,一些将要开发的应用也可使用VDSL。

3.5.4 VDSL2协议

ADSL2和ADSL2+采用相同的帧结构和编码算法,所不同的是ADSL2+比ADSL2的下行频带扩展一倍,因而下行速率提高一倍,约24 Mbit/s。可以简单地说,ADSL2+是包含ADSL2的。VDSL支持最高26 Mbit/s的对称或者52 Mbit/s /32 Mbit/s的非对称业务。ITU-T在决定了DMT和QAM同时作为VDSL调制方式的可选项之后,还同时宣布启动第二代VDSL标准VDSL2的制定工作。

VDSL2,ITU正式编号为G.993.2,基于ITU G.993.1 VDSL1和G.992.3 ADSL2发展而来,在2005年5月的ITU会议上达成一致。为了能在350 m的距离内实现如此之高的传输速率,VDSL2的工作频率由12 MHz提高至30 MHz。为了满足中、长距离环路的接入要求,VDSL2的发射功率被提高至20 dBm,回声消除技术也进行了具体规定,使长距离应用能够实现类似 ADSL 的性能。为了最有效地利用比特率和带宽，VDSL2 技术还采用了诸如无缝速率适配（SRA）和动态速率再分配（DRR）等灵活成帧和在线重配方法。

VDSL2 标准只考虑 DMT 调制，并强调即将产生的 VDSL2 标准的一个主要内容是做到 VDSL2 与 ADSL2＋兼容。此外，所有主流芯片厂商也纷纷表态要开发 VDSL2/ADSL2＋兼容的芯片方案。目前，ITU-T 已不再争论 VDSL 标准中采用何种调制方式，而是进入技术细节的讨论，包括 PMS-TC 结构、PSD 模板、承载子带定义、成帧方案、低功耗模式、初始化等诸多技术。同时也考虑到与现有 ADSL2/2＋的衔接，以便未来相当一段时间内 ADSL2/2＋与 VDSL2 的共存、融合与发展。VDSL2 的初步需求包括：VDSL2 将更高的接入比特率、更强的 QoS 控制和类似 ADSL 的长程环路传输性能结合起来，使其非常适应迅速变化的电信环境，并可以使运营商和服务提供商“三网合一”业务，尤其是通过 DSL 进入视频传播，获得更大的收益。

ADSL2、ADSL2＋、VDSL、VDSL2 这几项技术中哪种会成为 ADSL 未来发展方向一直以来都是业界及企业争论不止的话题。但除了技术本身的演进之外，另一个影响其市场地位的关键是带宽需求。除了日本、韩国外，目前其他国家 ADSL 的带宽还没有消耗完，ADSL2＋的带宽可以满足近几年内的需求。可以预见，近几年 ADSL2/2＋将在市场上占据主导地位；VDSL 将作为一个过渡产品满足部分地区的特殊需求。

第 4 章 以太网接入技术

对于企事业用户，以太网技术一直是最流行的方法，采用以太网作为企事业用户接入手段的主要原因是已有强大的网络基础、丰富的知识和长期的经验。目前所有流行的操作系统和应用也都是与以太网兼容的。以太网接入具有性能价格比好、可扩展性、容易安装开通以及高可靠性等优势。以太网接入方式与 IP 网很适应，技术已有重要突破(LAN 交换、大容量 MAC 地址存储等)，容量分为 10 Mbit/s、100 Mbit/s、1 000 Mbit/s 、10 000 Mbit/s等多种等级，可按需升级，采用专用的无碰撞全双工光纤连接，可以使以太网的传输距离大为扩展。完全可以满足接入网和城域网的应用需要。全球企事业用户的 80%以上都采用以太网接入，成为企事业用户接入的最佳方式。

40 G 以太网和 100 G 以太网是由 IEEE 802.3ba 工作小组开发的以太网标准，支持 40 Gbit/s 和 100 Gbit/s 的以太网帧传送，同时确立了通过主干网络、铜缆布线、多模光缆和单模光缆通信的物理层规范。40 G 以太网/100 G 以太网标准的正式开发始于 2008 年 1 月，2010 年 6 月正式获得批准。以太网接入方式是通过一般的网络设备，例如交换机、集线器等将同一幢楼内的用户连成一个局域网，再与外界光纤主干网相连。这种接入方式承袭了 Internet 的连接方式，构架在天然的数字系统的基础上，与将来三网合一的必然趋势——IP 网络紧密结合，具有很大的发展空间。以太网技术同时也成为理解 WLAN、EPON 等接入技术的基础。

4.1 以太网的发展

以太网标准是一个古老而又充满活力的标准。1972 年，Metcalfe 博士在 Xerox 公司 PARC 研究中心试验了第一个 2.94 Mbit/s 以太网原型系统(Alto Aloha Network)。该系统可以实现不同计算机系统之间的互连，并共享打印机设备。1973 年，Metcalfe 将自己的系统更名为以太网(Ethernet),并指出该系统的设计原理不局限于 PARC 的 Alto 计算机互连,也适用于其他计算机系统。自此,以太网诞生了。

网络技术发展的历史表明,只有开放的、简单的、标准的技术才有前途。在很大程度上,以太网标准的发展进程就是以太网技术本身的发展历程。在以太网标准发展的过程中,电器和电子工程师协会(IEEE)802 工作委员会是以太网标准的主要制定者,IEEE 802.3 标准在 1983 年获得正式批准,该标准确定以太网采用带冲突检测的载波侦听多路访问机制(CarrierSenseMultipleAccess with Collision Detection,CSMA/CD)作为介质访问控制方法,标准带宽为 10 Mbit/s。此后的 20 年间,以太网技术作为局域网标准战胜了令牌总线、令牌环、Wangnet、25M ATM 等技术,在有线和无线领域的市场和技术方面取得蓬勃发展,成为局域网的事实标准。

根据开放系统互连参考模型(OSIRM)的七层协议分层模型,IEEE 802 标准体系与这一分层模型的物理层和链路层相对应。IEEE 802 协议将数据链路层分为介质访问控制子层(MediaAccessControl,MAC)和逻辑链路子层(Logic Link Control,LLC);另外,802 标准还规定了多种物理层介质的要求。IEEE 802.3 标准族是以太网最为核心的内容,也是一个不断发展中的协议体系。IEEE 802.3 定义了传统以太网、快速以太网、全双工以太网、千兆以太网以及万兆以太网的架构,同时也定义了 5 类屏蔽双绞线和光缆类型的传输介质。该工作组还明确了不同厂商设备之间、不同速率、不同介质类型下的互操作方式。但无论如何,从传统以太网的 10 Mbit/s,再到快速以太网的 100 Mbit/s,到千兆以太网的 1 Gbit/s,直至万兆以太网的 10 Gbit/s,所有的以太网技术都保留了最初的帧格式和帧长度,无论从技术上还是应用上都保持了高度的兼容性,确保为上层协议提供一致的接口,给用户升级提供了极大的方便。

IEEE 802.3 标准为采用不同传输介质的传统以太网制定了对应的标准,主要包括采用细缆的 10BASE-2,采用粗缆的 10BASE-5 和采用双绞线的 10BASE-T。IEEE 802.3u 标准则为采用不同传输介质的快速以太网制定了相应的标准,主要包括采用双绞线介质的 100BASE-TX 和 100BASE-T4;采用多模光纤介质的 100BASE-FX 以及 10/100BASE 速率的自动协商功能。IEEE 802.3x 定义了全双工以太网的各种控制功能,主要包括过负荷流量控制、暂停帧的使用以及类型域定义等。802.3z 千兆以太网标准主要包括采用光纤作为传输介质的 1000BASE-SX/LX 和采用双绞线介质的 1000BASE-T;802.3ad 是链路聚合技术;802.3ae 基于光纤的万兆以太网标准根据接口类型不同,主要包括三个标准,即 10GBASE-X、10GBASE-R 和 10GBASE-W;802.3an 基于铜缆的万兆以太网的标准有 10GBASE-T。

很长一段时间里,以太网主要在局域网中占有优势。业界普遍认为以太网不能用于城域网(MAN),特别是会聚层以及骨干层。主要原因在于以太网用做城域网骨干带宽太低(10/100 M 以太网),且传输距离不足。随着带宽的逐步提高,千兆以太网粉墨登场,包括短波长光传输 1000BASE-SX、长波长光传输 1000BASE-LX 以及五类线传输

1000BASE-T。2002年年底IEEE 802工作委员会又通过了802.3ae:10 Gbit/s以太网(万兆以太网)。在以太网技术中,100BASE-T是一个里程碑,确立了以太网技术在局域网中的统治地位。而千兆以太网以及随后万兆以太网标准的推出,使得以太网技术从局域网延伸到了城域网的会聚层和骨干层。表4-1以太网标准发展时间表回顾了以太网发展史中的几个阶段。

表4-1　以太网标准发展时间表

传输速度	标准解读
标准以太网 10 Mbit/s	以太网可以使用粗同轴电缆、细同轴电缆、非屏蔽双绞线、屏蔽双绞线和光纤等多种传输介质进行连接,并且在IEEE 802.3标准中,为不同的传输介质制定了不同的物理层标准,在这些标准中前面的数字表示传输速度,单位是"Mbit/s",最后的一个数字表示单段网线长度(基准单位是100 m),BASE表示"基带"的意思,Broad代表"带宽"。包括10BASE-5、10BASE-2、10BASE-T、1BASE-5、10Broad-36、10BASE-F
快速以太网 100 Mbit/s	可以有效地保障用户在布线基础实施上的投资,它支持3、4、5类双绞线以及光纤的连接,能有效地利用现有的设施。快速以太网的不足其实也是以太网技术的不足,那就是快速以太网仍是基于CSMA/CD技术,当网络负载较重时,会造成效率的降低,当然这可以使用交换技术来弥补。100 Mbit/s快速以太网标准又分为:100BASE-TX 、100BASE-FX、100BASE-T4 3个子类
千兆以太网 1 000 Mbit/s	千兆技术仍然是以太技术,它采用了与10 M以太网相同的帧格式、帧结构、网络协议、全/半双工工作方式、流控模式以及布线系统。由于该技术不改变传统以太网的桌面应用、操作系统,因此可与10 M或100 M的以太网很好地配合工作。升级到千兆以太网不必改变网络应用程序、网管部件和网络操作系统,能够最大限度地投资保护。千兆以太网技术有两个标准:IEEE 802.3z和IEEE 802.3ab。IEEE 802.3z制定了光纤和短程铜线连接方案的标准。IEEE 802.3ab制定了五类双绞线上较长距离连接方案的标准
万兆以太网 10 Gbit/s	万兆以太网规范包含在IEEE 802.3标准的补充标准IEEE 802.3ae中,它扩展了IEEE 802.3协议和MAC规范使其支持10 Gbit/s的传输速率。除此之外,通过WAN界面子层(WAN Interface Sublayer,WIS),10千兆位以太网也能被调整为较低的传输速率如9.584 640 Gbit/s (OC-192),这就允许10千兆位以太网设备与同步光纤网络(SONET) STS -192c传输格式相兼容
40/100G 以太网标准 40 Gbit/s/100 Gbit/s	802.3ba标准解决了数据中心、运营商网络和其他流量密集高性能计算环境中数量越来越多的应用宽带的需求。而数据中心内部虚拟化和虚拟机数量的繁衍,以及融合网络业务、视频点播和社交网络等的需求也是推动制定该标准的幕后力量

除IEEE以外,还有其他国际标准组织在进行以太网标准的研究,包括国际电信联盟(ITU-T)、城域以太网论坛(MetroEthernetForum,MEF)、10G以太网联盟(10 Gigabit Ethernet Alliance,10GEA)以及Internet工程任务组(Internet EngineerTask Force,IETF)。ITU-T主要关注运营商网络的体系结构,重点是规范如何在不同的传送网上承

载以太网帧。ITU-T 内与以太网相关的标准主要由 SG13 和 SG15 研究组负责制定，其中 ITU-TSG13 工作组主要研究以太网的性能管理、流量管理和以太网 OAM，ITU-TSG15 工作组主要负责制定传送网承载以太网的标准。IETF 主要研究如何在分组网络（如 IP/MPLS）中提供以太网业务。IETF 内与以太网相关的工作组有 PWE3 和 L2VPN 工作组。其中，PWE3 工作组主要负责制定伪线（封装和承载不同业务的 PDU 的隧道）的框架结构和与业务相关的技术标准，L2VPN 工作组负责制订运营商的 L2VPN 实施方案。

MEF 的工作动态尤其值得关注，它成立于 2001 年 6 月，是一个专注于解决城域以太网技术问题的非营利性组织，目的是要将以太网技术作为交换技术和传输技术广泛应用于城域网建设。它首要的目标是统一光以太网实现的一致性，并以此影响现有的标准；其次是对其他相关标准组织的工作提出一些建议；最后也制定一些其他标准组织未制定的标准。MEF 目前开展的工作包括以下几个方面。

- 开发城域以太网参考模式，为内部组件和外部组件之间定义参考点和接口。
- 定义城域以太网的服务模式，对城域以太网服务的术语、接口、规范和提供的基本服务进行统一。开发服务提供商和终端客户之间建立 SLA 使用的 SLS 框架。
- 研究如何能使以太网作为一种广域传输技术，包括以太网的保护模式及服务质量。保护模式的目标是以太网服务提供端到端的保护恢复时间<50 ms；QoS 的目标是创建一种框架，可以提供各种分等级的服务（CoS），并且在每个 CoS 中确保 QoS。
- 开发用于服务提供商和终端客户之间以太网接口管理的要求、模式和框架，也包括服务提供商的城域网络内部的以太网接口的管理。

为推动我国 IP 多媒体数据通信网络标准化的发展，1999 年国内电信研究机构联合诸多通信企业成立了中国 IP 和多媒体标准研究组。研究组成立后，便将以太网作为该研究组的一项重要技术进行研究和制定。截至目前，已经立项研究了一批以太网标准，包括《二层 VPN 业务技术要求》、《基于 LDP 信令的虚拟专用以太网技术要求》、《基于 LDP 信令的虚拟专用以太网测试方法》以及《仿真点到点伪线业务技术规范》等。由于以太网服务质量、安全、扩展性、管理等技术受到业界的广泛关注，研究组也加强了对这些热点问题的跟踪研究，相关标准也正在紧张制定中。

4.2　以太网的帧格式

本节讨论各种不同的以太网帧格式。从最初的 DIX 以太网到现在，以太网的帧格式改变非常小，但是也容易混淆。IEEE 802.3X 最终将不同帧格式集中为一种混合格式，已得到工业范围的赞同。我们讨论的帧格式都要经过物理层的进一步封装，包括数据流开始和结束的定界符、空闲信号等,都与特定的物理实现有关。

4.2.1 以太网帧

图 4-1 给出了以太网帧格式。该帧包含 6 个域:

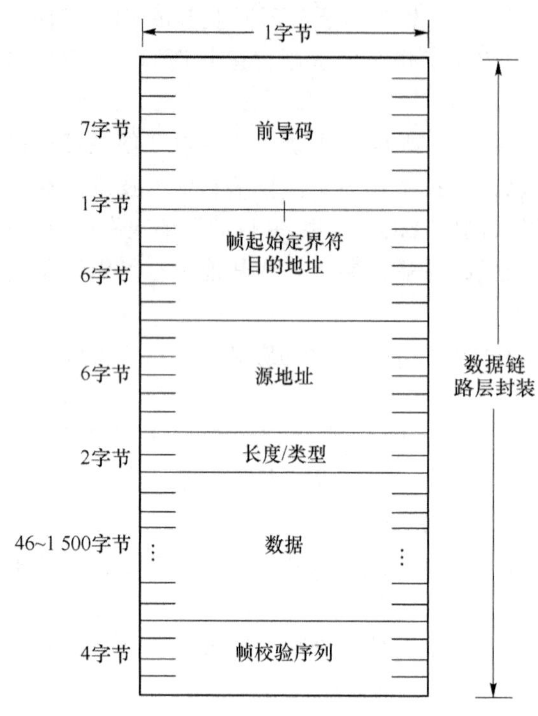

图 4-1 IEEE 802.3 帧格式(1997 年)

(1) 前导码(Preamble)包含 8 个字节(octet)。前 7 个字节的值为 0x55,而最后一个字节的值为 0xD5。结果前导码将成为一个由 62 个 1 和 0 间隔(10101010…)的串行比特流,最后 2 位是连续的 1,表示数据链路层帧的开始。在 DIX 以太网中,前导码被认为是物理层封装的一部分,而不是数据链路层的封装。

(2) 对目的地址(DA)包含 6 字节。DA 标识了帧的目的地站点。DA 可以是单播地址或组播地址。

(3) 源地址(SA)包含 6 字节。SA 标识了发送帧的站。SA 通常是单播地址(即第 1 位是 0)。

以太网地址是一个指明特定站或一组站的标识。以太网地址是 6 字节(48 比特)长。图 4-2 说明了以太网地址格式。为了顺应 IPv6 的发展,IEEE 可能将 MAC 地址由 48 位改为 64 位。

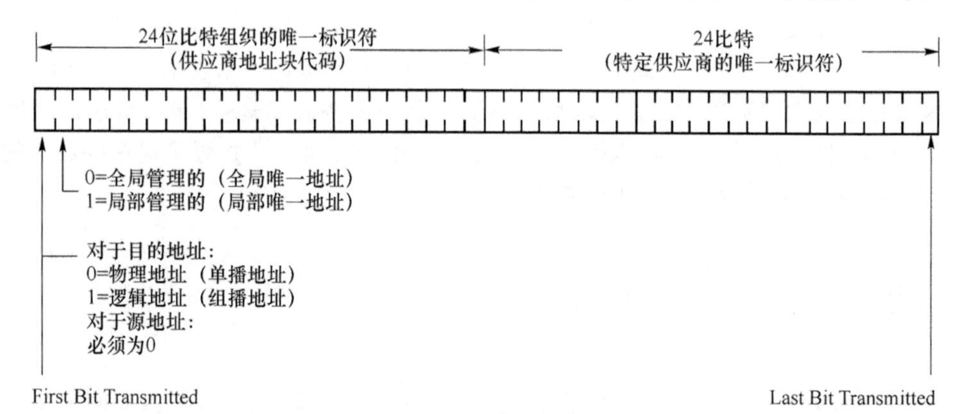

图 4-2 以太网地址格式

在以太网中，数据信息的传送也是根据信宿地址决定将数据传给某台主机。以太网的寻址机制由主机接口卡(网卡)完成。以太网中每一主机拥有一个全球唯一的以太网地址。以太网地址是一个 48 比特的整数，以机器可读的方式存入主机接口卡中，叫作硬件地址(hardware address)或物理地址(physical address)。

现在由 IEEE 负责全球局域网地址的管理，它负责分配地址字段的 6 个字节中的前 3 个字节(即高 24 位)。世界上凡是要生产局域网网卡的厂家都必须向 IEEE 购买由这 3 个字节构成的一个号，它又称为地址块。如烽火网络的地址块为 00A467，Cisco 的地址块为 000000，Intel 的地址块为 00AA00 等。地址字段的后 3 个字节(即低 24 位)则是可变的，由厂家分配。可见一个地址块可以生成 2^{24} 个不同的地址。

地址中的第 2 位指示该地址是全局唯一还是局部唯一。除了个别情况，历史上以太网一直使用全局唯一地址。

(4) 类型域包含 2 个字节。类型域标识了在以太网上运行的客户端协议。使用类型域，单个以太网可以向上复用(upward multiplex)不同的高层协议(IP、IPX、AppleTalk 等)。以太网控制器一般不去解释这个域，但是使用它来确定所连接计算机上的目的进程。本来类型域的值由 Xerox 公司定义，但在 1997 年改由 IEEE 负责。

(5) 数据域包含 46～1 500 字节。数据域封装了通过以太网传输的高层协议信息。由于 CSMA/CD 算法的限制，以太网帧必须不能小于某个最小长度。高层协议要保证这个域至少包含 46 字节，如果实际数据不足 46 字节，则高层协议必须执行某些(未指定)填充算法。数据域长度的上限为 1 500 字节。

(6) 帧效验序列(FCS)包含 4 个字节。FCS 是从 DA 开始到数据域结束这部分的校验和。校验和的算法是 32 位的循环冗余校验法(CRC)。

4.2.2　IEEE 802.3 帧格式

在 1980 年最早的以太网规范与 1983 年第一个 IEEE 802.3 标准发布之前，帧格式的改变很小。IEEE 802.3 帧格式几乎与 DIX 以太网帧相同。但是还是存有一些差异：

- IEEE 802.3 前导码域和 SFD 连接起来与 DIX 以太网前导码域的位值是相同的。DIX 帧的 8 个字节的前导码被替换成 7 个字节的前导码和 1 个字节的帧起始定界符(SFD)。这只是一个用语上的改变，因为 IEEE 802.3 前导码域被定义成 55—55—55—55—55—55—55，再加上 SFD 是 55—D5。
- 前导码/SFD 被认为是数据链路层封装的一部分，而不是 DIX 以太网中认为的是物理层封装的一部分。这也被认为是用语上的改变，因为这并没有影响帧的实际格式。然而由于 IEEE 802.3 认为前导码/SFD 部分属于数据链路层，因此即使物理层如 100BASE-X 和 1000BASE-X 并不需要使用它们，这些域也被一直保留。

- 类型域被长度域取代。这2个字节在IEEE 802.3中被用来指示数据域中有效数据的字节数。这将使高层协议不必提供填充机制。因为数据链路层会进行填充并在长度域中指明非填充数据的长度。

但是,没有类型域就无法指示发送或接收站的高层协议的类型(向上复用)。使用IEEE 802.3格式的帧可用来封装逻辑链路控制(LLC)数据。LLC由IEEE 802.3规定,它提供了一些服务规范以及向上复用高层协议的方法。

除了上面这3点之外,IEEE 802.3帧中的所有域与DIX以太网帧格式完全相同的。历史上,网络设计者和用户一般都正确地把类型域和长度域使用上的不同作为这两种帧格式的主要差别。DIX以太网不使用LLC,使用类型域支持向上复用协议。IEEE 802.3需要LLC实现向上复用,因为它用长度域取代了类型域。

实际上,这两种格式可以并存。这个2字节的域表示的数字值范围是0到$2^{16}-1$(65 535)。长度域的最大值是1 500,因为这是数据域最大的有效长度。因此,从1 501～65 535的值可用来标识类型域,而不会干扰该域对数据长度的表示。我们只要简单地保证类型域的所有值都包含在这个不会相互干扰的区间之内就可以了。实际上,这个域的1 536～65 535(从0x0600～0xFFFF)的全部值都已经保留为类型域的值,而从0～1 500的所有值则保留为长度域的赋值。

在这种方式下,使用IEEE 802.3格式(带LLC)的以太网客户之间可以通信,而使用DIX以太网格式(带类型域)的客户之间也可以在同一个LAN相互通信。当然,这两类用户之间不能通信,除非有设备驱动软件或高层协议能够理解这两种格式。许多高层协议现在还使用DIX以太网帧格式。这种格式是TCP/IP、IPX(Net Ware)、DECnetPhase 4和LAT(DEC的Local Area Transport,局部传输)使用得最普遍的格式。IEEE 802.3/LLC大都在APPleTalk Phase 2、NetBIOS和一些IPX(Net Ware)的实现中普通被使用。

在1995—1996年间,IEEE 802.3X任务组,为了支持全双工操作对已有的标准作了补充。其中一部分工作就是开发了流量控制算法。这个流量控制算法将在后面介绍。从帧格式角度的最大变化是,MAC控制协议使用DIX以太网风格的类型域来唯一区分MAC控制帧与其他协议的帧。这是IEEE 802委员会第一次使用这种帧格式。只要该任务组把MAC控制协议对类型域的使用合法化,他们就将把任何IEEE 802.3帧对类型域的使用合法化。IEEE 802.3X在1997(IEEE 97)年成为IEEE通过的协议。这使原来“以太网使用类型域而IEEE 802.3使用长度域”的差别消失。IEEE 802.3经过IEEE 802.3X标准的补充,支持这个域作为协议类型域、长度域和控制域多种解释。

4.3 千兆以太网的关键技术

千兆位操作代表了以太网技术中的一种演进,而不是一次革命。由于10 Mbit/s、

100 Mbit/s以太网 CSMA/CD 等技术很早就已经成熟，介绍它们的资料、书籍已经很多，这里就不再重复。后面几节我们将站在一个高层次上对千兆以太网等城域以太网新技术做一次粗略的考察。本节我们将描述千兆以太网的关键组成部分，并指出（也许是更重要的）它与传统 10 Mbit/s、100 Mbit/s 的以太网系统间的差别。

4.3.1　千兆以太网的体系结构

千兆以太网标准（IEEE 802.3z 和 802.3ab）是对于 802.3 基本文件的补充。短短几年间，802.3 标准在深度和广度上都大大地丰富了。在有些方面，标准委员会不但增加了新的功能，而且修改了系统模型（体系结构）。对于快速以太网尤其如此，在某种程度上对千兆以太网也是如此。例如，所有 10 Mbit/s 系统对所有介质都使用曼彻斯特编码，因此，在 10 Mbit/s 以太网的结构中就没有关于编码说明的子层。快速以太网和千兆以太网为支持不同的物理介质，都提供了多种编码方案。所以，在原有的模型中增加了说明编码的子层。

IEEE 局域网，对应于 OSI 模型中的数据链路层和物理层，千兆以太网也不例外。从制定标准和理解系统行为的角度，把这两层看做是一整块是不现实的。标准在描述这两层时采用了大量的子层说明。虽然这样生成了更多的实体层，但是分层体系结构的精髓就是要保持每层完成特定的功能，并向其上下层提供接口。

图 4-3 表示 IEEE 802.3 标准的分层体系结构。各种以太网在数据链路层有相同的模型。这一层又分为逻辑链路控制（LLC）、MAC 控制和 MAC 子层。根据数据率和介质类型，物理层可能被划分为 4 个不同的子层（栈）：

- 第一种栈只提供了 AUI 作为物理信号模型（最左端），只用于 1 Mbit/s 和 10 Mbit/s系统。
- 第二种栈提供了 AUI 和 MII（左起第二个），只能用于 10 Mbit/s，但是支持与下一个模型兼容则自动协商（通过 MII）。
- 第三种栈提供了 MII 作为物理信号模型（左起第三个），用于 100 Mbit/s 系统。
- 第四种栈提供千兆 MII（GMII）作为物理信号模型（最右端），用于千兆以太网系统。802.3z 在模型中加入了后面的栈。无论体系结构表达与否，标准没有对 AUI、MII、GMII 的物理实现提出要求。虽然标准用这些接口描述各种功能和操作，但它们在实际系统的物理层上不必明确地给出，同样符合规范要求。

每个新的子层增加了新的体系结构概念，同样增加新的缩写。表 4-1 解释的不只是术语，而且说明了图 4-3 中出现的各个子层、缩写的意义。例如，光纤收发机属于 PMD，PCS 由编码器和一个并串转换器或复用功能组成。

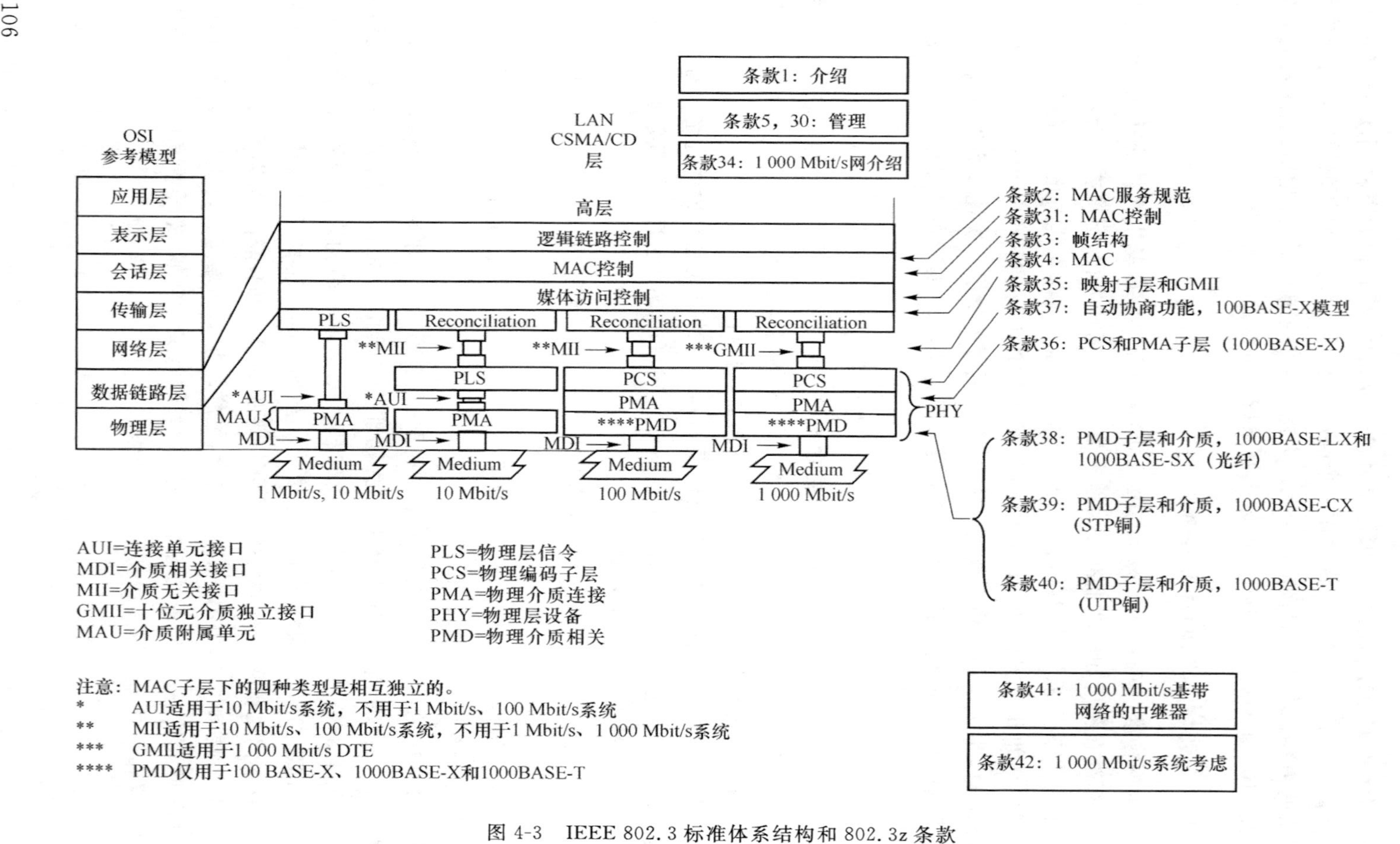

图 4-3　IEEE 802.3 标准体系结构和 802.3z 条款

4.3.2　千兆以太网标准

千兆以太网是数据链路层和物理层的技术。它不要求对更高层的协议和应用做任何改变(虽然更高层的协议和应用可利用它获得更高的可用带宽)。现有应用可无差别地运行在一个以太网上,不管使用的速率是 10 Mbit/s、100 Mbit/s 还是 1 000 Mbit/s(虽然千兆以太网可提供更高速的运行能力)。根据标准驱动接口规范(例如网络驱动接口标准 NDIS)编写的设备驱动程序把更高层的协议和应用与特定的底层 LAN 分隔开来。下面从几个方面讨论千兆以太网的变化。

1. MAC 操作

千兆以太网 MAC 是 10/100 Mbit/s 以太网 MAC 的一个超集。即包含了以太网当前已有的全部功能,并为千兆位操作增加了一些功能和专门特性。

千兆以太网 MAC 可工作在全双工或半双工模式下。全双工操作与其他速率相比没有变化。半双工操作在千兆位速率下有些问题值得研究。使用 CSMA/CD 作为访问控制机制意味着在传送帧的最小长度和网络最大往返传播延时之间存在着密切的关系。最小传送时间必须比 LAN 的最大传播时间要长,以使站在帧传送过程中能得到冲突消息。由于传送一帧需要的时间与数据率成反比,按量级增加速度(从快速以太网的 100 Mbit/s)将以 10 为系数按比例减小帧传送时间。因此,当速率增大时,必须减小网络规模,增大最小帧的长度或对 MAC 算法进行修改。

如果不对其他方面做调整,为支持半双工千兆以太网操作,就必须将网络规模减小到 10～20 m 量级,这对大部分实际应用来讲明显是不够的。所以采取的方法一般是针对最小帧传送时间和 MAC 算法本身。

在全双工模式下,载波扩展和帧突发都是不必要的。由于不需要检测冲突,也就没有必要扩展传送时间来保证当冲突发生时发送者仍然在发送。另外,全双工以太网是“天然”突发的,没有必要为此提供专门的机制。由于大多数或者全部千兆以太网将工作于全双工模式下,载波扩展和帧突发的复杂问题主要是学术研究的内容,对大多数网络和用户并无影响。

千兆以太网系统,与低速以太网一样,也可使用流量控制。实际上人们希望在大部分系统(端站和网络互连设备)中都能有这个机制,因为当遇到瞬时缓冲拥塞时,它可防止不必要的帧丢失。由于帧以千兆位速度到达,缓冲溢出的可能性会更大,因此流量控制是一种受欢迎的工具。

2. 信号编码

在高速网络中,几乎总需要将待发送数据编码成自同步的数据流。接收方为了能够正确地解释数据,必须知道信号生成时钟的精确频率和相位。把时钟信号与数据各自独立地发送,一般是无法实现的。即使如此,时钟和数据间的时序偏差问题会严重地影响收到信息的可用性。更严重的是,这需要两个通信信道:一个用于数据,另一个用于时钟。

所以,一般使用某种形式的数据编码将时钟和数据信息组合成单一信号,在接收方(解码器)再将这种单一信号分离。

在千兆位速率上运行以太网少不了要考虑编码问题。即使使用光纤、短铜线电缆介质时,综合考虑数据率和经济性因素,富余编码也是必需的。千兆以太网使用的编码系统最初是为光纤信道开发的(ANSI941,称为 8 B/10 B,它是 IBM 公司的专利技术)。正如字面上的含义那样,它将 1 字节(8 bit)数据编码为 10 波特或代码位。

在千兆以太网控制器和实现物理层的设备(收发器)之间有两个已标准化的接口点:

① 千兆位介质无关接口(GMII)。这个接口在设计上允许千兆以太网控制器连接任何收发器,包括 1000BASE-X 和 1000BASE-T。

② "10 比特"接口。仅适用于 1000BASE-X 系列。按技术和时钟域线路,这个接口提供了更方便、优化的功能划分。图 4-4 描述了这些物理层接口之间的关系。

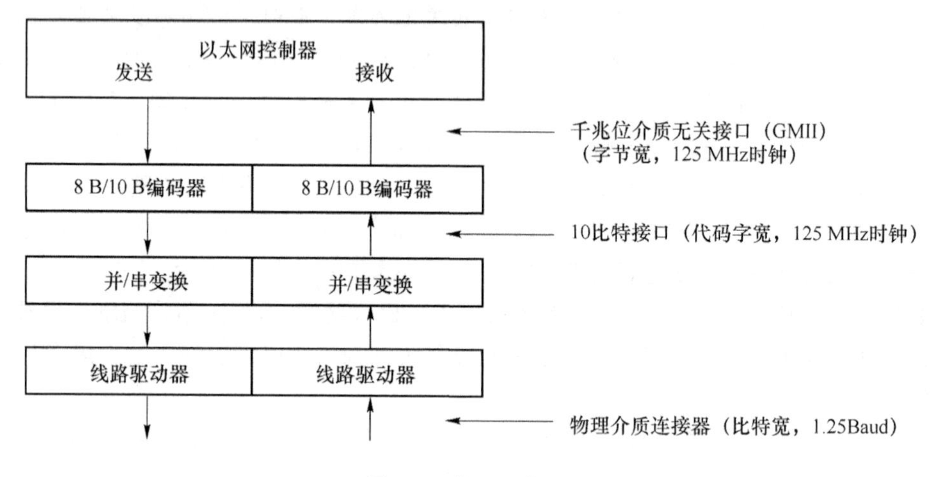

图 4-4 物理层接口

GMII 在设计上来源于 100 Mbit/s MII,它包含以下 4 组信号:

① 传送信号。这些信号包括字节宽传送数据(Transmit Data),加上相关的传送时钟(Transmit Clock)、传送允许(Transmit Enable)和传送出错(Transmit Error)等信号。数据信号与时钟异步,是数据率的 1/8,或 125 MHz(1 Gbit/s=125 MB/s)。传送信号用于把数据从控制器移到收发器,进行编码和传送。

② 接收信号。包括字节宽的接收数据(Receive Data),加上相关的接收时钟(Receive Clock)、接收数据有效(Receive Data Valid,相当于接收允许信号)和接收出错(Receive Error)等信号。与传送信号类似,接收数据与 125 MHz 接收时钟异步。接收信号用于将解码后的数据由收发器移交到控制器。

③ 以太网控制信号。包括载波侦听和由收发器产生的冲突探测信号,供介质访问控制层的控制器使用。注意,这些信号只用于半双工模式。在全双工模式运行时,它们会被

控制器所忽略。

④ 管理信号。包括一系列管理 I/O 线路和相关的时钟。管理信息在控制器和收发器之间(双向)交换,进行配置和控制。

这种编码系统的俗名是 1000BASE-X(与快速以太网中用于 4 B/5 B 编码的俗名 100BASE-X 类似)。1 000 Mbit/s 数据率转换为实际物理介质(1.25 波特/比特)上的 1 250 M波特的信号率。

3. 物理介质

IEEE802.3z 工作组负责制定了 1000BASE-X 规范,其中 1000BASE-SX 主要用于较小范围的主干网,它使用短光波长(850 nm),芯径为 62.5 μm 的多模光纤,网络最长直径为 220～275 m。而芯径为 50 μm 的多模光纤,网络最长直径可达 550 m。1000BASE-SX 是针对低价位的多模光纤而设计的。而 1000BASE-LX 使用长波长(1 300 nm),对多模光纤而言,标准定义的千兆比特数据流传输的最长距离为 550 m,而单模光纤的覆盖范围能达到 5 km。因此,1000BASE-LX 可用于更长距离的楼内多模光纤主干网和单模光纤校园网。目前,千兆以太网首选了美国国家标准化委员会(ANSI)X3T11 光纤通道标准的物理层(FC-0)改进版本。

802.3z 工作组还定义了一种铜缆的标准 1000BASE-CX,它使用了与光纤一样的 8 B/10 B编码,传输码速为 1.25 Gbit/s,覆盖范围为 25 m,显然这样的网络范围无法满足实际需要。因此后成立的 IEEE 802.3ab 工作组,制定了基于 5 类 UTP(非屏蔽双绞线)的千兆以太网规范 1000BASE-T。它在 5 类 UTP 的四对线上共同传输 1 Gbit/s 的数据流,网络直径达到了 200 m。1000BASE-T 能利用现有的以太网基础设施并保证了升级的简易性。千兆以太网各种方案的规范可参看图 4-5。

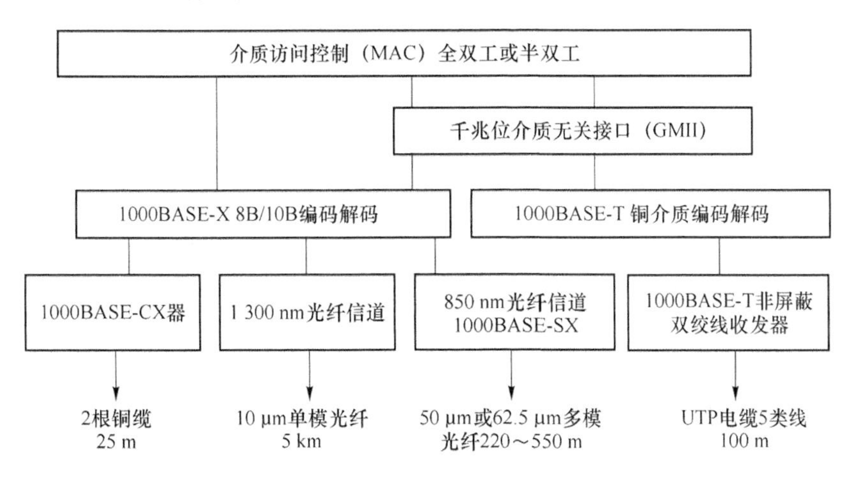

图 4-5　支持千兆位操作的物理层技术

全双工链路只受介质和收发器本身的物理特性限制,以太网 MAC 层 CSMA/CD 半双工协议对其没有限制。因此全双工以太网可以运用到城域网、广域网。原则上，与SDH网络一样，目前主要受光功率预算色散容限和非线性的限制。表4-2总结了1000BASE-X介质的信号特征。

表4-2　1000BASE-X物理层特征总结

介质/距离/接口	多模光纤		单模光纤	铜线		光波长
	50 μm	62.5 μm	10 μm	STP	UTP	
1000BASE-SX	550 m	275 m	—	—	—	770～860 nm
1000BASE-LX	550 m	550 m	5 000 m	—	—	1 270～1 355 nm
1000BASE-CX	—	—	—	25 m	100 m	—

4. 介质无关接口

以太网的每个数据率上都有多种介质类型。为支持同轴电缆、双绞线和光纤，每种以太网系统在控制器设备(如网络接口控制器或NIC)和物理层连接设备(如收发器)之间都加入了(至少在逻辑上)一个标准接口。这可使控制器制造商能独立地制造他们的设备，同时保持了灵活性，可让终端用户选择其喜欢的介质。这个接口点正是介质无关接口，3种普通以太网数据率中的每一个都定义了一个该种接口。

千兆以太网引入了一个新的千兆位介质无关接口(GMII)，它是快速以太网MII的逻辑扩展。两种设计的主要差别在于接口宽度(字节宽与半字节宽)以及时钟频率(125 MHz与25 MHz)。见表4-3。

表4-3　介质无关接口

	10 Mbit/s连接单元接口(AUI)	10/100 Mbit/s介质无关接口(MII)	1 000 Mbit/s千兆介质无关接口(GMII)
使用的电缆	4对线，分别屏蔽	20对线，整体屏蔽	无
最大长度	50 m	0.5 m	N/A
连接器	15针，D型(IEC 807-2)	40针，高密度D型(IEC 1076-3-101)	无
数据信号	串行，曼彻斯特编码	4比特宽，NRZ	8比特宽，NRZ
支持数据库	10 Mbit/s	10/100 Mbit/s	1 000 Mbit/s
时钟率	N/R①	2.5/25 MHz	125 MHz

① 不需要单独的时钟，它被编码到曼彻斯特数据流中。

快速以太网在设计上允许使用外置的物理实现(即连接外部收发器的电缆和连接器)，而GMII不允许这么做，主要是由于在高速时钟和很高的信号变化条件下很难维持信号的完整性。因此，GMII在设备中充当产品内部IC之间的内部接口。

5. 自动协商

快速以太网实现了一种链路自动配置机制，称为自动协商。因为已经广泛部署的快速以太网有多种类型,它们之间可能互不兼容但使用相同的连接器(RJ-45),所以实现链路自动配置机制是必需的。千兆以太网延续了这种策略,并最大限度地保证了这种设备的自动配置能力。除了铜介质外,这种策略已被扩展到部分光纤链路的配置。

在千兆以太网中提供了两种独立的自动协商形式:一种用于 1000BASE-X 系统,另一种用于 1000BASE-T。使用 1000BASE-X 信令的千兆以太网可自动地将自己配置为:

- 半双工操作;
- 流量控制,同时包括对称和非对称操作以及非对称方向。

然而,1000BASE-X 自动协商严格地限于千兆位操作,它不能在链路伙伴间协商数据率。确保链路两端的设备都可进行千兆位操作仍然是网络安装者的责任。同时,安装者还必须保证链路两端都使用相同类型的驱动器/接收器(例如,长波与短波激光器),因为不同的驱动器/收发器系统相互之间都是不兼容的。另外,如果两端连接到兼容的 1000BASE-X 设备,就可确信这些设备能使用普通 1000BASE-X 信令方法通信。如果是这样,自动协商信令可使用与普通数据交换所用的相同的 8B/10B 编码以及行驱动器/收发器,而不是用于 UTP 电缆上的专用链路脉冲信令。

1000BASE-X 自动协商使用了与 UTP 电缆上的自动协商相同的协议和报文格式。它只对用于物理介质上的电—光信令,以及报文自身的某些位的语义做了改变。与快速以太网一样,自动协商机制是可扩展的,可支持将来可能加入的任何附加特性。

现有快速以太网的 UTP 自动协商协议和信令不做任何改变地用在了 UTP 上的千兆以太网(1000BASE-T)上。协商数据的语义已被扩展,它包含了对千兆位数据率的协商,还包括了对所用物理信令方法需要的其他一些特性的协商。

4.3.3 千兆以太网的实现

网络标准的视角与现实世界的不同。在现实中,人们可以购买收发器、网络接口卡(NIC)以及局域网电缆,却没有人出售 PCS、PMA、PMD。标准定义的是功能(function),它们与产品的具体实现完全无关。制造者可以随心所欲地使用各种内部结构设计产品(以及子系统),只要产品的外部行为(external behavior)满足标准的要求即可。这使得产品具有互操作性,而厂家在设计上又没有受到太多的限制。更详尽的实现规范虽然更容易理解,但是可能会限制设计者的思路。

标准按体系结构划分有利于制定模块化程度高的标准。在这样的标准中很容易添加新的功能(例如新的编码方式、传输介质类型),而不用每次都重写标准。实际上,特定产品(例如集成电路的功能)的子系统划分不必遵循体系结构模型。因为产品以专用方式完成特定的功能,即它是与实现相关的。网络产品的实际功能划分通常取决于:

- 技术能力。把所有能容易地以一种技术(例如 CMOS、双极晶体管、软件)实现的功能组合到一个设备或部件中,性能价格比会更高。可以不管这种划分是否超越了体系结构的界限。

- 产品的模块性。不需要多介质类型的产品(例如光纤 NIC)就不用花额外的钱实现介质无关接口(例如 MII)。产品的模块划分可以比标准的模块划分更粗。

在图 4-6 中用一个元件实现 MAC 控制、MAC 和 PCS。另一个元件用于串行器/解串行器 PMA,还有一对设备作为光的驱动器和收发器。

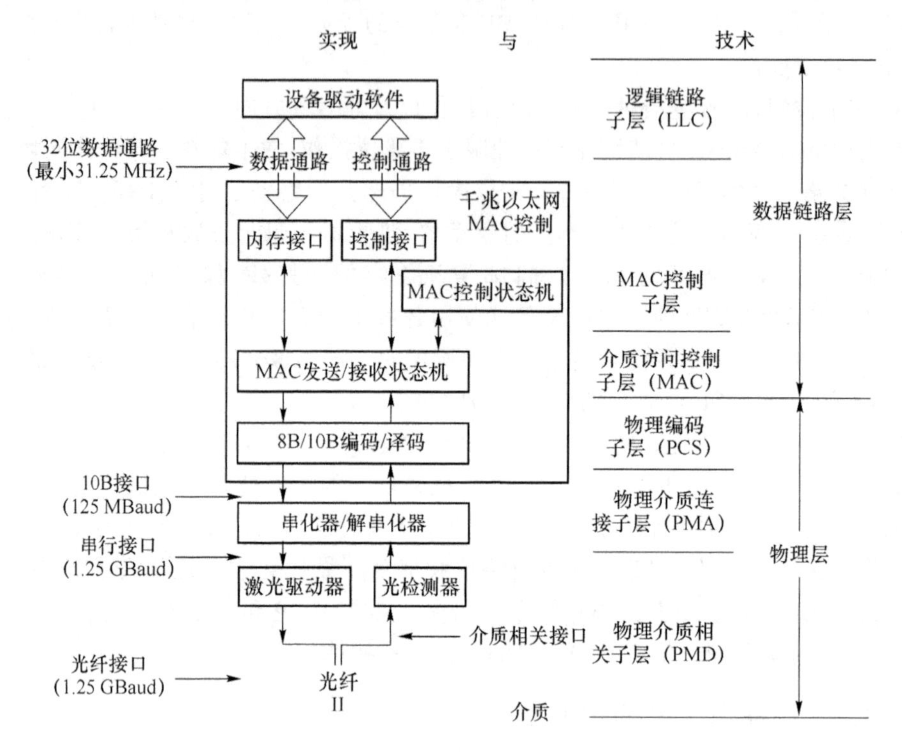

图 4-6 实现与体系结构

虽然实现结构没有完全对应于体系结构,但这种划分有很大好处:

- “MAC 控制器”可以用一个简单的、高密度的 CMOS 集成电路实现,从而降低了成本,增加了可靠性;
- 串行器/解串行器(SER/DES)是唯一需要访问敏感的千兆位速率时钟线路的逻辑设备;
- 串行器/解串行器和光驱动器/收发器是市售的标准组件。这降低了设计风险和推向市场的时间。

注意,不但那些体系结构子层(MAC、PCS 等)已包含进控制器板中,而且还打破了 OSI 模层次界限。数据链路层和物理层之间的接口在系统的任何地方都未外露,接口隐藏在控制器内部。这样做不但可行,而且值得推崇。产品划分决定于技术、成本和性能;体系结构划分则决定于对离散功能的隔离。

4.4　10 G 以太网的关键技术

10G 以太网(也称万兆以太网)赢得青睐的真正原因是,它比 ATM 和 SDH 的价位低,然而,10G 以太网缺少 SDH 的链路管理能力,无法排除链路故障。有人建议用数字封装法来传递以太网帧,使之具备链路管理能力,但这将增加成本和复杂性。所以,在长距离传输下,SDH 有其优势,但以太网处理突发数据和网状网的能力比 SONET 强。

自 1999 年以来,IEEE 802.3HSSG(High Speed Study Group)小组专门研究 10G 标准——802.3ae。其目标是完善 802.3 协议,将以太网应用扩展到广域网,提高带宽,兼容现有的 802.3 接口,并与原有的网络操作和网络管理保持一致。10G 以太网(10GE)是传统以太网技术的升级,不仅在原有千兆以太网基础上将传输速率提高 10 倍,同时通过采用新技术大大增加了传输距离,加强了链路管理功能,将以太网扩展到广域网的范围。10G 以太网标准草案 IEEE 802.3ae 于 2000 年 9 月形成,10G 以太网联盟(1999 年成立)成员单位相继推出 10G 以太网相关产品,如三层交换机、光模块以及 10GE LAN/WAN 测试仪等,并提出了直接采用 10GE 组成二层城域以太网(Foundry 公司提出)和 10GE/DWDM 城域网(Riverstone 公司提出)的组网方案。

2002 年 6 月 12 日,10G 以太网标准被 IEEE 正式通过。而最引人注目的焦点是,这是 IEEE 标准化组织在以太网技术领域第一次超越了 LAN 的范围,制定的一个新的标准,使以太网技术能够应用到广域网的端到端的互联中。换言之,以太网第一次从局域网的后台堂而皇之地来到了 WAN 的世界里。这为 10G 以太网在城域网、企业外联网和互联网的普及铺平了道路。

由于在光学和物理连通性方面,10G 以太网没有其他技术可以借鉴,一切都是白手起家,因而 IEEE 802.3ae10G 以太网标准相对于先前的千兆以太网标准和快速以太网标准,走过了更加艰辛的历程,在草案确立的过程中也遇到了不少困难,例如从配件厂商得到光学元件的特殊标准,精确进行 10G 以太网的时钟同步及其测试方法,这些因素导致了该标准延期三个月才最后通过。新标准在保留了原有以太网技术特点的同时,使以太网能够在单模和多模光纤上达到现有千兆以太网 10 倍的传输效率,传输距离在 65 m～40 km。

很难用一句话来描述 10G 的标准,但我们依然可以简单地概括 10G 以太网的特点:将以太网的技术带到了广域网的世界。从 10G 开始,以太网原有的简单、高效和低成本等一系列优点将一样地适用于广域网。随着以太网转变为 100%基于数据包的通信方式,网络中都具有帧兼容性的 10G 以太网技术,将成为把数据从局域网传输到城域网再到广域网的最有效方式。

4.4.1 10G以太网标准的主要内容

为了使10千兆以太网能够更快地进入市场,还成立了另一个机构,这就是10千兆以太网联盟,其英文缩写是10 GEA (10 Gigabit Ethernet Alliance)。

10 GEA由网络界的著名企业创建,现已有100多家企业参加。10 GEA的成员分为创建成员、主要成员和参加成员3种。3Com、Cisco Systems、Extreme Networks、Intel、Nortel Networks、Sun Microsystems和World Wide Packets等都是创建成员。中国的中兴通讯等公司等都是参加成员。

万兆标准内容包括10GBASE-X、10GBASE-R和10GBASE-W 3种类型,10GBASE-X、10GBASE-R,常用于局域网。10GBASE-X使用一种特紧凑包装,含有1个较简单的WDM器件、4个接收器和4个在1300 nm波长附近以大约25 nm为间隔工作的激光器,每一对发送器/接收器在3.125 Gbit/s速度(数据流速度为2.5 Gbit/s)下工作。10GBASE-R是一种使用64B/66B编码(不是在千兆以太网中所用的8B/10B)的串行接口,数据流为10.000 Gbit/s,因而产生的时钟速率为10.3 Gbit/s。10GBASE-W是广域网接口,与SONETOC192兼容,其时钟为9.953 Gbit/s,数据流为9.585 Gbit/s。10G以太网标准接口如图4-7所示。具体介绍如下:

(1) 10G串行物理媒体层:包括如图4-7所示的10GBASE-R、10GBASE-W等。10GBASE-SR/SW传输距离按照波长不同由2~300 m。10GBASE-LR/LW传输距离为2~10 km。10GBASE-ER/EW传输距离为2~40 km。它们各自对应不同的串行局域网物理层设备。

(2) PMD(物理介质相关)子层:PMD子层的功能是支持在PMA子层和介质之间交换串行化的符号代码位。PMD子层将这些电信号转换成适合于在某种特定介质上传输的形式。PMD是物理层的最低子层,标准中规定物理层负责从介质上发送和接收信号。

(3) PMA(物理介质接入)子层:PMA子层提供了PCS和PMD层之间的串行化服务接口。和PCS子层的连接称为PMA服务接口。另外PMA子层还从接收位流中分离出用于对接收到的数据进行正确的符号对齐(定界)的符号定时时钟。

(4) WIS(广域网接口)子层:WIS子层是可选的物理子层,可用在PMA与PCS之间,产生适配ANSI定义的SONETSTS192c传输格式或ITU定义SDH VC-4-64c容器速率的以太网数据流。该速率数据流可以直接映射到传输层而不需要高层处理。

(5) PCS(物理编码)子层:PCS子层位于协调子层(通过GMII)和物理介质接入层(PMA)子层之间。PCS子层完成将经过完善定义的以太网MAC功能映射到现存的编码和物理层信号系统的功能上去。PCS子层和上层RS/MAC的接口由XGMII提供,与下层PMA接口使用PMA服务接口。

(6) RS(协调子层)和XGMII(10G比特介质无关接口):协调子层的功能是将XGMII的通路数据和相关控制信号映射到原始PLS服务接口定义(MAC/PLS)接口上。XGMII

接口提供了 10G 比特 MAC 和物理层间的逻辑接口。XGMII 和协调子层使 MAC 可以连接到不同类型的物理介质上。

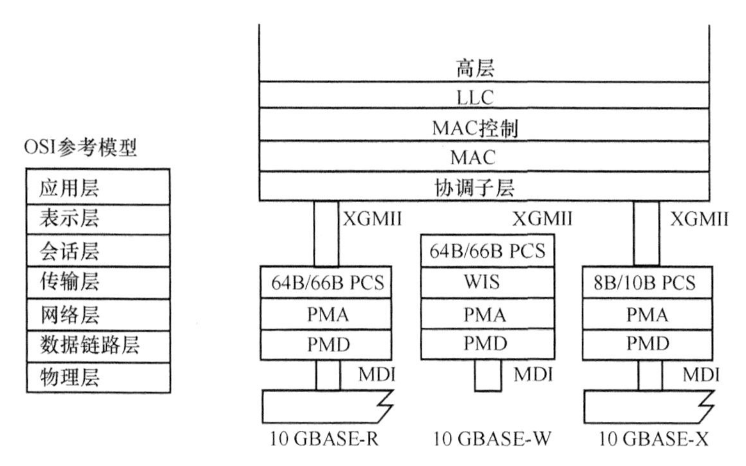

图 4-7 10G 以太网标准接口

从速度和连接距离上来说，10G 以太网是以太网技术的自然演变的一个阶段，除了不需要带有冲突检测的载波侦听多路访问协议（CSMA/CD）之外，10G 以太网与原来的以太网模型完全相同。

在以太网中，PHY 表示以太网的物理层设备，它对应于 OSI 模型的第一层。MAC 层对应的是 OSI 模型中的第二层。在 10G 的体系结构中，PHY 划分为物理介质层（PMD）和物理编码子层（PCS）。802.3ae 规范定义了两种 PHY 类型：局域网 PHY 和广域网 PHY。广域网 PHY 在局域网 PHY 功能的基础上增加了一个扩展特性集。这些 PHY 唯一的区别在 PCS 上。同时，PMD 也有多种类型。表 4-4 是 802.3ae 定义的 4 种物理层介质设备（PMD）收发器。

表 4-4 802.3ae 定义的 4 种物理层介质设备收发器

光学收发器	支持的光纤型号	光纤直径	光纤带宽	最小距离
850 nm 串行	多模	50.0 μm	500 MHz×km	65 m
1 310 nm	多模	62.5 μm	160 MHz×km	300 m
WWDM	单模	9.0 μm	（不适用）	10 km
1 310 nm 串行	单模	9.0 μm	（不适用）	10 km
1 550 nm 串行	单模	9.0 μm	（不适用）	10 km

尽管10G以太网是在以太网技术的基础上发展起来的,但由于工作速率大大提高,适用范围有了很大的变化,与原来的以太网技术相比有很大的差异,主要表现在:①物理层实现方式;②帧格式;③MAC的工作速率及适配策略。

4.4.2 10G以太网的物理层

千兆以太网的物理层是使用已有的光纤通道(Fiber Channel)技术,而10千兆以太网的物理层则是新开发的。10GE有两种物理层规范:局域网采用以太网帧格式,传输速率为10.312 5 Gbit/s;广域网采用OC-192c帧格式,传输速率为9.953 Gbit/s。这两种物理层规范共用一个MAC(介质访问控制)层,仅支持全双工策略,采用光纤作为物理介质。

10G中,局域网PHY和广域网PHY将在共同的PMD上工作,因此,它们支持的距离也相同。这些物理层的唯一区别在于物理编码子层(PCS)各有不同。广域网PHY与局域网PHY的区别在于广域网接口子层(WIS)包含一个简化的SONET/SDH帧编制器。为了降低广域网物理层在实施过程中的成本,10G模型中没有实现物理层与SONET/SDH抖动、分层时钟,以及某些光纤规格兼容。在广域网传输主干网上,这一特性使得以太网可以将SONET/SDH作为其第一传输层。

由于10G以太网可作为LAN,也可作为WAN使用,而LAN和WAN之间由于工作环境不同,对于各项指标的要求存在许多的差异,主要表现在时钟抖动、BER(比特差错率)、QoS等要求不同,就此制定了两种不同的物理介质标准。这两种物理层的共同点有:共用一个MAC层,仅支持全双工,省略了CSMA/CD策略,采用光纤作为物理介质。

10G局域以太网物理层的特点:支持802.3MAC全双工工作方式,MAC时钟可选择工作在1G方式下或10G方式下,允许以太网复用设备同时携带10路1G信号。帧格式与以太网的帧格式一致,工作速率为10 Gbit/s。10G局域网可用最小的代价升级现有的局域网,并与10/100/1 000 Mbit/s兼容,使局域网的网络范围最大达到40 km。

广域网PHY可以提供多种SONET/SDH管理信息,网络管理员能够像查看SONET/SDH链路一样,查看以太广域网PHY的信息。网络管理员还可以利用SONET/SDH管理功能,在整个网络中进行性能监测和错误隔离操作。

10G广域网物理层采用两个扰码多项式,结构如图4-8所示。在PCS层提供从10GMII到PMA的映射并进行MAC帧定界,为了避免伪帧定界,PCS层对MAC帧的前8个字节进行$x^{43}+1$的自同步扰码,这样避免信息字段中出现物理层帧的帧定位字节的情况,而且,如果恶意用户要对信息数据进行攻击,则必须要知道扰码器状态,而猜中的概率仅为1/2,加强了数据的安全性。而且扰码器的使用将降低出现长连"0"或长连"1"的概率,提高了宿端时钟恢复能力。数据在广域网中传输时,为了达到9.58464 Gbit/s的速率,采用的方法是将许多以太网帧映射到一个OC-192c中。为了在接收方将同一个OC-192c中的不同的以太网帧正确区分开,采用HEC(Header Error Control)定界策略;在PMA层实现将PCS送来的业务流封装进OC-192c帧中,为了提高接收方线路时钟恢复能力，在 PMA 对整个帧进行下 x^7+x^6+1 帧同步扰码，最后将扰码后的信号放在光纤上传输。连接 LAN 和 WAN 的网桥完成物理层转换功能，如图 4-9 所示。

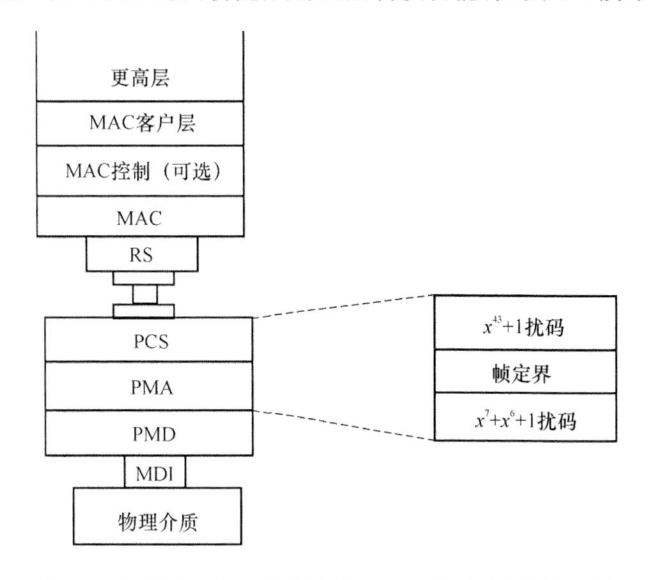

图 4-8　采用两个扰码多项式的 10 Gbit/s 以太网层次结构

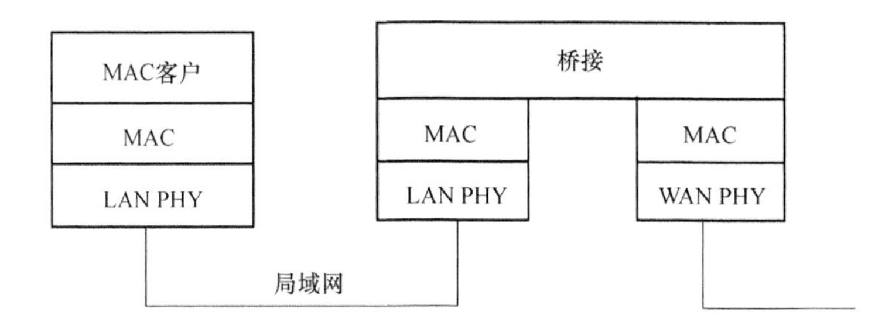

图 4-9　物理层转换参考模型

应当注意的是，这两种物理层的数据速率并不一样。局域网物理层的数据速率是 10.000 Gbit/s(这样写表示是精确的 10 Gbit/s)，因此一个 10 千兆以太网交换机可以支持正好 10 个千兆以太网端口；广域网物理层则具有另一种数据率。这样是为了和所谓的"10 Gbit/s"的 SONET(即 OC-192)相连接(更严格些的写法是使用 SONET/SDH。但为了简单起见这里就只用 SONET)。我们知道，OC-192 的数据速率并非精确的 10 Gbit/s (只是为了简单化，称这种速率是 10 Gbit/s)，而是 9.953 28 Gbit/s。在去掉帧首部开销后，其有效载荷的数据速率只有 9.584 64 Gbit/s。因此，为了使 10 千兆以太网的帧能够插入到 OC-192 帧的有效载荷中，就要使用可选的广域网物理层，其数据速率为 9.584 64 Gbit/s。很显然，这种所谓的"10 Gbit/s"速率不能支持 10 个千兆以太网端口，而只是能够与 SONET 相连接。

需要注意的是,10千兆以太网并没有SONET的同步接口而只有异步的以太网接口。因此,10千兆以太网在和SONET连接时,出于经济上的考虑,只是具有SONET的某些特性,如OC-192的链路速率、SONET的组帧格式等,但WAN PHY与SONET并不是全部都兼容的。例如,10千兆以太网没有TDM的支持,没有使用分层的精确时钟,也没有一套完整的网络管理功能。

4.4.3 10G以太网的帧格式

以太网一般是利用物理层中特殊的10B代码实现帧定界的,当MAC层有数据需要发送时,PCS子层对这些数据进行8B/10B编码,当发现帧头和帧尾时,自动添加特殊的码组帧起始定界符(SPD)和帧结束定界符(EPD);当PCS子层收到来自于底层的10B编码数据时,可以轻易根据SPD和EPD找到帧的起始和结束从而完成帧定界。但是SDH中承载的千兆以太网帧定界不同于标准的千兆以太网定界,因为复用的数据已经恢复成8B编码的码组,去掉了SPD和EPD。如果只利用千兆以太网的前导Preamble和帧起始(SFD)进行帧定界,由于信息数据中出现与前导和帧起始相同码组的概率较大,采取这样的定界策略可能会造成接收端始终无法进行正确的以太网帧定界,为了避免这种情况,采用了HEC策略。

为此,建议中修改了千兆以太网的帧格式,添加长度域和HEC域。为了在定帧过程中方便查找下一个帧位置,同时由于最大帧长为1 518字节,最少需有11个bit($2^{11}=2\ 048$),所以在复接MAC帧的过程中用两个字节替换前导头两个字节作为长度域。然后对这8个字节进行CRC-16校验,将最后得到的两个字节作为HEC插入SFD之后。修改后的MAC帧的字段安排见图4-10,其中长度域的值表示修改后的MAC帧长。

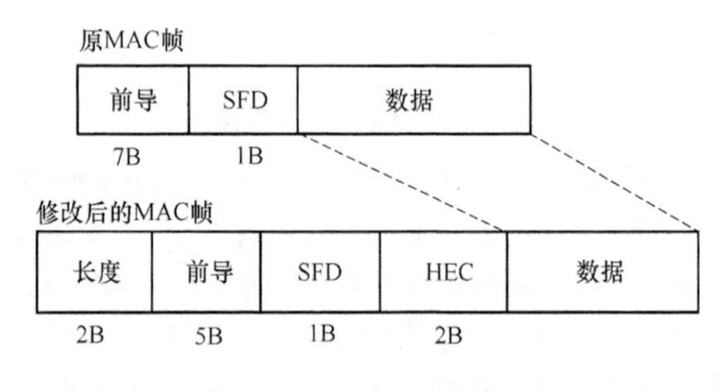

图4-10 修改后的MAC帧

10G WAN物理层并不是简单的将MAC帧用OC-192c承载,虽然借鉴了OC-192c的块状帧结构、指针、映射以及分层的开销,但在SDH帧结构的基础上做了大量的简化,使修改后的以太网对抖动不敏感,对时钟的要求不高。首先,减少了许多开销,仅采用了帧定位字节A1和A2、段层误码监视B1、踪迹字节J0、同步状态字节S1、保护倒换字节

K1 和 K2 以及备用字节 Z0。对没有定义或没有使用的字节填充 00000000。减少了许多不必要的开销，简化了 SDH 帧结构，与千兆以太网相比，增强了物理层的网络管理和维护，在物理线路上实现保护倒换。其次，避免了烦琐的同步复用。信号不是从低速率复用成高速率流，而是直接映射到 OC-192c 净负荷中。以太网帧到 OC-192c 帧的映射过程如图 4-11 所示。

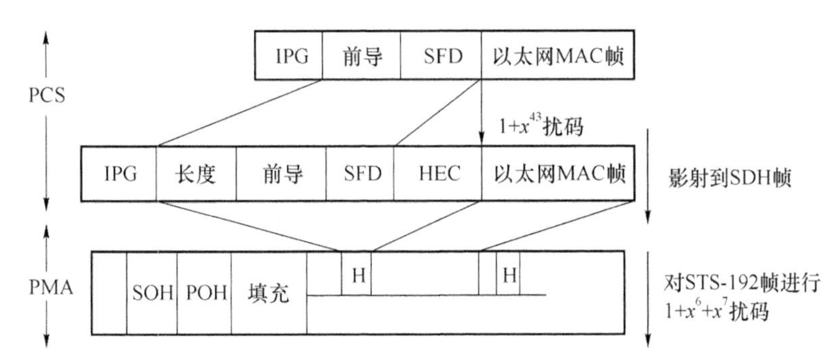

图 4-11　以太网帧映射 SDH 帧示意图

10G 局域以太网和广域以太网物理层的速率不同，LAN 的数据率为 10 Gbit/s，WAN 的数据率为 9.584 064 Gbit/s(9.584 64 Gbit/s 速率是 PCS 层未编码前的速率)。但是两种速率的物理层共用一个 MAC 层，MAC 层的工作速率为 10 Gbit/s，采用什么样的调整策略将 10GMII 接口的传输速率 10 Gbit/s 降低，使之与物理层的传输速率 9.584 64 Gbit/s 匹配，是 10G 以太网需要解决的问题。目前将 10 Gbit/s 适配为 9.584 64Gbit/s 的 OC-192c 的调整策略有 3 种：① 在 XGII 接口处发送 HOLD 信号，MAC 层在一个时钟周期停止发送。② 利用“Busy idle”，物理层向 MAC 层在 IPG 期间发送“Busy idle”，MAC 层收到后，暂停发送数据。物理层向 MAC 层在 IPG 期间发送“Normal idle”，MAC 层收到后，重新发送数据。③ 采用 IPG 延长机制。MAC 每次传完一帧，根据平均数据速率动态调整 IPG 间隔。

传统以太网用于接入通常很难进行用户管理、网络管理、用户隔离、用户识别、认证以及计费。10G 以太网的出现也不可能解决传统以太网用于接入的固有问题，所以 10G 以太网对城域以太网接入没有影响。但引入 10G 以太网对城域以太网会聚层影响与校园网类似，能够扩展会聚带宽，因此万兆标准的出现对城域骨干网带来较大的影响。

在 10G 以太网技术出现以前，以太网技术用于城域网骨干层存在一定困难。主要原因是带宽和传输距离问题。首先千兆以太网链路作为城域骨干网带宽太少，无法满足城域宽带应用的带宽需求。其次千兆以太网标准规定最长传输距离至少 5 km，无法满足城域范围网络建设需求。虽然一些厂商制造了传输距离 80 km 的千兆以太网接口，但是由于未列入标准，无法保证不同厂家该类型端口互联互通。10G 以太网在设计之初就考虑城域骨干网需求。首先带宽10G足够满足现阶段以及未来一段时间内城域骨干网带宽需求(现阶段多数城域骨干网骨干带宽不超过2.5G)。其次10G以太网最长传输距离可达40 km,而且可以配合10G传输通道使用,足够满足大多数城市城域网覆盖。

采用10G以太网作为城域网骨干可以省略骨干网设备的POS或者ATM链路。首先可以节约成本:以太网端口价格远远低于相应的POS端口或者ATM端口。其次可以使端到端采用以太网帧成为可能:一方面可以端到端使用链路层的VLAN信息以及优先级信息;另一方面可以省略在数据设备上的多次链路层封装解封装以及可能存在的数据包分片,简化网络设备。在城域网骨干层采用10G以太网链路可以提高网络性价比并简化网络。

我们可以清楚地看到,10G以太网可以应用在校园网、城域网、企业网。但由于当前宽带业务并未广泛开展,10G以太网技术相对其他替代的链路层技术(例如2.5GPOS、捆绑的千兆以太网)并没有明显优势。虽然有些公司已推出10G以太网接口(依据802.3ae草案实现),但在国内几乎没有应用。目前城域网的瓶颈并不是在于带宽,而是在于如何将城域网建设成为可管理、可运营和可盈利的网络。10G以太网技术的应用将取决于宽带业务的开展。只有广泛开展宽带业务,如视频电波、视频组播、高清晰度电视和实时游戏等,才能促使10G以太网技术广泛应用和网络健康有序发展。

还有一点需要指出的是,以太网仍然是一种异步连接。与任何以太网一样,10G以太网的计时和同步工作在每个字符的数据位流中进行,但是接收端的集线器、交换机或路由器可能会对数据进行重新计时和同步。相比之下,同步协议,包括SONET/SDH在内,要求所有设备共享同一系统时钟,其目的是避免在传送和接收设备之间出现时间错乱。

4.5 以太网的流量控制

4.5.1 以太网流量控制需求

以太网(实际上包括所有其他LAN技术)本质上是无连接的。这样就没有虚电路的概念,帧传输的可靠性也没有什么保证。帧无错传输的概率是很高的,但是无法保证绝对正确。在数据位出错、接收器的缓冲区不能满足或其他异常情况下,以太网接收器会简单地丢弃帧,而不给出任何提示。因此以太网接口的成本可以很低。无连接的系统比较容易实现,而在数据链路层中包括错误恢复和流量控制机制的系统,实现起来要复杂得多。

LAN上数据位出错的可能性非常小。以太网规定最坏情况下的误码率(BER)为10^{-8}。较好环境下(如办公室),以太网BER的数量级通常可以达到10^{-11},甚至更好。把BER转换成帧丢失率(FLR),其数量级为10^{-7}或一千万分之一。这个数字对于数据链路层已经低到可以忽略不计的地步,并且可以满足高层协议或应用的可靠数据传输需要。

然而,帧缓冲不可使用产生的丢帧与位出错而丢帧结果是一样的。这两种情况下,帧都无法传送到接收方,数据链路层也不会收到出错指示。缓冲拥塞造成丢帧的可能性要远远大于位出错,特别是在高数据率下或网络互连设备(如交换机)中。

最初的以太网没有提供任何流量控制机制,即保证发送者的发送速度不会比接收者可接收的速度更快的机制。当网络由通信端站组成时,这样的机制通常可由高层协议提供。随着透明网桥(交换机)的出现,发送者可能不知道帧的直接接收者是谁。也就是说,交换机不需要接入站的信息和参与,就可以代表它们接收和转发帧。如果没有能提供流量控制的协议,就可能由于交换机缓冲区拥塞而丢失过多的帧。

在任何情况下,可靠传输的高层协议或应用都必须实现某些形式的差错控制。基于这种需要,已经出现了一系列不同的方法。大多数可靠的传输层协议(例如 TCP、SPX、NFS 等)使用"肯定确认与重传"(Positive Acknowledgement and Retransmission,PAR)算法。在 PAR 这种算法中,两个站中一方发送的数据,由另一方负责确认。直到接收到了确认,发送站才认为数据已成功发送。如果在某个预定的时间内没有收到确认,发送站则认为数据在途中丢失(或确认在途中丢失),该站于是又重传刚才的数据。这种方式可实现带确认的、可靠的、端到端的数据通信,而与底层网络的丢帧率无关。无论帧丢失的原因是什么,PAR 使用相同的机制来恢复丢掉的帧。丢帧的主要原因是缓冲拥塞而不是位出错。

PAR 协议对丢帧问题解决得很好,但它在性能上需要付出代价。帧丢失会导致高层协议的确认定时器超时,超时引发对丢失帧的重传。确认定时器设定的值必须(至少)考虑到整个网络上端到端的传输延迟,加上处理与延迟间隔时间。一般的协议以秒为量级设置定时器以保证在大的互联网上运行,因此一个丢帧引起数据传输间断几秒钟。这会严重影响网络吞吐量。

帧丢失不是灾难性的,但是应该尽量减少其发生的可能性。由于位出错而发生的帧丢失是不可避免的,但是可以设计一些方法,来避免由于交换机或端站的缓冲区拥塞而发生帧丢失。

4.5.2　显式流量控制

IEEE 802.3x 任务组没有选择去定义一个全双工以太网的显式流量控制协议,而是规定了一个控制以太网 MAC(MAC 控制)的更通用的体系结构框架。在这个结构框架中,全双工流量控制是定义的第一个操作(目前是仅有的一个操作)。将来还要定义以下内容:

- 显式流量控制到半双工网络的扩充;
- 其他全双工流量控制机制(除了随后简单介绍的 PAUSE 功能)的规范;

• 其他功能(除流量控制以外)的定义与规范。

虽然目前还没有开发这种 MAC 控制协议的标准扩充,但体系结构规范可使这些扩充易于进行。在以太网中,MAC 控制是可选功能。把它作为可选的,是为了避免新版规范与过去存在的以太网兼容设备不兼容。很明显,在高速、全双工交换网络中,使用流量控制有非常大的好处,但是实现者和用户需要综合考虑性能和价格。实现 MAC 控制协议(特别是用于全双工流量控制的 PAUSE 功能)的成本很低(它可以用硬件在以太网控制器的内部芯片中实现)。因此,大多数全双工以太网产品供应商将增加这项功能,特别是千兆比特数据速率的以太网产品。

图 4-12 给出了 MAC 控制的层次结构。

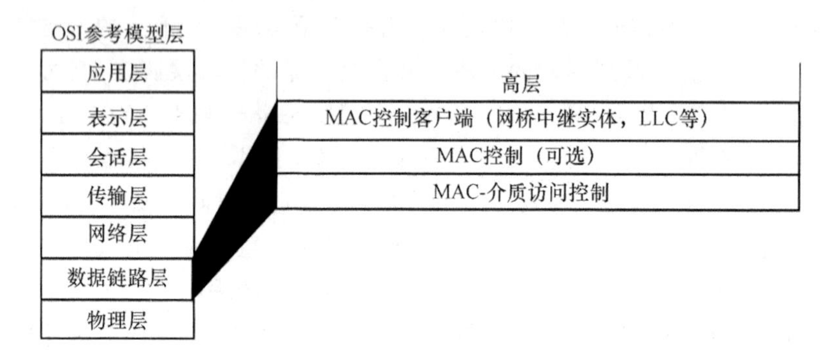

图 4-12 MAC 控制在体系结构中的位置

MAC 控制是数据链路层的一个子层(sublayer)。它是介于传统以太网 MAC 层和 MAC 客户之间的可选功能。客户可以是网络层协议(如 IP)或数据链路层内部实现转发功能的网桥(交换机)。

如果 MAC 的客户不知道或不关心 MAC 控制提供的功能,则这个子层就“消失”了;就像这个 MAC 控制子层不存在一样,正常的发送和接收数据流会经过 MAC 与 MAC 控制子层的客户交互。对 MAC 控制敏感的客户(如需要防止缓冲区溢出的交换机),可以利用这个子层来控制底层以太网 MAC 的操作。特别是,它可以请求全双工链路另一端的 MAC 停止进一步传送数据,因而防止将要发生的溢出。

一旦对 MAC 控制敏感客户发出了请求,MAC 控制可以产生控制帧(control frame),这些帧被发送到底层使用标准 MAC 的以太网上,同样,以太网 MAC 将接收 MAC 控制帧(由其他访站 MAC 控制子层产生),并把它们提交到 MAC 控制子层中的相应模块,如图 4-13 所示。因此在以太网上普通的 MAC 客户数据帧中将会夹杂着一些 MAC 控制帧。

在 MAC 控制出现以前,在以太网上传送的每一个帧都是应高层协议或应用的请求而产生的,并且每个数据帧都携带了与该协议或应用相关的数据。MAC 控制引出了一个概念，即帧是在数据链路层自身内部产生和接收的（即信源和信宿都在数据链路层内，sourced/sunk）。这个概念在许多其他 MAC 协议中都存在，如 IEEE 802.5 令牌环和 FDDI，但对以太网来说是新的。

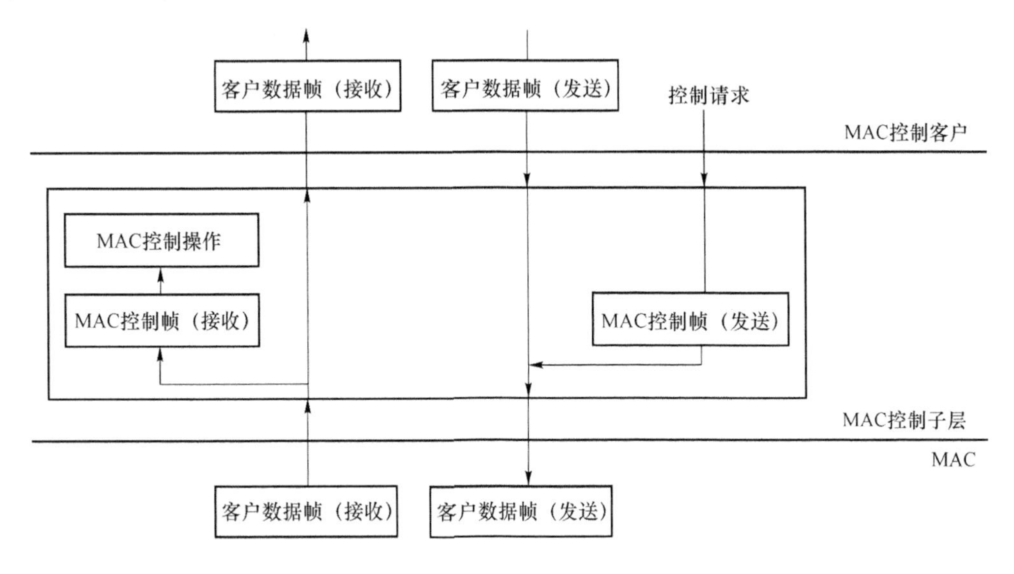

图 4-13　客户帧和控制帧

4.5.3　MAC 控制帧格式

MAC 控制帧是正规、合法的以太网帧。它们包括了所有域，并且使用标准以太网 MAC 算法传送。除了类型域标识符之外，MAC 控制帧在网络上发送或接收与其他帧没有什么区别。所有 MAC 控制帧的长度都恰好是以太网帧的最小长度——64 字节，不包括前导码和帧起始定界符。MAC 控制帧格式如图 4-14 所示。

MAC 控制帧是通过唯一的类型域标识符（0x8808）标识出的。这个类型域专门保留用于以太网 MAC 控制。

在控制帧的数据域内，前两个字节标识了 MAC 控制的操作代码，即帧请求的控制功能。目前只定义了一种操作代码，即随后讨论的全双工中的 PAUSE 操作。它的操作代码是 0x0001。操作代码后面的域是该操作所需的参数。如果这些参数不能使用全部的 44 字节，则帧中其余的位将以 0 填充。

PAUSE 帧包含了图 4-15 中指出的所有域。前导码、帧起始定界符以及 FCS，与所有以太网帧相同。其余域的值在下面小节中予以讨论。

1. 目的地址

目的地址是 PAUSE 帧要到达的目的地。它总是包含一个为 PAUSE 保留的唯一的组播地址：01—80—C2—00—00—01。

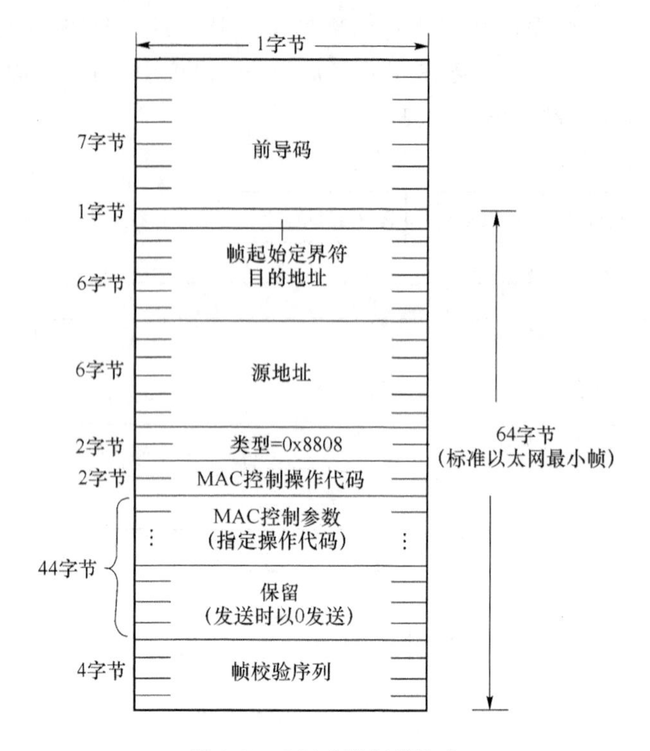

图 4-14 MAC 控制帧格式

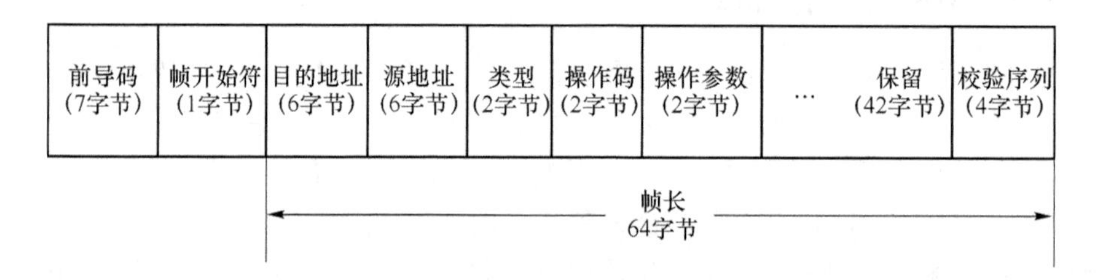

图 4-15 PAUSE 帧格式

既然 PAUSE 功能只用于全双工链路，PAUSE 的目标显然是链路另一端。那么为什么还要指定目的地址呢？更奇怪的是，一个链路的另一端只能有一个设备，为什么目的地址还要指定为组播地址？问题的答案很微妙但也很重要。

- 如果因为配置错误，PAUSE 帧被不经意地发送到共享式 LAN 上，使用特定的组播地址可以保证接收并解释这些帧的是那些真正懂得 PAUSE 协议的站(即地址是专门为这个目的而保留的)。
- 使用组播地址，就可以使 PAUSE 帧的发送者不必知道链路另一端的唯一地址。虽然高层协议很可能知道这个地址，但数据链路层没有必要知道。
- 这个精心挑选的组播地址是特殊保留地址组中的一个，所有标准的网桥和交换机都会阻塞(吸收)这组地址。交换机不会把发往这些地址的帧转发到其他的端口，这使得 PAUSE 帧只在与其相关单全双工链路上使用。

2. 源地址

源地址域包含了发送 PAUSE 帧的站单播地址。虽然指定源地址看起来好像是不必要的，因为该帧只能由一个设备发出，但是包含一个源地址有如下好处：

- 可与其他所有类型以太网帧保持一致(即所有以太网帧的源地址都包含了发送站的唯一地址)；
- 可正确地更新监控设备上的管理计数器，这些设备可能一直跟踪记录每个站产生的帧；
- 如果由于错误配置，PAUSE 帧被不小心地发送到共享式 LAN 上，可以容易地确定发送者。

3. 类型域

类型域包含了所有 MAC 控制帧使用的保留值：0x8808。

4. MAC 控制操作码和参数

PAUSE 帧的控制操作码是 0x0001。

PAUSE 帧只带一个称为暂停时间(pause-time)的参数。这个参数是 2 个字节的无符号整型值。它是发送方请求接收方停止发送数据帧的时间长度。时间度量以 512 比特时间为增量。也就是说，接收者应暂停的时间等于 pause-time 乘以用当前数据率传输 512 比特的时间。pause-time 的取值范围在表 4-5 中列出。

表 4-5　PAUSE 定时器范围

10 Mbit/s	0～3.36 s(以 51.2 μs 为增量)
100 Mbit/s	0～336 ms(以 51.2 μs 为增量)
1 000 Mbit/s	0～33.6 ms(以 51.2 μs 为增量)

使用依赖于数据传输率的参数是基于以下两个原因：

① 当以这种方式设定 PAUSE 操作时，可以认为是让发送者暂停发送与速率无关的若干比特，而不是暂停一段指定的时间。由于使用 PAUSE 功能的初衷是实现内存容量有限的交换机，当网络接口只剩下一定比特量的缓冲时，它发送一个 PAUSE 帧，并以剩下的比特量作为该帧的 pause-time 参数，而不考虑使用什么样的速率。这可以简化某些设计。

② 在半双工以太网中，冲突后退计数器的时间度量以时隙为增量。除 1 000 Mbit/s 以外，所有数据速率的时隙都是传输 512 比特的时间。因为 PAUSE 功能只能用于全双工链路，这个计数器(如果实现了的话)不再用于后退定时，因此可用它来做 PAUSE 定时，不需改变。

4.5.4 PAUSE 功能

PAUSE 功能用来在全双工以太网链路上实现流量控制。PAUSE 操作是用前一节讨论的 MAC 控制体系结构及帧格式实现的。目前该操作只工作于单个的全双工链路。也就是说,它不能用于共享式(半双工)LAN,也不能用于需要跨越交换机的链路。可能用它来控制下列设备之间的数据帧流:

- 一对端站(简单的两站网络);
- 一个交换机和一个端站;
- 交换机到交换机链路。

在交换机或站中增加 PAUSE 功能,是为了当瞬时过载导致缓冲区溢出时防止不必要的帧丢弃。假设一个设备被设计用来处理网络上恒稳状态的数据传输,并允许随时间变化有一定数量的过载。PAUSE 功能可使这样的设备在负载增长暂时超过其设计水平时,不会发生丢帧现象。该设备通过向全双工链路的另一端发送 PAUSE 帧,来防止自己的内部缓冲区溢出。而另一端设备在接收到 PAUSE 帧后,就停止发送数据帧。这将使第一个设备有时间来减少自己的缓冲拥塞:它可以处理掉缓冲队列中发给自己的帧(站操作),或者把帧转发到其他的端口(交换机操作)。

PAUSE 功能不解决下列问题:

- 稳定状态的网络拥塞。PAUSE 协议的设计目标是在缓冲区溢出时通过减少到来的数据量,缓和瞬时过载情况。如果持续(稳定状态下)的流量超过了设备的设计能力,则这是一个配置问题,而不是流量控制问题。PAUSE 功能不能解决持续性过载。
- 提供端到端流量控制。PAUSE 操作只定义在单全双工链路上。它不具有端到端的流量控制能力,也不能协调在多个链路上的操作。
- 提供比简单"停-启"更复杂的机制。特别是,它不直接提供基于信任的策略、基于速率的流量控制等。这些功能可能在以后提供。

PAUSE 操作实现了一种简单的"停-启"形式的流量控制。如果某个设备(站或交换机想阻止帧到来,它可以发送一个带有参数的 PAUSE 帧,该参数指明了全双工中的另一方在开始继续发送数据前需要等待的时间。当另一个站接收到 PAUSE 帧后,将在指定的时间内停止发送数据。当这个时间超时后,该站将从暂停的位置继续发送帧。PAUSE 帧能禁止发送数据帧,但它不影响 MAC 控制帧的发送。

已发送了 PAUSE 指令的站,可以再发送一个时间参数为 0 的 PAUSE 帧取消剩余的暂停时间。即新收到的 PAUSE 帧将覆盖掉当前执行的 PAUSE 操作。类似地,该站也可以在前一个 PAUSE 时间还未结束时,发出另一个包含非零时间参数的帧延长暂停时间。

因为PAUSE操作使用标准的以太网MAC，所以不能保证接收者一定能收到帧。PAUSE帧也可能出问题，而使接收者可能不知道曾发出了这样的帧。在设计PAUSE传输策略时必须考虑这样的问题。

4.5.5　流量控制功能的配置

全双工链路的双方在是否发送和/或响应PAUSE帧上达成共识是非常重要的。如果一个交换机有能力通过发送PAUSE帧防止缓冲区溢出，那么连接的另一端设备能够恰当地暂停也是很重要的。由于MAC控制和PAUSE功能的实现是可选的，所以如果没有某种形式的配置控制是无法保证这一点的。这种配置一般可通过两种方法实现：手工和自动。

手工配置是指网络管理人员必须按要求正确配置链路两端的设备，通常通过某些软件工具(实用程序)来实现。这些软件能够打开或关闭设备的各种特性和功能，它一般是供应商专用或设备专用的，但也有可能使用通用工具(例如，标准的网络管理站)。虽然手工配置很枯燥并且容易出错，但是它可能是很多设备的唯一配置手段。

某些以太网物理层介质提供了工业标准的机制，可用来自动协商链路参数。如果有这种机制，显然用它配置全双工链路双方流量控制功能是很好的方法。表4-6列出了对于所有能用于全双工介质的可用配置方法。

表4-6　流量控制配置选项

介质类型	手工配置	自动配置
10BASE-T	√	√
10BASE-FL	√	
10BASE-TX	√	√
100BASE-TX	√	
100BASE-FX	√	√
100BASE-T2	√	√
1000BASE-CX	√	√
1000BASE-LX	√	√
1000BASE-SX	√	√

当然，自动确定接入设备的功能并对链路进行配置，并不能使设备完成它力所不能及的工作。如果一台交换机需要对接入设备进行流量控制，而接入设备却不具有这种能力，则交换机必须抉择是取消流量控制(可能导致丢帧增多)还是关闭整个链路。

最初的流量控制自动协商规范(只用于10 Mbit/s和100 Mbit/s的非屏蔽双绞线介质)允许对称式流量控制(或根本没有流量控制)的自动配置。非对称流量控制无论何时都需要手工配置。1000BASE-X中使用的自动协商协议,允许使用1000BASE-X技术的千兆以太网自动配置对称式或非对称式的流量控制。

4.6 VLAN技术及其他

4.6.1 VLAN概述

VLAN(Virtual Local Area Network)即虚拟局域网,是一种通过将局域网内的设备逻辑地而不是物理地划分成一个个网段从而实现虚拟工作组的新兴技术。IEEE于1999年颁布了用以标准化VLAN实现方案的802.1Q协议标准草案。

VLAN技术允许网络管理者将一个物理的LAN逻辑地划分成不同的广播域(或称虚拟LAN,即VLAN),每一个VLAN都包含一组有着相同需求的计算机工作站,与物理上形成的LAN有着相同的属性。但由于它是逻辑地而不是物理地划分,所以同一个VLAN内的各个工作站无须被放置在同一个物理空间里,即这些工作站不一定属于同一个物理LAN网段。一个VLAN内部的广播和单播流量都不会转发到其他VLAN中,从而有助于控制流量、减少设备投资、简化网络管理、提高网络的安全性。

VLAN是为解决以太网的广播问题和安全性而提出的一种协议,它在以太网帧的基础上增加了VLAN头,用VLAN ID把用户划分为更小的工作组,限制不同工作组间的用户二层互访,每个工作组就是一个虚拟局域网。虚拟局域网的好处是可以限制广播范围,并能够形成虚拟工作组和动态管理网络。VLAN在交换机上的实现方法有很多种:基于端口划分的VLAN、基于MAC地址划分的VLAN、基于网络层划分的VLAN以及基于IP组播划分的VLAN等。下面予以分别介绍:

1. 基于端口划分的VLAN

这种划分VLAN的方法是根据以太网交换机的端口来划分,例如某台交换机1~4端口为VLAN 10,5~17端口为VLAN 20,18~24端口为VLAN 30。当然,这些属于同一VLAN的端口可以不连续,如何配置,由管理员决定。如果有多个交换机,例如,可以指定交换机1的1~6端口和交换机2的1~4端口为同一VLAN,即同一VLAN可以跨越数个以太网交换机。根据端口划分是目前定义VLAN的最广泛的方法。

这种划分的方法的优点是定义VLAN成员时非常简单,只要将所有的端口都定义一下就可以了。它的缺点是如果VLAN A的用户离开了原来的端口,到了一个新的交换机的某个端口,那么就必须重新定义。

2. 基于 MAC 地址划分的 VLAN

这种划分 VLAN 的方法是根据每个主机的 MAC 地址来划分，即对每个 MAC 地址的主机都配置其所属的那个组。这种划分 VLAN 的方法的最大优点就是当用户物理位置移动时，即从一个交换机换到其他的交换机时，VLAN 不用重新配置，所以，可以认为这种根据 MAC 地址的划分方法是基于用户的 VLAN。这种方法的缺点是初始化时，所有的用户都必须进行配置，如果有几百个甚至上千个用户的话，配置是非常累的。而且这种划分的方法也导致了交换机执行效率的降低，因为在每一个交换机的端口都可能存在很多个 VLAN 组的成员，这样就无法限制广播包了。另外，对于使用笔记本式计算机的用户来说，他们的网卡可能经常更换，这样，VLAN 就必须不停地配置。

3. 基于网络层划分的 VLAN

这种划分 VLAN 的方法是根据每个主机的网络层地址或协议类型（如果支持多协议）划分的，虽然这种划分方法是根据网络地址，例如 IP 地址，但它不是路由，与网络层的路由毫无关系。它虽然查看每个数据包的 IP 地址，但由于不是路由，所以，没有 RIP、OSPF 等路由协议，而是根据生成树算法进行桥交换。

这种方法的优点是用户的物理位置改变了，不需要重新配置所属的 VLAN，而且可以根据协议类型来划分 VLAN，这对网络管理者来说很重要。还有，这种方法不需要附加的帧标签来识别 VLAN，这样可以减少网络的通信量。

这种方法的缺点是效率低，因为检查每一个数据包的网络层地址是需要消耗处理时间的（相对于前面两种方法），一般的交换机芯片都可以自动检查网络上数据包的以太网祯头，但要让芯片能检查 IP 帧头，需要更高的技术，同时也更费时。当然，这与各个厂商的实现方法有关。

4. 根据 IP 组播划分的 VLAN

IP 组播实际上也是一种 VLAN 的定义，即认为一个组播组就是一个 VLAN，这种划分的方法将 VLAN 扩大到了广域网，因此这种方法具有更大的灵活性，而且也很容易通过路由器进行扩展。当然这种方法不适合局域网，主要是效率不高。

4.6.2　IEEE 802.1Q 协议

IEEE 于 1999 年正式签发了 802.1Q 标准，即 Virtual Bridged Local Area Networks 协议，规定了 VLAN 的国际标准实现，从而使得不同厂商之间的 VLAN 互通成为可能。802.1Q 协议规定了一段新的以太网帧字段，如图 4-16 所示。与标准的以太网帧头相比，VLAN 报文格式在源地址后增加了一个 4 字节的 802.1Q 标签。4 个字节的 802.1Q 标签中，包含了 2 个字节的标签协议标识（Tag Protocol Identifier，TPID，它的值是 8100），和两个字节的标签控制信息（Tag Control Information，TCI），TPID 是 IEEE 定义的新的类型，表明这是一个加了 802.1Q 标签的报文。

图 4-17 显示了 802.1Q 标签头的详细内容。

目的地址	源地址	802.1Q头 TPID | TCI	长度/类型	数据	FCS (CRC-32)
6字节	6字节	4字节	2字节	46~1 517字节	4字节

图 4-16 带有 802.1Q 标签的以太网帧

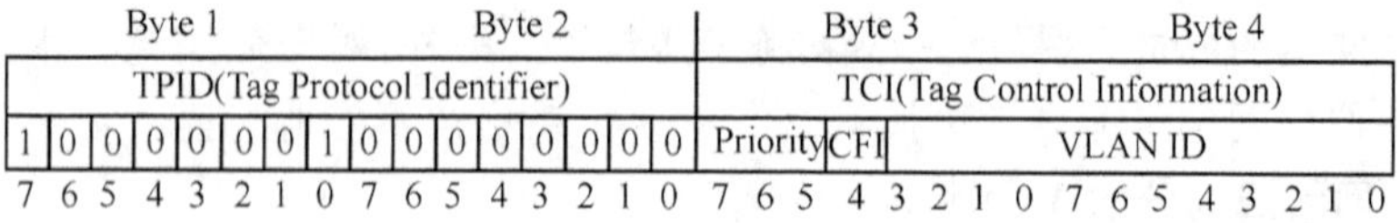

Byte 1	Byte 2	Byte 3			Byte 4
TPID(Tag Protocol Identifier)		TCI(Tag Control Information)			
1 0 0 0 0 0 0 1	0 0 0 0 0 0 0 0	Priority	CFI	VLAN ID	
7 6 5 4 3 2 1 0	7 6 5 4 3 2 1 0	7 6 5	4	3 2 1 0	7 6 5 4 3 2 1 0

图 4-17 802.1Q 标签头

该标签头中的信息解释如下:

VLAN Identified(VLAN ID):这是一个 12 位的域,指明 VLAN 的 ID,一共 4 096 个,每个支持 802.1Q 协议的主机发送出来的数据包都会包含这个域,以指明自己所属的 VLAN。

Canonical Format Indicator(CFI):这一位主要用于总线型的以太网与 FDDI、令牌环网交换数据时的帧格式。

Priority:这 3 位指明帧的优先级。一共有 8 种优先级,主要用于当交换机阻塞时,优先发送优先级高的数据包。

目前使用的大多数计算机并不支持 802.1Q 协议,即计算机发送出去的数据包的以太网帧头还不包含这 4 个字节,同时也无法识别这 4 个字节,将来会有软件和硬件支持 802.1Q 协议。在交换机中,直接与主机相连的端口是无法识别 802.1Q 报文的,那么这种端口称为 Access 端口;对于交换机相连的端口,可以识别和发送 802.1Q 报文,那么这种端口称为 Tag Aware 端口。在目前的大多数交换机产品中,用户可以直接规定交换机的端口的类型,来确定端口相连的设备是否能够识别 802.1Q 报文。

在交换机中的报文转发过程中,802.1Q 报文标识了报文所属的 VLAN,在跨越交换机的报文中,带有 VLAN 标签信息的报文尤其显得重要。例如,定义交换机中的 1 端口属于 VLAN 2,且该端口类型为 Access,当 1 端口接收到一个数据报文后,交换机会查看该报文中有没有 802.1Q 标签,然后,交换机根据 1 端口所属的 VLAN 2,自动给该数据包添加一个 VLAN 2 的标签头,再将数据包交给数据库查询模块。数据库查询模块会根据数据包的目的地址和所属的 VLAN 进行查找,之后交给转发模块。转发模块看到这是一个包含标签头的数据包,根据报文的出端口的性质来决定是否保留还是去掉标签头。如果端口是 Tag Aware 端口,则保留标签,否则则删除标签头。一般情况下,两个交换机互连的端口一般都是 Tag Aware 端口,交换机和交换机之间交换数据包时是没有必要去掉标签的。

虚拟局域网是将一组位于不同物理网段上的用户在逻辑上划分成一个局域网内，在功能和操作上与传统 LAN 基本相同，可以提供一定范围内终端系统的互联。VLAN 与传统的 LAN 相比，具有以下优势：

（1）减少移动和改变的代价，即所说的动态管理网络，也就是当一个用户从一个位置移动到另一个位置时，他的网络属性不需要重新配置，而是动态地完成。这种动态管理网络给网络管理者和使用者都带来了极大的好处，一个用户，无论他到哪里，他都能不做任何修改地接入网络，这种前景是非常美好的。当然，并不是所有的 VLAN 定义方法都能做到这一点。

（2）可以建立虚拟工作组，使用 VLAN 的最终目标就是建立虚拟工作组模型，例如，在企业网中，同一个部门的就好像在同一个 LAN 上一样，很容易地互相访问，交流信息。同时，所有的广播包也都限制在该虚拟 LAN 上，而不影响其他 VLAN 上的人。一个人如果从一个办公地点换到另外一个地点，而他仍然在该部门，那么，该用户的配置无须改变；同时，如果一个人虽然办公地点没有变，但他更换了部门，那么，只需网络管理员更改一下该用户的配置即可。这个功能的目标就是建立一个动态的组织环境，当然，这只是一个理想的目标，要实现它，还需要一些其他方面的支持。

（3）有效限制广播包，按照 802.1D 透明网桥的算法，如果一个数据包找不到路由，那么交换机就会将该数据包向除接收端口以外的其他所有端口发送，这就是桥的广播方式的转发，这样的结果，毫无疑问极大地浪费了带宽。如果配置了 VLAN，那么，当一个数据包没有路由时，交换机只会将此数据包发送到所有属于该 VLAN 的其他端口，而不是所有的交换机的端口，这样，就将数据包限制到了一个 VLAN 内。在一定程度上可以节省带宽。

（4）增强安全性，由于配置了 VLAN 后，一个 VLAN 的数据包不会发送到另一个 VLAN，这样，其他 VLAN 用户的网络上是收不到任何该 VLAN 的数据包，这样就确保了该 VLAN 的信息不会被其他 VLAN 的人窃听，从而实现了信息的保密。

随着以太网技术在运营商网络中的大量部署（即城域以太网），利用 802.1Q VLAN 对用户进行隔离和标识受到很大限制，因为 IEEE 802.1Q 中定义的 VLAN tag 域只有 12 比特，仅能表示 4K 个 VLAN，这对于城域以太网中需要标识的大量用户捉襟见肘，于是 QinQ 技术应运而生。

QinQ 最初主要是为拓展 VLAN 的数量空间而产生的，它是在原有的 802.1Q 报文的基础上又增加一层 802.1Q 标签实现，使 VLAN 数量增加到 4K×4K，随着城域以太网的发展以及运营商精细化运作的要求，QinQ 的双层标签又有了进一步的使用场景，它的内外层标签可以代表不同的信息，如内层标签代表用户，外层标签代表业务，另外，QinQ 报文带着两层 tag 穿越运营商网络，内层 tag 透明传送，也是一种简单、实用的 VPN 技术，因此它又可以作为核心 MPLS VPN 在城域以太网 VPN 的延伸，最终形成端到端的 VPN 技术。

QinQ 报文有固定的格式，就是在 802.1Q 的标签之上再打一层 802.1Q 标签，QinQ 报文比正常的 802.1Q 报文多 4 字节。

另外，对于 QinQ 报文的 ETYPE 值，不同的厂家有不同的设置，华为公司采用默认的 0x8100，有些厂家采用 0x9100，为了实现互通，华为公司设备支持基于端口的 QinQ 协议配置，即用户可以在设备端口上设置 QinQ protocol 0x9100(该值可以由用户任意指定)，这样端口就会将报文外层 VLAN tag 中的 ETYPE 值替换为 0x9100 再进行发送，从而使发送到其他设备端口的 QinQ 报文可以被设备识别。

4.6.3 VLAN 的动态管理

提到 IEEE 802.1Q VLAN，就不得不提到以下一些主流的动态 VLAN 管理协议：GVRP 协议和 VTP 协议。用户可以根据自己的实际需要，以及本身的网络环境来选择使用。需要说明的是，在一些交换机上，VLAN 分为静态 VLAN 和动态 VLAN 两种，静态 VLAN 是指用户手工配置的 VLAN，而动态 VLAN 则指那些通过动态 VLAN 协议学习到的 VLAN。

GARP(Generic Attribute Registration Protocol) 是一种通用的属性 Attribute 注册协议，它为处于同一个交换网内的交换成员之间提供了动态分发传播注册某种属性信息的一种手段。这里的属性可以是 VLAN、组播 MAC 地址和端口过滤模式等特征信息。GARP 协议实际上可以承载多种交换机需要传播的属性特性，所以 GARP 协议在交换机中存在的意义就是通过各种 GARP 应用协议体现出来。目前定义了 GMRP(GARP Multicast Registration Protocol) 和 GVR P(GARP VLAN Registration Protocol)两个协议，以后会根据网络发展的需要定义其他的特性。

在 GARP 协议中，每个运行 GARP 协议的实体，被称为 GARP Participant，在具体的应用中，Participant 可以是交换机每个启动 GARP 协议的端口。在图 4-18 中，显示了 GARP 的结构。

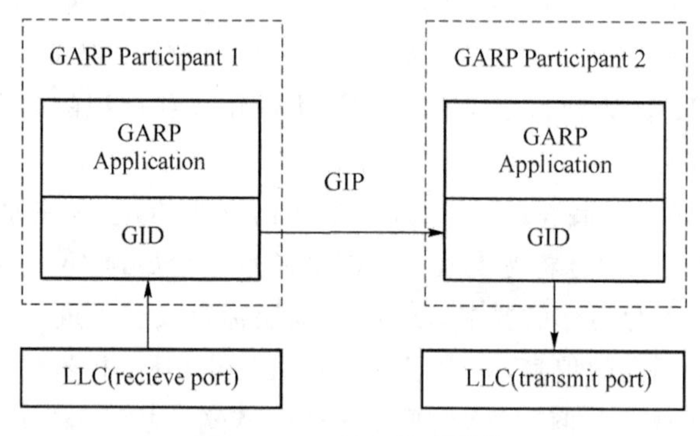

图 4-18　GARP 体系结构

在 GARP Participant 中，GARP Application 组件负责属性值的管理，GARP 协议报文的接收和发送。GARP Application 组件利用 GID 组件和操作时的状态机，以及 GIP 组件控制协议实体之间的消息交互。

GID 组件（GARP Information Declaration）是 GARP 协议的核心组件。一个 GID 实例如图 4-19 所示包含了当前所有属性值的状态。每个属性的状态由该属性的状态机决定。每个属性的状态机有两个：Applicant 和 Registrar，其中 Registrar 状态机负责属性的注册、注销等，并决定协议内部定时器的启动和停止。Applicant 状态机负责决定协议报文的发送。

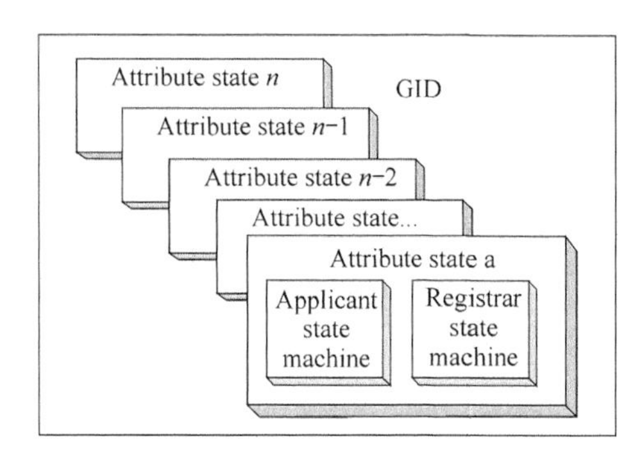

图 4-19　GID 组件模型

GID 的具体操作由以下情况决定：

① Applicant 状态迁移表（表略，见具体协议 802.1d）

② Registrar 状态迁移表（表略，见具体协议 802.1d）

③ 记录 Applicant 的每一个属性的当前声明状态的 Applicant 状态机和 Registrar 状态机

④ GID 服务原语

有两种服务原语可以使得 GID 通过指定的端口进行属性声明或撤销声明：

① GID_JOIN. request(attribute_type，attribute_value)

② GID_LEAVE. request (attribute_type，attribute_value)

有两种服务原语可以要求 GID 在指定的端口上进行属性注册和撤销：

① GID_JOIN. indication(attribute_type，attribute_value)

② GID_LEAVE. indication (attribute_type，attribute_value)

GIP 组件（GARP Information Propagation ）负责将属性信息从一个 Participant 传播到其他 Participant，实质上，是将属性信息在 Participant 的 GID 组件之间传递。GIP 组件从一个 Participant 接收到 GID_JOIN. indication，就产生 GID_JOIN. request 到其他 Participant 上。同样，GIP 组件从一个 Participant 接收到 GID_LEAVE. indication，产生一个 GID_LEAVE. request 到其他 Participant 上。

在协议中,GARP定义了以太网交换机之间交换各种属性信息的方法,包括如何发送和接收协议消息,如何处理接收到的不同的协议消息,如何维护协议状态机之间的跃迁等。通过GARP的协议机制,一个GARP成员所知道的配置信息会迅速传播到整个交换网。GARP成员可以是终端工作站或交换机。

GARP成员通过注册消息或注销消息通知其他的GARP成员注册或注销自己的属性信息,并根据其他GARP成员的注册消息或注销消息注册或注销对方的属性信息。不同的GARP成员之间的协议消息就是这些注册消息或注销消息的具体形式。GARP的协议消息类型有6种,分别为JoinIn、JoinEmpty、Leave Empty、Leave In、Empty和LeaveAll。当一个GARP成员希望注册某属性信息时将对外发送JoinIn消息,当一个GARP应用实体希望注销某属性信息时将对外发送Leave消息。每个GARP成员启动后将同时启动LeaveAll定时器,当LeaveAll定时器超时后将对外发送LeaveAll消息、JoinEmpty消息与Leave消息配合确保属性信息的注销或重新注册。通过这6种消息交互,所有待注册或待注销的属性信息得以动态地反映到交换网中的所有交换机。

GARP应用协议的协议数据报文都有特定的目的MAC地址,在支持GARP特性的交换机中接收到GARP应用协议的报文时,根据MAC地址加以区分后交由不同的应用协议模块处理,如GVRP或GMRP。

4.7 以太网的供电机制

一直以来,以太网都用来承载数据,以太网设备基本上都是通过直流电源或者连接外部交流电源给其供电的。数据网络设备,如IP电话、无线局域网接入点等,在用网线连接到局域网传输数据的同时,必须连接到交流电力网上才能保证工作。这样就需要跟每台以太网设备配置电源线和雇用专业的电力工程师进行综合布线,增加了工程实施的难度和花费。在WLAN覆盖这样的特殊的应用场景中,需要考虑一定的覆盖率和减少信号的干扰。为保证最佳的运行效果,无线接入点一般放置在比较高的地方,比如天花板和室外楼房上,这些地方就更难找到电源插座。因此,为了满足市场的需求,对于新的供电方式的需求也越来越迫切。

思科(Cisco)的IP电话在全球,特别在美国国内占有相当大的市场份额。在刚刚推出IP电话系统时,有许多厂家和用户就有很多质疑。IP电话机和其他的产品一样,都需要连接到电源插座上,在电力系统失效仅仅只有电话网络的条件下不能保证通话的可靠性。为此,思科公司凭着自身强大的研发能力,提出了用以太网供电的解决方案。

在各大设备制造商和标准化组织的共同努力下,用以太网网线来提供电力供应的思路越来越清晰。这时,IEEE 802.3组也开始参与了标准化的工作。在2003年6月IEEE最终通过了IEEE 802.3af标准,其中明确规定了以太网供电的各项技术细节。标准一出，以太网供电市场得到了飞速的发展。

IEEE 802.3af 标准是一种电源传输协议，而不是数据协议。对路由器、交换机和集线器通过网线给远端设备供电做出了一系列要求，而 IP 电话、网络摄像头、蓝牙接入点等功率小于 12.95 W 的设备都可以通过以太网网线获得电能。

经过几年的发展，越来越多的设备开始支持以太网供电，应用也日趋广泛，也出现了电吉他、电剃须刀这样十分有趣的应用。2009 年 10 月，IEEE 批准了第二个以太网供电标准 IEEE 802.3at，与 IEEE 802.3af 完全兼容，支持更大功率的供电，使以太网供电广泛应用成为可能。

4.7.1　POE 技术

早在 1999 年，3Com、PowerD、思科这样的国外领先的设备制造商就已经初步提出了 Power over Ethernet 的想法。2000 年开始，思科提出了自己的 Cisco Pre-standard Power over Ethernet，支持更加详细的 PD 功率分级，并在自己的 IP 电话系统中广泛应用。在 2003 年 6 月 IEEE 批准了 IEEE 802.3af，解决了各个厂家设备的兼容性问题。经过几年的发展，POE 技术也日渐成熟，IEEE 802.3af 应用也越来越广泛。2009 年 10 月 POE 的第二个协议 IEEE 802.3at 批准，在不久将来会有越来越多的厂家开发 POE 的相关产品。

2004 年以前，做 Power over Ethernet 的都是一些国外的设备制造厂家。近年来，国内的设备制造商也开始重视这门技术，陆续研发了推出了具有以太网供电的交换机、Hub 等。

思科作为世界上最大的数据通信产品制造商之一，对 Cisco Catalyst 全系列的交换机产品做了一次增强，现在思科的 Catalyst 2960/3750/3650/4500/6500 以及一些桌面型的交换机都能在 10/100/1000 Mbit/s 端口支持 POE 功能。Catalyst 2960-S 系列交换机也支持 IEEE 802.3at 的 30 W 的大功率供电。其中 Catalyst 6500/4500 可以在所有线卡上支持 48×15.4W，当需要提供 384 端口供电时，使用直流电源模块。

PowerDsine，现在改名为 Microsemi 公司，提供各种电源管理的解决方案。与以太网交换机制造厂家不同，该公司专注于中跨供电设备的研发。PowerDsine 3001 和 Power Dsine 9001G 符合 IEEE 802.3af 标准，9001G 系列中一些型号还支持 IEEE 802.3at 供电标准，同时，有 1、6、12、24 多种端口的中跨设备，供用户灵活选择。

惠普公司的 ProCurve 2600-8-PWR、HP ProCurve 2626-PWR 和 HP ProCurve Switch 2650-PWR 都支持 IEEE 802.3af 的标准，能够给每个端口提供 15.4 W 功率，为 IP 电话、无线接入点、网络摄像头等供电，ProCurve 2650-PWR 可能需要一个外置电源，以便为所有 48 个端口都能提供 15.4 W 的最大功率。惠普的高端交换机 ProCurve 3500yl-48G-PWR，额定功率 759 W，可以在所有的端口支持最大功率供电。

北电网络公司，可以说是国外开发以太网供电的后起之秀，现在已经在 2526T/2550T/4526T/4548T/5520 等全系列的以太网交换机上，支持 10/100BASE-TX 端口上符合 IEEE

802.3af的以太网供电。

烽火网络作为国内的主流设备供应商,也推出了符合IEEE 802.3af标准的以太网供电交换机,S3928PAF/S2200M-PAF/S2200PE-AC这些系列的交换机支持全部10/100 Mbit/s端口15.4 W的供电,并提出了在一半端口上支持30 W供电的解决方案。此外,一些规模比较小的设备制造商也加入到POE的市场中,博达通信推出的S2926以太网供电交换机、D-link DES-1526以太网交换机都支持POE远程供电。

2009年10月,第二个POE标准IEEE 802.3at正式推出,除了完全兼容IEEE 802.3af之外,还支持Type-2的更大功率的供电。但是,POE设备必须支持LLDP,通过协议协商所需的功率。现在已经有越来越多的PD控制芯片开始支持IEEE 802.3at,所以使PSE支持更多的PD,需要开发符合IEEE 802.3at标准的供电设备。

在过去的短短几年中,POE技术已经得到广泛的应用。像无线城市和摄像安防系统这样的应用,已经走入了我们的生活,让生活周围更加便利和美好。随着IEEE 802.3at标准的推出,更多的大功率设备能够通过以太网线获得电力,必将有越来越多的应用加入到以太网供电的队伍当中来,应用前景一片光明。

4.7.2 POE技术的优势

POE技术具有如下优势:

(1) 节约成本。POE技术省去了原本需要电力工程师去铺设电力配线、设置电源接口等复杂的工作。在一些大型的接入工程中,这笔费用是很高的,POE技术将大大降低部署所需要的时间和成本,提高了投资回报率。

(2) 易于安装。用户可以根据自身的需要,在网络混用原有的设备和POE设备,还不用改变现有的线缆布局。同时,对于较复杂的应用环境,受电设备也可以放置所安排的任何位置,不用考虑AC电源插头所带来的局限性,便于安装和工程实施。

(3) 灵活性。由于不需要由AC电源供电,设备的位置可以随意地放置,而不必局限于离AC电源插头较近的区域,这使得接入设备使用起来更加方便。

(4) 可靠性。因为所有的POE设备都是由UPS统一供电,保证了供电的稳定性和可靠性,也避免了在本地使用备用AC电源造成的成本问题。并且系统使用更少的线意味着可靠性的提高。由于在设备移动时不需要拔插电源插头,从而减小了由于拔插电源插头时的误操作而导致的网络系统崩溃。

(5) 可管理性。许多POE设备都支持SNMP,这使得技术支持人员可以远程管理和监测电源的工作状态和功耗,以确保网络的通畅和高效。

(6) 安全性。与使用220V的交流电不同,POE是提供的直流48V的等级,对人的伤害相对较小。而且,在有黑客攻击或者没有人使用时,可以关闭相应的PD,保证安全。

(7) 更多与之兼容的应用。随着IEEE 802.3af标准的提出,设备之间的兼容性得到了解决,加上POE本身特有的优点,使得POE技术越来越流行。除了IP电话、无线局域网接入点等传统 POE 应用，大量的 POE 应用也快速涌现出来，包括 Bluetooth 接入点、网络打印机、门禁读卡机等。另外，使用了 POE 技术，设备制造商不再需要为客户提供各种不同的电源适配器，这节约了生产厂商和客户双方的成本。

4.8　宽带接入对以太网的特殊要求

用户对宽带接入网的要求首先是带宽，目前接入速率为 2 Mbit/s，今后应该能够升级到 100 Mbit/s。带宽最好是上、下行对称的。用户可以按业务，根据 QoS 保证协议和实际使用量付费。用户使用带宽可以根据需要以小增量增减，一旦用户提出一切要求可以快速供应。

运营商对宽带接入网的要求：支持 QoS 和多播；要便于管理按照使用（SLA、QoS 和流量）计费；在速率和规模方面的可扩展性；增加新用户不需要中断业务；对延时、统计、安全的控制和反馈；某用户设备故障不影响或只影响少数其他用户，并能快速发现确定故障点；在 MTU 和 MDU 内使用同样的部件，家庭和企业使用同样设备，以保证配置的灵活性。提到廉价，人们会很自然地想到以太网技术，但是这种局域网的技术能否应用到接入网这样一个公用网络的环境中还需要认真研究。

4.8.1　以太网接入需要解决的问题

由于接入网是一个公用的网络环境，因此其要求与局域网这样一个私有网络环境的要求会有很大不同，主要反映在用户管理、安全管理、业务管理和计费管理上。

所谓用户管理是指的用户需要接入网运营商那里进行开户登记，并且在用户进行通信时对用户进行认证、授权。对所有运营商而言，掌握用户信息是十分重要的，以便于对用户的管理，因此需要对每个用户进行开户登记。而在用户进行通信时，要杜绝非法用户接入到网络中，占用网络资源，影响合法用户的使用，因此需要对用户进行合法性认证，并根据用户属性使用户享有其相应的权力。

所谓安全管理指的是接入网需要保障用户数据（单播地址的帧）的安全性，隔离携带有用户个人信息的广播消息[如 ARP（地址解析协议）、DHCP（动态主机配置协议）消息等]，防止关键设备受到攻击。对每个用户而言，当然不希望他的信息别人能够接收到，因此要从物理上隔离用户数据（单播地址的帧），保证用户的单播地址的帧只有该用户可以接收到。不像在局域网中，因为是共享总线方式，单播地址的帧总线上的所有用户都可以接收到。另外，由于用户终端是以普通的以太网卡与接入网连接，在通信中会发送一些广播地址的帧（如 ARP、DHCP 消息等），而这些消息会携带用户的个人信息（如用户 MAC（媒质访问控制地址等），如果不隔离这些广播消息而让其他用户接收到，容易发生 MAC/IP 地址仿冒，影响设备的正常运行，中断合法用户的通信过程。在接入网这样一个公用网络的环境，保证其中设备的安全性是十分重要的，需要采取一定的措施，防止非法进入其管理系统造成设备无法正常工作,以及某些消息影响用户的通信。

所谓业务管理指的是接入网需要支持组播业务,需要为保护 QoS 提供一定手段。由于组播业务是未来 Internet 上的重要业务,因此接入网应能够以组播方式支持这项业务,而不以点到点方式来传送组播业务。另外为了保证 QoS 接入网需要提供一定的带宽控制能力,例如保证用户最低接入速率或限制用户最高接入速率,从而支持对业务的 QoS 保证。

所谓计费管理指的是接入网需要提供有关计费的信息,包括用户的类别(是账号用户还是固定用户)、用户使用时长、用户流量等这些数据,支持计费系统对用户的计费管理。

4.8.2 现有以太网接入技术方案

以太网技术发展到今天,特别是交换机型以太网设备和全双工以太网技术的发展,使得人们开始思考将以太网技术应用到公用的网络环境,主要的解决方案有以下两种:VLAN 方式和 VLAN+PPPoE 方式。

VLAN 方式的网络结构如图 4-20 所示,局域网交换机(LAN SWITCH))的每个端口配置成独立的 VLAN,享有独立的 VID(VLAN ID)。将每个用户配置成独立的 VLAN,利用支持 VLAN 的 LAN SWITCH 进行信息的隔离,用户的 IP 地址被绑定在端口的 VLAN 号上,以保证正确的路由选择。在 VLAN 方式中,利用 VLAN 可以隔离 ARP、DHCP 等携带用户信息的广播消息,从而使用户数据的安全性得到了进一步提高。在这种方案中,虽然解决了用户数据的安全性问题,但是缺少对用户进行管理的手段,即无法对用户进行认证、授权。为了识别用户的合法性,可以将用户的 IP 地址与该用户所连接的端口 VID 进行绑定,这样设备可以通过核实 IP 地址与 VID 来识别用户是否合法。但是,这种解决方案带来的问题是用户 IP 地址与所在端口绑在一起,只能进行静态 IP 地址的配置。另外,因为每个用户处在逻辑上的独立的网内,所以对每一个用户至少要配置 4 个 IP 地址:子网地址、网关地址、子网广播地址和用户主机地址,这样会造成地址利用率极低。

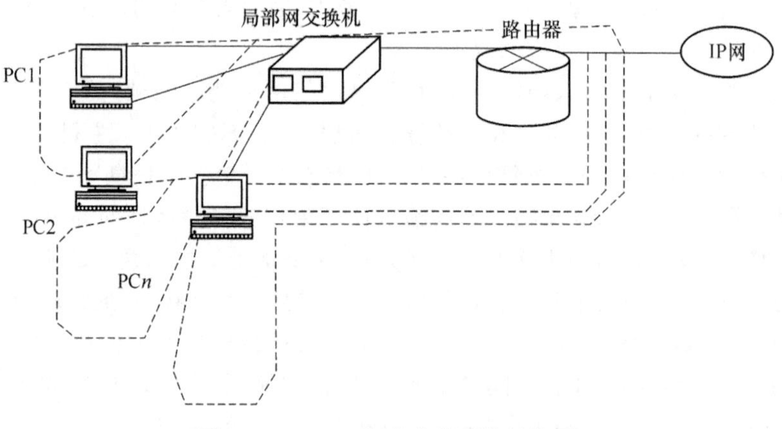

图 4-20 VLAN 解决方案网络结构图

提到用户的认证、授权,人们自然会想到 PPP 协议,于是有了 VLAN+PPPoE 的解决方案,该方案的网络结构如图 4-21。

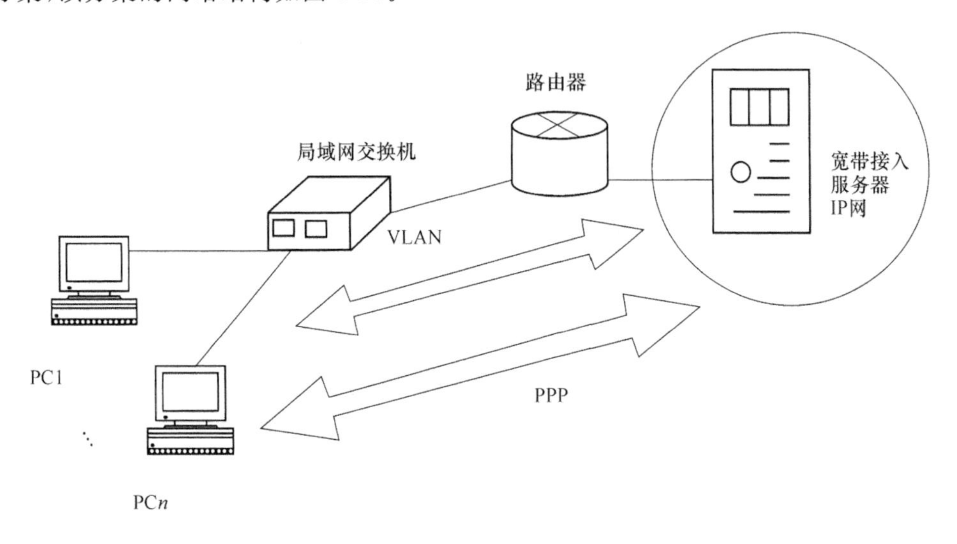

图 4-21　VLAN+PPPoE 网络结构

VLAN+PPPoE 方案可以解决用户数据的安全性问题,同时由于 PPP 协议提供用户认证、授权以及分配用户 IP 地址的功能,所以不会造成上述 VLAN 方案所出现的问题。但是面向未来网络的发展,PPP 不能支持组播业务,因为它是一个点到点的技术,所以还不是一个很好的解决方案。

4.8.3　基于以太网技术的宽带接入网发展前景

鉴于目前的解决方案和设备还不能完全满足接入网这样一个公用网络环境的要求,就需要研究适应公用网络环境的设备和技术,这就是基于以太网技术的宽带接入网,它的网络结构如图 4-22 所示。基于以太网技术的宽带接入网由局侧设备和用户设备组成。局侧设备一般位于小区内,用户侧设备一般位于居民楼内;或者局侧设备位于商业大楼内,而用户侧设备位于楼层内。局侧设备提供与 IP 骨干网的接口,用户侧设备提供与用户终端计算机相接的 10/100BASE-T 接口。局侧设备具有会聚用户侧设备网管信息的功能。

在基于以太网技术的宽带接入网中,用户侧设备只有链路层功能,工作在 MUX(复用器)方式下,各用户之间在物理层和链路层相互隔离,从而保证用户数据的安全性。另外用户侧设备可以在局侧设备的控制下动态改变其端口速率,从而保证用户最低接入速率、限制用户最高接入速率,支持对业务的 QoS 保证。对于组播业务,由局侧设备控制各多播组状态和组内成员的情况,用户侧设备只执行受控的多播复制,不需要多播组管理功能。局侧设备还支持对用户的认证、授权、计费以及用户 IP 地址的动态分配。为了保证设备的安全性,局侧设备与用户侧设备之间采用逻辑上独立的内部管理通道。

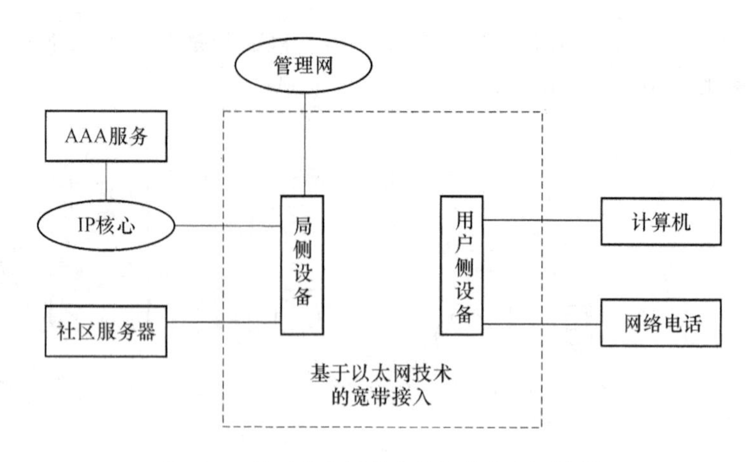

图 4-22 基于以太网技术的宽带接入网结构

在基于以太网技术的宽带接入网中,局侧设备不同于路由器,路由器维护的是端口—网络地址映射表,而局侧设备维护的是端口—主机地址映射表;用户侧设备不同于以太网交换机,以太网交换机隔离单播数据帧,不隔离广播地址的数据帧,而用户侧设备完成的功能仅仅是以太网帧的复用和解复用。

基于以太网技术的宽带接入网还具有强大的网管功能。与其他接入网技术一样,能进行配置管理、性能管理、故障管理和安全管理;还可以向计费系统提供丰富的计费信息,使计费系统能够按信息量、按连接时长或包月进行计费。

基于以太网技术的宽带接入网与传统的用于计算机局域网的以太网技术大不一样。它仅借用了以太网的帧结构和接口,网络结构和工作原理完全不同。它具有高度的信息安全性、电信级的网络可靠性、强大的网管功能,并且能保证用户的接入带宽。这些都是传统的以太网技术根本做不到的。因此基于以太网技术的宽带接入网完全可以应用在公网环境中,为用户提供稳定可靠的宽带接入服务。另外由于基于以太网技术的宽带接入网给用户提供标准的以太网接口,能够兼容所有带标准以太网接口的终端,用户不需要另配任何新的接口卡或协议软件,因而它又是一种十分廉价的宽带接入技术。基于以太网技术的宽带接入网无论是网络设备还是用户端设备,都比 ADSL、Cable Modem 等便宜很多。基于以上考虑,基于以太网技术的宽带接入网将在以后的宽带 IP 接入中发挥重要作用。

如果接入网也采用以太网将形成从局域网、接入网、城域网到广域网全部是以太网的结构。采用与 IP 一致的统一的以太网帧结构,各网之间无缝连接,中间不需要任何格式转换。这将可以提高运行效率、方便管理、降低成本。这种结构可以提供端到端的连接,根据与用户签订的服务协议 SLA,保证服务质量 QoS。

第5章　HFC接入技术

自1950年在美国诞生共用天线电视(CATV)以来,电缆传送的有线电视正把电视信号送到千家万户,其技术开始得到迅速发展。同轴电缆与宽带放大器结合,使有线电视传送距离从一幢大楼到多幢大楼乃至一片生活小区,这就是早期的Cable TV(电缆电视)。20世纪90年代初DFB激光器的研制成功,使得模拟宽带有线电视信号能调制在光信号上通过光纤传送。由于光纤具有低损耗、宽带的优良传输特性,可将有线电视传送到更远的距离,有线电视网络覆盖范围也从原有的5～10 km范围扩大至30 km乃至一个城区(100～200 km)。现有的城市有线电视网基本上是由这种光纤与同轴电缆的混合网组成,这种网络就称之为HFC(Hybrid Fiber Coax)网。由于接入到用户的同轴电缆带宽较宽(达1 000 MHz以上),因而HFC有线电视网加以适当改造,可演变成一种宽带的接入网,是信息高速公路一种很好的用户接入方式,它不仅可传送宽带的多节目有线电视信号,而且可以实施交互式业务,如点播电视(VOD)、高速Internet接入、高速数据通信(计算机远程联网)及话音等,从而达到实施三网(数据、话音、图像)融合。由于HFC网的多业务功能前景,引发了各种技术的发展,这些技术发展又促使HFC网多功能业务向实用化、标准化转换。下面简单叙述一下宽带HFC网络新技术及其展望。

我国拥有世界第一大有线电视网。截至2010年8月月底,我国有线数字电视用户达到7 200万户,有线数字化程度达到42%,双向化程度不到5%(有线电视用户基数为17 800万户)。基于以上数据不难发现,广电网络存在以下特点:用户量庞大、数字化程度较低、双向化程度更低。由于同轴电缆可提供较宽的工作频带和良好的信号传输质量,所以基于现有有线电视网设施的HFC接入网技术越来越引起人们的重视。HFC接入网是以模拟频分复用技术为基础,综合应用模拟和数字传输技术、光纤和同轴电缆技术、射频技术及高度分布式智能技术的宽带接入网络。通过对现有有线电视网进行双向化改造,使得有线电视网除了可提供丰富良好的电视节目,还可提供电话、Internet接入、高速数据传输和多媒体等业务。

从网络架构来看,我国广电城域网基本为总前端+分前端模式,总前端与分前端之间通过MSTP/SDH环网进行连接,分前端机房向下的HFC网络包括光纤分配网及同轴电缆分配网两部分,其中从分前端到小区光节点间的光纤分配网采用1 550 nm或1 310 nm光纤的星型网络结构,每个光节点覆盖用户数从100多户到1 000多户不等;小区内的同轴电缆网络实现广播电视节目由光节点向用户的电视机/机顶盒的推送,对部分小区的楼内布线,采用同轴电缆+五类线的双线入户方式。广电网络基本结构如图5-1所示。

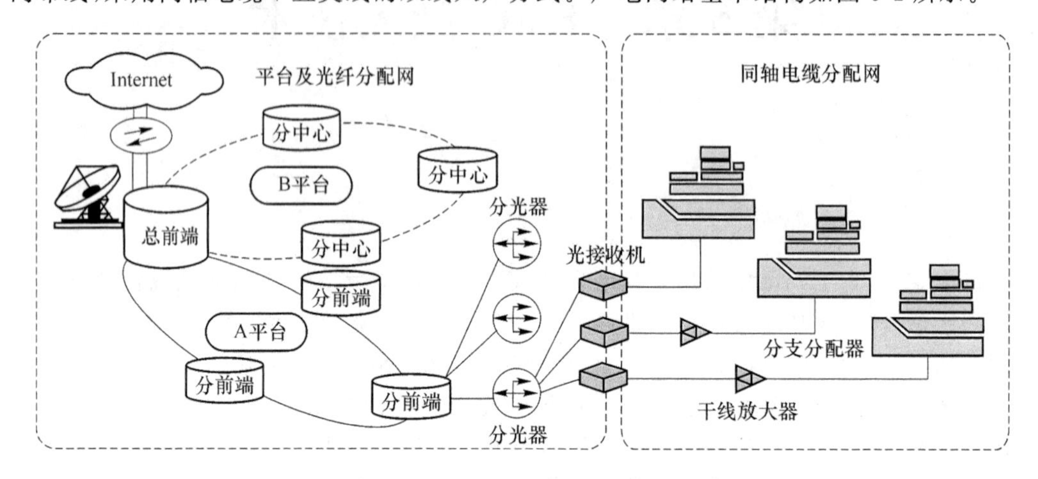

图5-1 广电网络基本结构图

由图5-1可以看到,在HFC网络中有线电视台的前端设备通过路由器与数据网相连,并通过局用数据端机与公用电话网(PSTN)相连。有线电视台的电视信号,公用电话网来的话音信号和数据网的数据信号送入合路器形成混合信号后,通过光缆线路送至各个小区节点,再经过同轴分配网络送至用户本地综合服务单元,并分别将电视信号送到电视机,语音信号送到电话,数据信号经综合服务单元内的Cable Modem送到各种用户终端(通常为PC)。如果是多个用户共享1台Cable Modem,则需在本地的Cable Modem中添加一个以太网集线器;如果是通过一个局域网与Cable Modem相连,在Cable Modem和局域网之间需接一个路由器。反向链路则由用户本地服务单元的Cable Modem将用户终端发出的信号调制复接送入反向信道,并由前端设备解调后送往网络。其中反向信道可以用电话拨号的形式,也可利用经过改造的HFC网络的反向链路。

在城市有线电视光缆同轴混合网上,使用电缆调制解调器进行数据传输,构成宽带IP接入网。下行利用空余的电视广播频道或750 MHz以上频段,采用64QAM调制传输数据。一个PAL制8 MHz带宽信道,传输速率为40 Mbit/s。对于有回传通道的双向HFC网,可以在回传道上进行上行数据传输,采用QPSK调制。如果是单向HFC网可以采用电话调制解调器发送上行数据。电缆调制解调器的传输体制在历史发展过程中有两种,一个是由IEEE 802.14组制定的标准,采用ATM传输。另外一种主要是由设备制造公司和有线电视公司组成的MCNS组织制定的DOCSIS标准,采用IP体制。作为宽带IP接入网，采用ATM体制没有任何好处，只会增加设备复杂程度增加成本，IEEE 802.14标准实际已经死亡，DOCSIS标准成为事实上的工业标准。为了保证各个厂商设计的电缆调制解调器的互连性，各种DOCSIS电缆调制解调器都要通过Cable Lab组织的测试。

HFC网络系统和其他网络相比具有高速率接入、不占用电话线路及无须拨号专线连接的优势。但是要实现HFC网络，必须对现有的有线电视网进行双向化和数字化改造，这将引入同步、信令和网络管理等难点，特别是反向信道的噪声抑制成为主要的技术难题。

5.1 光纤CATV系统

5.1.1 光纤CATV的调制传输方式

光纤有线电视的调制传输方式分为副载波模拟调频、副载波残留边带调幅和副载波数字调制3种。副载波是一种射频正弦波，用以携带基带视频/音频信号，并借助一系列副载波频率的不同来实现同一根光纤内的多频道电视信号的传输。现在所用的副载波频率选在5～40 MHz、48～750 MHz，用于有线电视网的上行和下行传输。

1. FM光纤传输方式

FM调制方式是将多频道视频/音频信号先分别对不同频率的副载波调频后混合再进行光波强度的调制。经光纤传输后的光波，先被光电检测器还原为多频道调频信号，然后分路鉴频使视频、音频信号恢复。

FM光纤传输的优点是接收机灵敏度高，传输距离远。例如光接收灵敏度为－16 dBm，发送光功率为0 dBm时，可传送距离达40 km。另外，该调制方式，其多个副载波的交互调制产物仅表现为接收调频波的背景噪声，对视频图像没有直接干扰，因此对光器件的线性要求就不高。

FM光纤传输的缺点是其频道安排和调制方式与现在的电视系统不能兼容，其射频输出信号不能为家用电视机所直接接收，所以只适用于点到点的基带信号传送。若要进入有线电视网的分配网络，在发端和收端就要增加一系列的AM-VSB解调器、频率调制器、频率解调器和AM-VSB调制器，从而使系统造价陡升。所以现在FM光纤传输系统在有线电视网中只适用于超长距离，如前端到分前端的超干线的视频/音频节目传送。

FM光纤传输的特例是微波副载波光纤传输系统。把卫星地面接收站的微波信号不经卫星接收机的解调装置解调，而直接由光纤传输系统传送。由于卫星电视信号本来就采用调频制式，所以FM光纤传输的作用相当于卫星天线馈线的延伸。

2. 数字光纤传输方式

在数字技术日益成熟的今天，数字电视传输技术已成为研究和开发的重点。目前市场早已出现基带未经压缩的数字电视光纤传输系统产品。一个信道包含一路视频信号和 2 至 4 路音频信号。经取样、编码、复接后的总数据率达 150 Mbit/s 左右,最多可传 16 个信道,总传输速率约为 2.4 Gbit/s。由此可见,这种系统占用频带宽,是数字压缩电视光纤传输系统商品化之前的过渡系统。其传输性能优于 FM 系统,传输距离也更远,无中继时,大于 80 km,还可以加中继,但系统造价比 FM 系统还高。

视频数字压缩技术能够把数字电视的原始数据率压缩到 1/100,而且广播电视的数字压缩标准 MPEG-2 已经问世。这个标准规定了视频/音频数据的编码表示方法,恢复原始信号的译码过程,视频、音频、数据的复用结构和同步方法,以及用于传输的数据包格式。此外,为了达到有效的数据压缩,已经应用色度/亮度预处理、离散余弦变换、可变长度编码(Huffman Coding)、运动估计与补偿、自适应场/帧间编码、速率缓冲控制和统计复接等一系列先进技术。在传输时若通过卫星线路,则先经前向纠错编码,再对微波载波进行正交相位调制(QPSK),达到一个 36 MHz 卫星转发器最多能传送 16 套电视节目。若通过有线电视网传输,则采用副载波 4VSB-16VSB 调制(4-16 电平残留边带调幅)或 16QAM-64QAM 调制(16-64 电平正交幅度调制),使一个 6～8 MHz 的有线电视频道最多能传送 10 个频道的节目。因此高比率的数字压缩和带宽高效利用的多电平数字调制方式是实现大容量数字电视光纤传输的关键技术。随着技术的发展,有线电视网的光纤干线将逐步向副载波数字调制转变。

3. AM-VSB(残余边带调幅)光纤传输方式

在 FM 光纤传输系统价格昂贵,而数字调制光纤传输系统尚未商用的今天,AM-VSB 光纤传输方式为有线电视网的发展提供了一种高质量、经济有效的联网手段。

AM-VSB 光纤传输方式的突出优点是它的调制制式与广播电视相兼容,因而其输出信号可以不经转换直接提供给用户,而且它的光路部分可以沿用到今后,作为综合数字业务宽带用户网的一部分。AM-VSB 光纤传输系统的缺点是:由于它对 AM-VSB 射频信号的载噪比要求高,导致光接收灵敏度低,使得传输距离较短,加大了对光源发射光功率的要求。在发射光功率小于 15 mW 的条件下,若利用全部频道,传输距离不能超过 35 km。

5.1.2 光纤 CATV 的性能指标

光纤传输的系统冗余是保证整个网络正常运行的一个重要指标。根据光发射机的光输出功率和光接收机的光输入功率,确定光纤链路的允许损耗。除了光纤自身的损耗外,还要计入光纤熔接点损耗,一般按 0.5～1.0 dB/个计算,端机的活动连接损耗按 1 dB/个计算,系统还要预留 3 dB 左右的保护值,以防光纤老化、设备的不稳定和环境条件变化的影响等。

系统冗余应满足如下关系式:

$$P_{\mathrm{T\cdot out}}-P_{\mathrm{R\cdot min}}\geqslant a_{\mathrm{opt}}=L_n\cdot B_0+(n-1)B_1+2B_{\mathrm{e}}+B_{\mathrm{a}}+\Delta a \tag{5-1}$$

式中：$P_{T \cdot out}$为光发射机的输出功率(入纤功率)；

$P_{R \cdot min}$为光接收机的输入功率(或接收机的灵敏度)；

a_{opt}为光纤线路损耗；

L_n为光纤总长(km)；

B_0为光纤损耗(dB/km)；

n为光纤段数；

B_1为熔接头损耗(0.5～1)dB/个；

B_e为光纤活动接头损耗(dB/个)；

B_a为其他损耗(dB)；

Δa为损耗裕量。

1. 噪声和主要非线性失真指标的分配

有线电视网主要性能指标有：载噪比(C/N)、组合二阶互调(CSO)和组合三阶差拍(CTB)。这三大性能指标与诸多因素有关。一个完整的光纤CATV网络由前端、光纤干线、同轴电缆支干线和分配网构成。这几个部分的指标，可根据需要和可能适当搭配，使用户端口的指标达到国家标准GB6510-86的要求。根据光发射机、光接收机能够达到的链路指标，对于一级光纤链路，C/N宜取50 dB，其他指标可取60个频道，CSO＝－61 dB；CTB＝－65 dB。网络其他部分的指标，可以依表5-1分配。对于三级光纤链路的级联，光缆干线的C/N取47 dB，而用户端口的C/N降为44.5 dB。

表5-1　前端、干线、分配网络及系统的指标分配

项目	用户端口		前端	光缆干线	电缆网
	国标	设计值			
C/N/dB	43	45.9	55	50	49
CSO/dB	54	57.2	－70	－61	－60
CTB/dB	54	55.1	－74	－65	－60

2. 光缆及光路的光功率分配

应当预先就需注意的是：AM-VSB光纤传输链路的容许光损耗范围是不大的，通常为10～12 dB，而光发射机和光接收机的价格却相当高，因此每个dB的成本便很高。在设计光路损耗和进行光功率分配时，一定要精打细算，不可能像其他光纤工程那样，随便留有充裕的功率裕量。

光功率分配是光纤干线的关键环节，因为从光发射机到光接收机的全程光路衰耗值决定了光纤干线的载噪比。光缆路由确定之后，每一条光路的损耗也就确定了。搭配使用适当的光分路器，可使不同的光路具有基本相同的损耗值。如果计算出来的光路损耗过大,就应减少光分路的分支数。发送光功率与接收光功率之差,称为光路损耗。

光路损耗(单位为 dB)采用下式计算:

$$A = aL + 10\lg k + 0.5 + 1.0 \tag{5-2}$$

式中:A 为光路损耗;L 为光缆长度(km);k 为光分路器的分光比例;0.5 dB 为光分路器的插入损耗;1.0 dB 为光发射机活动连接器的插入损耗与光路损耗裕量之和。因为在测量其发送光功率时,已通过了光发射机的活动连接器,因而在计算光路损耗时,就不必再计入该连接器的损耗。a 为光纤的损耗常数 dB/km。在 1.31 μm 波长时,单模光纤的损耗常数一般为 0.35 dB/km,所以如果取 a=0.4 dB/km,则不另外计算熔接点的损耗。在 1.55 μm 波长时,可取 a=0.25 dB/km,同样也包括了熔接点的损耗。上述两个取值是否要包容熔接点损耗,要视情况而定。

光功率分配所依赖的关键元件是光分路器。光分路器一般采用经熔融双向拉伸的双锥形光耦合器。现在进口的和绝大部分国产的熔锥形光分路器都是 1∶2 光分路器,其分光比按 5%分档,例如 0.50/0.50、0.45/0.55 等。要想把一路输入光束分成各路输出光束,若采用几个靠熔接级联的 1∶2 光分路器,会造成较大的熔接损耗,而且熔接点还会引起多重反射,致使噪声增加和信号失真变大。现在有一种熔融拉锥技术,已经能保证生产出 1∶n(n=2~9)光分路器。这种光分路器具有插入损耗小(n=2 时,0.2 dB;n=3 时,0.3 dB;n=4~9 时,0.5 dB),各分支分光比可任意指定的突出优点,特别适用于光纤 CATV 网,可保证不同长度光路的接收机获得相同的或任意指定的接收光功率。

当采用 1∶n 光分路器时,如果要求各接收点光功率一致,则各分支的分光比和光路损耗(单位为 dB)按下列公式计算:

$$K_i = \frac{10^{0.1aL_i}}{\sum_{j=1}^{n} 10^{0.1aL_j}} \tag{5-3}$$

$$A = \sum_{j=1}^{n} 10^{0.1aL_j} + (0.2 \sim 0.5) + 1.0 \tag{5-4}$$

式中:K_i 为第 i 个分支的分光比;L_j 为第 i 条路的光纤长度(km);(0.2~0.5 dB)是光分路器的插入损耗;1.0 dB 为光纤活动连接器的损耗与系统损耗裕量之和。

5.2 HFC 的关键技术

5.2.1 HFC 的发展

HFC 是从传统的有线电视网发展而来的。有线电视网最初是以向广大用户提供廉价、高质量的视频广播业务为目的发展起来的,它出现于 1970 年左右,自 20 世纪 80 年代中后期以来有了较快的发展。在许多国家，有线电视网覆盖率已与公用电话网不相上下，甚至超过了公用电话网。有线电视已成为社会重要的基础设施之一。例如，在美国各有线电视公司所建的 CATV 网已接入了约 95%的家庭。在我国有线电视起步较晚，但发展迅速，目前全国有线电视网已超过 1 500 个，其普及率已达 23%，并且年增长率超过 30%，在许多城市其普及程度已超过电话。

从技术角度来看，近年来 CATV 的新发展也有利于它向宽带用户网过渡。CATV 已从最初单一的同轴电缆演变为光纤与同轴电缆混合使用，单模光纤和高频同轴电缆（带宽为 750 MHz 或 1 GHz）已逐渐成为主要传输媒介。传统的 CATV 网正在演变为一种光纤/同轴电缆混合（HFC）网，这为发展宽带交互式业务打下了良好的基础。这种树型结构对于一点对多点的广播式业务来说是一种经济有效的选择；但对于开发双向的、交互式业务则存在着两个严重的缺陷：第一，树型结构的系统可靠性较差，干线上每一点或每个放大器的故障对于其后的所有用户都将产生影响，系统难以达到像公用电话网的高可靠性。第二，限制了对上行信道的利用。原因很简单，成千上万个用户必须分享同一干线上的有限带宽，同时在干线上还将产生严重的噪声积累，在这种情况下，即使是电话业务的开展也是困难的。

当有线电视网重建他们的分布网以升级他们现有的服务时，大部分转向了一种新的网络体系结构，通常称之为“光纤到用户区”，在这种体系结构中，单根光纤用于把有线电视网的前端连到 200～1 500 户家庭的居民小区，这些光纤由前端的模拟激光发射机驱动，并连到光纤接收器上（一般为“结点”）。这些光纤接收器的输出驱动一个标准的用户同轴网。

“光纤到用户群”（光纤到用户区）的体系结构与传统的由电缆组成的网络相比较，主要好处在于它消除了一系列的宽带 RF 放大器，需要用来补偿同轴干线的前端到用户群的信号衰减，这些放大器逐步衰减系统的性能，并且要求很多维护。一个典型“光纤到用户群”的衰减边界效应是要额外的波段来支持新的视频服务，而现在已经可以提供这些服务。在典型“光纤到用户群”的体系结构中，支持标准的有线电视网广播节目选择，每个从前端出去的光纤载有相同的信号或频道。通过使用无源光纤分离器，以驱动多路接收结点，它位于前端激光发射器的输出处。

Cable Modem 技术是在混合光纤同轴网（HFC）上发展起来的。由于有线电视的普及，同轴电缆基本已经入户。基于这一有利条件，有线电视公司推出了基本光纤和同轴电缆混合网络的接入技术——HFC，同电信部门争夺接入市场。HFC 出现的初期主要致力传统话音业务的传送。但是，随着在许多地方试验的相继失败（主要问题是供电、成本等），目前有线电视运营者已经放弃在 HFC 上传送传统话音业务，转向 Cable Modem，只在 HFC 上进行数据传输，提供 Internet 接入，争夺宽带接入业务。

因此基于有线电视网的 HFC 接入网技术在我国具有典型的现实意义和广阔的发展

前景,并逐渐引起业内人士越来越多的关注。

5.2.2 HFC的结构

混合光纤同轴网(HFC)的概念最初是由Bellcore提出的。它的基本特征是在目前有线电视网的基础上,以模拟传输方式综合接入多种业务信息,可用于解决CATV、电话、数据等业务的综合接入问题。HFC主干系统使用光纤,采取频分复用方式传输多种信息;配线部分使用树状拓扑结构的同轴电缆系统,传输和分配用户信息。

1. 馈线网

HFC的馈线网指前端至服务区(SA)的光纤节点之间的部分,大致对应CATV网的干线段。其区别在于从前端至每一服务区的光纤节点都有一专用的直接的无源光连接,即用一根单模光纤代替了传统的粗大的干线电缆和一连串几十个有源干线放大器。从结构上则相当用星型结构代替了传统的树型——分支结构。由于服务区又称光纤服务区,因此这种结构又称光纤到服务区(FSA)。

目前,一个典型服务区的用户数为500户(若用集中器可扩大至数千户),将来可进一步降至125户甚至更少。由于取消了传统CATV网干线段的一系列放大器,仅保留了有限几个放大器,由于放大器失效所影响的用户数减少至500户;而且无须电源供给(而这两者失效约占传统网络失效原因的26%),因而HFC网可以使每一用户的年平均不可用时间减小至170min,使网络可用性提高到99.97%,可以与电话网(99.99%)相比。此外,由于采用了高质量的光纤传输,使得图像质量获得了改进,维护运行成本得以降低。典型HFC网络结构如图5-2所示。

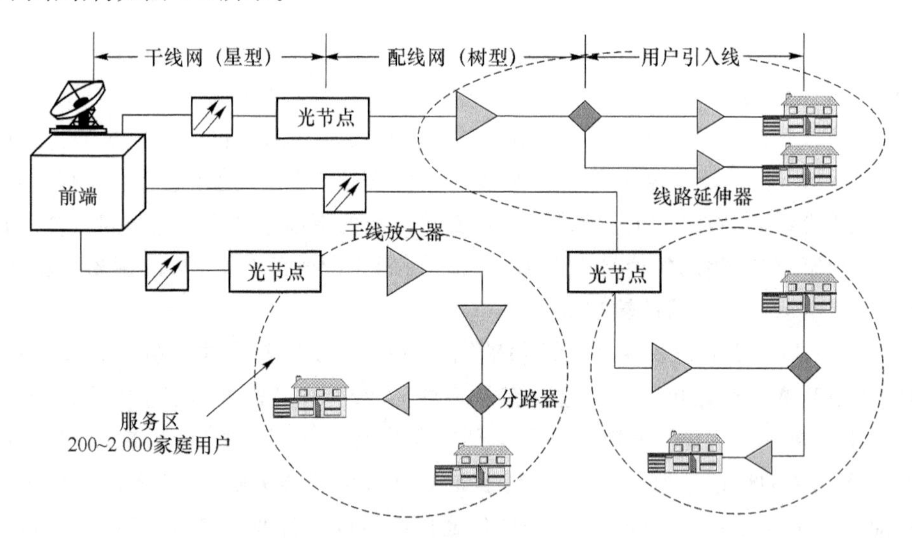

图5-2 典型HFC网络结构

2. 配线网

在传统CATV网中，配线网指干线/桥接放大器与分支点之间的部分，典型距离为1～3 km。而在HFC网中，配线网指服务区光纤节点与分支点之间的部分。在HFC网中，配线网部分采用与传统CATV网相同的树型——分支同轴电缆网，但其覆盖范围则已大大扩展，可达5～10 km，因而仍需保留几个干线/桥接放大器。这一部分的设计好坏十分重要，它往往决定了整个HFC网的业务量和业务类型。

在设计配线网时采用服务区的概念是一个重要的革新。在一般光纤网络中，服务区越小，各个用户可用的双向通信带宽就越大，通信质量也就越好。然而，随着光纤逐渐靠近用户，成本会迅速上升。HFC采用了光纤与同轴电缆混合结构，从而妥善地解决了这一矛盾，既保证了足够小的服务区(约500户)，又避免了成本上升。

采用了服务区的概念后可以将一个网络分解为一个个物理上独立的基本相同的子网，每一子网服务于较少的用户，允许采用价格较低的上行通道设备。同时每个子网允许采用同一套频谱安排而互不影响，与蜂窝通信网和个人通信网十分类似，具有最大的频谱再用可能。此时，每个独立服务区可以接入全部上行通道带宽。若假设每一个电话占据50 kHz带宽，则总共只需有25 MHz上行通道带宽即可同时处理500个电话呼叫，多余的上行通道带宽还可以用来提供个人通信业务和其他各种交互型业务。

由此可见，服务区概念是HFC网得以能提供除广播型CATV业务以外的双向通信业务和其他各种信息或娱乐业务的基础。当服务区的用户数目少于100户时有可能省掉线路延伸放大器而成为无源线路网，这样不但可以减少故障率和维护工作量，而且简化了更新升级至高带宽的程序。

3. 用户引入线

用户引入线指分支点至用户之间的部分，因而与传统CATV相同，分支点的分支器是配线网与用户引入线的分界点。所谓分支器是信号分路器和方向耦合器结合的无源器件，负责将配线网送来的信号分配给每一用户。在配线网上平均每隔40～50 m就有一个分支器，单独住所区用4路分支器即可，高楼居民区常常使用多个16路或32路分支器结合应用。引入线负责将射频信号从分支器经无源引入线送给用户，传输距离仅几十米而已。与配线网使用的同轴电缆不同，引入线电缆采用灵活的软电缆形式以便适应住宅用户的线缆敷设条件及作为电视、录像机、机顶盒之间的跳线连接电缆。

传统CATV网所用分支器只允许通过射频信号从而阻断了交流供电电流。HFC网由于需要为用户话机提供振铃电流，因而分支器需要重新设计以便允许交流供电电流通过引入线(无论是同轴电缆还是附加双绞线)到达话机。

基于HFC网的基本结构具备了顺利引入新业务的能力，通过远端指配可以增加新通道如新电话线或其他业务而不影响现有业务，也无须派人去现场。现代住宅用户的业务范围除了电视节目外，有至少两条标准电话线，也应能提供数据传输业务及可视电话等。当然也会包括更多的新颖的服务如用户用电管理等。

由于 HFC 具有经济地提供双向通信业务的能力,因而不仅对住宅用户有吸引力,而且对企事业用户也有吸引力,例如 HFC 可以使得 Internet 接入速度和成本优于普通电话线,可以提供家庭办公、远程教学、电视会议和 VOD 等各种双向通信业务,甚至可以提供高达 40/10 Mbit/s 的双向数据业务和个人通信服务。

HFC 的最大特点是只用一条缆线入户而提供综合宽带业务。从长远来看,HFC 计划提供的是所谓全业务网(FSN),即以单个网络提供各种类型的模拟和数字通信业务,包括有线和无线、语音和数据,图像信息业务、多媒体和事物处理业务等。这种全业务网络将连接 CATV 网前端、传统电话交换机、其他图像和信息服务设施(如 VOD 服务器)、蜂窝移动交换机、个人通信交换机等。许多信息和娱乐型业务将通过网关来提供,今天的前端将发展成为用户接入开放的宽带信息高速公路的重要网关。用户将能从多种服务器接入各种业务,共享昂贵的服务器资源,诸如 VOD 中心和 ATM 交换资源等。简而言之,这种由 HFC 所提供的全业务网将是一种新型的宽带业务网,为我们提供了一条通向宽带通信的道路。

5.2.3 频谱分配方案

HFC 采用副载波频分复用方式,各种图像、数据和语音信号通过调制解调器同时在同轴电缆上传输,因此合理地安排频谱十分重要。频谱分配既要考虑历史和现在,又要考虑未来的发展。有关同轴电缆中各种信号的频谱安排尚无正式国际标准,但已有多种建议方案。图 5-3 是比较典型的一种方案。

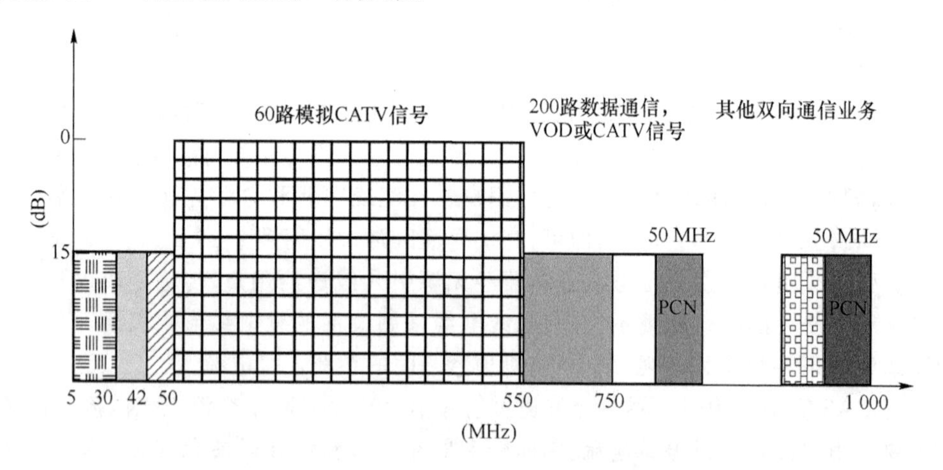

图 5-3 一种典型的频谱分配建议

低频端的 5～30 MHz 共 25 MHz 频带安排为上行通道,即所谓回传通道,主要传电话信号。在传统广播型 CATV 网中尽管也保留有同样的频带用于回传信号,然而由于下述两个原因这部分频谱基本没有利用。第一,在 HFC 出来前,一个地区的所有用户(可达几万至十几万)都只能经由这 25 MHz 频带才能与首端相连。显然这 25 MHz 带宽对这么大量的用户是远远不够的。第二,这一频段对无线和家用电器产生的干扰很敏感,而传统树型——分支结构的回传"漏斗效应"使各部分来的干扰叠加在一起,使总的回传通道的信噪比很低,通信质量很差。HFC 网妥善地解决了上述两个限制因素。首先,HFC 将整个网络划分为一个个服务区,每个服务区仅有几百用户,这样由几百用户共享这 25 MHz频带就不紧张了。其次,由于用户数少了,由之引入到回传通道的干扰也大大减少了,可用频带几乎接近 100%。另外采用先进的调制技术也将进一步减小外部干扰的影响。最后,减小服务区的用户数可以进一步改进干扰和增加每一用户在回传通道中的带宽。

近来,随着滤波器质量的改进,且考虑到点播电视的信令以及电话数据等其他应用的需要,上行通道的频段倾向于扩展为 5～42 MHz,共 37 MHz 频带,有些国家甚至计划扩展至更高的频率。其中 5～8 MHz 可用来传状态监视信息,8～12 MHz 传 VOD 信令,15～40 MHz 用来传电话信号,频率仍然为 25 MHz。50～1 000 MHz 频段均用于下行信道。其中 50～550 MHz 频段用来传输现有的模拟 CATV 信号,每一通路的带宽为 6～8 MHz,因而总共可传输各种不同制式的电视信号 60～80 路。

550～750 MHz 频段允许用来传输附加的模拟 CATV 信号或数字 CATV 信号,但目前倾向于传输双向交互型通信业务,特别是点播电视业务。假设采用 64QAM 调制方式和 4 Mbit/s 速率的 MPEG-2 图像信号,则频谱效率可达 5 bit/(s・Hz),从而允许在一个 6～8 MHz 的模拟通路内传输 30～40 Mbit/s 速率的数字信号,若扣除必需的前向纠错等辅助比特后,则大致相当于 6～8 路 4 Mbit/s 速率的 MPEG-2 图像信号。于是这 200 MHz 带宽可以至少传输约 200 路 VOD 信号。当然也可以利用这部分频带来传输电话、数据和多媒体信号,可选取若干 6～8 MHz 通路传电话,若采用 QPSK 调制方式,每 3.5 MHz 带宽可传 90 路 64 kbit/s 速率的语音信号和 128 kbit/s 信令及控制信息。适当选取 6 个 3.5 MHz 子频带单位置入 6～8 MHz 通路即可提供 540 路下行电话通路。通常该 200 MHz 频段用来传输混合型业务信号。将来随着数字编解码技术的成熟和芯片成本的大幅度下降,550～750 MHz 频带可以向下扩展至 450 MHz 乃至最终全部取代 50～550 MHz 模拟频段。届时这 500 MHz 频段可能传输 300～600 路数字广播电视信号。

高端的 750～1 000 MHz 段已明确仅用于各种双向通信业务,其中 2×50 MHz 频带可用于个人通信业务,其他未分配的频段可以有各种应用以及应付未来可能出现的其他新业务。实际 HFC 系统所用标称频带为 750 MHz、860 MHz 和 1 000 MHz,目前用得最多的是 750 MHz 系统。

5.2.4　调制与多点接入方式

在前面关于同轴电缆频谱分配的讨论中已经指出,CATV-HFC 网所提供的可用于交互式通信的频带中,上行信道的带宽相对较小,因此有必要对其容量及有关适用技术进行详细的讨论。

在CATV-HFC网中,系统提供的上行信道带宽为若35 MHz,其通信能力可根据香农公式:

$$R = W\log_2(1 + S/N)$$

求得其极限信息传输速率。设信噪比S/N为28 dB,带宽W为35 MHz,则其极限信息速率可达325 Mbit/s。在实际中可得到的传输速率要低于这个值,且与所采用的调制方式和多点接入方式有关。35 MHz的带宽将信道的极限码元速率限制为35 MBaud,因此信息速率将决定于不同调制方式的频谱效率。若采用16QAM调制时,上行信息速率为140 Mbit/s;而采用64QAM调制方式,则可达210 Mbit/s。另外上行信道的信息传输速率还要受到树型分配网噪声积累特性的限制。更高的用户上行信息速率只有通过增加光节点引出的分配网的个数来获得,如采用10×50的用户分配网,则当采用16QAM调制时,每个用户可以获得2.8 Mbit/s的上行信息速率,已经可以满足一部分宽带业务的要求。

由于CATV-HFC网仍然采用树型的同轴分配网,因此还需考虑上行信道的多点接入问题。目前比较成熟的多点接入方式主要有频分多址(FDMA)、时分多址(TDMA)和码分多址(CDMA)3种,在理论上三者所能提供的通信容量是一样的。其中FDMA实现简单,有利于降低成本和提高系统可靠性,且各用户之间的相互影响小;CDMA需要精确的同步,一个用户的故障有可能干扰其他用户,甚至导致全网无法工作,因此目前倾向于采用FDMA实现多用户接入。需要指出的是,随着分配结构向纯星型的转化,每个用户将可以独占全部信道带宽。

5.2.5 HFC的特点

由CATV网逐渐演变成的HFC网在开展交互式双向电信业务上有着明显的优势:

(1) 它具有双绞线所不可比拟的带宽优势,可向每个用户提供高达2 Mbit/s以上的交互式宽带业务。在一个较长的时期内完全能够满足用户的业务需求。

(2) 它是向FTTH过渡的好形式。可利用现有网络资源,在满足用户需求的同时逐步投资进行升级改造,避免了一次性的巨额投资。

(3) 供电问题易于解决。CATV-HFC网中采用同轴分配网,允许由光节点对服务区内的用户终端实行集中供电,而不必由用户自行提供后备电源,有利于提高系统可靠性。

(4) 它采用射频混合技术,保留了原来CATV网提供的模拟射频信号传输,用户端无须昂贵的机顶盒就可以继续使用原来的模拟电视接收机。机顶盒不仅解决电视信号的数/模转换,更重要的是解决宽带综合业务的分离,以及相应的计费功能等。

(5) 它与基于传统双绞线的数字用户环路技术相比,随着用户渗透率的提高在价格上也将具有优势。

当然这种 CATV-HFC 网也存在缺陷。如在网络拓扑结构上还需进一步改进，必须考虑在光节点之间增设光缆线路作为迂回路由以进一步提高网络的可靠性。抑制反向噪声一直是困惑 Cable Modem 厂商的难题。现有的方法分为网络侧和用户侧两部分。首先在网络侧，在地区内的每个接头附近都装上全阻滤波器。滤波器禁止所有用户反向传送信息。当用户要求双向服务时，则移去全阻滤波器，并为用户安装一个低通滤波器以限制反向通道，这样就可以阻塞高频分量。在用户端，抑制技术主要体现在 Cable Modem 的上行链路所采用的调制技术。为了抑制反向链路噪声，各厂家通常在 QPSK、S-CDMA 调和跳频技术中选择其一作为反向链路的调制方式。但 QPSK 调制将限制上行传输速率，而 S-CDMA 调和跳频技术的设备复杂，所需费用太高。

由于 HFC 网络是共享资源，当用户增多及每个用户使用量增加时必须避免出现拥塞，此时必须有相应的技术扩容。目前主要的技术为：每个前向信道配多个反向信道；使用额外的前向信道，类似移动通信采取微区和微微区的方法将光纤进一步向小区延伸形成更小的服务区。另外，CATV-HFC 网只是提供了较好的用户接入网基础，它仍需依靠公用网的支持才能发挥作用。

5.3　Cable Modem 系统

我国的城市有线电视网经过近年来的升级改造，正逐步从传统的同轴电缆网升级到以光纤为主干的双向 HFC 网。利用 HFC 网络大大提高了网络传输的可靠性、稳定性，而且扩展了网络传输带宽。HFC 的数据通信系统是通过电缆调制解调器(Cable Modem)系统实现的，可以使 Internet 的高速接入由窄带向宽带过渡。网络爱好者可以通过 HFC 网络获得高于电话 Modem 几百倍的接入速度，真正享受到宽带网络带来的无限喜悦。

5.3.1　Cable Modem 系统结构

HFC 的数据通信系统如图 5-4 所示。CMTS 是指 Cable Modem 前端设备，采用 10BASE-T、100BASE-T 等接口通过交换型 HUB 与外界设备相连，通过路由器与Internet连接，或者可以直接连到本地服务器，享受本地业务。CM(Cable Modem)是用户端设备，放在用户的家中，通过 10BASE-T 接口，与用户的计算机相连。一般 CM 有两种类型，外置式和内置式。

Cable Modem(线缆调制解调器)是利用 HFC 网络进行高速访问的一种重要的通信设备。图 5-5 表示了 Cable Modem 的内部结构。由图示可知，Cable Modem 的结构要比传统的 Modem 更为复杂。它的内部结构主要包括双工滤波器、调制解调器、去交织/FEC 模块、FEC/交织模块、数据成帧电路、MAC 处理器、数据编码电路和微处理器。同时在 Cable Modem 中还有一些扩展口,用于插入一些新的功能模块以支持多种应用。例如用于工程和野外应用的维护模块,用于单项网络操作的电话恢复模块,以及支持二路电话线的二路电话模块。利用现有模块和扩展模块,Cable Modem 不仅可以对 Internet 进行高速度访问,还可以提供音频服务、视频服务、访问 CD-ROM 服务器以及其他一些服务。

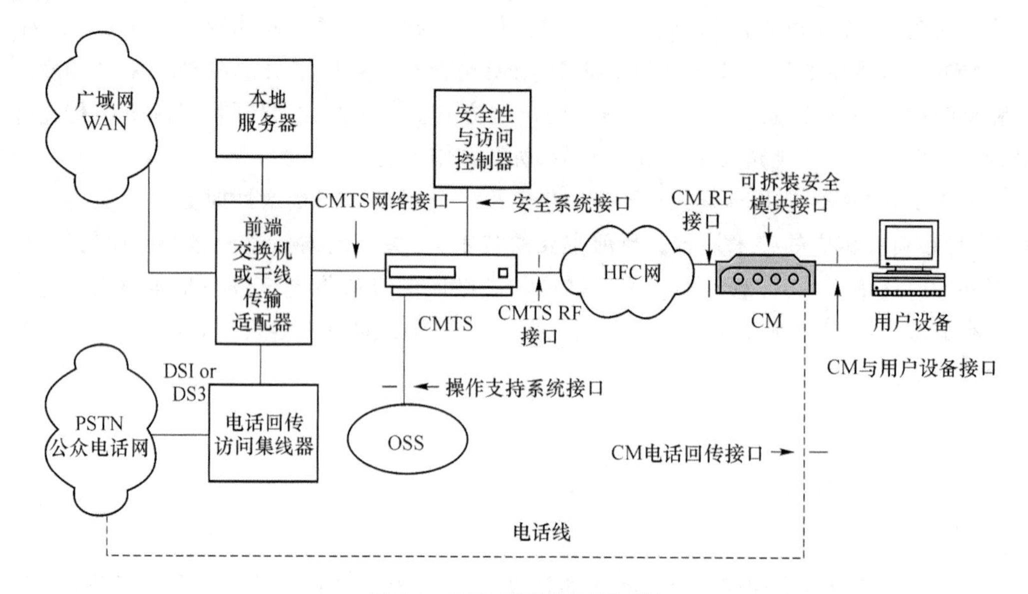

图 5-4　HFC 的数据通信系统

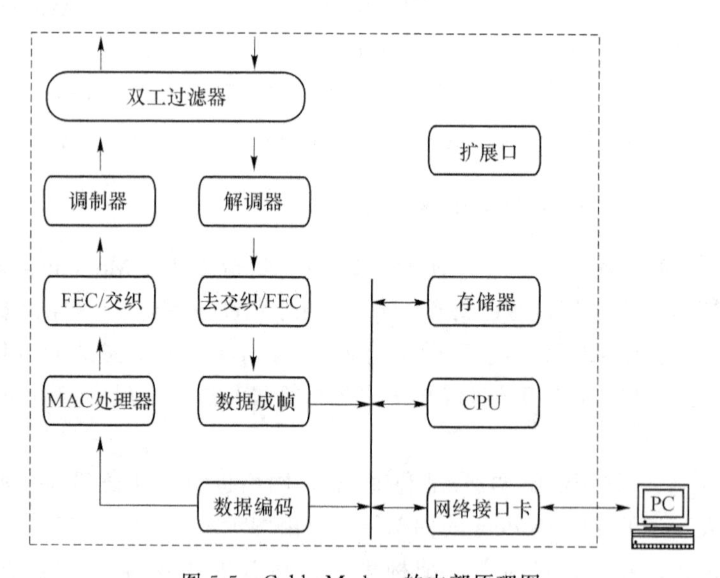

图 5-5　Cable Modem 的内部原理图

Cable Modem 和前端设备的配置是分别进行的。Cable Modem 设备有用于配置的 Consol 接口，可通过 VT 终端或 Win 9x 的超级终端程序进行设置。

Cable Modem 加电工作后，首先自动搜索前端的下行频率，找到下行频率后，从下行数据中确定上行通道，与前端设备 CMTS 建立连接，并交换信息，包括上行电平数值、动态主机配置协议(DHCP)和小文件传送协议(TFTP)服务器的 IP 地址等。Cable Modem 有在线功能，即使用户不使用，只要不切断电源，则与前端始终保持信息交换，用户可随时上线。Cable Modem 具有记忆功能，断电后再次上电时，使用断电前存储的数据与前端进行信息交换，可快速地完成搜索过程。

从以上可看出，在实际使用中，Cable Modem 一般不需要人工配置和操作。如果进行了设置，例如改变了上行电平数值，它会在信息交换过程中自动设置到 CMTS 指定的合适数值上。

每一台 Cable Modem 在使用前，都需在前端登记，在 TFTP 服务器上形成一个配置文件。一个配置文件对应一台 Cable Modem，其中含有设备的硬件地址，用于识别不同的设备。Cable Modem 的硬件地址标示在产品的外部，有 RF 和以太两个地址，TFTP 服务器的配置文件需要 RF 地址。有些产品的地址需通过 Consol 接口联机后读出。对于只标示一个地址的产品，该地址为通用地址。

前端设备 CMTS 是管理控制 Cable Modem 的设备，其配置可通过 Consol 接口或以太网接口完成。通过 Consol 接口配置的过程与 Cable Modem 配置类似，以行命令的方式逐项进行，而通过以太网接口的配置，需使用厂家提供的专用软件，例如北电网络公司的 LCN 配置软件。

CMTS 的配置内容主要有：下行频率、下行调制方式、下行电平等。下行频率在指定的频率范围内可以任意设定，但为了不干扰其他频道的信号，应参照有线电视的频道划分表选定在规定的频点上，例如，选择 DS34 频道的中心频率 682 MHz。调制方式的选择需考虑信道的传输质量。此外，还必须设置 DHCP、TFTP 服务器的 IP 地址、CMTS 的 IP 地址等。

上述设置完成后，如果中间的线路无故障，信号电平的衰减符合要求，则启动DHCP、TFTP 服务器，就可以在前端和 Cable Modem 间建立正常的通信通道。

一般地说，CMTS 的下行输出电平为 50～61 dBmV(110～121 dBμV)，接收的输入电平为－16～26 dBmV；Cable Modem 接收的电平范围为－15～15 dBmV；上行信号的电平为 8～58 dBmV(QPSK)或 8～55 dBmV(16QAM)。上、下行信号经过 HFC 网络传输衰减后，电平数值应满足这些要求。

CMTS 设备中的上行通道接口和下行通道接口是分开的，使用时需经过高低通滤波器混合为一路信号，再送入同轴电缆。实际使用中，也可用分支分配器完成信号的混合，但对 CMTS 设备内部的上下行通道的干扰较大。

在 CMTS 和 Cable Modem 间的通道建立后，可使用简单网络管理协议(SNMP)进行网络管理。SNMP是一个通用的网络管理程序,对于不同厂家的CMTS和Cable Modem设备,需将厂家提供的管理信息库(MIB)文件装入到SNMP中,才能管理相应的设备。也可使用行命令的方式进行管理,但操作不直观,容易出现错误。

不同厂家的CMTS支持的下行通道数也不同,一台北电网络公司的CMTS1000支持一个下行通道,Cisco的UBR7246有4个插槽,全部插满时可支持4个下行通道。当用户数较多或传输的数据量较大时,必须考虑使用多个下行通道,可将多台CMTS设备连成网络。

在这个结构中,一个CMTS对应一个Cable Modem用户群,采用一对光纤连接,CMTS间通过交换机实现全网的连接。各CMTS可使用相同或不同的下行频率。如果使用不同的下行频率,则可将多个CMTS的下行输出混合成一路信号,送入HFC网络,而在前端TFTP服务器的配置文件中,将同一个用户群内的Cable Modem编排分配在同一个网络内,并将其下行频率设成相同的数值。

在这种结构中,可在分中心配置服务器,例如视频服务器等,以减少用户对总中心的访问量,提高整个网络的访问速度。分中心可以将适合自己特点的信息源放入服务器,供本区用户访问。网络中各CMTS是独立的,其下行频率可以不同。

在用户端,Cable Modem后通常接一台PC,但考虑到价格因素,也常接多台PC,此时需在Cable Modem后接一台以太网集线器(Hub)或交换机(Switch)。多数Cable Modem具有带16个PC用户的能力,每个用户均可通过一条双绞线连到Hub的一个RJ45接口。这种使用方法的不足之处是,需要重新布线,没有发挥原有同轴电缆入户的优越性。

5.3.2 Cable Modem系统工作原理

Cable Modem中的数据传输过程如下:通过内部的双工滤波器接收来自HFC网络的射频信号,将其送至解调模块进行解调,HFC网络的下行信号所采用的调制方式主要是64QAM或256QAM方式,用户端Cable Modem的解调电路通常兼容这两种方式。信号经解调后再由去交织/FEC模块进行去交织和纠错处理,再送至成帧模块成帧,最后通过网络接口卡(NIC)到达用户终端。

上行链路中,先由MAC模块中的访问协议对用户的访问请求进行处理,当前端允许访问后,PC产生上行数据,并通过网络接口卡把数据送给线缆调制器。在线缆解调器中先对数据进行编码,再经交织/FEC模块处理,送入调制模块进行调制。上行链路通常采用对噪声抑制能力较好的QPSK或S-CDMA调制方式。已调信号通过双工滤波器送至网络端。MCNS把每个上行信道看成是一个由小时隙(mini-slot)组成的流,CMTS通过控制各个CM对这些小时隙的访问来进行带宽分配。CMTS进行带宽分配的基本机制是分配映射(MAP)。MAP是一个由CMTS发出的MAC管理报文,它描述了上行信道的小时隙如何使用,例如,一个MAP可以把一些时隙分配给一个特定的CM,另外一些时隙用于竞争传输。每个 MAP 可以描述不同数量的小时隙数，最小为一个小时隙，最大可以持续几十毫秒，所有的 MAP 要描述全部小时隙的使用方式。MCNS 没有定义具体的带宽分配算法，只定义进行带宽请求和分配的协议机制，具体的带宽分配算法可由生产厂商自己实现。

CMTS 根据带宽分配算法可将一个小时隙定义为预约小时隙或竞争小时隙，因此，CM 在通过小时隙向 CMTS 传输数据也有预约和竞争两种方式。CM 可以通过竞争小时隙进行带宽请求，随后在 CMTS 为其分配的小时隙中传输数据。另外，CM 也可以直接在竞争小时隙中以竞争方式传输数据。当 CM 使用竞争小时隙传输带宽请求或数据时有可能产生碰撞，若产生碰撞，CM 执行退避算法(Back-off)。

MCNS 除了给每个 CM 分配一个 48 比特的物理地址(与局域网络适配器物理地址一样)之外，还给每个 Cable Modem 分配了至少一个服务标识(Service ID)，服务标识在 CMTS 与 CM 之间建立一个映射，CMTS 将基于该映射，给每个 CM 分配带宽。CMTS 通过给 CM 分配多个服务标识，来支持不同的服务类型，每个服务标识对应于一个服务类型。MCNS 采用服务类型的方式来实现 QoS 管理。

CM 在加电之后，必须进行初始化，才能进入网络，接收 CMTS 发送的数据及向 CMTS 传输数据。CM 的初始化是经过与 CMTS 的下列交互过程来实现的。

(1) 获得上行信道参数

在这个阶段中，CMTS 重复发送 3 个 MAC 信息：同步信息(SYNC)，用以给所有 CM 提供一个时间基准；上行信道描述(UCD)，CM 必须找到一个描述内容与 CM 本身上行信道特性相符的 UCD；由 UCD 所描述的上行信道的 MAP，MAP 信息包含了微时隙的信息，指出了 CM 何时可以发送和发送的持续时间(SYNC 提供这些发送的时间基准)。

(2) 测距(Range)

测距包括了以下 3 个 CM 必须完成的过程：时间参考的精确调整；发送频率的精确调整；发送功率的精确调整。因为各个 CM 与 CMTS 的距离是不相同的，所以每个 CM 对这些参数的设置也是不同的。在测距开始时，CM 在初始维护时隙中给 CMTS 发送一个测距请求信息，这个时隙的起始时刻的确定是根据初步的时间同步与 CM 对 MAP 的解释得到的。在收到这个信息后，CMTS 给该 CM 发送一个测距响应信号。如果在一个超时时间段中 CM 没有收到 CMTS 发来的测距响应信号，有两种可能的情况：因为初始维护时隙是提供给刚刚入网的所有 CM 的，来自各个 CM 的测距请求信息有可能发生碰撞；CM 的输出电平太低，以至于 CMTS 没有正确地检测到。这样，如果 CM 没有收到测距响应信号，它将增加发送功率或等待一个随机时间段后再发送测距请求。

在准备发送测距响应信号时，CMTS 应获得以下信息：收到测距请求信息的时刻与实际初始维护发送时隙起始时刻的差；CM 发送的确切频率；接收到的功率。在这些数据的基础上，CMTS 得到矫正数据并将这些数据在测距响应信息中发送给 CM。CM 根据这些数据调节自己的参数设置，并给 CMTS 发出第二个测距请求。如果有必要，CMTS

将再次返回一个测距响应,包含了时间、频率、功率等矫正数据,这个过程一直持续下去,直到CMTS对CM的时间基准、发送频率和功率设置满意为止。这个过程结束后,两者的定时误差将小于1 μs,发送、接收频率误差将小于10Hz,功率误差将小于0.25 dB。

当CM刚入网时,测距过程发生在初始维护时隙中。当注册完毕后,测距过程发生在CMTS规定的周期性维护时隙中。CM周期性地调整时间基准、发送频率和发送功率以保证CM与CMTS的可靠通信。

(3) 建立IP连接

Cable Modem根据动态主机配置协议(DHCP)分得地址资源。当用户要求地址资源时,Cable Modem在反向通道上发出一个特殊的广播信息包——DHCP请求。前端路由器收到DHCP请求后,将其转发给一个它知道的DHCP地址服务器,服务器向路由器发回一个IP地址。另外,DHCP服务器的响应中还必须包括一个包含配置参数文件的文件名、放置这些文件的TFTP服务器的IP地址、时间服务器的IP地址等信息。路由器把地址记录下来并通知用户。经过测距并确定上、下行频率及分配IP地址后,Cable Modem就可以访问网络了。

(4) 建立时间

CM和CMTS需要有当前的日期和时间。CM采用IETF定义的RFC868协议从时间服务器中获得当前的日期和时间。RFC868定义了获得时间的两种方式,一种是面向连接的,另一种是面向无连接的。MCNS采用面向无连接的方式从TOD服务器获得CM所需的时间概念。

(5) 建立安全机制

如果有RSM模块存在,并且没有安全协定建立,那么CM必须与安全服务器建立安全协定。安全服务器的IP地址可以从DHCP服务器的响应中获得。接下来,CM必须使用TFTP协议从TFTP服务器上下载配置参数文件,获得所需的各种参数。在获得配置参数后,若RSM模块没有被检测到,CM将初始化基本保密(Baseline Privacy)机制。在完成初始化后,CM将使用下载的配置参数向CMTS申请注册,当CM接收到CMTS发出的注册响应后,Cable Modem就进入了正常工作状态。

5.4 基于DOCSIS的电缆调制解调器

一般的广播电视网络是为单向传输广播电视信号建立的,为了实现通过Cable Modem上网,必须进行系统升级改造,包括数据前端的建立、HFC网络双向改造和用户接入三大部分。建设宽带综合业务信息网是一个系统工程,选择一个优秀的方案至关重要。优秀的方案应采用效率高、开放性、得到众多产品支持、具有广泛发展前途的技术。在Cable Modem发展初期,由于标准不统一,各厂家的Cable Modem和前端系统彼此不能互通。1996 年 1 月，由几个著名的有线电视系统经营者成立了多媒体线缆网络系统有限公司，即 MCNS，制定了 Cable Modem 的标准，简称 DOCSIS。

1997 年，Cable Labs 颁布了电缆数据传输业务接口规范(DOCSIS)，版本 1.0，简称 DOCSIS 1.0，它首次定义了用于通过有线电视网络开展高速数据传输的标准电缆调制解调器(Cable Modem，CM)。1998 年 3 月，DOCSIS 被国际电信组织接受，成为 ITU-T J.112 国际标准，是目前 Cable Modem 唯一的国际标准，选择符合这个标准的 CMTS 系统，可得到众多 Cable Modem 的支持。1999 年 Cable Labs 又颁布了 DOCSIS 1.1 标准，它在 QoS、安全机制等方面日趋完善，为在同轴电缆中开展 VoIP(Voice over IP)业务提供了保证。2001 年 12 月，Cable Labs 颁布了 DOCSIS 2.0 标准。2006 年 8 月 Cable Labs 颁布了 DOCSIS 3.0 标准。相比 1.x 标准，DOCSIS 2.0 标准对下行通道基本没有做更改，CMTS 和 CM 之间数据传输速率仍为每通道 40 Mbit/s。需要指出的是，由于采用了高级时分多址(A-TDMA)技术、同步码分多址(S-CDMA)技术，系统抵抗噪声和干扰的能力大大高于前面 2 个版本，采用该标准后，利用其中的高阶调制技术，可以提高频谱利用效率，速率比上一版标准提高很多，上行通道内数据速率可达 30 Mbit/s。相比以前的标准，DOCSIS 3.0 标准的去耦合设计和通道绑定打破了原标准的上、下行速度桎梏，DOCSIS 3.0 标准单个物理端口下行将达 120～200 Mbit/s，上行将有 120 Mbit/s。

DOCSIS 2.0 标准在部署及运行中的两个缺欠，首先，随着用户的迅速发展，单个物理端口的下行带宽不能满足宽带业务的发展需要。一般来讲，CMTS 的下行规划是遵循于 CATV 的下行规划的，所以 DOCSIS2.0 标准的 CMTS 单个物理下行端口覆盖2 000～10 000 个有线电视用户。不考虑建设成本，以单个下行端口覆盖 2 000 户为例，假设宽带用户入网率达到 25%，即 500 个用户共享 40 M 下行带宽，由于视频、下载和游戏等网络应用的迅猛发展，如果按照高峰期 50% 的并发比率计算，平均每个用户大约可以得到 0.15 M的带宽，这使得 CM 的接入方式和 ADSL 相比处于劣势(单用户下载带宽只有 ADSL 的 50%左右)。依照我们的观察，这种网速只会带来大量的用户投诉和抱怨。而关闭 BT 等网络应用，则是行不通的。其次，DOCSIS 2.0 的 MAC DOMAIN 是固定的，一旦硬件设备选定后，MAC DOMAIN 的大小和上、下行的比率将无法调整，我们称之为耦合，这种耦合模式是无法满足发展需要的。这是由于：①CATV 网络的建设具有不确定性，它是随着楼宇建设而建设的，而房地产项目经常是分期建设，且时间跨度难以确定，这样采用 DOCSIS 2.0 建设网络将会出现同一区域分别属于不同上、下行甚至不同 CMTS 的情况，从而为管理与维护工作带来困难。②耦合缺乏灵活性，做不到按需扩容。考虑初期建设投资，假设采用耦合方式以 25%的入网率为目标，由于网络发展不均衡性，假设部分区域超过设计容量(5%～50%不等)，由于采用耦合方式，将需要对包括有线电视线路在内的全部网络进行大的改动，这种改动造成用户投诉的同时也会增加建设成本。

DOCSIS 3.0 主要特点是去耦合、绑定(Bonding)、模块化的 CMTS 架构以及对 IPv6 的支持。DOCSIS3.0 通过去耦合设计实现了灵活的下行和上行通道比率。DOCSIS 3.0

不需要在CMTS(电缆调制解调器终端系统)中固定下行—上行通道比率,这便允许运营商在必要时只需要单独扩容下行或者上行资源。通过上下行的绑定(Bonding)实现在下行传输中支持至少4个、最多32个频道绑定成一个虚拟通道,有效数据率达到120 Mbit/s(如果是欧洲国家使用的8 MHz PAL制式数据率为160 Mbit/s)至960 Mbit/s(PAL制式时的数据率为1 280 Mbit/s)。上行传输通道中可以绑定2~8个通道,绑定后的通道组中的任何一个上行通道都可以支持DOCSIS 1.0、1.1或2.0调制解调器接入。

DOCSIS 3.0模块化的CMTS(M-CMTS)架构被确定为一种选项,运营商可使宽带码流能够共享边缘QAM(IP QAM)资源。DOCSIS 3.0支持IPv6.0,它提供了更大的IP地址空间,支持较IPv4更多的IP地址,同时运营商还能向个别设备分配地址,增强了IP模式下目标应用的灵活性。DOCSIS3.0引入了负载均衡技术,能够根据Modem数量或者带宽利用率动态调整Modem的分布,让Modem均匀分布在不同的频点,从而充分利用每个频点的带宽资源。

Cable Modem方式是信息家电控制平台外向联网的最具潜力的方式。它主要采用QAM信道调制方式,其中64QAM下行数据传输为27 Mbit/s,256QAM下行数据传输为36 Mbit/s,16QAM下行数据传输为10 Mbit/s。MCNS-DOCSIS的物理层支持ITU Annex B,协议访问层支持变长数据包机制。Cable Modem的接口部分包括10/100 Base-T Ethernet卡、外部通用串行总线Modem、外部IEEE 1394和内部PCI Modem。DOCSIS是HFC网络上的高速双向数据传输协议,基于DOCSIS的Cable Modem系统具有充分的互操作性,如图5-6所示。本节在介绍了该系统的组成和基本原理后,详细论述了数据调制和解调、MAC层带宽分配、CM初始化过程和数据链路层加密等功能。

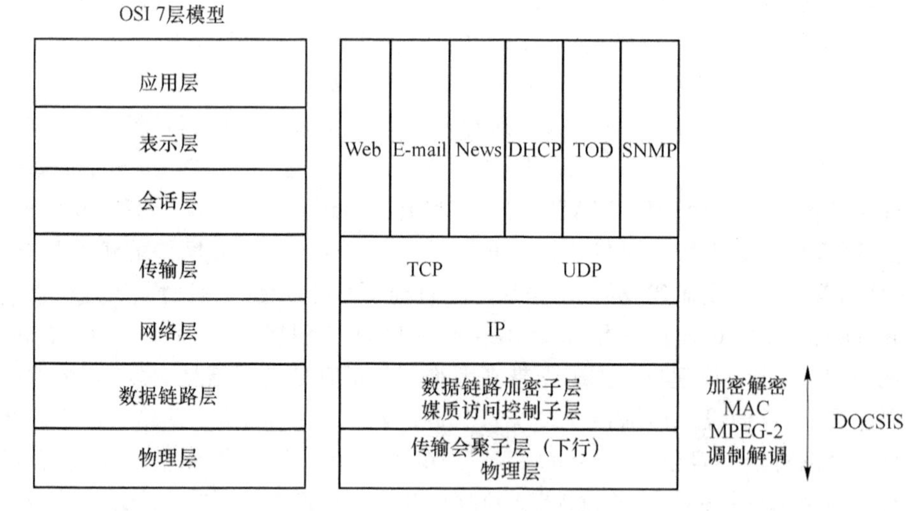

图5-6　DOCSIS数据传输协议

1. 物理层

下行信道物理层规范是基于ITU-T J.83(04/97)——视频信号的数字传输Annex B (ITU-T J.83B)。DOCSIS的下行信道可以占用从88～860 MHz间的任意6 MHz带宽。调制方式采用64QAM或256QAM。采用QAM调制的下行信道的可靠性是由ITU-T J.83B所提供的强大的FEC功能来保证的,多层的差错检验和纠正及可变深度的交织能给用户提供一个满意的误码率。高的数据率和低的误码率保证了DOCSIS的下行信道是一个带宽高效的信道。

DOCSIS的下行FEC包括可变深度交织、(128,122)RS编码、TCM和数据随机化等。在存在前向误码纠错(FEC)时,DOCSIS下行信道在64QAM调制C/N为23.5 dB、256QAM调制C/N为30 dB时应能提供10^{-8}的误码率,相当于每秒3～5个误码。采用FEC的额外好处是允许下行数字载波的幅度比模拟视频载波的幅度低10 dB,这有助于减轻系统负载并减少对模拟信号的干扰,但仍能提供可靠的数据业务。

采用交织的一个负面影响是它增加了下行信道的时延。好处是一个突发噪声只影响到不相关的码元,从而当码元位置重新恢复原来的顺序后,因为突发噪声没有破坏很多连续的相关码元,FEC能纠正被破坏的码元。交织的深度与所引起的时延有一个固有的关系,DOCSIS RF标准的最深交织深度能提供95 ms的突发错误保护,代价是4 ms的时延。4 ms的时延对观看数字电视或进行Web浏览、E-mail、FTP等Internet业务来说是微不足道的,但是对于对端到端时延有严格要求的准实时恒定比特率业务(如IP Phone)来说,可能会有影响。可变深度交织使系统工程师能在需要的突发错误保护时间与业务所能容忍的时延间进行折中选择。交织深度也可由CMTS根据RF信道的情况进行动态控制。

上行信道的频率范围为5～42 MHz。DOCSIS的上行信道使用FDMA与TDMA两种接入方式的组合,频分多址(FDMA)方式使系统拥有多个上行信道,能支持多个CM同时接入。标准规定了CM时分多址(TDMA)接入时的突发传输格式,支持灵活的调制方式、多种传输符号率和前置比特,同时支持固定和可变长度的数据帧及可编程的Reed Solomon块编码等。DOCSIS灵活的上行FEC编码使系统经营者能自己规定纠错数据包的长度及每个包内的可纠正误码数。在以前的Cable Modem系统中,当干扰造成一个信道有太多的误码时,唯一的解决方法是放弃这个频率而将信道转向一个更干净的频率。尽管DOCSIS系统也能用这种方式工作,但灵活的FEC编码方式使系统运营者无须放弃这个频率,而只动态地调节该信道的纠错能力。尽管为纠错而增加的少量额外字节会使信道的有用信息率有所降低,但这能保证上行频谱有更高的利用率。

2. 传输会聚子层(TC)

传输会聚子层能使不同的业务类型共享相同的下行RF载波。对DOCSIS来说,TC层是MPEG-2。使用MPEG-2格式意味着其他也封装成MPEG-2帧格式的信息(语音或视频信号)可以与计算机数据包相复接,在同一个RF载波通道中传输。

MPEG-2 提供了在一个 MPEG-2 流中识别每个包的方式,这样,CM 或机上盒(STB)就能识别出各自的包。这种方式依赖于节目识别符(PID),它存在于所有 MPEG-2 帧中。DOCSIS 使用 0x1FFF 作为所有 Cable Modem 数据包的公共包识别符(PID),DOCSIS CM 将只对具有该 PID 的 MPEG-2 帧进行操作。

另外,MPEG-2 还提供了一个便于同步的帧结构。188 字节的 MPEG-2 帧起始于一个同步字节,搜索这个以一定的不太长的时间间隔重复出现的 MPEG-2 同步字节就能很容易地完成该信道的帧同步。

3. MAC 子层

在 DOCSIS 标准中,媒质访问子层(MAC)处于上行的物理层(或下行的传输会聚子层)之上,链路安全子层之下。MAC 帧格式如图 5-7 所示。MAC 协议的主要特点之一是由 CMTS 给 CM 分配上行信道带宽。上行信道由小时隙流(mini-slots)构成,在上行信道中采用竞争与预留动态混合接入方式,支持可变长度数据包的传输以提高带宽利用率,并可扩展成支持 ATM 传输。MAC 子层具有业务分类功能,提供各种数据传输速率,并在数据链路层支持虚拟 LAN。

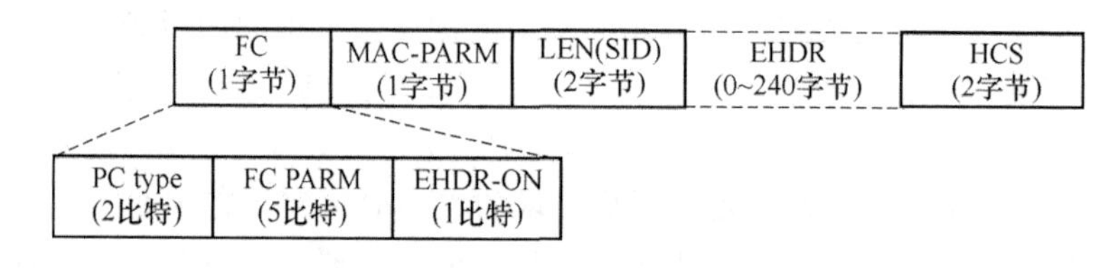

图 5-7　MAC 帧格式

CM 在通电复位后,每隔 6 MHz 频带间隔连续搜索下行信道,锁定 QAM 数据流,CM 可能需要搜索很多 QAM 信道,才能找到 DOCSIS 数据信道。CM 有一个存储器(non volatile storage),其中存放上次的操作参数,CM 将首先尝试重新获得存储的那个下行信道,如果尝试失败,CM 将连续地对下行信道进行扫描,直到发现一个有效的下行信号。CM 与下行信号同步的标准为:与 QAM 码元定时同步、与 FEC 帧同步、与 MPEG 分组同步并能识别下行 MAC 的 SYNC 报文。

建立同步之后,CM 必须等待一个从 CMTS 发送出来的上行信道描述符(UCD),以获得上行信道的传输参数。CMTS 周期性地传输 UCD 给所有的 CM,CM 必须从其中的信道描述参数中确定它是否可使用该上行信道。

若该信道不合适,那么 CM 必须等待,直到有一个信道描述符指定的信道适合于它。若在一定的时间内没找到这样的上行信道,那么 CM 必须继续扫描,找到另一个下行信道,再重复该过程。

在找到一个上行信道后,CM 必须从 UCD 中取出参数,然后等待下一个 SYNC 报文,并从该报文中取出上行小时隙的时间标记(time stamp),随后,CM 等待一个给所选择的信道的带宽分配映射,然后它可以按照 MAC 操作和带宽分配机制在上行信道中传输信息。

CM在获得上行信道的传输参数后，就可以与CMTS进行通信。CMTS会在MAP中给该CM分配一个初始维护的传输机会，用于调整CM传输信号的电平、频率等参数。另外，CMTS还会周期性地给各个CM发周期维护报文，用于对CM进行周期性的校准。

当时间、频率及功率都设置完毕后，CM必须建立IP协议连接，这是通过动态主机配置协议(DHCP)来完成的。CM通过DHCP分配到一个IP地址。DHCP在CM及通常置于CMTS一侧的DHCP服务器之间运行。只要CM被激活，它就将占用一个IP地址，在CM处于休息状态一段时间后，这个IP地址将被收回并分配给另一个被激活的CM，这样就能节约IP地址。在获得了IP地址后，CM应建立按RFC-868规定的时间值。若有加密要求，则在DHCP的响应报文中必须有加密服务器的IP地址。

注册起始于CM下载一个配置文件。配置文件服务器的IP地址及CM需下载的配置文件名都包含在给CM的DHCP响应中。CM使用简单文件传输协议(TFTP)从服务器下载配置文件。配置文件中包含了CM运行所需的信息，如允许CM使用的带宽及所能提供的服务类型等。

CM完成初始化过程后若有数据发送就可以进行带宽申请，在允许的竞争时隙内向CMTS发出请求，告知所需分配的时隙数，然后等待CMTS在下一个带宽分配表中的应答信号，如没有应答，说明发生了碰撞，CM执行退避算法，直到请求有应答为止。接着CM就可以在预留的时隙内发送数据了。

4. 数据链路加密子层

DOCSIS协议v1.0中涉及安全问题的规约就有安全系统接口规约(Security System Interface Specification, SSI)、基本保密接口规约(Baseline Privacy Interface Specification, BPI)和可拆卸安全模块接口规约(Removable Security Module Interface Specification, RSMI)三本。SSI根据对HFC网潜在的安全威胁及传送信息价值的评估和权衡，首先确定了一组具体的安全需求，即系统的安全模型和可提供的安全服务；其次根据确定的安全要求选择并设计了合理的安全技术和机制，以期用很小的代价提供尽可能大的安全性保护。其安全体系结构包含了基本保密(Baseline Privacy)和充分安全(full Security)两套安全方案。基本保密方案提供了用户端CM和前端CMTS之间基本的链路加密功能(由BPI定义)，其密钥管理协议(BPKM)并未对CM实施认证，因而不能防止未授权用户使用"克隆"的CM伪装已授权用户。而充分安全方案利用一块PCMCIA接口的可拆卸安全模块(RSN)满足了较完整的安全需求(其电气及逻辑功能由RSMI定义)。但RSM带来的CM造价上升和传输性能降低，使目前大多数MSO更青睐于基本保密方案。鉴于这种情况，1999年3月，CableLabs除按期发布原COSISv1.0版BPI的修订版之外，另颁布了新版v1.1中BPI的加强版——BPI+，加入了基于数字证书的CM认证机制。

5.5 主要的EoC技术

从广播电视网络运用的方面简单来说,EoC技术是把以太网数据与有线电视的数字或者模拟信号叠加成为混合信号,在同一根电缆中传输发送到用户端,使宽带各种接入业务在上、下行都拥有独享的带宽,而且不会干扰到有线电视信号的正常传输。EoC技术拥有较强的适应能力使其能满足不同组网接入方案的实现,不需要实施大量铺设五类线到用户端,也不需要改造原来的HFC双向网络,EoC技术的出现改变了有线电视网络双向改造过程中出现各种难题的局面,使得入户施工容易、缩短了改造工期、减少了改造过程中对原有网络资源的浪费,节约了工程开销。

从另一个角度来说,EoC的概念相对宽泛,利用不同类型的电缆传送数据信号的技术都能够归到这个概念。与近几年EoC技术的讨论开始着重基于有线电视同轴电缆中承载数据信号不同,先前的EoC技术主要只是研究利用电话线以及电力线承载数据信号。现在EoC技术有无源EoC和有源EoC两大类型。

5.5.1 无源基带传输EoC技术

无源基带传输EoC是基于同轴电缆上的一种以太网信号传输技术,就是将满足IEEE 802.3系列标准的以太网数据帧,在无源EoC头端设备中利用平衡/非平衡变换和阻抗变换相结合的方式,在10～25 MHz的带宽范围内与带宽范围为65～860 MHz电视数据信号经过混合之后,实现共缆传输而不降低双方的信号质量。电视射频信号与以太网数据信号可以分别通过EoC头端侧的合路器和用户侧的分离器来完成信号融合与分离,最后接入各自相应的终端设备,从而完成对用户的双向网络综合业务的接入。

基带EoC技术实现的决定性问题是:在同轴电缆两边连接的无源EoC头端设备和无源EoC终端设备采用哪种技术措施能完成和分离宽带数据信号和有线电视数字或者模拟信号。在以太网中用于传输的电缆均是平衡或者对称的非屏蔽双绞线,其特性阻抗为100 Ω;而在有线电视网络中用于传输混合信号的电缆均是非对称或者非平衡的同轴电缆,其特性阻抗为75 Ω;所以两线直接相连是不可行的,否则不但破坏匹配,网络也会失去平衡。只有通过阻抗变换器才能满足非屏蔽双绞线和同轴电缆的互连,在加入高低通滤波器和阻抗变换器之后,在同轴电缆的两侧就能分别完成有线电视信号宽带数据信号合成与分离。

无源基带EoC采用的技术是将在基带上传输以太网数据信号直接混入或者分离,因为不涉及到任何调制技术,所以EoC技术不需要选择或者变化载波频率,也不需要选择调制的方式,IP以太网能够实现与EoC系统物理层和MAC层的无缝连接,完全符合IEEE 802.3的国际行业标准,不需要任何协议变换的操作。其原有的以太网信号的帧格式没有改变，改变的是从双绞线上的双极性（差分）信号转换成为适合同轴电缆传输的单极性信号。

基带 EoC 技术原理如图 5-8 所示。主要由二四变换、高/低通滤波两部分实现。由于采用基带传输，无须调制解调技术，楼道端、用户端设备均是无源设备。

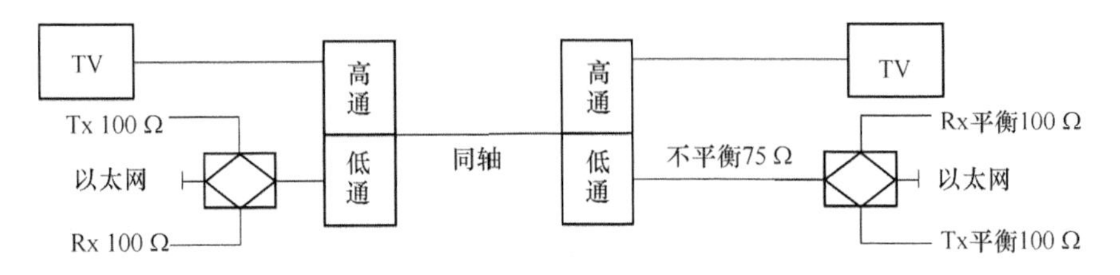

图 5-8　基带 EoC 技术原理图

与同轴电缆在逻辑上只相当于一对线相比，现有的以太网技术是收发共两对线，因此，无源滤波器中需要进行两线和四线的相互转换。

无源基带传输 EoC 特点主要包括：

① 每户独享足够大的 10 Mbit/s 带宽，日后还可平滑过渡到每户 100 Mbit/s 带宽的速率，支持广电网络话音、视频和数据等综合业务的并行传输。

② 由于每户的干扰噪声以点到点的方式传送到以太同轴网桥，并在此被隔离，因此，漏斗噪声效应极低。单一用户的干扰噪声电平不足以干扰高电平的以太数据信号。系统稳定可靠，维护量小。

③ 用户家庭为无源终端，安装方便，价格低。

④ 完全遵循 IEEE 802.3 以太网协议，标准化程度高。

⑤ 只适用于星型结构的无源分配同轴网。

⑥ 避免了小区和楼内敷设五类线线施工的工程量大，周期长的问题。相比其他技术，双向网改施工量较小，因此，能更迅速、更节省地进行网络的全面覆盖。

EoC 使用中出现的问题：

① 楼道接入交换机要求太高。经过测试证明，低端交换机已经很难满足 EoC 系统的要求，换句话说，基带 EoC 系统稳定还不足以达到大规模推广的要求，而大量使用高端楼道接入交换机，会花费很大的成本。而且用于无源基带的交换机需要具备环路检测能力，否则当线路形成空载时，容易出现自环现象，导致交换机功能失常。

② 传输距离很小。容易减小传输距离是无源基带 EoC 产品的另一个问题。同轴电缆的介入，导致无源基带的信号分成了三部分传输，头端部分和尾段部分均为五类线传输，中间部分是同轴连接两端。如果一直在五类线上传输，最大传输距离可以 100 m 左右，引同轴电缆作为中间的传输介质，虽然不至于使以太网信号造成过多的减弱，但由于以太网信号传输过程中经过了两次五类线和同轴电缆的耦合，难免会有所衰减，传输的最大距离也很难达到 100 m。

5.5.2 采用 WLAN 的 EoC

有源调制 EoC 与无源基带 EoC 的主要区别在于以太网信号在通过同轴电缆传输之前需要经过调制到适合在有线电视同轴电缆上传输的特定频段上，以太网信号的帧格式也会发生改变。频段根据调制机制的不同可以分为高频和低频两大类。

有源调制传输相比于无源基带传输，能够在同轴电缆网络部分添加分支分配器，满足多用户家庭和树型网络。而且通过最近几年对无源 EoC 的测试，发现系统对耦合传输技术和阻抗匹配要求较高，容易导致系统故障，而有源调制 EoC 则相对稳定。

Wi-Fi over Coax 标准化程度高，满足 IEEE 802.11g 无线传输协议标准的要求，工作在 2.4 GHz 的高频，通常需要降频来完成 WLAN 电缆传输技术，采用 OFDM 调制方式，因此抗干扰能力强，有良好的系统健壮性，但是信号易衰减，导致损耗大，传输布线较长时不能保证可靠通信，需要添加中继器维持听信。Wi-Fi 采用的多通道复用技术，使系统可以灵活地配置多用户带宽。

Wi-Fi 系统的典型应用如图 5-9 所示，Wi-Fi 技术在靠近用户端的最后一段接入线路中，将 Wi-Fi 接入点的 2.4 GHz 微波信号先需要进行阻抗变换，在混合器中与有线电视信号混合之后，进入同轴电缆并行传输。无线网卡接收支持两种连接方式：一种是使用无线方式进行连接；另一种方式是利用同轴电缆进行有线连接。Wi-Fi 技术实际最大吞吐量能够达到 22 Mbit/s，而其物理层速率最高能够达到 54 Mbit/s。

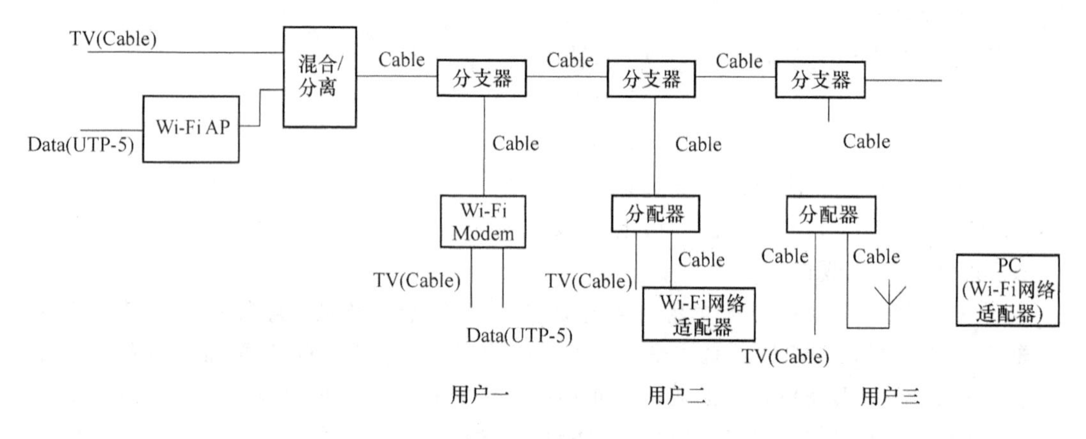

图 5-9 Wi-Fi 系统的典型应用

Wi-Fi 技术的最大优势是采用的规范成熟，无论无线网卡还是无线接入点，全世界都有很大的需求量，此外基于无源同轴电缆网络传输数据不用集中分配改造。

5.5.3 采用 MoCA 的 EoC

同轴电缆多媒体联盟(Multimedia over Coax Alliance)希望利用同轴电缆来传输多

媒体视频信息，能够管理配置上、下行带宽。

MoCA 支持多载波的 OFDM 调制方式，工作频率较高，对网络适应能力较差，通过分支分配器时如果超过 1 000 MHz 则要更换新的电缆和新的分支分配器，家中还需安装 MoCA Modem，价格高。一个 MoCA 局端，可带 31 个 MoCA Modem。

MoCA 技术的主要特点是调制速率比较高，抗干扰能力较强，但是缺点很明显不像 EoC 技术独享 10 Mbit/s 带宽，需要多用户共享带宽。

使用时对网络环境的要求：

① 当系统工作在＞860 MHz 的时候，同轴电缆和其他无源器件的损耗开始增大，此时，当回传信号通过分支器时必须检测其损耗是否大于承受能力。

② 用户端设备的噪声对 PLC 头端覆盖用户的干扰特别需要注意。要仿照运行在 Cable Modem 系统的处理方式，添加用高通滤波器用于隔离非数据接收用户。

③ 当信号通过放大器的时候，如果放大器的带宽不能满足系统要求，则需要在放大器处添加接桥接器来增大带宽。

5.5.4　采用 HPNA 的 EoC

HPNA（Home Phoneline Networking Alliance，家庭电话线网络联盟）是成立于 1998 年的标准组织，当时的主要目的是在现有电话线路的基础上，仿照以太网的宽带接入技术提供一种节约成本但具有高宽带网络的实现方案，而且能够扩展支持到对同轴电缆线路的实现方案。

HNPA 1.0 技术采用脉位调制（PPM），HPNA 2.0 技术采用新的自适应 QAM（Adaptive QAM）调制技术，也可以把这种新调制技术称为 FDQAM（Frequency DiverseQAM），也叫做把话音和数据在同一条电话线上分开传送（话音：20～4 kHz；数据：5.5～9.5 MHz），并与以太网兼容，上网与通话互不干扰。因为采用了自适应的调制方式与编码率，HNPA2.0 的抗干扰能力得到了很大程度上的提高。当通信干扰出现时，网关自动降低编码率。其峰值数据速率可高达 32 Mbit/s，吞吐量将大于 20 Mbit/s。此带宽也考虑到下一代 100 Mbit/s HPNA 技术的兼容问题。

带宽分配的多少和传输距离的长短是用于评价 HomePNA3.0 的规划覆盖能力的重要依据。按照纯理论分析，每个在线用户可达到的最大吞吐速率为 90 Mbit/s；考虑到多个用户共享带宽的情况，每个在线用户能够获取带宽 2 Mbit/s 左右。当最大电平衰减为 －61 dBm 时，最大的带宽值为 128 Mbit/s，传输距离可以达到 300 m。

HomePNA3.0 网络是在改造现原有 HFC 网络而形成的，其主要功能包括同时能实现宽带上网、IPTV、语音等双向互动服务，支持广播业务，兼容视频、话音、数据等各种类型增值业务。HomePNA3.0 解决了 HFC 网络的 IP 连通性（对称速率、全双工、高带宽、QoS 保证），可以利用 IP 技术的灵活性，在网络上可以开展基于 IP 的业务，包括现有的 VOD/VoIP/VIDEO PHONE 等业务。

在EPON+HomePNA3.0的系统网络架构下,其构建网络非常方便,利用用户住宅中已有的电话线,为用户提供互联网接入及其他信息化的服务。用户只需要将实用电视线网(Home PNA)卡,安装于用户计算机上,再连接到Home PNA交换机和ADSL Modem上即可。

HomePNA3.0技术可以全程支持和应用不同的二层QoS策略,包括带宽、延时和抖动,实现广播信道上流的识别功能。

5.5.5 采用HomePlug技术的EoC

HomePlug AV是由电力线通信技术领域的权威国际机构——家庭插电联盟(HomePlug)制定。HomePlug AV是PLC有关音频/视频宽带家庭网络的技术规范,它支持多个数据和视频流的分配,包括遍布整个家庭的高清晰度电视(HDTV)和标清晰度电视(SDTV),支持家庭娱乐的应用和家庭影院。HomePlug机构自2000年成立以来,陆续制定了一系列的PLC技术规范,包括HomePlug1.0、HomePlug1.0—Turbo、HomePlug AV、HomePlug BPL、HomePlug Command&Control,形成了一套完整的PLC技术标准体系,基本上覆盖了所有电力通信技术的应用领域。

HomePlug AV物理层(PHY)在以正交频分复用技术(OFDM)作为基本的信息传输技术的基础上,采用里德所罗门(Reed Solomon,RS)码作为前向纠错技术。在处理敏感的控制信息时采用了Rurbo码,保证了数据在物理信道上传输的可靠性和高效能。

HomePlug技术的媒介访问控制协议由载波侦听多路访问/冲突检测(CSMA/CD)协议演变而来,并能进而支持优先等级协商、公平性竞争与延迟控制的功能。

HomePlug AV over Coax是让HomePlug AV设备完整地借用HomePlug协议使之能用到同轴电缆网的技术。2~30 MHz/34~62 MHz是它的低频工作段。采用Turbo FEC校验方式;一个频段的多个子载波可以单独进行调制;物理层使用OFDM调制方式,可以满足不同国家的频率管制,拥有较高的速率和净荷,通信容量达到电力线信道的标准。

由于HomePlug技术本身具有局限性,单个HomePlug AV的头端设备最多只能满足64个单独的用户端设备共享的需要,然而用户端设备数量的增加,必然会导致单个用户端设备的带宽的降低。特别要注意用户家里的噪声对整个HomePlug AV头端覆盖用户的影响,必须要使用高通滤波器过滤非用户端的数据;需要将回传链路的损耗均衡功能运用于串接分支分配器系统。

HomePlug BPL技术与HomePlug AV技术类似,也是基于电力线和铜线上网的技术。HomePlug BPL主要是为接入网设计的带宽应用,全面保证带宽管理支持上、下行的带宽限制;并且支持VLAN、QoS、DBA;支持广播、组播、单播;支持SNMPv2,可实现本地和远程的管理。

HomePlug BPL最大物理层带宽可达224 Mbit/s,数据传输部分完全采用TDMA方式，仅安排极少量时间段采用 CSMA 方式专门用于终端初始上线时的连接，保证多用户共享信道时保持高传输流量，单个局端通信模块可支持 64 个终端同时在线，且每个终端可以获得最大通信速率，远大于采用 CSMA/CA 技术。

5.5.6　各种 EoC 技术比较

通过表 5-2 的分类、对比和本章前面的分析可以得知：

(1) EoC 在网络架构上应该满足广电网络树型结构的要求。

(2) 虽然 EoC 技术尚且没有形成行业统一的技术规范和标准，但至少每一种 EoC 实现技术都拥有自己引用的国际国内标准，为多种标准将来的共存打下了良好的基础。

(3) 无论是在现有广电网络系统的构建和改造上，还是在行业标准的选择和制定上都有较大技术发展空间，以满足广电下一代接入网络实现多业务共存，开展三网融合的基本要求。

纵观整个广电行业，EoC 技术现在尚处于起步阶段和小规模试用阶段，暂未形成行业规模。大部分设备厂家只是通过市场观望、技术跟踪的方式选择一种 EoC 技术开始尝试性开发和研制 EoC 产品。

表 5-2　EoC 技术比较表

比较项目	无源 EoC	MoCA	HomePlug	HomePNA	WLAN
标准化	IEEE 802.3	MoCA 1.0	HomePlug AV	ITU G.9954	IEEE 802.11/g/n
占用频段	0.5～25	800～1 500	2～28	4～28	2 400 或者变频
调制方式	基带 Manchester 编码	OFDM/子载波 QAM	OFDM/子载波 QAM	FDQAM/QAM	DSS，OFDM
可用信道	1	15	1	1	13
信道带宽/MHz	25	50	26	24	20/24
物理层速率 /(Mbit·s^{-1})	10 独享	270 共享	200 共享	128 共享	54/108 共享
客户端数量	不受限制/由交换端口数确定	31	16 或者 32	16/32 或者 64	32 左右
MAC 层速率 /(Mbit·s^{-1})	9.6 独享	135 共享	100 共享	80 共享	25 共享
MAC 层协议	CSMA	TDMA	CSMA/TDMA	CSMA	CSMA+S-TDMA
接入介质	同轴电缆	同轴电缆	同轴电缆或者电力线	同轴电缆或者电话线	无线或者同轴电缆
客户端数量	由交换端口数确定	31	16 或 32	16、32 或 64	32 左右
时延	<1 ms	<5 ms	<30 ms	<30 ms	<30 ms

5.6 HFC网络改造

在1993年左右,国内不少大中城市建设了较为完善的、带宽为550 MHz的HFC网。由于当时光设备昂贵、光纤链路少,只有大中城市才能负担得起。即使是已建起HFC网的地方,光节点数目也较少,在光节点后还需加若干级干放才能将信号传输到城市的各个住宅小区。随着时间的推移,光设备、光缆的价格大幅下降,变得连中小城市都负担得起了。于是出现了750 MHz光纤网的建设高潮,使小城市的干线网短时间内就超越了大城市。那么,对于较早建立了HFC网的城市,应如何进行干线网的更新换代呢?还没铺设光纤干线的地方,又应如何建立自己的HFC网?以下将对HFC网络建设中应注意的问题进行探讨。

结合广电现网情况,广电HFC网络的双向改造应遵照两个原则,一是避免对现有承载网产生较大的影响,以保证用户原有业务体验不变;二是结合目前的网络特征、入户缆线情况,选择合理的双向改造接入方式。从以上两个原则出发,数字电视广播CATV业务仍然在原有承载网中传播,而双向网改造解决VoD点播、宽带上网等其他新业务的需求。随着EPON技术的不断成熟,在众多可选方案中,建议优先选择EPON方案。首先,随着铜缆价格的上涨,以及光纤成本的大大降低,光进铜退已经成为接入层建设的首选方案;其次,广电的基础网络工作已经逐步实现了光纤到楼道,为接入网EPON方案提供了线路基础;最后,EPON网络和广电网络具有相同的广播下传方式,均为点对多点树型结构,可以轻松地在广电网络中实现EPON组网。

基于EPON的广电双向网改方案需要在原有线电视承载网上叠加一套EPON网络,该网络可提供数据双向传输通道,解决分前端到楼道的光纤双向传输问题,可承载数据传输、视频点播、VoIP等多种业务。而最后的宽带入户方案则需结合楼内布线情况,选择五类线入户的LAN方案或利用原有同轴电缆入户的EoC方案,两者皆可满足当前广电对接入网双向改造的要求。

EPON由局端OLT设备、ODN(分光器)、用户侧ONU设备组成。为利用已有机房及光缆资源,OLT局端设备可置于承载网分前端机房,与电信网络不同的是,一般要求OLT能够提供交流供电,提供容量为4～40PON口,同时具备多GE上联接入IP承载网。PON口下行的ODN网络利用目前已有的承载网冗余光纤,将EPON分光器置于光交接箱或小区机房内,由分光器分光后接入位于光节点或楼道的ONU设备,由ONU提供若干以太网端口,用于接入EoC设备或直接实现LAN方式的宽带入户。

5.6.1 EPON＋LAN组网方案

对已实现五类线入户的用户场景,双向网改造可直接采用EPON＋LAN方案,即利用入户五类线承载数字电视点播信令上传和宽带上网等多业务,而CATV信号仍沿原有HFC线路,通过同轴电缆入户,最终实现双线入户,一劳永逸地解决广电数字网络双向问题。这种方案又可分为两种组网方式:一种是利用楼道型 ONU(MDU)直接实现用户的 LAN 接入,另一种是以少量以太网口的 ONU(SFU)+楼道交换机混合组网来实现 LAN 接入(如图 5-10 所示)。前者通常要求 ONU 提供 8 个以上的 FE 端口,满足 ONU 所在单元楼内用户的接入需求。其优势在于 ONU 与 OLT 作为统一的 PON 系统,网络结构简单清晰,维护、管理方便,便于网络的下一步演进;缺点是设备成本较高,以及光纤接入点较多,涉及多次的熔纤、跳纤操作。后者则只要 ONU 提供 4 个左右的 FE 端口即可,接入用户五类线的以太网口通过楼道交换机扩展,对同一栋楼的多个用户单元,通常将 ONU 安装在中间单元,而楼道交换机分别置于各用户单元,上行通过五类线与 ONU 的以太网口互连,下行通过 FE 口连接用户侧的数字机顶盒或 PC。这种组网方式主要优势在于建网成本较低,网络灵活,相比前者单 PON 口接入用户数量更多;缺点是网络层次较多,结构复杂,楼道交换机难以与 EPON 统一维护管理,且存在网络升级能力差等问题。

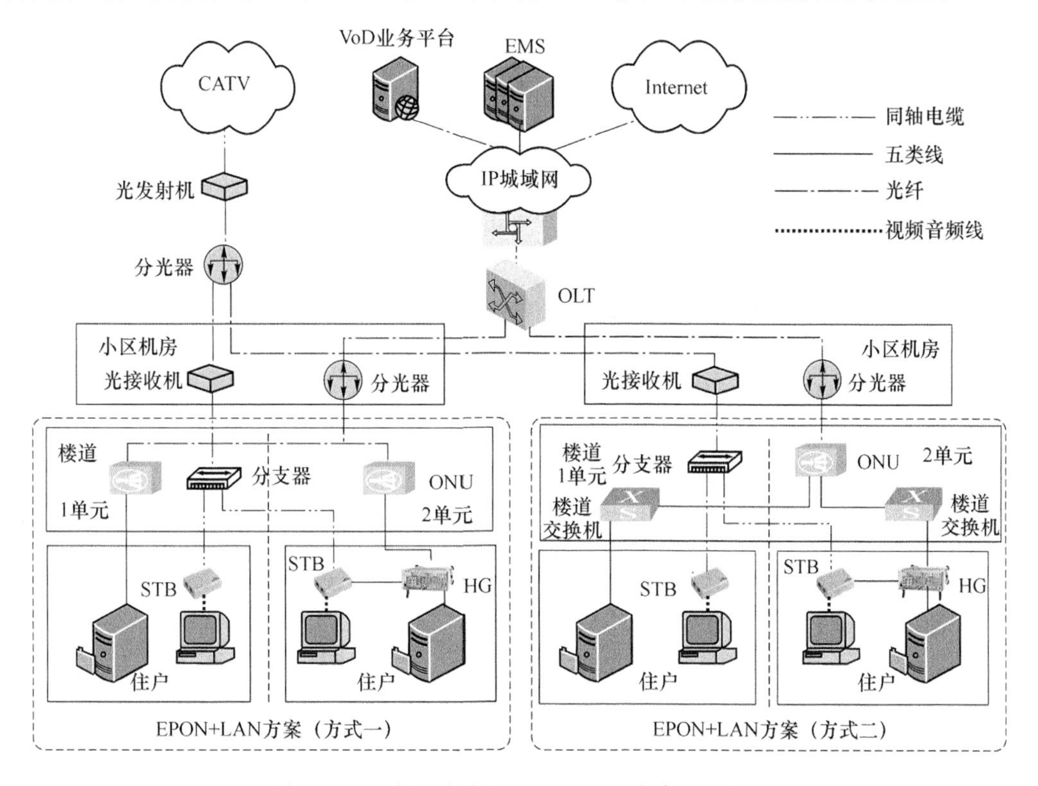

图 5-10　双向网改造 EPON+LAN 方案组网方式

现阶段运营商主要采用方式二进行 EPON+LAN 的双向改造,但随着目前 EPON 技术在国内光进铜退中的大规模应用,EPON 设备价格不断下降,目前楼道型 ONU 与楼道交换机的每端口价格差距已经相当小,考虑网络的管理维护方便以及网络长期升级演进的需求,方式一在后期将更具应用价值。

通过上述方式实现网络双向改造后,入户五类线与用户的双向数字机顶盒或 PC 连接,实现 VoD 点播或宽带上网业务,若两种业务需求同时存在,广电运营商可以选择多个 FE 接口的机顶盒,既提供 VoD 点播需求,也可以通过机顶盒的其他以太网口与 PC 连接。若机顶盒不具备多个以太网口,可以在用户侧增加家庭网关设备,完成对多业务终端的接入需求。

5.6.2 EPON+EoC 组网方案

在国内大部分小区,广电运营商仅有同轴电缆入户,此时双向网改适合采用 EPON+EoC 方案,如图 5-11 所示。EoC 是在同轴电缆上传输以太网数据信号的一种技术,系统由局端 CLT 及用户端 CNU 组成。CLT 将 CATV 信号和 EPON 网络的数据信号进行合成,通过原有同轴电缆传送到用户侧,最终通过用户侧的用户端 CNU 分离出 CATV 信号和数据信号,从而实现对点播信号回传及宽带上网业务的承载。对于 EPON+EoC 的解决方案,根据 CLT 及 ONU 放置位置不同,也有两种建网方式,方式一是将 CLT 及 ONU 放置于小区机房(光站位置),由少量 CLT 完成对整个小区用户的双向网改覆盖;方式二是将 CLT 及 ONU 下沉至楼道,由 CLT 对一栋楼或一个单元内的用户进行双向网改覆盖。方式一适合于业务开通初期,用户双向网改接入率较低的场景,CLT 放置位置较高,便于对用户的广覆盖,现有光纤和铜缆资源无须调整,低投资,高收益;方式二则适合于业务发展成熟期,用户双向改造需求旺盛、双向改造接入率较高的场景,此时需要将光纤下移至楼道,CLT 及 ONU 均安装于楼道内,满足用户高带宽、高渗透率的需求。

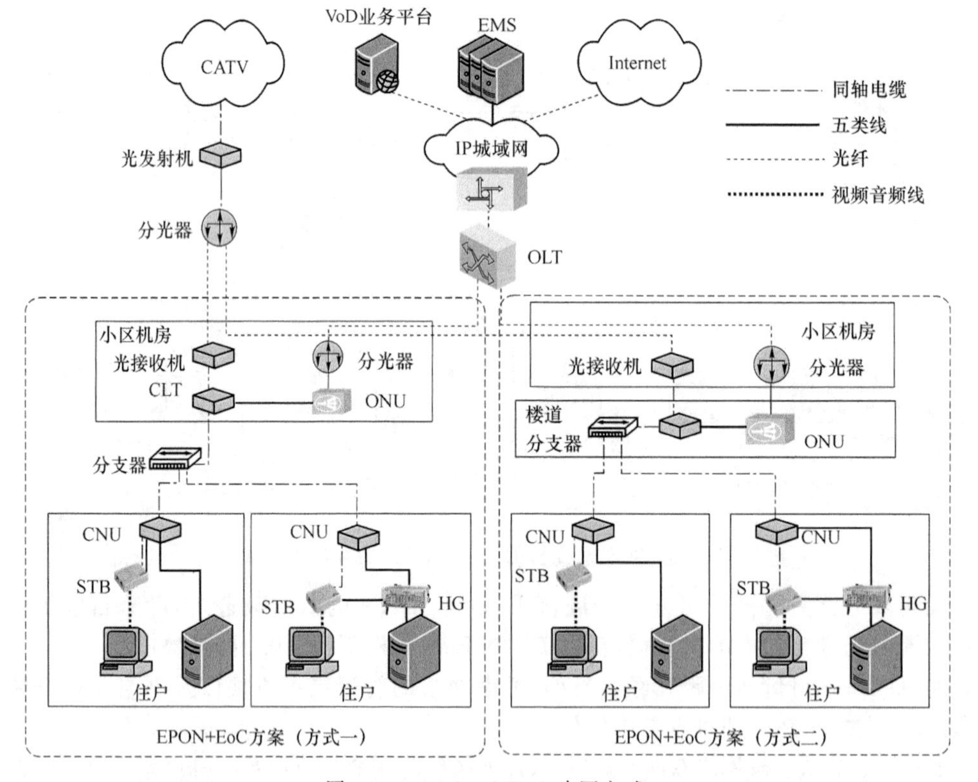

图 5-11 EPON+EoC 建网方式

随着三网融合的不断发展和深入，积极、主动地进行网络的双向改造，实现对用户的全面覆盖、全面接入既符合竞争性需求，也将为整个网络的运营带来巨大的利益空间。因此相较之下，直接将CLT及ONU放置于楼道，更加符合广电的自身利益。

广电双向改造的不断发展，也在推动EPON与EoC设备逐步走向融合。目前业界可以提供CLT与ONU合一的一体化缆桥交换机，这避免了CLT与ONU分别设置所带来的设备安装、网络连接、维护管理等一系列问题，使网络更加简化，也为广电运营商的网络改造提供了较大的方便。

而对用户家庭内部，CNU可以提供RF口及多个以太网接口，部分设备也具备内置Wi-Fi的功能，可以满足VoD点播、宽带上网、WLAN覆盖等多种业务需求。

5.6.3　基于EPON的双向改造方案

在结合EPON技术的双向网络改造过程中，光分配网(ODN)将成为重要的基础网络资源，而大量分光器和末端楼道配线、入户光缆的部署对广电双向网改的建设和运营管理带来极大考验。

对于OLT至ONU之间的光缆，可以利用广电原有光缆的空余纤芯，如果纤芯资源不足，可以利用EPON单纤三波的特点，将CATV广播信号与EPON的数据信号复用在一根光纤上，实现共纤传播，至小区后再通过WDM光接收机将CATV信号分离出来。在光缆的选择上，由于EPON的单纤双向传输采用WDM方式，下行利用1 490 nm波长，上行利用1 310 nm波长，CATV的下行传输则占用1 550 nm波长，因此工程实施时，需选择G.652光缆。

在分光器的布放位置上，由于在网改中每个小区一般仅需少量PON口即可完成对用户的覆盖工作，因此主要考虑将分光器放置在小区机房或者光交接箱中。分光器分光比的选择，主要考虑用户对带宽的需求以及该小区改造所需ONU数量，典型业务需求模型如表5-3所示。

表5-3　宽带业务典型需求模型

业务类型	带宽需求/户	渗出透率/(%)	在线率/(%)
宽带互联网	2 M	30	50
VoD业务	50 k	100	100

按每PON口1G的带宽计算，每PON口可覆盖2 800多用户，按每台ONU接入64个以内用户的典型情况，分光器的分光比可以选择1∶32。实际方案设计中，还需要考虑OLT上联口所带来的带宽瓶颈。

对每台OLT的覆盖半径，主要考虑整体ODN光通道功率衰耗的门限值。ODN衰耗主要包括分光器衰耗、光纤衰耗、熔接点衰耗、活接头衰耗等。按业界PX20＋光模块的技术标准，发端PON口光功率与收端PON口接收灵敏度差值一般大于28 dB，即要求整体光衰耗不能大于 28 dB,主要衰耗及工程余量的常用取值如表 5-4 所示。

表 5-4 ODN 主要衰耗及工程余量

	主干光缆	1∶32 分光器	活接头	光缆熔接点	工程余量
单位衰耗(dB)	0.4/km	16.5/个	0.4/个	0.1/个	2

采用基于 EPON 的广电数字网络双向改造方案,充分结合了 EPON 技术以及现有广电网络特点,可以为广电运营商提供低成本的网络改造以及丰富的用户业务。

网络结构及工程上,EPON 的星型组网充分利用了现有广电星、树型承载网络,局端 OLT 可与现有分前端设置于相同机房,降低建设难度以及机房部署成本。ODN 网络可利用广电现有光缆的空余光纤,入户线缆可根据实际情况共用现有同轴或五类线,主要的工程部署仅集中在用户侧的 ONU 部署上,业务部署速度快。

成本上,随着目前 EPON 产品在国内电信运营商光进铜退中的大规模应用,价格得以迅速下降,基于 EPON 的双向网络改造方案相比传统 CMTS 解决方案,具有相当大的成本优势,而且用户可以获得更高的接入带宽。

业务提供上,通过网络的双向改造,有线电视网络具备了同时支持传统 CATV 业务以及互动业务的能力,有线电视网络可提供诸如视频点播、音乐点播、远程教育、远程医疗、家庭办公、网上商场、网上证券交易、高速因特网接入、会议电视、物业管理等多种类型的宽带多媒体业务。

运行维护上,EPON 支持支持电信级的计费、认证、用户隔离、安全控制、QoS 等特性,ONU 设备支持集中、自动配置,远程复位,极大地方便了后期的网络维护工作。

EPON 是当今世界上新兴的覆盖“最后一公里”的宽带光纤接入技术,中间采用光分路等无源设备,单纤接入各个用户点(ONU),节省光缆资源,并具有带宽资源共享、节省机房投资、设备安全性高、建网速度快、综合建网成本低等优点。

在三网融合的背景下,广电网络采用 EPON 技术进行双向网改工作,将会在较短时间内,实现宽带数据传输及 VoD 点播等增值业务的发展,从而稳固广电网络在未来综合业务提供商中的地位。

5.6.4 网络建设中几个技术问题的讨论

在宽带信息网的建设中,反向回传信号的汇聚噪声和系统的安全性是系统改造和管理必须要十分重视的问题。HFC 网络的上下行传输信道是非对称的,其下行信道具有良好的传输特性,具有较高的信噪比,完全可以达到通信传输的技术指标要求。影响 HFC 系统传输质量的主要问题是来自上行信道的噪声。在双向 HFC 系统中,由于电缆传输部分一般是树枝状的拓扑结构,用户至光节点到前端的信号回传共同使用上行带宽,因此由用户终端和电缆设备引入的噪声在上行系统中产生严重的汇聚,造成所谓的“漏斗效应”,从而严重影响上行信道的性能。

（1）上行噪声的来源

上行噪声的来源很多，通常可分为 4 种：

① 窄带干扰，主要是 5～30 MHz 内的短波广播信号以及单频连续波的干扰，它们在大气传播时通过用户终端和分配设施耦合到上行信道中，并随时间呈慢变化，造成信道容量的下降。

② 宽带脉冲噪声，来自于所有能电弧放电或产生电磁场的电气设备以及自然噪声源，随时间快速变化，其影响是使误码率升高。虽然脉冲噪声的频谱不一定在反向通道内，但由于它的幅度较高，它的各次谐波也对反向通道产生影响。

③ 内部噪声，直接来自于有线电视系统组成部分，如用户终端设备、故障设备、不良接头及电源开关等。由于各用户的情况千差万别，在使用各种电器时，会有意无意地产生频道在 30 MHz 以下的干扰信号和噪声，这些干扰信号和噪声一旦耦合进反向通道，便会产生干扰。这些噪声往往很难控制，且有很大的随机性和持久性。

④ 共模失真，由设备的非线性引起。

在上述噪声中，窄带干扰的影响最大。

（2）克服上行噪声的主要方法

由于交互式业务的开展，解决上行噪声的问题势在必行。从理论上讲，保证系统有足够的信噪比就可以克服噪声和干扰的影响，但在实际的 HFC 系统中，用户终端的回传功率是受限的，因此必须采取其他措施来解决上行噪声问题。

① 减少 HFC 网络中每个光节点的服务用户是较为彻底的解决方法，但会增加系统造价。一般来说，以每个光节点的服务用户不超过 500 户为宜。

② 采用具有较强抗干扰能力的调制方式和合适的编码方式。上行干扰较小的系统可采用 16QAM 方式，上行干扰较大的系统可采用 QPSK 方式，对于上行干扰特别严重的系统可采用 S-CDMA 方式(但这种方式目前尚未列入 DOCSIS 标准)。

③ 脉冲干扰的持续时间较短，通常只造成一段码流的误码率增高，所以采用前向纠错技术可以有效地消除脉冲噪声带来的影响。

④ 采用优质的 Cable Modem 作为系统的终端设备。一方面，优质的 Cable Modem 具有自动调频的功能，它可在设定的频段内自动寻找干扰最小的频率点来进行信号的回传，同时还可以自动调整其上行输出信号的电平，以达到最佳的信噪比；另一方面，在没有上行信号时可自动关断上行信号的载波，减少系统噪声的汇聚。

⑤ 由于 CM2000 型 Cable Modem 可以支持 16 个 IP 地址，因此可以对广大的家庭用户，采用楼栋单元内的 8～16 个用户之间通过 Hub 连接成 10BASE-T 的局域网方式作为最基本的网络单元。采用这种方式，Hub 可有效地隔离用户的噪声，减少系统的汇聚噪声，同时也可以降低用户的成本。

第6章　无线接入技术

无线传输技术用于接入领域有其不可替代的特点。在无线传输技术取得关键的重大突破之后，近年来在无线接入领域的技术进步令人瞩目，已经制定了一批重要的技术标准，还有更重要的标准在制定、补充和完善之中。无线接入的产品种类和市场正在迅猛扩大。无线接入特别是宽带无线接入（BWA）正在发展成宽带接入的一个越来越重要的组成部分。

无线接入技术的最大特点和最大优点是具有接入不受线缆约束的自由性，这在日益追求随时随地均可通信的今天，越发显得可贵。虽然长期以来人们都知道无线接入的优点，但无线接入一直未能得到广泛应用，其原因是无线传输面临很多技术难题难以解决。例如无线频率是不可再生的资源且十分有限；无线传输环境不良特别是在城市中和建筑物中的传输环境可能相当恶劣，传输干扰起伏较大；无线信道是一种复杂的广播型信道；无线网络的 MAC 协议十分复杂而且经常效率不高等。在相当长的时期内，无线传输的性能不好且不稳定，使得无线接入仅仅是其他接入方式无法使用时的一种应急措施或一种备份措施。近年来，由于编码和调制领域的突破性进步及 DSP 的算法和硬件的发展，由于无线网络的 MAC 协议的访问率越来越高，使得无线接入可以在不宽的频段上实现高速传输，实现对高误码率数据的强力纠错，可以在变化起伏的环境中实现稳定的通信，可以在同一频段实现多个通信系统的共存，可以有效地实现分布式的网络拓扑。大量的技术进步支撑无线接入特别是 BWA 的蓬勃发展。

在标准化活动的广泛支持下，BWA 的产品种类和市场也开始迅猛扩大。WLAN 已经开始了广泛的应用。在园区网中，包括企业网和校园网，已经开始建设 WLAN 以提供更为灵活游牧式的接入。电信运营商开始在热点区域部署 WLAN 实现随时随地的运营商网络接入。WLAN 的应用已经初现规模并正在快速扩大。WMAN 已经开始步入系统试运行和产品完善期。随着需要分流庞大的网络数据，以及带 Wi-Fi 功能的终端设备（智能手机，平板电脑等）的越来越多，扩大 Wi-Fi 覆盖范围成为三个运营商的一大重要课题。中国移动计划在 3 年内将全国范围内的 Wi-Fi 热点数量增加至 100 万个。据不完全统计，目前中国移动全国的 Wi-Fi 热点已经达到 12 万个，中国联通有 3 万～5 万个，中国电信 Wi-Fi 热点数 2010 年年底已经超过 10 万个。三大运营商均把 WLAN 作为 2011 年的运营重点。

6.1　无线接入技术概述

6.1.1　无线接入技术的发展

无线接入技术是指通过无线介质将用户终端与网络节点连接起来，以实现用户与网络间的信息传递。无线信道传输的信号应遵循一定的协议，这些协议即构成无线接入技术的主要内容。由无线接入系统所构成的用户接入网称为无线接入网。无线接入网按照空中接口承载业务带宽的大小，也可分为宽带无线接入网和窄带无线接入网。其中，宽带无线接入(BWA)技术是指从网络节点到用户终端采用无线通信并能实现宽带业务接入的技术。

BWA 技术涉及的应用领域很广，按应用需求可分为固定宽带无线接入技术和移动宽带无线接入技术。按不同的覆盖区域，可分为无线个域网(WPAN)、无线局域网(WLAN)、无线城域网(WMAN)、无线广域网(WWAN)以及无线区域网(WRAN)。

1. 传统 BWA 技术

传统 BWA 技术是指以固定宽带为技术特征，主要目的是为解决网络接入部分带宽不足和有线接入网络铺设困难等瓶颈问题，属于典型的"最后一公里"技术。从使用频段上可分为两类：高频段的 LMDS 系统和低频段的 MMDS(无线微波多点分布式系统)系统。

(1) LMDS 技术

LMDS 技术是 20 世纪 90 年代发展起来的一种宽带无线接入技术，工作在 20～40 GHz频段上，覆盖范围在 3～5 km。基于 MPEG 技术，从微波视频分布系统(MVDS)发展而来。第一代 LMDS 为模拟系统，目前的 LMDS 为第二代数字系统，主要使用异步传输模式(ATM)传送协议，具有标准化的网络侧接口和网管协议。LMDS 具有很宽的带宽和双向数据传输的特点，传输速率高达 155 Mbit/s，可提供多种宽带交互式数据及多媒体业务，能满足用户对高速数据和图像通信日益增长的需求。

(2) MMDS 技术

MMDS 技术是一种点对多点分布、提供宽带业务的无线技术。由单向的无线电缆电视微波传输技术发展而来，目前已由模拟系统向数字 MMDS 过渡，也被称为无线数字用户环路(WDSL)或宽带无线技术。在移动用户和数据网络之间提供一种连接，给移动用户提供高速无线宽带接入服务。MMDS 在移动用户和数据网络之间提供一种连接，为移动用户提供高速无线宽带接入服务,其业务功能包括点对点面向连接的数据业务、点对多点业务、点对点无连接型网络业务等。用于2.5 GHz/5.7 GHz的MMDS系统采用先进的VOFDM技术实现无线通信,在大楼林立的城市里利用"多径",实现单载波6 MHz带宽下高达22 Mbit/s的数据接入,频谱效率较高。目前业界常用的"3.5G固定无线接入"也属于MMDS技术范畴。

2. 无线个域网

WPAN是一种采用无线连接的个人局域网。现通常指覆盖范围在10 m半径以内的短距离无线网络,尤其是指能在便携式消费者电器和通信设备之间进行短距离特别连接的自组织网。WPAN被定位于短距离无线通信技术,但根据不同的应用场合又分为高速WPAN(HR-WPAN)和低速WPAN(LR-WPAN)两种。

IEEE 802.15工作组负责WPAN标准的制定工作。目前,IEEE 802.15.1标准协议主要基于蓝牙(Bluetooth)技术,由蓝牙小组SIG负责。IEEE 802.15.2是对蓝牙和IEEE 802.15.1标准的修改,其目的是减轻与IEEE 802.11b和IEEE 802.11g的干扰。IEEE 802.15.3旨在实现高速率,支持介于20 Mbit/s和1 Gbit/s之间的多媒体传输速度,而IEEE 802.15.3a则使用超宽带(UWB)的多频段OFDM联盟(MBOA)的物理层,速率可达480 Mbit/s。IEEE 802.15.4标准协议主要基于ZigBee技术,由ZigBee联盟负责,主要是为了满足低功耗、低成本的无线网络要求,开发一个低数据率的WPAN(LR-WPAN)标准。

目前,低成本、低功耗和对等通信是短距离无线通信技术的三个重要特征和优势。支持WPAN的短距离无线通信技术包括:蓝牙、ZigBee、UWB、IrDA、HomeRF等,其中蓝牙技术使用最广泛。

3. 无线局域网

无线局域网是计算机网络与无线通信技术相结合的产物,以无线多址信道为传输媒介,利用电磁波完成数据交互,实现传统有线局域网的功能,与有线网络比,具有安装便捷、高移动性,易扩展和可靠等特点。一般来说,WLAN的覆盖范围在室外可达300 m,在办公室环境下为10~100 m。目前,主要以IEEE 802.11和ETSI HiperLAN2标准为代表。早期的WLAN可能要追溯到1971年夏威夷大学学者创造的第一个基于封包式技术的无线电通信网络,也称为ALOHANET网络。而WLAN的成长始于20世纪80年代中期,由美国FCC为ISM频段的公共应用提供授权而产生的。由于缺乏统一的标准,不同产品间缺乏兼容性,1991年IEEE成立了802.11工作组。1997年发布了第一个WLAN标准:802.11。目前,WLAN的推广和认证工作主要由产业标准组织无线保真(Wi-Fi)联盟完成,所以WLAN技术常常被称之为Wi-Fi。

802.11是1997年IEEE最初制定的一个WLAN标准,工作在2.4 GHz开放频段,支持1 Mbit/s和2 Mbit/s的数据传输速率,定义了物理层和MAC(Media Access Control)层规范,允许无线局域网及无线设备制造商建立互操作网络设备。基于IEEE 802.11

系列的 WLAN 标准目前已包括共 21 个标准，其中 802.11a、802.11b 和 802.11g 最具代表性。802.11a 在整个覆盖范围内可提供高达 54 Mbit/s 的速率，工作在 5 GHz 频段。802.11b 工作在 2.4～2.483 GHz 频段，数据速率可根据噪音状况自动调整。为了解决 802.11a 与 802.11b 产品无法互通的问题，IEEE 批准了新的 802.11g 标准。IEEE 的新标准 802.11n，可将 WLAN 的传输速率由目前的 54 Mbit/s 提高到 108 Mbit/s，甚至高达 500 Mbit/s。另外，为了支持网状网（Mesh）技术，IEEE 还成立了一个工作组制定 802.11s。

4. 无线城域网

WMAN 的覆盖范围一般为几千米到几十千米，旨在提供城域覆盖和高数据传输速率，以支持 QoS 和一定范围移动性的共享接入。其标准的主要开发组织为 IEEE 802.16 工作组（802.16 系列标准）和欧洲 ETSI 的 HiperAccess 标准，802.16 和 HiperAccess 构成了宽带 MAN 的无线接入标准。

IEEE 802.16 标准的初衷是在 MAN 领域提供高性能的、工作于 10～66 GHz 频段的"最后一公里"宽带无线接入技术，正式名称是"固定宽带无线接入系统空中接口"，又称为 IEEE WirelessMAN 空中接口，是一点对多点技术。由于该标准只能提供可视范围内的承载业务，IEEE 在 2003 年 1 月发布了 802.16a，引入了 OFDM 来抵抗多径效应，强化了 MAC，工作频段为 2～11 GHz。后来，IEEE-2004 对 802.16、802.16a、802.16c 做了整合和修订，成为了 802.16 家族中最成熟的 2～66 GHz 固定宽带无线接入系统的标准。

IEEE 802.16 工作组主要针对无线城域网的物理层和 MAC 层制定规范和标准。2001 年 4 月成立 WiMAX（全球微波接入互操作性）联盟，其宗旨是在全球范围内推广遵循 IEEE 802.16 和 ETSI HIPERMAN 标准的宽带无线接入设备，从此 WiMAX 成为了 802.16 的代名词。目前 WiMAX 主要有两种标准，即固定宽带无线接入空中接口标准和移动宽带接入空中接口标准，都是通过核心网向用户提供业务。

5. 无线广域网络

无线广域网络覆盖范围更广，最主要的是支持全球范围内广泛的移动性。WWAN 满足了超出一个城市范围的信息交流和网际接入需求，IEEE 802.20 和现有的蜂窝移动通信系统共同构成 WWAN 的无线接入。目前国际上主要由 IEEE 802.20 工作组负责 WWAN 空中接口的标准化工作。

由于 Wi-Fi 和 WiMAX 受到覆盖距离的限制，2002 年 9 月，IEEE 802.20 工作组正式成立。2006 年 1 月，IEEE 802.20 工作组确定了两种基本传输方式，即 MB-FDD 和 MB-TDD。IEEE 802.20 弥补了 802.1x 协议簇在移动性方面的不足，实现了在高速移动环境下的高速率数据传输。在物理层技术上，以 OFDM 和 MIMO 为核心，在设计理念上，强调基于分组数据的纯 IP 架构，在应对突发性数据业务的能力上，与现有的 3.5G（HSDPA、EV-DO）性能相当。

6. 无线区域网络

无线区域网络技术主要面向无线宽带(远程)接入,面向独立分散的、人口稀疏的区域,传输范围半径可达40～100 km。

WRAN规范被IEEE 802.22工作委员会定义。2004年,美国FCC提出利用认知无线电技术实现通信系统与广播电视系统共享电视频谱的建议。2004年10月,IEEE正式成立802.22工作组,命名为“WRAN”,其主要目标是在不对电视等授权系统造成有害干扰的情况下,使用认知无线电技术动态利用空闲的电视频段(VHF/UHF频带,北美为54～862 MHz)来实现农村和偏远地区的无线宽带接入。这是继2002年实现民用的UWB之后又一个的无线频率应用技术,802.22是第一个世界范围的基于认知无线电技术的空中接口标准。目前,IEEE 802.22工作组基本完成了其技术需求的规范。

6.1.2 无线接入网络接口与信令

从概念上而言无线接入网是由业务节点(交换机)接口和相关用户网络接口之间的系列传送实体组成的,为传送电信业务提供所需传送承载能力的无线实施系统。从广义看,无线接入是一个含义十分广泛的概念,只要能用于接入网的一部分,无论是固定接入,还是移动接入,也无论服务半径多大,服务用户数多少皆可归入无线接入技术的范畴。

一个无线接入系统一般是由4个基础模块组成的:用户台(SS)、基站(BS)、基站控制器(BSC)、网络管理系统(NMS)。图6-1为无线接入系统示意图。

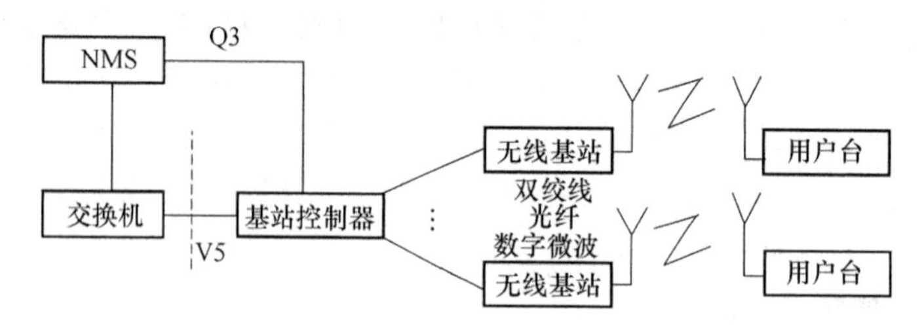

图6-1 无线接入系统

无线用户台是的指由用户携带的或固定在某一位置的无线收发机,用户台可分为固定式、移动式和便携式3种。在移动通信应用中,无线用户台是汽车或人手中的无线移动单元,这一般是移动式或便携式的无线用户台。而固定式终端常常被固定安装在建筑物内,用于固定的点对点通信。

用户台的功能是将用户信息(语音、数据、图像等)从原始形式转换成适于无线传输的信号,建立到基站和网络的无线连接,并通过特定的无线通道向基站传输信号。这个过程通常是双向的。用户台除了无线收发机外,还包括电源和用户接口,这三部分有时被放在一起作为一个整体,如便携式手机;有时也可以是相互分离的,可根据需要放置在不同地点。

有时用户台还可以通过有线、无线或混合等多种方式接入通信网络。

无线基站实际上是一个多路无线收发机，其发射覆盖范围称为一个"小区"（对全向天线）或一个"扇区"（对方向性天线），小区范围从几百米到几十千米不等。一个基站一般由4个功能模块组成：①无线模块，包括发射机、接收机、电源、连接器、滤波器、天线等；②基带或数字信号处理模块；③网络接口模块；④公共设备，包括电源控制系统等。这些模块可以分离放置也可以集成在一起。

基站控制器是控制整个无线接入运行的子系统，它决定各个用户的电路分配，监控系统的性能，提供并控制无线接入系统与外部网络间的接口，同时还提供其他诸如切换和定位等功能，一个基站控制器可以控制多个基站。基站控制器可以安装在电话局交换机内，也可以使用标准线路接口与现有的交换机相连，从而实现与有线网络的连接，并用一个小的辅助处理器来完成无线信道的分配。

网络管理系统是无线接入系统的重要组成部分，负责所有信息的存储与管理。

一般而言，无线接入网的拓扑结构分为无中心拓扑结构和有中心的拓扑结构两种方式。

采用无中心拓扑方式的无线接入网中，一般所有节点都使用公共的无线广播信道，并采用相同协议争用公共的无线信道。任意两个节点之间均可以互相直接通信。这种结构的优点是组网简单，费用低，网络稳定。但当节点较多时，由于每个节点都要通过公共信道与其他节点进行直接通信，因此网络服务质量将会降低，网络的布局受到限制。无中心拓扑结构只适用于用户较少的情况。

采用有中心拓扑方式的无线接入网中，需要设置一个无线中继器（即基站），即以基站为中心的"一点对多点"的网络结构。基站控制接入网所有其他节点对网络的访问。由于基站对节点接入网络实施控制，所以当网络中节点数目增加时，网络的服务质量可以控制在一定范围内，而不会像无中心网络结构中急剧下降。同时，网络扩容也较容易。但是，这种网络结构抗毁性较差。一旦基站出现故障，网络将陷入瘫痪。

对于大多数无线接入系统来讲，它们在应用上有一些共同的特性：

① 无线通信提供一个电路式通信信道；

② 无线接入是宽带的、高容量的，能够为大量用户提供服务；

③ 无线网络能与有线公共网完全互连；

④ 无线服务能与有线服务的概念高度融合。

电路式通信信道可以是实际的电路，也可以是虚拟的，但两种情况下都必须满足一些功能上的要求。电路式信道是实时的，适于语音通信；是用户对用户的、点对点的信道，而非广播式或网络式信道；是专用的和模块化的，可以增减或替换。

无线接入系统可用于公共电话交换网（PSTN）、DDN、ISDN、Internet或专用网（MAN、LAN、WAN）等。现在，越来越多的无线接入系统已经能够与公共网连为一体，无论是直接相连还是通过专用网与PSTN接口。

对于用户而言,能否从网络中获取高质量的服务才是最重要的。集成的无线接入系统的通信能力与信道本身无关,无线接入系统所能提供的通信质量与有线相当。

互连质量的一方面是服务的等级,真正的无线接入系统应有与有线系统相近的阻塞概率。另一方面是系统对新业务的透明度,如果有线电话能够支持传真,那么无线系统应该也可以,无线用户有权要求获得与有线用户相同的服务。

从OSI参考模型的角度来考虑,网络的接口涉及网络中各个站点要在网络的哪一层接入系统。对于无线接入网络接口而言,可以选择在OSI参考模型的物理层或者数据链路层。如果无线系统从物理层接入,即用无线信道代替原来的有线信道,而物理层以上的各层则完全不用改变。这种接口方式的最大优点是网络操作系统及相应的驱动程序可以不作改动,实现较为简单。

另一种接口方式是从数据链路层接入网络,在这种接口方式中采用适用于无线传输环境的MAC(媒体接入控制协议)。在具体实现时只需配置相应的启动程序来完成与上层的接口任务即可,这样,现有有线网络的操作系统或者应用软件就可以在无线网络上运行。

从网络的组成结构来看,无线接入网的接口包括本地交换机与基站控制器的接口、基站控制器与网络管理系统的接口、基站控制器与基站的接口、基站与用户台之间的接口。如图6-1所示。

本地交换机与基站控制器之间的接口方式有两类:一是用户接口方式(Z接口);二是数字中继线接口方式(V5)。由于Z接口处理模拟信号,因此不适合现在的数字化网络的需要。V5接口已经有标准化建议,因此V5接口非常重要。

基站控制器与网络管理系统接口采用Q3接口。基站控制器与基站之间的接口目前还没有标准的协议,不同产品采用不同的协议,可以参见具体的产品说明。

用户台(SS)和基站(BS)之间的接口称为无线接口,常标为Um。各种类型的系统有自己特定的接口标准。如常用无线接入系统DECT、PHS等都有自己的无线接口标准。在设备生产中必须严格执行这些标准,否则不同公司生产的SS和BS就不能互通。

无线接口中的一个重要内容是信令,它用于控制用户台和基站的接续过程,还要能适应接入系统与PSTN/ISDN的联网要求。在适用于PSTN/ISDN的7号信令系统中,也包含有一个移动应用部分(MAP)。虽然各种接入系统信令的设计差别较大,但都应能满足与PSTN/ISDN的联网要求。

采用扩频方式的码分多址移动通信系统CDMA是一种先进的移动通信制式,在无线接入网方面的应用也显示了很强的生命力。Motorola(摩托罗拉)公司的WiLL接入系统就是根据美国电信标准协会(TIA)的IS-95标准,开发的新一代CDMA无线接入系统。它的信令设计也是在7号信令的基础上编制的。下面以IS-95标准为例,介绍无线接口Um。

1. 无线接口三层模型

无线接口的功能可以采用取一个通用的三层模型来描述,见图6-2。下面介绍各层功能。

(1) 物理层

这一层为上层信息在无线接口(无线频段)中的传输提供不同的物理信道。在 CDMA 方式中,这些物理信道用不同的地址码区分。BS 和 SS 间的信息传递是以数据分组(突发脉冲串)的形式进行,每一个数据组有一定的帧结构。

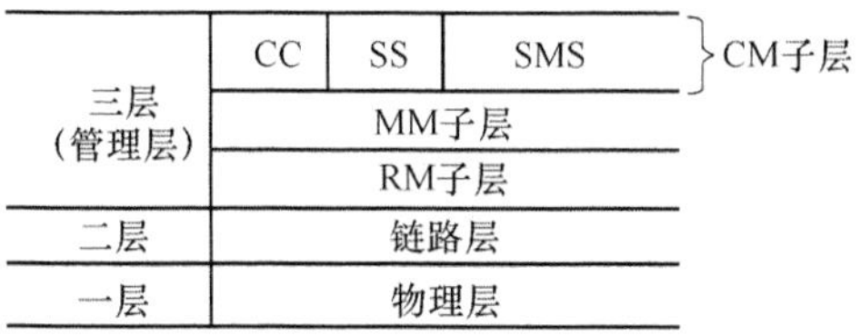

三层(管理层)	CC	SS	SMS	CM子层
	MM子层			
	RM子层			
二层	链路层			
一层	物理层			

CC: 呼叫控制　SS: 补充业务　SMS: 短消息业务
MM: 移动管理　RM: 无线资源管理　CM: 连接管理

图 6-2　无线接口三层模型

物理信道按传输方向可以分为由基站到用户台的正向信道和用户台到基站的反向信道,经常分别称为下行信道和上行信道。

(2) 链路层

它的功能是在用户台(SS)和基站(BS)之间建立可靠的数据传输的通道,它的主要作用如下:

① 根据要求形成数据传输帧结构。完成数据流量(每帧所含比特数)的检查和控制和数据的纠、检错编译码过程。

② 选择确认或不确认操作之类的通信方式。确认、不确认指收到数据后,是否要把收信状态通知发送端。

③ 根据不同的业务接入点(SAP)要求,将通信数据插入发信数据帧或从收信帧中取出。

(3) 管理层

管理层又分为三个子层:

① 无线资源管理子层(RM)

该子层负责处理和无线信道管理相关的一些事务,如无信线道的设置、分配、切换、性能监测等。

② 移动管理子层(MM)

MM 子层运行移动管理协议,该协议主要支持用户的移动性。如跟踪漫游移动台的位置、对位置信息的登记、处理移动用户通信过程中连接的切换等。其功能是在 SS 和基站控制器(MSC)间建立、保持及释放一个连接,管理由移动台启动的位置更新(数据库更新),以及加密、识别和用户鉴权等事务。

③ 连接管理(CM)

CM 子层支持以交换信息的通信。它是由呼叫控制(CC)、补充业务(SS)、短消息业务(SMS)组成。呼叫控制(CC)具有移动台主呼(或被呼)的呼叫建立(或拆除)电路交换连接所必需的功能。补充业务(SS)支持呼叫的管理功能,如呼叫转移(Call forwarding)、计费等。短消息业务(SMS)指利用信令信道为用户提供天气预报之类的短消息服务,属于分组消息传输。

2. 信道分类

窄带 CDMA 系统(N-CDMA)是具有64个码分多址信道的 CDMA 系统。正向信道利用64个沃尔什码字进行信道分割,反向信道利用具有不同特征的64个 PN 序列作为地址码。正、反向信道使用不同的地址码可以增强系统的保密性。

在64个正向信道中含有导频信道、同步信道等。而且在正向、反向业务信道中不仅含有业务数据信道,也可以同时安排随路信令信道。业务数据信道用于话音编码数据的传输,而且信道的传输速率可变,以提高功率利用率,减小对其他信道的干扰。为了方便信道的分类,又把各种功能信道的总和称为逻辑信道。

3. 正向信道的构成和帧结构

从基站至用户台正向信道的结构用户中,包括一个导频信道、一个同步信道(必要时可以改做业务信道)、7个寻呼信道(必要时可以改做业务信道,直至全部用完)和55个(最多可达63个)正向业务信道。

4. 反向信道的构成和帧结构

由用户台到基站方向的反向信道中有两类信道:接入信道(Access)和反向业务信道(Traffic)。业务信道用于用户信号传输。反向信道中业务信道数和接入信道数的分配可变,信道数变化范围为1～32,余下的则为业务信道。

6.2 无线局域网(WLAN)的关键技术

无线局域网(Wireless Local Area Network, WLAN)是计算机网络与无线通信技术相结合的产物,它以无线多址信道作为传输媒介,利用电磁波完成数据交互,实现传统有线局域网的功能。

无线局域网的网络速度与以太网相当。一个接入点最多可支持100多个用户的接入,最大传输范围可达到几十千米,具有以下几大优点:

① 具有高移动性,通信范围不受环境条件的限制,拓宽了网络的传输范围。在有线局域网中,两个站点的距离在使用铜缆(粗缆)时被限制在500 m,即使采用单模光纤也只能达到3 000 m,而无线局域网中两个站点之间的距离目前可达到50 km。

② 建网容易,管理方便,扩展能力强。相对于有线网络,无线局域网的组建、配置和维护较为容易,一般计算机工作人员都可以胜任网络的管理工作。并且在已有无线网络的基础上,只需通过增加无线接入点及相应的软件设置即可对现有的网络进行有效扩展。无线网络的易扩展性是有线网络所不能比拟的。

③ 抗干扰性强。微波信号传输质量低,往往是因为在发送信号的中心频点附近有能量较强的同频噪声干扰,导致信号失真。无线局域网使用的无线扩频设备直扩技术产生的11b随机码元能将源信号在中心频点向上下各展宽11 MHz,使源信号独占22 MHz的

带宽，且信号平均能量降低。在实际传输中，接收端接收到的是混合信号，即混合了(高能量低频带的)噪声。混合信号经过同步随机码元解调，在中心频点处重新解析出高能的源信号，依据同样算法，混合的噪声反而被解调为平均能量很低可忽略不计的背景噪声。

④ 安全性能强。无线扩频通信本身就起源于军事上的防窃听技术，其扩频无线传输技术本身使盗听者难以捕捉到有用的数据；无线局域网采用网络隔离及网络认证措施；无线局域网设置有严密的用户口令及认证措施，防止非法用户入侵；无线局域网设置附加的第三方数据加密方案，即使信号被盗听也难以理解其中的内容。对于有线局域网中诸多安全问题，在无线局域网中基本上可以避免。

⑤ 开发运营成本低。无线局域网在人们的印象中是价格昂贵的，但实际上，在购买时不能只考虑设备的价格，因为无线局域网可以在其他方面降低成本。有线通信的开通必须架设电缆、挖掘电缆沟或架设架空明线；而架设无线链路则无须架线挖沟，线路开通速度快。将所有成本和工程周期统筹考虑，无线扩频的投资是相当节省的。使用无线局域网不仅可以减少对布线的需求和与布线相关的一些开支，还可以为用户提供灵活性更高、移动性更强的信息获取方法。

目前，无线局域网还不能完全脱离有线网络，它只是有线网络的补充，而不是替换。与有线网络相比，无线局域网有以下不足：

① 网络产品昂贵，相对于有线网络，无线网络设备的一次性投入费用较高，增加了组网的成本。

② 数据传输的速率慢，虽然无线局域网的数据传输速度目前可达到 10 Mbit/s 左右，但相对于有线以太网可实现 1 Gbit/s 的传输速度来说，还是有相当大的差距。

无线局域网与有线局域网的区别是标准不统一，不同的标准有不同的应用，目前，最具代表性的 WLAN 协议是美国 IEEE 的 802.11 系列标准和欧洲 ETSI 的 HiperLAN 标准。

2.4 GHz 带宽的高速物理层 IEEE 802.11 标准是 IEEE 于 1997 年推出的，它工作于 2.4 GHz 频段，物理层采用红外，DSSS(直接序列扩频)或 FSSS(跳频扩频)技术，共享数据速率最高可达 2 Mbit/s。它主要用于解决办公室局域网和校园网中用户终端的无线接入问题。IEEE 802.11 的数据速率不能满足日益发展的业务需要，于是，IEEE 在 1999 年相继推出了 IEEE 802.11b 和 IEEE 802.11a 两个标准。

IEEE 802.11a 工作在 5 GHz 频段上，使用 OFDM 调制技术，可支持 54 Mbit/s 的传输速率。IEEE 802.11a 与 IEEE 802.11b 两个标准都存在着各自的优缺点，IEEE 802.11b 的优势在于价格低廉，但速率较低(最高 11 Mbit/s)；而 IEEE 802.11a 优势在于传输速率快(最高 54 Mbit/s)且受干扰少，但价格相对较高。另外，IEEE 802.11a 与 IEEE 802.11b 工作在不同的频段上，不能工作在同一 AP 的网络里，因此，IEEE 802.11a 与 IEEE 802.11b 互不兼容。

2003 年 7 月，IEEE 802.11 工作组批准了新的物理层标准 IEEE 802.11g，该标准与以前的 IEEE 802.11 协议标准相比有以下两个特点:其在 2.4 GHz 频段使用 OFDM 调制技术,使数据传输速率提高到 20 Mbit/s 以上;IEEE 802.11g 标准能够与 IEEE 802.11b 系统互相连通,共存在同一 AP 的网络里,保障了后向兼容性。这样原有的 WLAN 系统可以平滑地向高速无线局域网过渡,延长了 IEEE 802.11b 产品的使用寿命,降低了用户的投资。

IEEE 802.11 系列主要规范的特性比较如表 6-1 所示。

表 6-1 IEEE 802.11 系列主要规范的特性

标准名称	发布时间	工作频段	传输速率	传输距离	业务支持	调制方式	其他
802.11	1997年	2.4 GHz	1 Mbit/s 2 Mbit/s	100 m	数据	BPSK/QPSK	Web 加密
802.11a	1999年	5 GHz	可达 54 Mbit/s	5~10 km	数据、 图像	BPSK/QPSK/OFDM/ 16QAM/64QAM	
802.11b	1999年	2.4 GHz	可达 11 Mbit/s	300~400 m	语音、数据、图像	BPSK/QPSK/CCK	目前主导标准
802.11g	2003年	2.4 GHz 或 5 GHz	可达 54 Mbit/s	5~10 km	语音、数据、图像	OFDM/CCK	前后兼容

IEEE 802.11 除上述主流标准外,还有 IEEE 802.11d(支持无线局域网漫游)、IEEE 802.11e(在 MAC 层纳入 Qos 要求)、IEEE 802.11f(解决不同 AP 之间的兼容性)、IEEE 802.11h(更好地控制发送功率和选择无线信道)、IEEE 802.11i(解决 WEP 安全缺点)、IEEE 802.11j(使 802.11a 与 HiperLAN2 能够互通)、IEEE 802.1x(认证方式和认证体系结构)等。

此外,欧洲电信标准协会(ETSI)标准组织发布了 HiperLAN 标准,由于 HiperLAN 工作目前已推出 HiperLAN/1 和 HiperLAN/2。HiperLAN/1 采用 GMSK 调制方式,工作在欧洲专用频段 5.150~5.300 GHz 上,因此无须采用扩频技术,数据传输速率可达 23.5 Mbit/s;HiperLAN/2 采用 OFDM 调制方式,工作在欧洲专用频段 5.470~5.725 GHz 上,数据传输速率可达 54 Mbit/s,它具有高速率传输、面向连接、支持 QoS 要求、自动频率配置、支持高速(54 Mbit/s)的无线接入系统。

6.2.1 IEEE 802.11 协议结构

IEEE 802.11 的协议结构着重定义网络操作,如图 6-3 所示。每个站点所应用的 802.11 标准的协议结构包括一个单一 MAC 和多个 PHY 中的一个。

MAC 层的目的是在 LLC 层的支持下为共享介质 PHY 提供访问控制功能(如寻址

方式、访问协调、帧校验序列生成和检查以及LLC PDU 定界)。MAC 层在 LLC 层的支持下执行寻址方式和帧识别功能。802.11 标准利用 CSMA/CA(载波监听多路访问/冲突防止),而标准以太网利用 CSMA/CD(载波监听多路访问/冲突检测)。在同一个信道上利用无线电收发器既传输又接收是不可能的,因此,802.11 无线 LAN 采取措施仅是为了避免冲突,而不是检测它们。

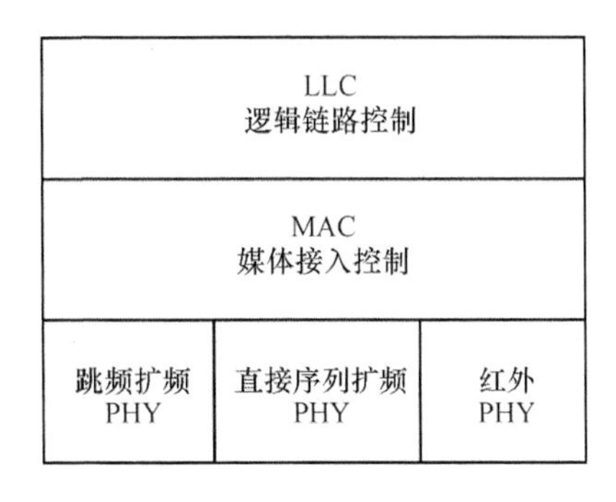

图 6-3 IEEE 802.11 协议结构

1992 年 7 月,工作组决定将无线电频率研究和标准化研究集中到 2.4 GHz 扩谱 ISM 波段,用于直接序列和跳频 PHY 上。最终标准确定为 2.4 GHz,因为该波段在世界大部分地区适用,无须官方的许可。在美国,FCC15 部分规定 ISM 波段的放射 RF 功率。15 部分限制无线增益最大到 6 dBm,放射功率不超过 1W。欧洲和日本的调整小组限制放射功率为 10 mW/1 MHz。

1993 年 3 月,802.11 标准委员会接受建议,制定一个直接序列物理层标准。经过多方讨论,委员会同意在标准中包含一章确定使用直接序列。直接序列物理层规定两个数据速率:利用差动四进制相移键控(DQPSK)调制的 2 Mbit/s;利用差动二进制相移键控(DBP/SK)的 1 Mbit/s。

标准定义了 7 个直接序列信道,一个信道为日本专用,3 对信道用于美国和欧洲。信道按对工作时能避免相互干扰。另外,通过发展一个避免信号冲突的频率规划,能同时使用 3 对信道来提高性能。

与直接序列相比,基于 802.11 的跳频 PHY 利用无线电从一个频率跳到另一个频率发送数据信号,在移到一个不同的频率之前,在每个频率上传输几个位。跳频系统以一种随机的方式跳跃,但实际上有一个已知序列。一个单独的跳跃序列一般被称为跳频信道(Frequency Hopping Channel)。跳频系统的实施会逐渐便宜而且不像直接序列那样消耗太多的功率,所以更加适用于移动式应用。然而,跳频抗多路径和其他干扰源性能较差。如果数据在某一个跳跃序列频率上被破坏,系统必须要求重传。

802.11 委员会用定跳频物理层有一个利用 2 级高斯频率移动键控(GFSK)的 1 Mbit/s 数据速率。该规定描述了已在美国被确定的 79 信道中心频率,其间解释说明了三组 22 跳跃序列。红外线物理层描述了一种在 850～950 nm 波段运行的调制类型,用于小型设备和低速应用软件。这种红外线介质的基本数据速率是利用 16PPM(脉冲位置调制)的 1 Mbit/s 速率和利用 4PPM 的 2 Mbit/s 增强速率。基于红外线设备的峰值功率被限定为 2 W。像 IEEE 802.3 标准一样,802.11 工作组正在考虑将辅助 PHY 作为可用技术,让它充为发挥作用。

6.2.2 IEEE 802.11 物理层

物理层由以下两部分组成:

① 物理层收敛过程子层(PLCP):MAC层和PLCP通过物理层服务访问点(SAP)利用原语进行通信。MAC层发出指示后,PLCP就开始准备需要传输的介质协议数据单元(MPDUs)。PLCP也从无线介质向MAC层传递引入帧。PLCP为MPDU附加字段,字段中包含物理层发送器和接收器所需的信息。802.11标准称为这个合成帧为PLCP协议数据单元(PPDU)。PPDU的帧结构提供了工作站之间MPDU的异步传输,因此,接收工作站的物理层必须同步每个单独的即将到来的帧。

② 物理介质依赖(PMD)子层:在PLC下方,PMD支持两个工作站之间通过无

介质实现物理层实体的发送和接收。为了实现以上功能,PMD需直接面向无线介质(空气)、并向帧传送提供调制和解调。PLCP和PMD之间通过原语通信,控制发送和接收功能。

随着无线局域网技术的应用日渐广泛,用户对数据传输速率的要求越来越高。但是在室内这个较为复杂的电磁环境中,多径效应、频率选择性衰落和其他干扰源的存在使得实现无线信道中的高速数据传输比有线信道中困难,WLAN需要采用合适的调制技术。

IEEE 802.11无线局域网络是一种能支持较高数据传输速率(1~54 Mbit/s),采用微蜂窝和微微蜂窝结构的自主管理的计算机局域网络,其关键技术大致有4种:DSSS/CCK技术、PBCC技术、OFDM技术、MIMO OFDM技术。每种技术皆有其特点。目前,扩频调制技术正成为主流,而OFDM技术由于其优越的传输性能成为人们关注的新焦点。

① DSSS/CCK技术

基于DSSS的调制技术有3种,最初,IEEE 802.11标准制定在1 Mbit/s数据速率下采用DBPSK,如提供2 Mbit/s的数据速率,要采用DQPSK,这种方法每次处理两个比特码元,成为双比特。第3种是基于CCK的QPSK,是IEEE 802.11b标准采用的基本数据调制方式。它采用了补码序列与直序列扩频技术,是一种单载波调制技术,通过PSK方式传输数据,传输速率分为1 Mbit/s、2 Mbit/s、5.5 Mbit/s和11 Mbit/s。CCK通过与接收端的Rake接收机配合使用,能够在高效率传输数据的同时有效地克服多径效应。IEEE 802.11b使用CCK调制技术来提高数据传输速率,最高可达11 Mbit/s。但是传输速率超过11 Mbit/s,CCK为了对抗多径干扰,需要更复杂的均衡及调制,实现起来非常困难。因此,IEEE 802.11工作组为了推动无线局域网的发展,又引入新的调制技术。

② PBCC技术

PBCC技术是由TI公司提出的,已作为IEEE 802.11g的可选项被采纳。PBCC也是单载波调制,但它与CCK不同,它使用了更多复杂的信号星座图。PBCC采用8PSK,而CCK使用BPSK/QPSK;另外,PBCC使用了卷积码,而CCK使用区块码。因此,它们的解调过程是十分不同的。PBCC可以完成更高速率的数据传输,其传输速率为

11 Mbit/s,22 Mbit/s 和 3 Mbit/s。

③ OFDM 技术

OFDM 技术是一种无线环境下的高速多载波传输技术。无线信道的频率响应曲线大多是非平坦的,而 OFDM 技术的主要思想是:在频域内将给定信道分成许多正交子信道,在每个子信道上使用一个子载波进行调制,各子载波并行传输,从而能有效地抑制无线信道的时间弥散所带来的符号门干扰(ISI)。这样就减少了接收机内均衡的复杂度,有时甚至可以不采用均衡器,仅通过插入循环前缀的方式消除 ISI 的不利影响。

由于在 OFDM 系统中各个子信道的载波相互正交,所以它们的频谱是相互重叠的,这样不但减小了子载波间的相互干扰,同时又提高了频谱利用率。在各个子信道中的这种正交调制和解调可以采用 IFFT 和 FFT 方法来实现,随着大规模集成电路技术与 DSP 技术的发展,IFFT 和 FFT 都是非常容易实现的。FFT 的引入,大大降低了 OFDM 的实现复杂性,提升了系统的性能。

无线数据业务一般都存在非对称性,即下行链路中传输的数据量要远远大于上行链路中的数据传输量。因此,无论从用户高速数据传输业务的需求,还是从无线通信来考虑,都希望物理层支持非对称高速数据传输。而 OFDM 容易通过使用不同数量的子信道来实现上行和下行链路中不同的传输速率。

由于无线信道存在频率选择性,所有的子信道不会同时处于比较深的衰落情况中,因此,可以通过动态比特分配以及动态子信道分配的方法,充分利用信噪比高的子信道,从而提升系统性能。由于窄带干扰只能影响一小部分子载波,所以,OFDM 系统在某种程度上可以抵抗这种干扰。另外,同单载波系统相比,OFDM 还存在一些缺点,例如,易受频率偏差的影响,存在较高的 PAR。

OFDM 技术有非常广阔的发展前景,已成为第四代移动通信的核心技术。IEEE 802.11a,g 标准为了支持高速数据传输都采用了 OFDM 调制技术。目前,OFDM 结合时空编码、分集、干扰[包括符号间干扰(ISI)和邻道干扰(IC)]抑制以及智能天线技术,最大限度地提高了物理层的可靠性;如再结合自适应调制、自适应编码以及动态子载波分配和动态比特分配算法等技术,可以使其性能进一步优化。

④ MIMO OFDM 技术

MIMO 技术能在不增加带宽的情况下,成倍地提高通信系统的容量和频谱利用率。它可以定义为发送端和接收端之间存在多个独立信道,也就是说天线单元之间存在充分的间隔,因此,消除了天线间信号的相关性,提高了信号的链路性能,增加了数据吞吐量。

现代信息论表明:对于发射天线数为 N,接收天线数为 M 的多入多出(MIMO)系统,假定信道为独立的瑞利衰落信道,并假设 N 和 M 很大,则信道容量 C 近似为公式

$$C=[\min(M,N)]B\log2(p/2)$$

式中,B 为信号带宽,p 为接收端平均信噪比,$[\min(M,N)]$为 M,N 的较小者。

该式表明,MIMO 技术能在不增加带宽的情况下,成倍地提高通信系统的容量和频

谱利用率。研究表明,在瑞利衰落信道环境下。OFDM系统会使用MIMO技术来提高容量。采用多输入多输出(MIMO)系统是提高频谱效率的有效方法。多径衰落是影响通信质量的主要因素,但MIMO系统却能有效地利用多径的影响来提高系统容量。系统容量是干扰受限的,不能通过增加发射功率来提高系统容量。而采用MIMO结构不需要增加发射功率就能获得很高的系统容量。因此,将MIMO技术与OFDM技术相结合是下一代无线局域网发展的趋势。

在OFDM系统中,采用多发射天线实际上就是根据需要在各个子信道上应用多发射天线技术,每个子信道都对应一个多天线子系统,一个多发射天线的OFDM系统。目前,正在开发的设备由两组IEEE 802.11a收发器、发送天线和接收天线各两个(2×2)和负责运算处理过程的MIMO系统组成,能够实现最大108 Mbit/s的传输速度,支持AP和客户端之间的传输速度为108 Mbit/s;当客户端不支持该技术时(IEEE 802.11a客户端的情况),通信速度为54 Mbit/s。

6.2.3 IEEE 802.11 MAC层

1. MAC帧结构

IEE802.11定义了MAC帧格式的主体框架,如图6-4所示。工作发送的所有类型的帧。都采用这种帧结构。形成正确的帧之后,MAC层将帧传给物理层集中处理子层(PLCP)。帧从控制字段第一位开始,以帧校验域(FCS)的最后一位结束。

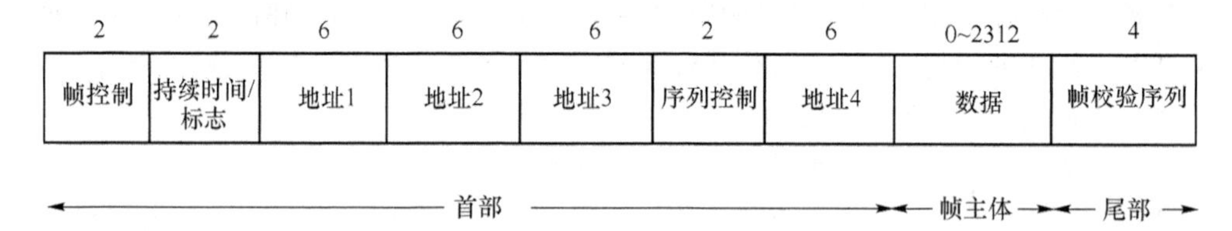

图6-4 MAC帧格式

下面对MAC帧的各主要字段分别进行说明:

帧控制:这个字段载有在工作站之间发送的控制信息。图6-4对帧控制手段的子字段结构进行了说明。

持续时间/标志;大多数帧,在这个域内包含持续时间的值,值的大小取决于帧的类型。通常,每个帧一般都包含表示下一个帧发送的持续时间信息。例如。数据帧和应答帧中的Duration/ID字段表明下一个分段和应答的持续时间。网络中的工作站就是通过监视这个字段,依据持续时间信息来推迟发送的。只有在轮询控制帧中,Duration/ID字段载有发送端工作站14位重要的连接特性,置两个保留位为1。这个标识符的取值范围一般为1～2 007(十进制)。

地址1、2、3、4:地址字段包含不同类型的地址,地址的类型取决于发送帧的类型。这些地址类型可以包含基本服务组标识(BSSID)、源地址、目标地址、发送站地址和接收站地址。IEEE 802—1990 标准定义了这些地址的结构，长度为 48 位。有单独地址和组地址之分。组地址又有两种：多点传送地址，它是指和一组逻辑相连的工作站连接；广播地址，它是指广播到一个局域网中的所有工作站。广播地址的所有位均为 1。

序列控制：该字段最左边的 4 位由分段号子字段组成，这个子字段标明一个特定 MSDU（介质服务数据单元）的分段号。第一个分段号为 0，后面的发送分段的分段号依次加 1。下面 12 个位是序列号子字段，从 0 开始，对于每一个发送的 MSDU 子序列依次加 1。一个特定 MSDU 的每一个分段都拥有相同的序列号。

在同一时刻只有一个 MSDU 是重要的。接收帧时，工作站通过监视序列号和分段号来过滤重复帧。如果帧的序列号和分段号和先前的帧相同，或者重传位置为 1，那么工作站就可以判断该帧是一个重复帧。

工作站无误地接收到一个帧之后，会马上向发送工作站返回一个 ACK 帧，如果传输差错破坏了途中的 ACK 帧，这样就会产生重复帧。一段特定的时间内还没有收到 ACK，发送工作站将重新发送该帧，即使这个帧被重复帧过滤机制丢弃掉了，但目标工作站还是会对这个帧进行响应的。

帧主体：这个字段的有效长度可变，所载的信息取决于发送帧。如果发送帧是数据帧，那么该字段会包含一个 LLC 数据单元（也叫 MSDU）。MAC 管理和控制帧会在帧体中包含一些特定的参数，这些参数由该帧提供的特殊的服务所决定。如果帧不需要承载信息，那么帧体字段的长度为 0。接收工作站从物理层适配头的一个字段判断帧的长度。

帧校验序列（FCS）：发送工作站的 MAC 层利用循环冗余码校验法（Cyclic Redundancy Check，CRC）计算一个 32 位的帧校验序列（FCS），并将结果存入这个字段。

MAC 层利用下面的覆盖 MAC 头所有字段和帧体的生成多项式来计算 FCS：

$$G(x)=x^{32}+x^{26}+x^{23}+x^{22}+x^{16}+x^{12}+x^{11}+x^{10}+x^{8}+x^{7}+x^{5}+x^{4}+x^{2}+x+1$$

结果的高阶系数放在字段中，形成最左边的位。接收端也利用 CRC 检查帧中发送差错。

2. 无线局域网的 MAC 层关键技术

CSMA 协议是在 Aloha 协议的基础上发展起来的随机竞争类 MAC 协议。由于其性能比 Aloha 大大提高且算法简单，故在实际系统中得到了广泛的应用。

CSMA/CD 协议已成功地应用于使用有线连接的局域网，但在无线局域网的环境下，却不能简单地搬用 CSMA/CD 协议，特别是碰撞检测部分。这里主要有两个原因：

第一，在无线局域网的适配器上，接收信号的强度往往会远小于发送信号的强度，因此若要实现碰撞检测，那么在硬件上需要的花费就会过大。

第二，在无线局域网中，并非所有的站点都能够听见对方，而“所有站点都能够听见对方”正是实现 CSMA/CD 协议必须具备的基础。

下面用图 6-5 的例子来说明这点。我们知道，虽然无线电波能够向所有方向传播，但其传播距离受限，而且当电磁波在传播过程中遇到障碍物时，其传播距离就更短。图中画出四个无线移动站，并假定无线电信号传播的范围是以发送站为圆心的一个圆形面积。

图 6-5(a)表示站点 A 和 C 都想和 B 通信。但 A 和 C 相距较远,彼此都听不见对方。当 A 和 C 检测到信道空闲时,就都向 B 发送数据,结果发生了碰撞。这种未能检测出信道上其他站点信号的问题叫做隐藏站点问题。

当移动站之间有障碍物时也有可能出现上述问题。例如,三个站点 A、B 和 C 彼此距离都差不多,相当于在一个等边三角形的三个顶点。但 A 和 C 之间有一座山,因此 A 和 C 彼此都听不见对方。若 A 和 C 同时向 B 发送数据就会发生碰撞,使 B 无法正常接收。

图 6-5(b)给出了另一种情况。站点 B 向 A 发送数据。而 C 又想和 D 通信。但 C 检测到信道忙,于是就停止向 D 发送数据,其实 B 向 A 发送数据并不影响 C 向 D 发送数据(如果这时不是 B 向 A 发送数据而是 A 向 B 发送数据,则当 C 向 D 发送数据时就会干扰 B 接收 A 发来的数据)。这就是暴露站点问题。在无线局域网中,在不发生干扰的情况下,可允许同时多个移动站进行通信。这点与有线局域网有很大的差别。

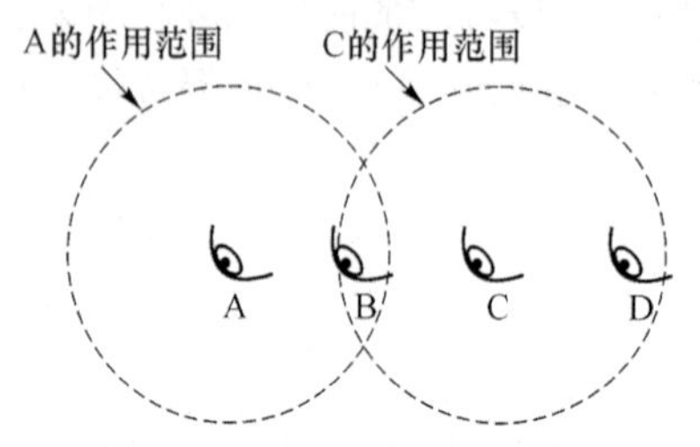

(a) A和C同时向B发送信号,发生碰撞

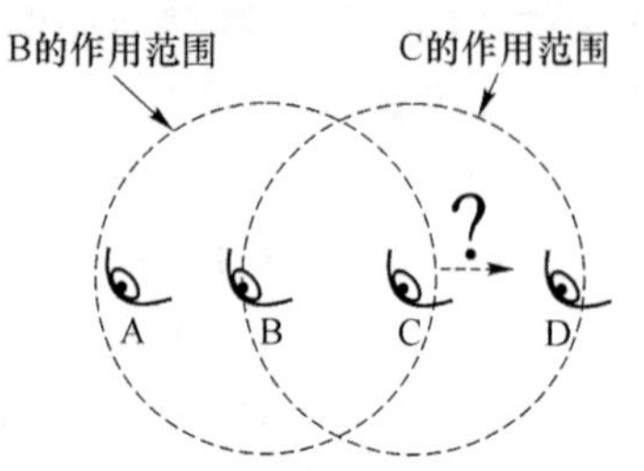

(b) B向A发送信号,使C停止向D发送数据

图 6-5　无线局域网中的站点有时听不见对方

由此可见,无线局域网可能出现检测错误的情况:检测到信道空闲,其实并不空闲;而检测到信道忙,其实并不忙。

我们知道,CSMA/CD 有两个要点:一是发送前先检测信道,信道空闲就立即发送,信道忙就随机推迟发送;二是边发送边检测信道,一发现碰撞就立即停止发送。因此偶尔发生的碰撞并不会使局域网的运行效率降低很多。既然无线局域网不能使用碰撞检测,那么就应当尽量减少碰撞的发生。为此,802.11 委员会对 CSMA/CD 协议进行了修改,把碰撞检测改成碰撞避免 CA(Collision Avoidance)。这样,802.11 局域网也使用 CSMA/CA 协议。碰撞避免的思路是:协议的设计要尽量减少碰撞发生的概率。请注意,在无线局域网中,及时在发送过程中发生了碰撞,也要把整个帧发送完毕。因此在无线局域网中一旦出现碰撞,在这个帧的发送时间内信道资源都被浪费了。

802.11 局域网在使用 CSMA/CA 的同时还使用停止等待协议。这是因为无线信道的通信质量远不如有线信道的,因此无线站点每通过无线局域网发送完一帧后,要等到收到对方的确认帧后才能继续发送下一帧。这叫做链路层确认。

802.11 标准设计了独特的 MAC 层,如图 6-6 所示。它通过协调功能来确定在基本服务集 BSS 中的移动站在何时能发送数据或接收数据。802.11 的 MAC 层在物理层的上面，它包括两个子层。

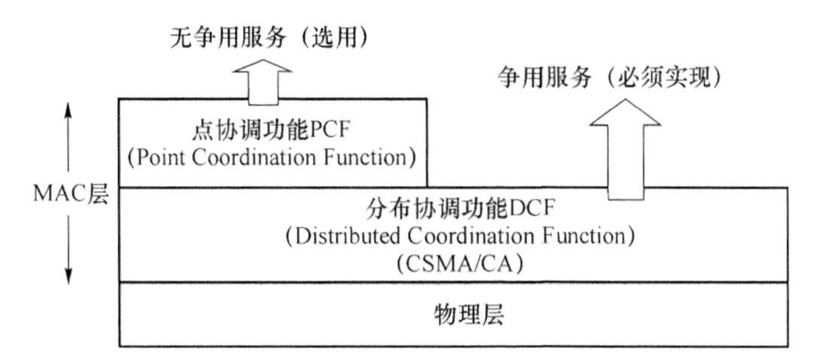

图 6-6　802.11 的 MAC 层

分布协调功能 DCF(Distributed Coordination Function)。DCF 不采用任何中心控制，而是在每一个节点使用 CSMA 机制的分布式接入算法，让每个站通过争用信道来获取发送权。因此 DCF 向上提供争用服务。802.11 协议规定，所有的实现都必须有 DCF 功能。

点协调功能 PCF(Point Coordination Function)。PCF 是选项，是用接入点 AP 集中控制整个 BSS 内的活动，因此自组网络就没有 PCF 子层。PCF 使用集中控制的接入算法，用类似于探询的方法把发送数据权轮流交给各个站，从而避免了碰撞的产生。对于时间敏感的业务，如分组话音，就应使用提供无争用服务的点协调功能 PCF。

为了尽量避免碰撞，802.11 规定，所有的站在完成发送后，必须再等待一段很短的时间(继续监听)才能发送下一帧。这段时间通称为帧间间隔 IFS(Inter Frame Spacing)。帧间间隔的长短取决于该站要发送的帧类型。高优先帧需要等待的时间较短，因此可优先获得发送权，但低优先级帧就必须等待较长的时间。若低优先级帧还没来得及发送而其他站的高优先级帧已发送到媒体，则媒体变为忙态因而低优先级帧就只能再推迟发送了。这样就减少了发送碰撞的机会。至于各种帧间间隔的具体长度，则取决于所使用的物理层特性。下面解释常用的 3 种帧间间隔的作用，如图 6-7 所示。

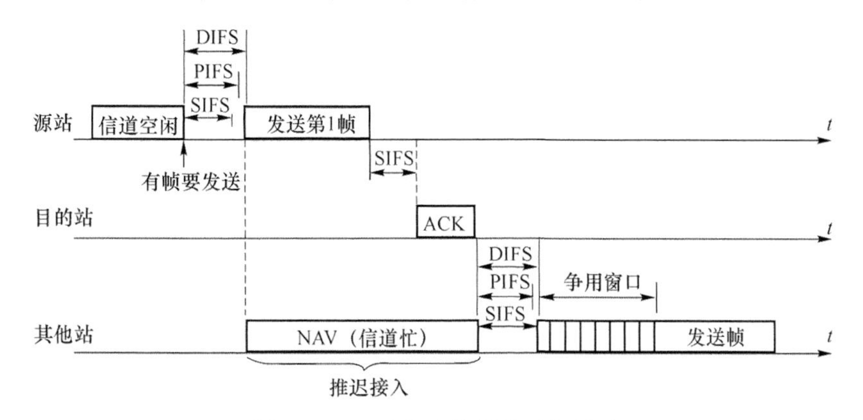

图 6-7　CSMA/CA 协议的工作原理

① SIFS,即短帧间间隔。SIFS是最短的帧间间隔,用来分隔开属于一次对话的各帧。在这段时间内,一个站应当能够从发送方式切换到接收方式。使用SIFS的帧类型有:ACK帧、CTS帧、由过长的MAC帧分片后的数据帧、所有回答AP的探询的帧和在PCF方式中接入点AP发送出的任何帧。

② PIFS,即点协调功能帧间间隔(比SIFS长),是为了在开始使用PCF方式时(在PCF方式下使用,没有争用)优先获得接入到媒体中。PIFS的长度是SIFS加一个时隙时间(slot time)长度。时隙的长度是这样确定的:在一个基本服务集BSS内,当某个站在一个时隙开始时接入到信道时,那么在下一个时隙开始时,其他站就都能检测出信道已转变为忙态。

③ DIFS,即分布协调功能帧间间隔(最长的IFS),在DCF方式中用来发送数据帧和管理帧。DIFS的长度比PIFS再多一个时隙长度。

为了尽量减少碰撞的机会,802.11标准采用了一种叫做虚拟载波监听(Virtual Carrier Sense)的机制,这就是让源站把它要占用信道的时间(包括目的站发回确认帧所需的时间)写入到所发送的数据帧中(即在首部中的"持续时间"字段中写入需要占用信道的时间,以微秒为单位,一直到目的站把确认帧发送完为止),以便使其他所有站在这一段时间都不要发送数据。"虚拟载波监听"的意思是其他各站并没有监听信道,而是由于这些站知道了源站正在占用信道才不发送数据。这种效果好像是其他站都监听了信道。

当站点检测到正在信道中传送的帧中的"持续时间"字段时,就调整自己的网络分配向量(Network Allocation Vector,NAV)。NAV指出了信道处于忙状态的持续时间。信道处于忙状态就表示:或者是由于物理层的载波监听检测到信道忙,或者是由于MAC层的虚拟载波监听机制指出了信道忙。

CSMA/CA协议的工作原理比较复杂,先讨论比较简单的情况。

当某个站点有数据帧要发送时:

① 先检测信道(进行载波监听)。若检测到信道空闲,则在等待一段时间DIFS后(如果这段时间内信道一直是空闲的)就发送整个数据帧,并等待确认。为什么信道空闲还要再等待呢?就是考虑可能有其他站点有高优先级的帧要发送。如有,就让高优先级帧先发送。

② 目的站若正确收到此帧,则经过时间间隔SIFS后,向源站发送确认帧ACK。

③ 所有其他站都设置网络分配向量NAV,表明在这段时间内信道忙,不能发送数据。

④ 当确认帧ACK结束时,NAV(信道忙)也就结束了。在经历了帧间间隔之后,接着会出现一段空闲时间,叫做争用窗口,表示在这段时间内有可能出现各站点争用信道的情况。

争用信道的情况比较复杂,因为有关站点要执行退避短发。以图6-8为例进行说明。

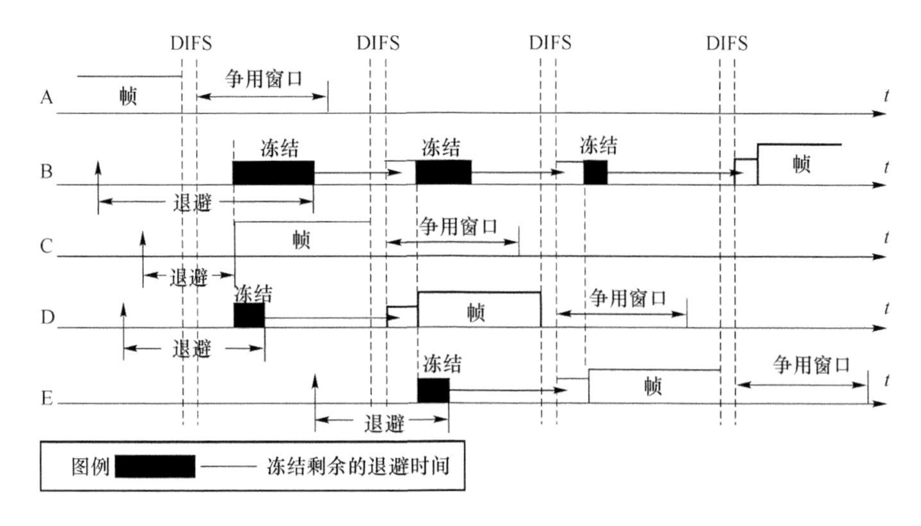

图 6-8　802.11 退避机制的概念

图 6-8 表示当 A 正在发送数据时，B、C 和 D 都有数据要发送（用向上的箭头表示）。由于它们都检测到信道忙，因此都要执行退避算法，各自随机退避一段时间再发送数据。802.11 标准规定，退避时间必须是整数倍的时隙时间。

802.11 使用的退避算法和以太网的稍有不同。第 i 次退避是在时隙$\{0,1,\cdots,2^{2+i}-1\}$中随机地选择一个。这样做是为例使不同站点选择相同退避时间的概率减少。这就是说，第 i 次退避（$i=1$）要推迟发送的时间是在时隙$\{0,1,\cdots,7\}$中（共 8 个时隙）随机选择一个，而第 2 次退避是在时隙$\{0,1,\cdots,15\}$中（共 16 个时隙）随机选择一个。当时隙编号达到 255 时（这对应于第 6 次退避）就不再增加了。

退避时间选定后，就相当于设置了一个退避计时器(backoff time)。站点每经过一个时隙的时间就检测一次信道。这可能发生两种情况。若检测到信道空闲，退避计时器就继续倒计时。若检测到信道忙，就冻结退避计数器的剩余时间，重新等待信道变为空闲并再经过时间 DIFS 后，从剩余时间开始继续倒计时。如果退避计时器的时间减小到零时，就开始发送整个数据帧。

从图 6-8 中可以看出，C 的退避计时器最先减到零，于是 C 立即把整个数据帧发送出去。A 发送完数据后信道就变为空闲。C 的退避计时器一直在倒计时。当 C 在发送数据的过程中，B 和 D 检测到信道忙。就冻结各自的退避计时器的数值，重新期待信道变为空闲。正在这时 E 也想发送数据。由于 E 检测到信道忙，因此 E 就执行退避算法和设置退避计时器。

以后 E 的退避计时器比 B 先减少到零。当 E 发送数据时，B 再次冻结其退避计时器。等到 E 发送完数据并经过时间 DIFS 后，B 的退避计时器才继续工作，一直到把最后剩余的时间用完，然后就发送数据。冻结退避计时器剩余时间的做法是为了使协议对所有站点更加公平。

根据以上讨论的情况,可把CSMA/CA协议算法归纳如下:

① 若站点最初有数据要发送(而不是发送不成功再进行重传),且检测到信道空闲,在等待时间DIFS后,就发送整个数据帧。

② 否则,站点执行CSMA/CA协议的退避算法。一旦检测到信道忙,就冻结退避计时器。只要信道空闲,退避计时器就进行倒计时。

③ 当退避计时器时间减少到零时(这时信道只可能是空闲的),站点就发送整个帧并等待确认。

④ 发送站若收到确认,就知道已发送的帧被目的站正确收到了。这时如果要发送第二帧,就要从上面的步骤②开始,执行CSMA/CA协议的退避算法,随机选定一段退避时间。

若源站在规定时间内没有收到确认帧ACK(由重传计时器控制这段时间),就必须重传此帧(再次使用CSMA/CA协议争用接入信道),直到收到确认为止,或者经过若干次的重传失败后放弃发送。

应当指出,当一个站要发送数据帧时,仅在下面的情况才不使用退避算法:检测到信道时空闲的,并且这个数据帧是它想发送的第一个数据帧。

除此之外的所有情况,都必须使用退避算法。具体来说,以下几种情况都必须使用退避算法:

① 在发送第一个帧之前检测到信道处于忙态。

② 每一次的重传。

③ 每一次的成功发送后再要发送下一帧。

BTMA(忙音多路访问)协议就是为解决暴露站点的问题而设计的。BTMA把可用的频带划分成数据(报文)通道和忙音通道。当一个设备在接收信息时,它把特别的数据即一个"音"放到忙音通道上,其他要给该接收站发送数据的设备在它的忙音通道上听到忙音,知道不要发送数据。使用BTMA,在上面的例子中,在B向A发送的同时,C就可以向D发送(假定C已感知B和D不在同一个无线范围内),因为C没有在D的忙音通道上接收到由于其他站的发送而引起的忙音。另外,使用BTMA,如果C在向B发送,A也可以知道而不向B发送,因为A可以在B的忙音通道上接收到由于C的发送而引起的忙音。在暴露终端的情况下,在一个无线覆盖区域中的一个设备检测不到在邻接覆盖区域中的忙音通道上的忙音。

6.3 无线局域网的安全技术

无线信道是一个开放的环境,物理上的安全性较低,可以通过对用户身份进行确定和对用户数据进行加密等逻辑方法来增强网络的安全性。

安全技术内涵丰富。其中，认证有多种协议，加密有多种算法，数据完整性保证也有相关的协议。一个保密系统就可能存在认证、加密和完整性保证等多种技术的组合，当然也需要这多种技术之间的相互配合。例如，认证过程交换的信息需要加密，通过认证的目的之一是为了获得通信的密钥等。三个方面的技术既相互配合又有各自发展的领域，网络的安全性会因为采用不同的技术和不同技术组合而有所不同。

802.11 标准定义了两种链路级的认证服务：开放式系统认证和共享密钥认证。在 WLAN 接入应用中这两种方法都不够安全，研究人员陆续开发出更多的加密算法和移植了一些以太网中的安全技术来加强，基于 802.1x 的认证和安全体系在 WLAN 中建立起来，成为 WPA(Wi-Fi Protected Access，Wi-Fi 受保护接入)和 WPA2。802.11WLAN 安全方面的扩展协议于 2004 年制定，肯定了 802.1x 认证框架在 WLAN 中的应用，推出了更好的加密算法和更复杂、完备的 RSN(Robust Security Network，健壮的安全网络)安全体系。

2001 年 6 月，国家信息产业部、国家标准化管理委员会等部委下达了无线局域网国家标准立项，并组建“宽带无线 IP 标准工作组”(现有成员单位 50 家)开展宽带无线 IP 技术应用领域标准制定和研究活动，自主提出 WAPI 安全机制，可以弥补国际标准的不足。

至 2006 年，初步建立了基于 WAPI 的无线局域网国家标准体系。2006 年 3 月 7 日，WAPI 产业联盟在国家发改委、信息产业部、科技部等指导下成立(目前已包括成员单位 62 家)。到 2008 年年底，WAPI 已被中国移动、中国电信和中国联通等电信运营企业标准采纳。在国内 WAPI 产业发展的有力支撑下，2008 年 4 月 WAPI 在 SC6 再次获得启动，进入国际标准研究阶段。2009 年 6 月举行的 ISO/IEC JTC1/SC6 2009 年东京全会上，包括美、英、法等在内的 SC6 国家成员体一致同意，WAPI 以独立文本形式成为国际标准。

1. 开放式系统认证

开放式系统认证(Open System Authentication)其实是一种不对站点身份进行认证的认证方式。原理上用户站点向接入点发出认证请求，仅仅是一个请求，不含任何用户名、口令等信息，就可以获得认证。

具体过程包含两个阶段。

(1) 发送认证请求

发起认证的 STA(authentication initiating STA)将认证帧传给认证 STA(authenticating STA，通常是 AP)，帧内容如下：

- 消息类型：管理类。
- 消息子类型：认证。
- 信息内容(条项)：

认证算法标识＝“Open System”

认证业务序列号＝1

(2) 发送认证结果

认证STA发送认证结果给发起的STA,帧内容如下:

- 消息类型:管理类。
- 消息子类型:认证。
- 信息内容(条项):

认证算法标识＝“Open System”

认证业务序列号＝2

认证结果＝“successful”

如果AP支持开放系统认证,这个认证的结果通常是成功。

结合帧格式一段中描述的内容可以发现,这个认证过程要获得成功还有一个先决条件:发起者和认证者必须有相同的SSID。发起者事先不断扫描各个信道,获得各信道上AP广播的SSID,然后选择其中的一个发起请求。反过来,如果AP关闭了SSID的广播动作,就能够从一定程度上阻挡没有掌握接入网SSID的非法用户的接入,当然这种阻挡十分原始,也容易被破解。

开放系统认证的主要功能是让站点互相感知对方的存在,以便进一步建立通信关系——建立关联。

2. 共享密钥认证与WEP

共享密钥认证(Shared Key Authentication)方式通过判别对方是否掌握相同的密钥来确定对方身份是否合法。密钥是网络上所有合法用户共有的,而不从属于单个用户,故称为“共享”密钥。密钥对应的加密方法是WEP(Wired Equivalent Privacy,有线等价保密)。

(1) 认证过程

共享密钥认证方式是建立在假定认证双方事先已经通过某种方式得到了密钥的基础上。

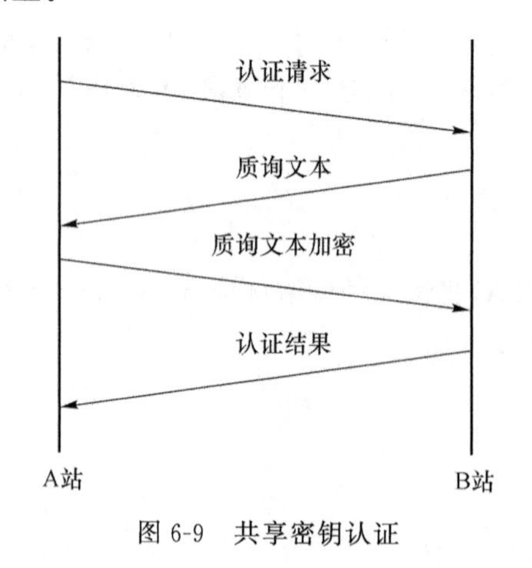

图6-9 共享密钥认证

假如A、B双方各掌握一个密钥,认证过程如图6-9所示:

- A向B发起认证请求;
- B向A发送一个质询文本;
- A用自己的密钥将质询文本加密后发回给B;
- B用自己的密钥把A的加密文本解密,对比先前的原文,就可以确定A是否有和自己相同的密钥了;B将验证的结果告诉A。

在实际应用中,AP往往作为B站,由用户

站主动发起认证。

(2) WEP 原理

为了向帧发送提供和有线网络相近的安全性，802.11 规范定义了可选的 WEP。WEP 生成并用加密密钥，发送端和接收端工作站均可用它改变帧位，以避免信息的泄露。这个过程也称为对称加密。工作站可以只实施 WEP 而放弃认证服务，但是如果要避免局域网易受安全威胁攻击的可能性，就必须同时实施 WEP 和认证服务。

如图 6-10 所示是 WEP 算法程序：

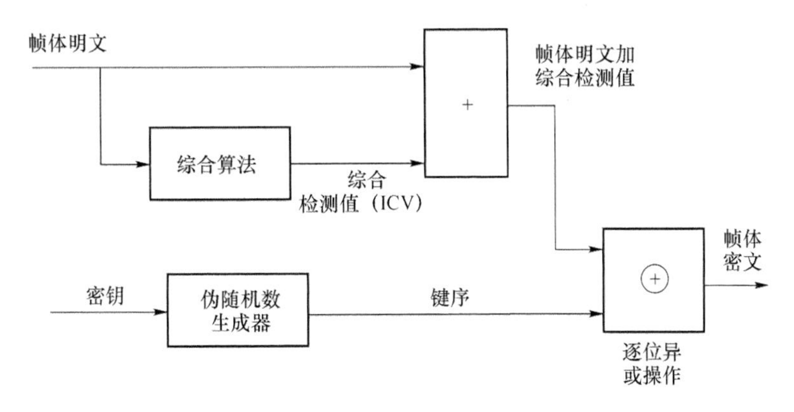

图 6-10　WEP 算法程序

有线等同保密(WEP)利用共用密钥进行一系列操作，实现对数据传送的安全保护。

① 在发送端工作站，WEP 首先利用一种综合算法，对 MAC 帧中未加密的帧体(Frame Body)字段进行加密，生成 4 字节的综合检测值。检测值和数据一起被发送，在接收端对检测值进行检查，以监视非法的数据改动。

② WEP 程序将共享密钥输入伪随机数生成器生成一个键序；这个键序的长度等于明文和综合检测值的长度。

③ WEP 对明文和综合检测值逐位进行异或运算，生成密文，完成对数据的加密。伪随机数生成器可以很早就完成密钥的分配，因为每台工作站只会用到共享密钥，而不是长度可变的键序。

④ 在接收端工作站，WEP 再利用共享密钥把密文进行解密，复原成原先用来对帧进行加密的键序。

⑤ 工作站计算综合检测值，随后确认计算结果与随帧一起发送来的值是否匹配。如综合检测失败，工作站不会把 MSDU(介质服务数据单元)交给 LLC 层，并向 MAC 管理程序发回失败声明。

3. WPA 与 TKIP

共享密钥的认证方式在防范被动译码攻击、主动译码攻击和字典建立式攻击时还是有明显的弱点。WLAN 接入环境对安全的要求更高,从而需要更好的机制、更安全的认证方式和加密算法。在新的安全标准制定并推广之前,Wi-Fi 成立了 WPA(Wi-Fi Protected Access)组织来推动 WLAN 上的安全技术工作。

WPA 首先对 WEP 进行改进,提出一种新的加密算法,称为 WPA-PSK。此后 WPA 又借鉴以太接入网的安全机制,推出基于 802.1X 框架的认证安全体制。

(1) WPA-PSK

WPA-PSK(WPA-Preshared Keys,WPA 预共享密钥方式)沿用 WEP 预分配共享密钥的认证方式,在加密方式和密钥的验证方式上做了修改,使其安全性更高。客户的认证仍采用验证用户是否使用事先分配的正确密钥。

WPA-PSK 提出一种新的加密方法:TKIP(Temporal Key Integrity Protocol,时限密钥完整性协议)。预先分配的密钥仅仅用于认证过程,而不用于数据加密过程,因此不会导致像 WEP 密钥那样严重的安全问题。

(2) 基于 802.1X 的认证体系

WPA 认为目前最安全的认证方式是结合 802.1X 框架的认证体系,该体系由客户、认证系统和认证服务系统组成。

图 6-11 描述了 WPA 认证系统的组成。在 WPA 中,客户系统主要是运行请求认证 PAE,将认证请求通过 EAPoL 封装送到认证系统。目前的操作系统和 WLAN 网卡对 WPA 的支持不够,需要第三方软件。

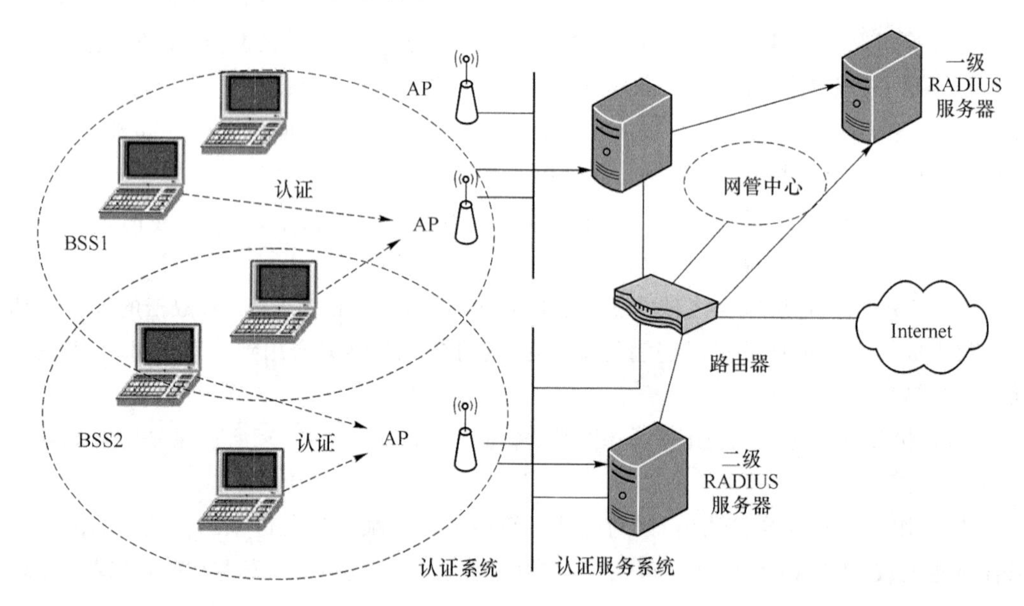

图 6-11 WPA 认证系统组成

认证系统在 AP 上运行,它接收客户请求,通过 EAP 封装送到认证服务系统,在获得授权后打开客户的逻辑端口(在 WLAN 中通过 MAC 识别),AP 成为接入体系中的链路级控制点。

认证服务系统有多个种类可供选择,简单的如 PAP 和 CHAP,复杂的有 TLS 基于数字证书的方式等。通过 EAP 封装认证信息,使得客户的认证过程直接面向认证服务系统,AP 只是起到一个中转的作用。认证服务系统与 AP 之间的交互过程一般由 RADIUS 协议来规范,此时 AP 是作为 RADIUS 的认证代理存在。认证服务系统可以运行在 RADIUS 服务器上,也可以在别的指定地方,这是非常灵活的。虽然认证过程是直接在客户和认证服务器之间,但 RADIUS 服务器要取得认证的结果,以便对 AP 进行授权。

在这样的系统中,认证方式由客户和认证服务系统共同决定;接入控制点和 RADIUS 服务器共同决定向哪个认证服务系统认证;WLAN 上的加密方法由客户和接入控制点共同决定;加密密钥是在认证通过后动态产生。系统从多个角度保护系统的安全性,单独攻击任意一点都不能获得全局破解。

(3) TKIP

TKIP 的全称是"Temporal Key Integrity Protocol",虽然它的核心加密算法仍然采用 WEP 协议中的 RC4 算法,但 TKIP 引入了 4 种新算法以提高加密强度:

- 扩展的 48 位初始化向量(IV)和 IV 顺序规则(IV sequencing rules);
- 逐个报文的密钥构建机制(per-packet key construction);
- Michael 消息完整性代码(Message Integrity Code,MIC);
- 密钥重新获取和分发机制。

TKIP 并不直接使用由 PTK(Pairwise Transient Key)/GTK(Group Transient Key)分解出来的密钥作为加密报文的密钥,而是将该密钥作为基础密钥。经过两个阶段的密钥混合过程后,生成一个新的、每一次报文传输都不一样的密钥,该密钥才是用做直接加密的密钥,通过这种方式可以进一步增强 WLAN 的安全性。

TKIP 在增强 WLAN 的保密强度的同时并不明显增加计算量,因此 TKIP 可以通过对原有设备进行固件或软件升级予以实现。

TKIP 算法用于 WPA-PSK 和基于 802.1X 方式的客户到 AP 之间的数据加密。对于 WP-APSK 加密时。需要管理员手动设置一个预共享密钥,作为加密算法的种子。而基于 802.1X 方式下,该种子由 RADIUS 服务器动态产生,因此更为安全。

基于 802.1X 框架的认证是直接发生在客户和认证服务系统之间的,那么它们之间决定采用的任何认证信息加密算法,与 WLAN 是否采用 TKIP,或其他什么加密算法无关。例如,客户和认证服务器之间采用 CHAP 方式,使用 MD5 加密,即 MD5-CHAP,那么认证信息经过 MD5 加密后,封装在 EAPoL 格式里,在 WLAN 传输时,这个 EAPoL 帧还需要被 TKIP 算法加密,所以 WLAN 的加密算法是为了保障从 STA 到接入点之间的无线信道链路级安全保密性而采用。

4. WPA2、AES 和 802 11i

(1) WPA2

WPA 是一个过渡性的技术,它为 802.11i 这个安全方面的扩展协议打下很好的基础,进行了有力的前期实践。在 802.11 标准于 2004 年制定以后,由于标准内容复杂,推广有待时日,WPA 以 WPA2 的形式对其中的关键技术进行推动,所以又可以认为 WPA 是 802.11i 的子集。

WPA2 继承 WPA 的基于 802.1X 的框架,主推 AES(Advanced Encryption Standard)加密算法和基于该算法的 CCMP 协议。在 WPA 中就有了两种可选的加密算法:TKIP 和 AES。

(2) AES

AES 是一种对称的分组加密技术,使用 128 位分组加密数据,提供比 WEP/ TKIPS 的 RC4 算法更高的加密强度。

AES 的加密码表和解密码表是分开的,并且支持子密钥加密,这种做法优于以前用一个特殊的密钥解密的做法。AES 算法支持任意分组大小,初始时间快。特别是它具有的并行性可以有效地利用处理器资源。

AES 具有应用范围广、等待时间短、相对容易隐藏、吞吐量高等优点,在性能等各方面都优于 WEP 算法。利用此算法加密,WLAN 的安全性将会获得大幅度提高。AES 算法已经在 802.11i 标准中得到最终确认,成为取代 WEP 的新一代的加密算法。但是由于 AES 算法对硬件要求比较高,因此 AES 无法通过在原有设备上升级固件实现,必须重新设计芯片。

(3) 802.11i 标准

WPA 协议其实是当时正处于制定阶段的 802.11i 标准中的一个选项,WPA 协议使用了 802.11i 标准草案中部分已经能够投放市场的成熟技术,但并没有包含草案中尚未完全确定的高强度数据保密技术。作为一个等级不高的网络安全协议,WPA 虽然较 WEP 做了多项技术改进,但仍然不能提供足够的保密强度。因此。Wi-Fi 联盟只是将 WPA 协议作为一个过渡性的标准予以推广,并计划在 IEEE 802.11i 标准发布后。根据 802. 11i 标准进行进一步的推广工作。

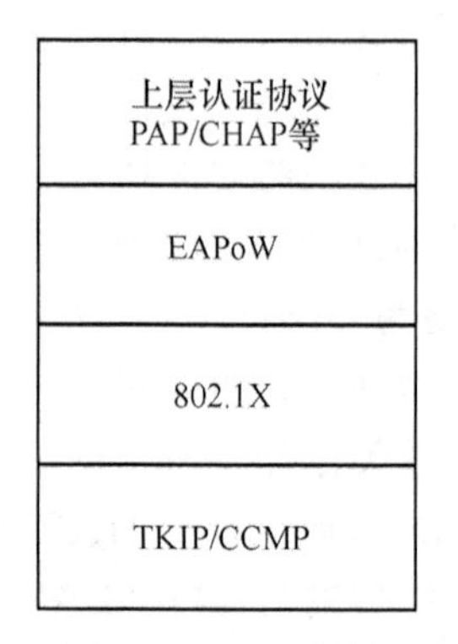

图 6-12 RSN 结构

802.11i 标准于 2004 年着手制定。标准内容不仅仅是提高加密算法的强度和采用基于 802.1X 的认证体系,它进一步提出了 RSN(Robust Security Network,健壮的安全网络)的新概念,如图 6-12 所示。

在 RSN 的结构中,基于 802.1X 的认证体系以标准的形式得到确定。EAP 封装各种上层认证协议的作用也得到认可,此处不再使用 EAPoL 而是 EAPoW(EA Pover WLAN),虽然两者没有本质不同,但 EAPoW 标志着 EAP 封装在

WLAN 安全体系的正式地位。EAP 为认证协议提供了非常灵活的平台，大量成熟的技术和新技术都可以进入 RSN，使得 WLAN 更健壮。

在无线信道上，RSN 将主推 TKIP 和 AES(CCMP 基于 AES)这两种优秀的加密算法，使得 WLAN 更安全。

5. WAPI

WLAN 的安全问题近年来已经得到了包括中国在内的越来越多的国家的重视，我国也开展了 WLAN 国家标准的研究和制定工作。2003 年 5 月，我国颁布了 WLAN 国家标准 GB15629.11 和 GB15629.1102，称为 WAPI(无线局域网认证与保密基础结构)标准。WAPI 标准的颁布，表明我国已经强烈意识到在 WLAN 安全方面制定基础性国家标准的重要性。但由于一个技术标准的实行，尚需要大量的实验和协调工作，因此，WAPI 的实施还有待进一步的改进和完善。

对比 802.11—1999 中标准的共享密钥认证方式和 WEP 加密方法，WAPI 有诸多重要特点：更可靠的安全认证与保密体制；"用户-AP"双向认证；集中式或分布集中式认证管理；证书公钥双认证；灵活多样的证书管理与分发体制；可控的会话协商动态密钥；高强度的加密算法。

WAPI 分为单点式和集中式两种：单点式主要在家庭和小型公司的小范围应用；集中式主要用于热点地区和大型企业，可以和运营商的管理系统结合起来，共同搭建安全的无线应用平台。

WAPI 认证的基本过程如下：

① 认证激活。当 STA 关联或重新关联至 AP 时，由 AP 向 STA 发送认证激活以启动整个认证过程。

② 接入认证请求。STA 向 AP 发出接入认证请求，即将 STA 证书与 STA 的当前系统时间发往 AP，其中系统时间称为接入认证请求时间。

③ 证书认证请求。AP 收到 STA 接入认证请求后，首先记录认证请求时间，然后向认证服务器发出证书认证请求，即将 STA 证书、接入认证请求时间、AP 证书及 AP 的私钥对它们的签名构成证书认证请求发送给 ASU。

④ 证书认证响应。认证服务器收到 AP 的证书认证请求后，验证 AP 的签名和 AP 证书的有效性，若不正确，则认证过程失败，否则进一步验证 STA 证书。验证完毕后，认证服务器将 STA 证书认证结果信息(包括 STA 证书和认证结果)、AP 证书认证结果信息(包括 AP 证书、认证结果及接入认证请求时间)和 ASU 对它们的签名构成证书认证响应发送回给 AP。

⑤ 接入认证响应。AP 对认证服务器返回的证书认证响应进行签名验证，得到 STA 证书的认证结果，根据此结果对 STA 进行接入控制。AP 将收到的证书认证响应回送至 STA。STA 验证认证服务器的签名后，得到 AP 证书的认证结果，根据该认证结果决定是否接入该 AP。

至此STA与AP之间完成了证书认证过程。若认证成功,则AP允许STA接入,否则解除其关联。

STA与AP证书认证成功之后进行会话密钥协商,密钥协商过程定义如下:

① 密钥协商请求。STA产生一个随机序列STA_random,利用AP的公钥加密后,向AP发出密钥请求。此请求包含请求方所有的备选会话算法信息。

② 密钥协商响应。AP收到STA发来的密钥协商请求后,首先进行会话算法协商,若响应方不支持请求方的所有备选会话算法,则向请求方响应会话算法协商失败,否则在请求方提供的算法中选择一种自己支持的算法;再利用本地的私钥解密协商数据,得到STA产生的随机序列,然后产生一个随机序列ap_random,利用STA的公钥加密后,再发送给STA。

密钥协商成功后,STA与AP将自己与对方产生的随机数据进行按位异或运算生成会话密钥Session_Key=ap_random XOR sta_random,利用加密算法对通信数据进行加、解密。

为了进一步提高通信的保密性,在通信一段时间或交换一定数量的数据之后,与AP之间重新进行会话密钥的协商。

在上述过程中,STA、AP和认证服务器都进行了双向认证,采用了192/224/256位椭圆曲线经签名算法,提高了认证过程的安全性。数据加密方式采用了一种认证的分组加密方法,密钥动态更新,具有较高的安全强度。

6.4 无线局域网(WLAN)的系统结构

根据不同的应用环境和业务需求,WLAN可通过无线电采取不同网络结构来实现互连,通常将相互连接的设备称为站,将无线电波覆盖的范围称为服务区。WLAN中的站有3类:固定站、移动站和半移动站,如装有无线网卡的台式计算机、装有无线网卡的笔记本式计算机、个人数字助理(PDA)、802.11手机等。WLAN中的服务区分为基本服务区(BSA)和扩展服务区(ESA)两类,BSA是WLAN中最小的服务区,又称为小区。

6.4.1 WLAN拓扑结构

无线接入网的拓扑结构通常分为无中心拓扑结构和有中心拓扑结构,前者用于少量用户的对等无线连接,后者用于大量用户之间的无线连接,是WLAN应用的主要结构模式。

(1) 无中心拓扑结构

无中心拓扑结构是最简单的对等互连结构,基于这种结构建立的自组织型WLAN至少有两个站,各个用户站(STA)对等互连成网型结构,称为Ad hoc网络,如图6-13(a)

所示。在每个站(STA)的计算机终端均配置无线网卡,终端可以通过无线网卡直接进行相互通信,这些终端的集合称为基本服务集(BSS)。

无中心拓扑结构 WLAN 的主要特点是:无须布线,建网容易,稳定性好,但容量有限,只适用于个人用户站之间互连通信,不能用来开展公众无线接入业务。

(2) 有中心拓扑结构

有中心拓扑结构是 WLAN 的基本结构,至少包含一个访问接入点(AP)作为中心站构成星型结构,如图 6-13(b)所示。在 AP 覆盖范围内的所有站点之间的通信和接入因特网均由 AP 控制,AP 与有线以太网中的 Hub 类似,因此有中心拓扑结构也称为基础网络结构,一个 AP 一般有两个接口,即支持 IEEE 802.11 协议的 WLAN 接口。

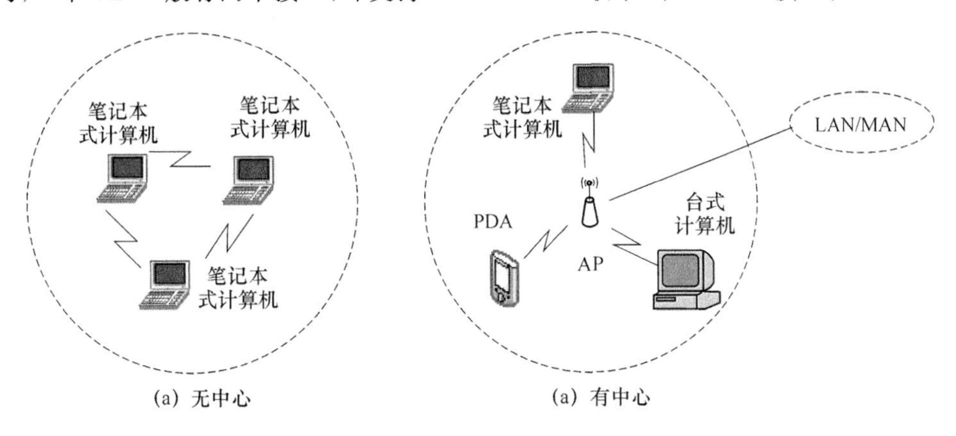

(a) 无中心　　(a) 有中心

图 6-13　WLAN 拓扑结构

在基本结构中,不同站点之间不能直接进行通信,只能通过访问接入点(AP)建立连接,而在 Ad hoc 网络的 BSS 中,任一站点可与其他站点直接进行相互通信。一个 BSS 可配置一个 AP,多个 AP 即多个 BSS 就组成了一个更大的网络,称为扩展服务集(ESS)。

AP 在理论上可支持较多用户,但实际应用只能支持 15～50 个用户,这是因为一个 AP 在同一时间只能接入一个用户终端,当信道空闲时,再由其他用户终端争用。如果一个 AP 所支持的用户过多,则网络接入速率将会降低。AP 覆盖范围是有限的,室内一般为 100 m 左右,室外一般为 300 m 左右。对于覆盖较大区域范围时,需要安装多个 AP,这时需要勘察确定 AP 的安装位置,避免邻近 AP 的干扰,考虑频率重用。这种网络结构与目前蜂窝移动通信网相似,用户可以在网络内进行越区切换和漫游,当用户从一个 AP 覆盖区域漫游到另一个 AP 覆盖区域时,用户站设备搜索并试图连接到信号最好的信道,同时还可随时进行切换,由 AP 对切换过程进行协调和管理。为了保证用户站在整个 WLAN 内自由移动时,保持与网络的正常连接,相邻 AP 的覆盖区域存在一定范围的重叠。

有中心拓扑结构 WLAN 的主要特点是:无须布线,建网容易,扩容方便,但网络稳定性差,一旦中心站点出现故障,网络将陷入瘫痪,AP 的引入增加了网络成本。

6.4.2 WLAN 系统组成

根据不同的应用环境和业务需求，WLAN 可采取不同网络结构来实现互连，主要有以下3种类型：

① 网桥连接型：不同局域网之间互连时，可利用无线网桥的方式实现点对点的连接，无线网桥不仅提供物理层和数据链路层的连接，而且还提供高层的路由与协议转换；

② 基站接入型：当采用移动蜂窝方式组建 WLAN 时，各个站点之间的通信是通过基站接入、数据交换方式来实现互连的；

③ AP 接入型：利用无线 AP 可以组建星型结构的无线局域网，该结构一般要求无线 AP 具有简单的网内交换功能。

一个典型的 WLAN 系统由无线网卡、无线接入点(AP)、接入控制器(AC)、计算机和有关设备(如认证服务器)组成，如图 6-14 所示。

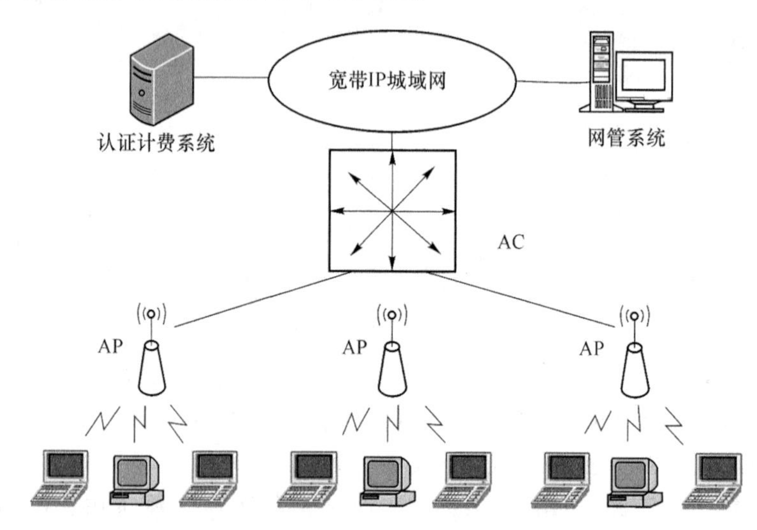

图 6-14　WLAN 的系统结构

(1) 无线网卡

无线网卡称为站适配器，是计算机终端与无线局域网的连接设备，在功能上相当于有线局域网设备中的网卡。无线网卡由网络接口卡(NIC)、扩频通信机和天线组成。NIC 在数据链路层负责建立主机与物理层之间的连接，扩频通信机通过天线实现无线电信号的发射与接收。

无线网卡是用户站的收发设备，一般有 USB、PCI 和 PCMCIA 无线网卡。无线网卡支持的 WLAN 协议标准有 802.11b、802.11a/b、802.11g。

要将计算机终端连接到无线局域网，必须先在计算机终端上安装无线网卡，安装过程是：①将无线网卡插入到计算机的扩展槽内；②在操作系统中安装该无线网卡的设备驱动程序；③对无线网卡进行参数设置，如网络类型、ESSID、加密方式及密码等。

（2）无线接入点

无线接入点（AP）称为无线 Hub，是 WLAN 系统中的关键设备。无线 AP 是 WLAN 的小型无线基站，也是 WLAN 的管理控制中心，负责以无线方式将用户站相互连接起来，并可将用户站接入有线网络，连接到因特网，在功能上相当于有线局域网设备中的集线器（Hub），也是一个桥接器。无线 AP 使用以太网接口，提供无线工作站与有线以太网的物理连接，部分无线 AP 还支持点对点和点对多点的无线桥接以及无线中继功能。

（3）接入控制器

接入控制器（AC）是面向宽带网络应用的新型网关，可以实现 WLAN 用户 IP/ATM 接入，其主要功能是对用户身份进行认证、计费等，将来自不同 AP 的数据进行汇聚，并支持用户安全控制、业务控制、计费信息采集及对网络的监控。

在用户身份认证上，AC 通常支持 PPPoE 认证方式和 Web 认证方式，在电信级 WLAN 中一般采用 Web＋DHCP 认证方式。在移动 WLAN 中，AC 通过 NO. 7 信令网关与 GSM/GPRS、CDMA 网络相连，完成对使用 SIM 卡用户的认证。AC 一般内置于 RADIUS 客户端，通过 RADIUS 服务器支持“用户名＋密码”的认证方式，无线接入点（AP）与 RADIUS 服务器之间基于共享密钥完成认证过程，协商出的会话密钥为静态管理，在存储、使用和认证信息传递中存在一定的安全隐患，如泄露、丢失等。例如华为公司在移动 WLAN 建设中，AC 为 MA5200 宽带 IP 接入服务器，支持普通上网模式、Web 认证上网模式和基于 SIM 卡上网模式，接入控制器 MA5200 作为计费采集点将计费信息发送给计费网关。

6.5　无线局域网接入的产品与应用

无线局域网的应用场合有很多，从大范围分，可用于工业控制、医疗护理、仓库保管、会展、会议、办公系统、旅游服务、金融服务等领域、应用特色主要体现为不需布线、快速建立、移动数据通信等。

（1）大型会展

会展往往是参展商和客户短时间聚集的场所，在这里信息的交流占主体地位。进入 21 世纪以来，为了加大信息流动的力度和自由度，以及提升会展的形象，会展中心都向各参展厂商提供有线网络信息点，方便他们利用网络下载公司宣传资料，展示形象，以及利用网络及时通信，交流会展信息。

以往采用有线以太网接入技术，会展大厅信息点的布设往往令主办方十分头痛。会展主题一个接一个，场馆布置必须随之变化，信息点位置固定就很难跟随变化。对于那些带便携机入场的客户,他们在下载参展厂商资料、接洽业务时,也很难找到适合的信息点接入会展网络。

采用无线组网后,只需在固定位置安放 AP。参展商和客户通过无线上网,既省去了布线的麻烦,又提供了方便灵活的接入方式。

(2) 会议厅

会议厅也是一个人员流动大,信息交流密集的场合。会议演讲者大多准备了电子文稿,他们有时还需要从网络下载资料辅助说明,同时与会者中携带便携机的人数越来越多,他们可能希望在自己的便携机上看清演示文稿或者下载会议资料……那么,是否需要在每个座位上设置信息点呢?

采用无线局域网组网,会议的召集和解散不会为信息点的位置和数量发愁了。会议召开,可以实现临时、快速组网;会议结束,不会因拆除网络给会议厅维护人员带来麻烦。

(3) 仓库

仓库中货品的出库和入库都要实行严格管理,可以利用计算机。但是录入计算机的过程却是很麻烦。日常对堆积如山的货物点算也不是件轻松的工作,需要爬高走低,逐个核对货物标签。

利用无线局域网能够使仓库的管理工作变得轻松又准确。货品上贴着射频标签,入库和出库时,检测设备能迅速识别货物,并通过网络跳出相关资料供管理员决策。日常维护时,仓库管理员只需手持设备在仓库里走上一圈,货物的存放资料便能及时通过网络传到管理员手中,管理员可以根据这些信息进行移仓和清仓。

(4) 机场候机厅

机场候机是一段无聊的时光,如果能无线上网,不仅能消磨时光,对于那些惜时如金的工作忙人更是获益匪浅。在候机厅布设无线局域网并接入互联网,投资小,伸缩性强,极具有社会效益又能获得丰厚的经济效益。

6.5.1 典型应用产品介绍

图 6-15 为无线局域网 AP 接入设备,主要完成 WLAN 的无线覆盖。该 FH-AP2400 系列产品是武汉虹信通信技术有限公司自主研发的无线接入点,可广泛应用于各种向用户提供 WLAN 接入的无线网络;FH-AP2400 系列产品包括室内型 AP 和室外型 AP,适合于不同环境的要求。如运营商对咖啡厅、酒店、快餐厅、会议室等室内热点区域进行覆盖; GSM、CDMA、PHS 等 2G 系统以及 3G 系统的室内分布式系统的多网合路覆盖;运营商对园区、居民小区、港口、广场等室外热点区域进行覆盖;园区、居民小区对于区域内无线化组网要求等。

图 6-16 所示的 FH2400AC 产品是武汉虹信通信技术有限公司研发的无线局域网 AC 接入设备。该 ACAC 是宽带运营网的接入控制设备,能为使用 802.11 无线网络的机

构、企业和服务供应商提供独立的可升级的安全、QoS 管理解决方案。单机最高可支持 10 000 并发用户，具有用户认证、角色认证、侦测非法入侵、保护用户免受病毒威胁、RF 入侵监测与对抗、RADIUS 记账、远程管理等功能。适用于运营级无线局域网组网应用。

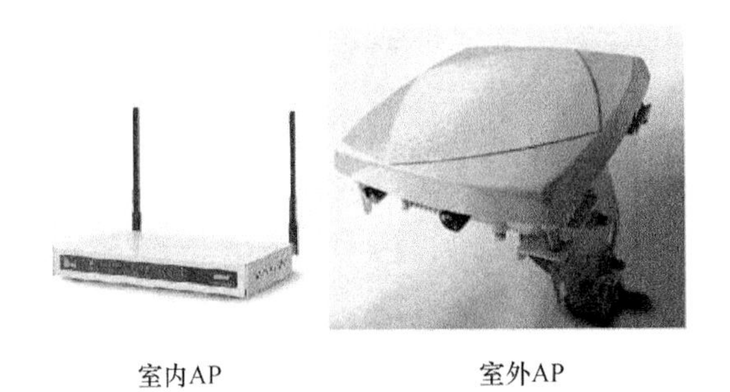

室内AP　　室外AP

图 6-15　FH-AP2400 系列产品

图 6-16　FH2400AC 系列产品

6.5.2　应用实例

WLAN 在机场接入方案中应用。

机场 WLAN 建设的目的是为机场旅客提供方便快捷的上网服务，重点保证机场旅客在候机厅、中心广场、餐厅和休息室等地方能使用个人笔记本式计算机、PDA 等终端快速接入因特网。对于机场环境，由于用户流动性很大且停留时间较短，因此提供一个简便的上网认证方式是机场 WLAN 接入方案中需要重点考虑的问题。

机场 WLAN 系统构成主要由用户无线网卡、多个无线 AP、1 个 AC 和相关设备等组成，如图 6-17 所示。

(1) 针对机场的实际环境情况，布放一定数量的无线接入点(AP)设备，根据机场大小的不同，可能需要几十个到上百个无线 AP，每个无线 AP 与接入控制器(AC)设备通过有线以太网连接。

(2) 用户站设备配置无线网卡，通过空中接口与无线 AP 相连，机场 WLAN 系统采用远程供电方式，直流电通过以太网的 5 类双绞线传送到 AP。

(3) AC 通过网络交换机或路由器等设备与电信接入设备相连。机场 WLAN 系统选用的 AC 应具有以下功能：①即插即用，这是机场 WLAN 系统中的 AC 必须具备的功能；②方便的认证、计费、授权性能；③支持 RADIUS；④用户站不需要安装任何软件、不需要更改任何网络配置;⑤广告服务。

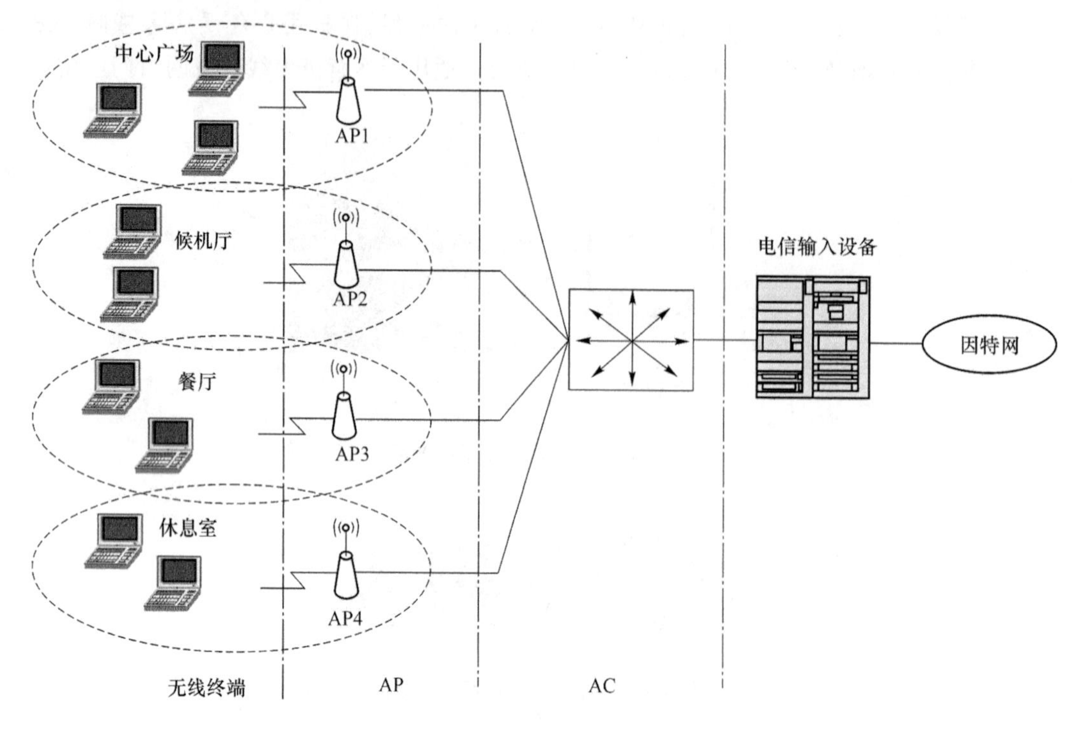

图 6-17 机场 WLAN 系统构成

无线局域网的发展已日趋完善,目前已经有二十余个 802.11 标准出台或准备出台,根据 JiWire 公司统计,全球已经有超过 10 万个 Wi-Fi 热点数量,比 2005 年年初增长了 87%。2010 年,全球 Wi-Fi 热点数量继续保持强劲增长。AT&T 公司发布的报告显示,从 2009 年第一季度到 2010 年第一季度,该公司 Wi-Fi 热点增加了五倍。而市场研究机构 In-stat 公司最新研究报告也指出,随着 Wi-Fi 热点数量的不断增加,到 2014 年,全球 Wi-Fi 连接将超过 110 亿个。种种迹象表明,无线局域网正在飞速发展。

目前企业内部的无线局域网已经得到了广泛应用,但运营商级别的网络尚待大力发展。相信运营商经营的无线局域网一定会成为其新的业务增长点。无线局域网为移动运营商提供了涉足互联网接入服务领域的机会,同本身所经营的蜂窝移动新业务形成了差异化,丰富了用户体验,提高了用户忠诚度,通过自己已有的用户群,完成用户在蜂窝移动网络和无线局域网的无缝垂直切换,在有无线局域网覆盖的区域提供高带宽的接入,而在无线局域网覆盖不到的地方可以切换到蜂窝移动通信网络。

尽管 Wi-Fi 目前被定位为 3G 数据分流的功能,但是,Wi-Fi 目前有着 3G 不可替代的优点,最大的优点就是低成本(省钱)带来市场需求的扩张。广州亚运会期间,广东电信就曾经面向广州市民免费开放全城的 Wi-Fi 网络,据统计,当时电信的活跃 Wi-Fi 用户从 2

万多户快速增长到 15 万户，而在亚运后随着免费 Wi-Fi 业务的停止，其活跃用户下降到 6 万户。

目前，中国的 Wi-Fi 运营模式依然处于探索之中，不过，人们依然没有看到这种探索体现出多样性。其实，运营商可考虑提供限时免费，而这种成本补贴可考虑向赞助商收取，而赞助商可以在 Wi-Fi 中植入广告，在美国，eBay 就曾在特定时段特定地点自行提供免费 Wi-Fi，而用户需要首先浏览 eBay 广告。又比如，地方政府可以将对无线城市的财力支持直接发到市民手中，类似购物券，由市民去享用运营商的有偿 Wi-Fi 等。

6.6　WiMAX 技术及应用

WiMAX(Worldwide Interoperability for Microware Access，全球微波接入互操作性)是一项基于 IEEE 802.16 标准的宽带无线接入城域网(Broadband Wireless Access Metropolitan Area Network，BWAMAN)技术，其基本目标是提供一种在城域网一点对多点的多厂商环境下，可有效地互操作的宽带无线接入手段。因此 WiMAX 也常被称为 IEEE Wireless MAN。

WiMAX 技术是一种基于 IEEE 802.16 标准的技术，可以替代现有的有线和 DSL 连接方式，来提供"最后一公里"的无线宽带接入。WiMAX 将提供固定、移动、便携形式的无线宽带连接，并最终能够在不需要直接接触基站的情况下提供移动无线宽带连接。在典型的 3～10 km 半径单元部署中，获得 WiMAX 论坛认证的系统有望为固定和便携接入应用提供高达每信道 40 Mbit/s 的容量，可以为同时支持数百使用 T-1 连接速度的商业用户或数千使用 DSL 连接速度的家庭用户的需求，并提供足够的带宽。

6.6.1　WiMAX 技术特点

与 IEEE 组织发布的其他 802 协议类似，IEEE 802.16 标准所关心的是用户终端同基站系统之间的空中接口，并且主要定义空中接口的物理层和 MAC 层，虽然IEEE 802.16 标准系列包含多个标准，但是由于 IEEE 802.16d 是对 IEEE 802.16、IEEE 802.16a、IEEE 802.16e 的修订，目前主要提及两个标准：IEEE 802.16d(固定宽带无线接入标准)、IEEE 802.16e(支持移动特性的宽带无线接入标准)。IEEE 802.16 技术是无线接入技术，通过接入核心网向用户提供业务，核心网通常采用基于 IP 的网络。

IEEE 802.16 技术可以应用的频段非常宽，包括 10～66 GHz 频段、低于 11 GHz 许可频段和低于 11 GHz 免许可频段。不同频段下的物理特性各不相同。

① 10～66 GHz 许可频段：在该频段，由于波长较短，只能实现视距传播，典型的信道带宽为 25/28 MHz。当采用高阶调制方式时，数据传输速率能超过 120 Mbit/s。

② 11 GHz 以下许可频段：在该频段，由于波长较长，因此能够支持非视距传播。此

时系统会存在较强的多径效应，需要采用一些增强的物理层技术，如功率控制、智能天线、ARQ、空时编码技术等。

③ 11 GHz 以下免许可频段：该频段的传播特性与 11 GHz 以下的许可频段一样，不同点在于非许可频段可能存在较大的干扰，需要采用动态频率选择 DFS 等技术来解决干扰问题。

在 IEEE 802.16 标准中，定义了 3 种物理层实现方式：单载波、OFDM、OFDMA。其中，单载波(SC)调制主要应用在 10～66 GHz 频段，OFDM 和 OFDMA 是 IEEE 802.16 中最典型的物理层方式。OFDM、OFDMA 方式具有较高的频谱利用率，它可以使得 IEEE 802.16 系统在同样的载波带宽下可以提供更高的传输速率。同时，OFDM/OFDMA 方式在抵抗多径效应、频率选择性衰落或窄带干扰上也具有明显的优势，已经成为 Beyond 3G 的主要研究技术之一。IEEE 802.16 标准未规定载波带宽和调制方式，在不同的参数组合下可以获得不同的接入速率。以 10 MHz 载波带宽为例，若采用 OFDM-64QAM 调制方式，除去开销，则单载波带宽可以提供约 30 Mbit/s 的有效接入速率，由蜂窝或扇区内的所有用户共享。

IEEE 802.16 标准适用的载波带宽范围 1.75～20 MHz 不等；在 20 MHz 信道带宽，64QAM 调制的情况下传输速率可达 74.81 Mbit/s。

在 IEEE 802.16 标准中，在 MAC 层定义了较为完整的 QoS 机制。MAC 层针对每个连接可以分别设置不同的 QoS 参数，包括速率、延时等指标。为了更好地控制上行数据的带宽分配，标准还定义了 4 种不同的上行带宽调度模式，分别为：

① 非请求的带宽分配业务(Unsolicited Grant Service，UGS)：在此模式下，基站为终端同期性地分配固定长度的上行带宽。

② 实时轮询业务(real-time Polling Service，rtPS)：在此模式下，基站为终端周期性地分配可变长度的上行带宽。

③ 非实时轮询业务(non-real-time Polling Service，nrtPS)：在此模式下，基站为终端不定期地分配可变长度的上行带宽。

④ 尽力而为业务(Best Effort，BE)：在此模式下，基站为终端提供尽力而为的上行带宽分配。

从上述特点可以看出，IEEE 802.16 具有较为完备的 QoS 机制，可以根据业务的需要提供实时、非实时的不同速率要求的数据传输服务。同时，IEEE 802.16 系统采用的是根据通信连接的 QoS 特性和业务的实际需要来动态分配带宽的机制，不同于传统的移动通信系统所采用的分配固定信道的方式，因而具有更大的灵活性，可以在满足 QoS 要求的前提下尽可能地提升资源的利用率，能够更好地适应 TCP/IP 协议簇所采用的包交换的方式。

采用 IEEE 802.16 技术，在提供数据业务方面具有明显的优势，主要表现为：

① IEEE 802.16 支持 FDD 和 TDD 方式。当工作在 TDD 方式时，能够根据上、下行

数据量灵活分配带宽，对于上下行不对称业务具有较高的资源利用率。

② IEEE 802.16 采用的 OFDM/OFDMA 方式，具有较高的频谱利用率，可以提供更高的数据带宽。

③ IEEE 802.16 采用的按需分配带宽等资源的方式，更加适合于数据业务所采用的包交换方式。

IEEE 802.16 系统能够支持不同 QoS 等级的业务，例如：

① 实时固定速率业务，如 T1/E1、VoIP 等，可采用 UGS 的带宽调度方式。

② 实时可变速率业务，如 MPEG 视频业务等，可采用 rtPS 的带宽调度方式。

③ 非实时可变速率业务，如数据下载等，可采用 nrtPS 的带宽调度方式。

④ 尽力而为的业务，如网页浏览等，可采用 BE 的带宽调度方式。

6.6.2　WiMAX 关键技术

WiMAX 的关键技术主要包括以下几个方面：

(1) OFDM/OFDMA

正交频分复用(OFDM)是一种高速传输技术，是未来无线宽带接入系统/下一代蜂窝移动系统的关键技术之一。3GPP 已将 OFDM 技术作为其 LTE 研究的主要候选技术。在 WiMAX 系统中，OFDM 技术为物理层技术，主要应用的方式有两种：OFDM 物理层和 OFDMA 物理层。无线城域网 OFDM 物理层采用 OFDM 调制方式，OFDM 正交载波集由单一用户产生，为单一用户并行传送数据流。无线城域网 OFDMA 物理层采用 OF-MA 方式，支持 TDD 和 FDD，可以采用 STC 发射分集以及 AAS。OFDMA 系统可以支持长度为 2 048、1024、512 和 128 的 FFT 点数，通常向下数据流被分为逻辑数据流。这些数据流可以采用不同的调制及编码方式以及以不同信号功率接入不同信道特征的用户端。向上数据流子信道采用多址方式接入，通过下行发送的媒质接入协议(MAP)分配子信道传输上行数据流。虽然 OFDM 技术对相位噪声非常敏感，但是标准定义了 Scalable FFT，可以根据不同的无线环境选择不同的调制方式，以保证系统能够以高性能的方式工作。

(2) HARQ

HARQ 技术因为提高了频谱效率，所以可以明显提高系统吞吐量，同时因为重传可以带来合并增益，所以间接扩大系统的覆盖范围。在 IEEE 802.16e 的协议中虽然规定了信道编码方式有卷积码(CC)、卷积 Turbo 码(CTC)和低密度核验码(LDPC)编码，但是对于 HARQ 方式，根据目前的协议，IEEE 802.16e 中只支持 CC 和 CTC 的 HARQ 方式。具体规定为：在 IEEE 802.16e 协议中，混合自动重传要求(HARQ)方法在 MAC 部分是可选的。HARQ 功能和相关参数是在网络接入过程或重新接入过程中用消息 SBC 被确定和协商的。HARQ 是基于每个连接的，它可以通过消息 DSA/DSC 确定每个服务流是否有 HARQ 的功能。

(3) AMC

AMC在WiMAX的应用中有其特有的技术要求,由于AMC技术需要根据信道条件来判断将要采用的编码方案和调制方案,所以AMC技术必须根据WiMAX的技术特征来实现AMC功能。与CDMA技术不同的是,由于WiMAX物理层采用的是OFDM技术,所以时延扩展、多普勒频移、PAPR值、小区的干扰等对于OFDM解调性能有重要影响的信道因素必须被考虑到AMC算法中,用于调整系统编码调制方式,达到系统瞬时最优性能。WiMAX标准定义了多种编码调制模式,包括卷积编码、分组Turbo编码(可选)、卷积Turbo码(可选)、零咬尾卷积码(ZeroTailbaitingCC)(可选)和LDPC(可选),并对应不同的码率,主要有1/2、3/5、5/8、2/3、3/4、4/5、5/6等码率。

(4) MIMO

对于未来移动通信系统而言,如何能够在非视距和恶劣信道下保证高的QoS是一个关键问题,也是移动通信领域的研究重点。对于SISO系统,如果要满足上述要求就需要较多的频谱资源和复杂的编码调制技术,而有限的频谱资源和移动终端的特性都制约着SISO系统的发展,所以MIMO是未来移动通信的关键技术。MIMO技术主要有两种表现形式,即空间复用和空时编码。这两种形式在WiMAX协议中都得到了应用。协议还给出了同时使用空间复用和空时编码的形式。目前MIMO技术正在被开发应用到各种高速无线通信系统中,但是目前很少有成熟的产品出现,估计在MIMO技术的研发和实现上,还需要一段时间才能够取得突破。支持MIMO是协议中的一种可选方案,协议对MIMO的定义已经比较完备了,MIMO技术能显著地提高系统的容量和频谱利用率,可以大大提高系统的性能,未来将被多数设备制造商所支持。

(5) QoS机制

在WiMAX标准中,MAC层定义了较为完整的QoS机制。MAC层针对每个连接可以分别设置不同的QoS参数,包括速率、延时等指标。WiMAX系统所定义的4种调度类型只针对上行的业务流。对于下行的业务流,根据业务流的应用类型只有QoS参数的限制(即不同的应用类型有不同的QoS参数限制)而没有调度类型的约束,因为下行的带宽分配是由BS中的Buffer中的数据触发的。这里定义的QoS参数都是针对空中接口的,而且是这4种业务的必要参数。

(6) 睡眠模式

IEEE 802.16e协议为了适应移动通信系统的特点,增加了终端睡眠模式:Sleep模式和Idle模式。Sleep模式的目的在于减少MS的能量消耗并降低对Serving BS空中资源的使用。它是MS在预先协商的指定周期内暂时中止Serving BS服务的一种状态。从Serving BS的角度观察,处于这种状态下的MS处于不可用(unavailability)状态。Idle模式为MS提供了一种比Sleep模式更为省电的工作模式。在进入Idle模式后,MS只是在离散的间隔,周期性地接收下行广播数据(包括寻呼消息和MBS业务),并且在穿越多个

BS 的移动过程中，不需要进行切换和网络重新进入的过程。Idle 模式与 Sleep 模式的区别在于：Idle 模式下 MS 没有任何连接，包括管理连接，而 Sleep 模式下 MS 有管理连接，也可能存在业务连接；Idle 模式下 MS 跨越 BS 时不需要进行切换，Sleep 模式下 MS 跨越 BS 需要进行切换，所以 Idle 模式下 MS 和基站的开销都比 Sleep 小；Idle 模式下 MS 定期向系统登记位置，Sleep 模式下 MS 始终和基站保持联系，不用登记。

（7）切换技术

IEEE 802.16e 标准规定了一种必选的切换模式，在协议中简称为 HO(Hand Over)，实际上就是通常所说的硬切换。除此以外还提供了两种可选的切换模式：MDHO(宏分集切换）和 FBSS(快速 BS 切换）。WiMAX IEEE 802.16e 中规定必须支持的是硬切换，协议中称为 HO。移动台可以通过当前的服务 BS 广播的消息获得相邻小区的信息，或者通过请求分配扫描间隔来对邻近的基站进行扫描和测距的方式获得相邻小区信息，对其评估，寻找潜在的目标小区。切换既可以由 MS 决策发起，也可以由 BS 决策发起。在进行快速基站切换(FBSS)时，MS 只与 AnchorBS 进行通信；所谓快速是指不用执行 HO 过程中的步骤就可以完成从一个 AnchorBS 到另一个 AnchorBS 的切换。支持 FBSS 对于 MS 和 BS 来说是可选的。进行宏分集切换(MDHO)时，MS 可以同时在多个 BS 之间发送和接收数据，这样可以获得分集合并增益以改善信号质量。支持 MDHO 对于 MS 和 BS 来说是可选的。

目前 IEEE 机构正式发布的 WiMAX 技术标准版本是 WiMAX 802.16-2004。这个版本是 IEEE 802.16d 的正式发布版，主要是用于固定宽带无线接入，还不具有移动功能，所以应用模式上可以用于中小企业综合接入、电信业务承载、一些行业用户以及话吧等。相比 LMDS 系统而言，WiMAX 具有相当多的技术优点，IEEE 802.16 系列标准针对城城网环境的应用，系统的吞吐量根据波道带宽、调制方式和编码方式的不同而不同，单载波最高可以提供 134 Mbit/s 的数据吞吐量，这取决于所采用的波道带宽、调制方式和编码方式，其覆盖半径依据功率、天线、频率、环境不同有所变化。根据不同的环境特点，基于 IEEE 802.16 系统的覆盖半径可以是 3～15 km 乃至更大，可以在一个较大的范围内提供给用户高速的数据接入服务；同时 WiMAX 支持非视距化传输、非室外天线式的用户终端模式，使得网络直接接入到用户"桌面"，扩大了应用场景。系统工作频率可以从 2～38 GHz，如果 WiMAX 频段最终划分在较低频段，系统性能受雨衰的影响也将大大减小，但在频谱资源日趋紧张的情况下，WiMAX 频段的确定目前尚是 WiMAX 需要面对的一个问题。而 IEEE 802.16e 可以提供低速移动接入业务，这也是传统固定无线接入技术所不具备的特点。根据业务开展的特点、市场拓展需求与应用场景的不同，如何充分发挥 WiMAX 的技术特点与优势，并结合无线网络的现状，为用户提供更加便捷和优质的服务，创造新的业务增长点对于运营商来说具有特别重要的意义。

6.6.3 WiMAX 技术优势

(1) 传输距离远

WiMAX 的无线信号传输距离最远可达 50 km,是无线局域网所不能比拟的,其网络覆盖面积是 3G(3rd Generation,第三代移动通信)基站的 10 倍,只要建设少数基站就能实现全城覆盖,这样就使得无线网络应用的范围大大扩展。

(2) 接入速度高

WiMAX 所能提供的最高接入速度是 70 Mbit/s,这个速度是 3G 所能提供的宽带速度的 30 倍。对无线网络来说,这的确是一个惊人的进步。WiMAX 采用与无线 LAN(Local Area Network,局域网)标准 IEEE 802.11a 和 IEEE 802.11g 相同的 OFDM 调制方式,每个频道的带宽为 20 MHz。这也和 IEEE 802.11a 和 IEEE 802.11g 几乎相同。不过因为可通过室外固定天线稳定地收发无线电波,所以无线电波可承载的比特数高于 IEEE 802.11a 和 IEEE 802.11g。因此,可实现 74.81 Mbit/s 的最大传输速度。

(3) 无“最后一公里”瓶颈限制

作为一种无线城域网技术,它可以将 Wi-Fi 热点连接到互联网,也可作为 DSL 等有线接入方式的无线扩展,实现“最后一公里”的宽带接入。WiMAX 可为 50 km 线性区域内的用户提供服务,用户需要线缆即可与基站建立宽带连接。

(4) 提供广泛的多媒体通信服务

由于 WiMAX 较之 Wi-Fi 具有更好的可扩展性和安全性,从而能够实现电信级多媒体通信服务。高带宽可以将 IP 网的缺点大大降低,从而大幅度提高 VoIP 的 QoS。

从技术层面讲,WiMAX 更适合用于城域网建设的“最后一公里”无线接入部分,尤其是对于新兴的运营商更为合适。

6.6.4 WiMAX 应用领域

(1) 固定应用场景:固定接入业务是 IEEE 802.16 运营网络中最基本的业务模型,包括用户因特网接入、传输承载业务及 Wi-Fi 热点回程等。

(2) 游牧应用场景:游牧式业务是固定接入方式发展的下一个阶段。终端可以从不同的接入点接入到一个运营商的网络中。在每次会话连接中,用户终端只能进行站点式的接入。在两次不同网络的接入中,传输的数据将不被保留。在游牧式及其以后的应用场景中均支持漫游,并应具备终端电源管理功能。

(3) 便携应用场景:在这一场景下,用户可以在步行的模式下连接到网络,除了进行小区切换外,连接不会发生中断。便携式业务在游牧式业务的基础上进行了发展,从这个阶段开始,终端可以在不同的基站之间进行切换。当终端静止不动时,便携式业务的应用模型与固定式业务和游牧式业务相同。当终端进行切换时,用户将经历短时间(最长为 2 s)的业务中断或者感到一些延迟。切换过程结束后,TCP/IP 应用对当前 IP 地址进行刷新或者重建 IP 地址。

(4) 简单移动应用场景。在这一场景下,用户在使用宽带无线接入业务中能够步行、驾驶或者乘坐公共汽车等,但当终端移动速度达到 60～120 km/h 时,数据传输速度将有所下降。这是能够在相邻基站之间切换的第一个场景。在切换过程中,数据包的丢失将控制在一定范围。最差的情况下,TCP/IP 会话不中断,但应用层业务可能有一定的中断。切换完成后,QoS 将重建到初始级别。简单移动和全移动网络需要支持休眠模式、空闲模式和寻呼模式。移动数据业务是移动场景(包括简单移动和全移动)的主要应用,包括目前被业界广泛看好的移动 E-mail、流媒体、可视电话、移动游戏、移动 VoIP (MVoIP)等业务,同时它们也是占用无线资源较多的业务。

(5) 全移动应用场景:在这一场景下,用户可以在移动速度为 120 km/h 甚至更高的情况下无中断地使用宽带无线接入业务。当没有网络连接时,用户终端模块将处于低功耗模式。

第7章　光纤接入技术概述

光纤在接入网中也占有传输媒介的主导位置，特别是当带宽成为业务瓶颈的时候。光纤接入是指局端与用户之间以光纤作为传输媒体。根据光接入网(OAN)中光配线网(ODN)是由无源器件还是由有源器件组成，可分为有源光网络和无源光网络(PON)；根据技术体制，则可分为PDH光接入技术、SDH光接入技术、ATM光接入技术、以太网光接入技术等。

目前光纤传输的复用技术发展相当快，多数已处于实用化。复用技术用得最多的有时分复用(TDM)、波分复用(WDM)、频分复用(FDM)、码分复用(CDM)等。根据光纤深入用户的程度，可分为FTTC、FTTZ、FTTB、FTTO、FTTH等。在2010年上半年，全球FTTH部署发展迅速。在亚洲，韩国FTTH的部署以韩国以超过50%的普及率继续领先全球宽带市场，日本以35%的普及率紧随其后；在欧洲，东欧则成为欧洲FTTH发展的火车头，如立陶宛、斯洛文尼亚、爱沙尼亚和保加利亚等国的FTTH部署发展迅速；在北美，据北美FTTH委员会主席Joe Savage介绍，美国FTTH部署的领头羊Verizon已经接近完成自己的网络部署目标，同时包括许多加拿大运营商在内的750多家其他小型北美运营商也在积极进行FTTH网络部署。2004年，武汉已经启动“光纤到户”的计划。2008年，武汉市决定启动“光城计划”，其目标是到2015年全市发展光纤到户用户100万。

我国接入网当前发展的战略重点已经转向能满足未来宽带多媒体需求的宽带接入领域(网络瓶颈之所在)。而在实现宽带接入的各种技术手段中，光纤接入网是最能适应未来发展的解决方案。在光纤一步一步向用户延伸的过程中，正如书的第1章就提到的，光纤接入技术往往是与前面的铜线、铜缆、无线接入技术结合应用的，分别形成所谓的FTTB＋xDSL、FTTB＋LAN、FTTB＋EOC等。

7.1　光纤接入技术

7.1.1　概述

所谓光接入网(OAN)就是采用光纤传输技术的接入网,泛指本地交换机或远端模块与用户之间采用光纤通信或部分采用光纤通信的系统。通常,OAN 指采用基带数字传输技术,并以传输双向交互式业务为目的的接入传输系统,将来应能以数字或模拟技术升级传输带宽广播式和交互式业务。在北美,美国贝尔通信研究所规范了一种称为光纤环路系统(FITL)的概念,其实质和目的与 ITU-T 所规定的 OAN 基本一致,两者都是指电话公司采用的主要适用于双向交互式通信业务的光接入网结构。

目前的铜缆网的故障率很高,维护运行成本也很高,仅美国贝尔电话运营公司每年用于其用户铜缆网维护运行和满足新用户增长要求的花费,就达 30 亿美元。在光通信时代,花费巨额费用去维护运行一个将要淘汰的铜缆网,实在是迫不得已之举。OAN 和 FITL 概念的提出,正是为了达到将上述大规模接入网投资和花费逐渐转向光纤的目的。

从发展的角度来看,前述的各种接入技术都只是一种过渡性的措施。在很多宽带业务需求尚不确定的近期,这些技术可以暂时满足一部分较有需求的新业务的提供。但是,如果要真正解决宽带多媒体业务的接入,就必须将光纤引入到接入网中。

众所周知,光纤通信的优点是以极大的传输容量使众多电路通过复用共享较贵的设备,从而使得每话路的费用大大低于其他的通信方法。毫无疑问,线路越长,传输信号的带宽越宽,采用光纤通信技术也就越有利。在以前的通信网络中,光纤主要应用于长途和局间通信,而用户系统引入光纤从成本竞争上讲则很不利,但现在的情况出现了以下变化:

① 大容量的数字程控交换设备的引用使得大的交换局交换成本降低,从而导致接入网向大的方向发展。

② 电信业务从单一的话音业务向声音、数据和活动图像相结合的多媒体宽带业务转变,使得接入线路的传输带宽需求不断地增加。

③ 光纤通信的高速发展和激烈的市场竞争使得光通信用光纤、系统和器件等设备的价格急剧降低,进一步提高了光纤通信在接入网中的竞争能力。

这些变化无疑有利于在接入网中引入光纤。在这方面,目前比较成熟的技术是传统的数字环路载波系统(DLC)。这种系统以光纤取代通常距离较长的大芯数馈线电缆,在业务量相对集中的地方敷设进行光电转换和配置用户接口的远端站(RT),再以铜线或无线将业务引入到用户。如图 7-1 所示。

DLC 系统的最大问题是在接入网的交换机侧增加了多余的数/模和模/数转换设备。为此 ITU-T 最新提出了 V5 接口建议(G.964,G.965)。通过 V5 标准接口,接入网与本地交换机采用数字方式直接相连。这将能够方便地提供新业务,改善通信质量和服务水平,大大减少接入网的建设费用,提高设备的集中维护、管理和控制功能,加速接入网网络升级的进程。

总之,光纤数字环路载波系统只能支持窄带业务,不能满足提供视频等宽带业务的要求。为此又提出了既能提供目前所需的窄带业务,又能适应今后宽带业务要求的光接入网的概念。

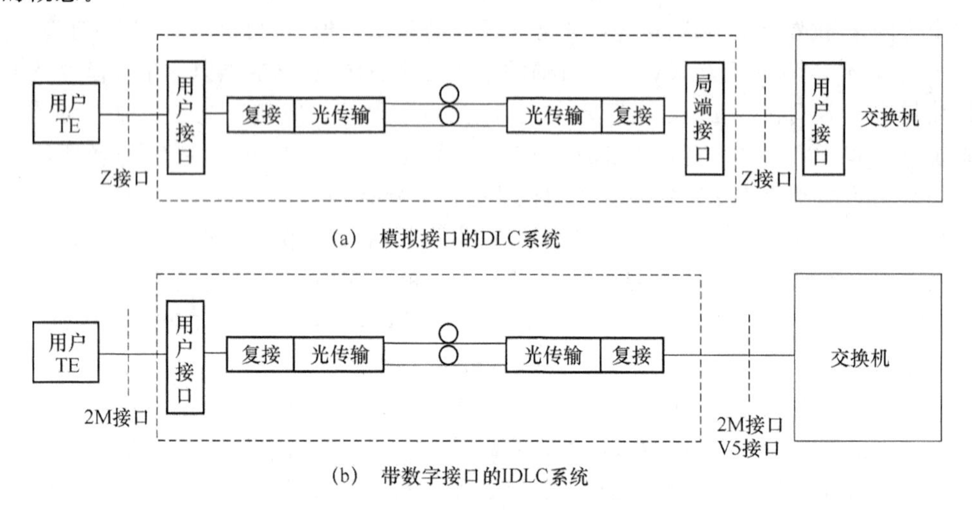

图 7-1 光纤用户环路载波系统

7.1.2 光接入网的应用类型

ITU-T 建议 G.982 提出了一个与业务和应用无关的光接入网功能参考配置。尽管参考配置是以无源光网络(PON)为例的,但原则上也适用其他配置结构,例如将无源光分路器用复用器代替就成了有源双星型结构。

实际上,关于光接入网的提法有很多种,可以分为有源光网络,例如以 SDH 和 PDH 为传输平台;无源光网络,又可分为宽带和窄带无源光网络,关于这一部分的内容将在后续的相关章节中详细说明。按照光网络单元在光接入网中所处的具体位置不同,可以将光接入网划分为 3 种基本不同的应用类型,如图 7-2 所示。下面分别介绍各自的优缺点及适用场合。

1. 光纤到路边(FTTC)

在 FTTC 结构中,光网络单元设置在路边的小孔或电线杆上的分线盒处。此时从光网络单元到各个用户之间的部分仍为双绞线铜缆。若要传送宽带图像业务,则这一部分可能会需要同轴电缆或者 ADSL。这样 FTTC 将比传统的数字环路载波系统的光纤化程度更靠近用户,增加了更多的光缆共享部分。有人将之看做一种小型的数字环路载波系统。

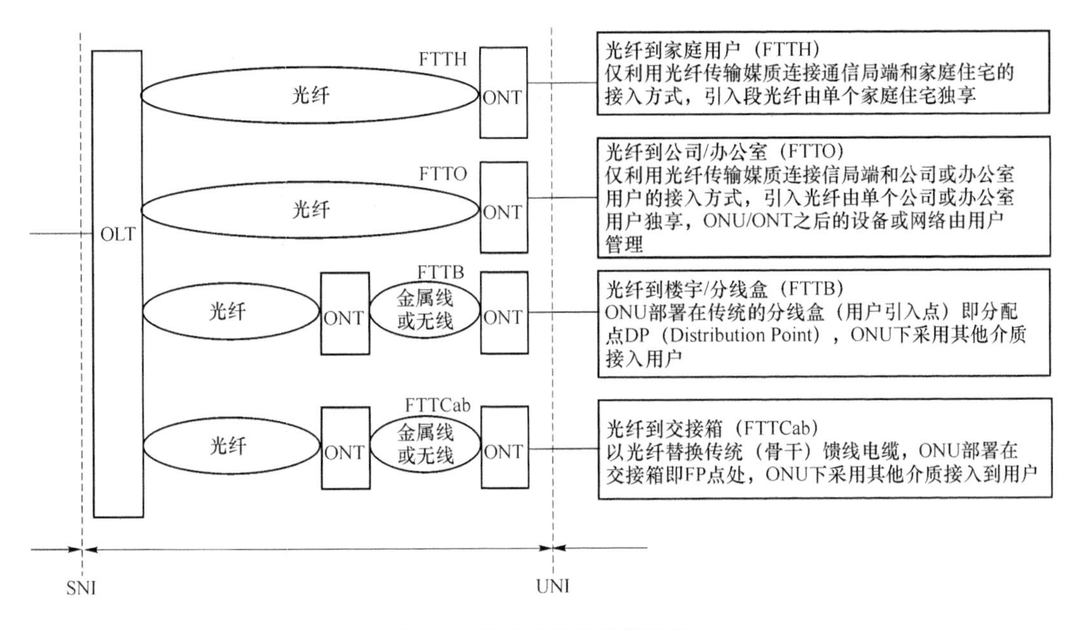

图 7-2　光接入网的应用类型

FTTC 结构主要适用于点到点或点到多点的树型分支拓扑。用户为居民住宅用户和小企事业用户，典型用户数在 128 个以下，经济用户数正逐渐降低至 8～32 乃至 4 个左右。还有一种称为光纤到远端(FTTH)的结构，实际是 FTTC 的一种变形，只是将光网络单元的位置移到远离用户的远端(RT)处，可以服务于更多的用户(多于 256 个)，从而降低了成本。

FTTC 结构的主要特点如下：

① 其引入线部分是用户专用的，现有的铜缆设施仍能利用，因而可以推迟引入线部分(有时甚至配线部分，取决于光网络单元的位置)的光纤投资，具有较好的经济性。

② 预先敷设了一条很靠近用户的潜在宽带传输链路，一旦有宽带业务需要，可以很快地将光纤引至用户处，实现光纤到家的战略目标。同样，如果考虑经济因素也可以用同轴电缆将宽带业务提供给用户。

③ 由于其光纤化程度已十分靠近用户，因而可以较充分地体现光纤化所带来的一系列优点，诸如节省管道空间，易于维护，传输距离长、带宽大等。

由于 FTTC 结构是一种光缆/铜缆混合系统，最后一段仍然为铜缆，还有室外有源设备需要维护，从维护运行的观点来看仍不理想。但是如果综合考虑初始投资和年维护运行费用的话，FTTC 结构在提供 2 Mbit/s 以下窄带业务时仍然是光接入网中最现实经济的。然而当将来要同时提供窄带和宽带业务时，这种结构就不够理想了。届时，初期适合窄带业务的光功率预算值对今后的宽带业务就不够了，可能不得不减少节点数和用户数，或者采用 1.5 μm 波长区来传送宽带业务。还有一种方案是干脆将宽带业务放在独立的光纤中传输,例如采用混合光纤同轴电缆(HFC)结构,此时在HFC上传模拟或数字图像业务,而FTTC主要用来传窄带交互型业务。这样做具有一定的灵活性和独立性,但需要有两套独立的基础设施。

2. 光纤到楼(FTTB)

FTTB也可以看做是FTTC的一种类型,不同之处在于将光网络单元直接放到楼内(通常为居民住宅公寓或小企事业单位办公楼),再经多对双绞线将业务分送给各个用户。FTTB是一种点到多点结构,通常不用于点到点结构。FTTB的光纤化程度比FTTC更进一步,光纤已敷设到楼,因而更适于高密度用户区,也更接近于长远发展目标,预计会获得越来越广泛的应用,特别是那些新建工业区或居民楼以及宽带传输系统共处一地的场合。

3. 光纤到家(FTTH)和光纤到办公室(FTTO)

在原来的FTTC结构中,如果将设置在路边的光网络单元换成无源光分路器,然后将光网络单元移到用户家即为FTTH结构。如果将光网络单元放在大企事业用户(公司、大学、研究所、政府机关等)终端设备处并能提供一定范围的灵活业务,则构成所谓的光纤到办公室(FTTO)结构。由于大企事业单位所需业务量大,因而FTTO结构在经济上比较容易成功,发展很快。考虑到FTTO也是一种纯光纤连接网络,因而可以归入与FTTH同类的结构。然而,由于两者的应用场合不同,因此结构特点也不同。FTTO主要用于大企事业用户,业务量需求大,因而适合于点到点或环型结构。而FTTH用于居民住宅用户,业务量需求很小,因而更经济的结构是点到多点方式。

接入网处于整个电信网的网络边缘,用户的各种业务通过接入网进入核心网。近年来,核心网上的可用带宽由于SDH的发展而迅速增长,用户侧的业务量也由于Internet业务的爆炸式增长而急剧增加,作为用户与核心网之间桥梁的接入网则由于入户媒质的带宽限制而跟不上骨干网和用户业务需求的发展,成为用户与核心网之间的接入“瓶颈”。骨干网上的巨大带宽如果得不到充分利用,也是一种投资的浪费。因而,接入网的宽带化成为亟待解决的问题。但是,接入网在整个电信网中所占投资比重最大,且对成本、政策、用户需求等问题都很敏感,因而技术选择五花八门,没有任何一种技术可以绝对占据主导地位。尽管在接入网的建设中存在不少的争议问题,但毋庸置疑的一点是:发展光纤接入是解决接入网宽带化的最根本和行之有效的办法。光纤应尽量向用户延伸,尽量靠近用户。

进入2008年以来,我国FTTx开始步入大规模建设阶段,呈现出“千树万树梨花开”的可喜局面。究其原因,主要缘于以下几个方面的因素:

① 部署光纤接入网的成本得到了极大的降低。首先从设备方面来看,由于ONU的价格占到FTTX网络总体投资成本的90%以上,而新出现的FTTB、FTTN等新型建网模式可以让多个家庭共享一个终端设备,每户成本下降到500～600元甚至更低,与现有的铜线接入成本基本持平,但是所提供的带宽和业务承载能力却是传统的宽带接入方式

不可比的。其次,从线路方面来看,近两年铜缆价格持续上涨,给运营商的宽带接入网络建设成本增加了一定的压力。更为严重的是,铜缆盗割行为非常猖獗,据保守估计,仅四川这样的中等省份每年因铜缆被盗的损失就达1亿元以上,全国每年经济损失高达几十亿元。并且,线路中断还会对运营商的商业信誉造成不利影响。而与之相比,光缆的价格却不断下滑,如果将铜线资源回收出售补贴建设成本,那么新建光缆所需要的投资并不多。

② 以IPTV为代表的高带宽视频类业务的开展,对带宽提出了更高的要求。像视频会议、在线游戏和HDTV这样的应用,每个用户的带宽将达到20~50 Mbit/s。在如此高的带宽需求下,传统的宽带接入技术将无法胜任。比如新一代xDSL技术虽然也能达到很高的带宽,但只能在短距离范围内使用,而且对线路条件有较高的要求。而光纤接入在20 km范围内很容易达到千兆带宽,并且性能稳定。所以光节点逐渐下移,接入层逐渐向FTTX演进是必然的趋势。

③ 运营商的网络转型加速了"光进铜退"的步伐。近几年,传统语音业务发展速度明显放缓,逐渐走向低值化和微利化,因此固网运营商都积极转向提供语音、数据、视频融合的Triple-play业务,以期提高ARPU值,而光纤接入凭借无可比拟的巨大带宽优势为宽带化业务提供了最理想的选择,是任何宽带战略的基础。于是,采用这一技术对传统宽带接入网进行升级成为当务之急。

在这几大因素的共同驱动下,我国光纤接入市场一改前两年"雷声大,雨点小"的现状,正进入一个前所未有的高速增长期,尤其是FTTB、FTTN更是出现"爆炸式"增长。2008年3月,中国电信展开了第二次EPON集采,建设需求超过百万线,主要以FTTB为主。在中国电信积极推进FTTX建设时,各省级分公司也纷纷跟进,南方很多省份新建规模都达到几万线,安徽甚至达到10万线以上。据估计,2008年FTTB、FTTN全国整体建设规模将达到300万线左右,市场前景非常广阔。

传统电信业务与商业模式衰落之势已无法扭转,转型成为必然的抉择。随着铜缆价格大幅上涨,继续使用铜原料增加带宽成本太高,而光纤光缆和光收发模块的价格却逐步降低。普通的上网业务,包括未来的IPTV对带宽都提出了新的要求,因此带宽的提速成为迫切的要求。同时,业务的融合,包括宽带上网、VoIP等业务促使光纤逐渐成为解决用户需求的必然之选。"光进铜退"是中国固网运营商中国电信和中国网通为逐步实现光纤接入(FTTx)而用光纤代替铜缆所提出的一项工程。中国固网运营商现在所采用的ADSL接入网一般都是局端集中方式,即用户家ADSLModem需要同电信分局的ADSL局端设备同步信号,这段距离一般超过3 km。这样,距离成为了国内ADSL技术提速的最大问题。所以,"光进铜退"的策略就是将FTTx技术同ADSL技术相结合,尽可能缩短ADSL局端设备(DSLAM)同用户家这段铜线的距离,以提供高带宽接入。

从国外城市的信息化发展经验来看,城市光网大量普及,逐渐超过铜缆成为主流宽带接入方式,尤其是铜价连续大幅攀升的背景下,无论是成本还是应用,光纤是各国宽带业务的发展趋势。光纤到户后宽带和资费将呈现“跳变式”变化,会经历一个“跳变期”。根据上海电信规划,在2011年实现平均带宽8 M以上之后,2013年上海电信宽带平均带宽达到32 M,2015年达到50 M。2008年,在奥运会、信息化建设的直接推动下,我国FTTx用户规模有望突破300万户。在此后的十年间,将继续保持快速增长的势头,至2011年,用户规模将达到6 000多万户。

7.2 有源光网络接入技术

在各种宽带光纤接入网技术中,采用了SDH/MSTP技术的接入网系统是应用最普遍的。这种系统可称之为有源光接入,主要是为了与基于无源光网络(PON)的接入系统相对比。PDH光接入技术、SDH/MSTP光接入技术、ATM光接入技术、以太网光接入技术等都可以应用于有源光网络。

有数字表明,目前55%到用户的光纤采用的是SDH/MSTP技术,在两年内将有73%连到用户的光纤采用SDH/MSTP技术。SDH技术自从20世纪90年代引入以来,至今已经是一种成熟、标准的技术,在骨干网中被广泛采用,而且价格越来越低。在接入网中应用SDH/MSTP技术,可以将SDH/MSTP技术在核心网中的巨大带宽优势和技术优势带入接入网领域,充分利用SDH/MSTP同步复用、标准化的光接口、强大的网管能力、灵活网络拓扑能力和高可靠性带来好处,在接入网的建设发展中长期受益。

但是,干线使用的机架式大容量SDH/MSTP设备不是为接入网设计的,如直接搬到接入网中使用还比较昂贵,接入网中需要的SDH/MSTP设备应是小型、低成本、易于安装和维护的,因此应采取一些简化措施,降低系统成本,提高传输效率,更便于组网。并且,接入网中的SDH/MSTP已经靠近用户,对低速率接口的需求远远大于对高速率接口的需求,因此,接入网中的新型SDH设备应提供STM-0子速率接口。目前,一些厂家已经研制出了专用于接入网的SDH/MSTP设备,这些新设备有着很好的发展前景。

SDH/MSTP技术在接入网中的应用虽然已经很普遍,但仍只是FTTC(光纤到路边)、FTTB(光纤到楼)的程度,光纤的巨大带宽仍然没有到户。因此,要真正向用户提供宽带业务能力,单单采用SDH/MSTP技术解决馈线、配线段的宽带化是不够的,在引入线部分仍需结合采用宽带接入技术。可分别采用FTTB/C+xDSL、FTTB/C+Cable Modem、FTTB/C+局域网接入等方式,分别为居民用户和公司、企业用户提供业务。

接入网用SDH/MSTP的最新发展方向是对IP业务的支持。这种新型SDH/MSTP设备配备了LAN接口,将SDH/MSTP技术与低成本的LAN技术相结合,提供灵活带宽。解决了SDH/MSTP支路接口及其净负荷能力与局域网接口不匹配的问题,主要面向商业用户和公司用户,提供透明LAN互连业务和ISP接入,很适合目前数据业务高速发展的需求。目前已有一些厂家(如烽火通信)开发出了这种设备。

7.2.1 接入网对SDH/MSTP设备的要求

在接入网中应用SDH/MSTP是一个发展趋势。最近几年，虽然SDH/MSTP传输体制在全世界范围内广泛地发展，但SDH/MSTP还是被集中地用于主干网上，在接入网中应用得较少，其原因是在本地环路上使用SDH/MSTP显得过于昂贵。但目前，点播电视、多媒体业务和其他带宽业务如雨后春笋纷纷出现，这为SDH/MSTP在接入网中的应用提供了广阔的空间，SDH/MSTP应用在接入网中的时机已经成熟。用户的需求正是SDH/MSTP进入接入网的可靠保证和市场推动力。

目前，国内很多县、市地本地网和接入网都已经光纤化，使在接入网中应用SDH/MSTP已具有了基础。虽然由于光接入网的业务透明性，国际电信联盟(ITU-T)目前还未对其传输体制进行限制，使光接入网只连通交换机和用户，不像干线网那样形成网间的互通。但是由于运营管理的需要，接入网的传输体制仍然需要标准化，需要以一种最合适的传输体制统一接入网的传输，因此SDH/MSTP必将以其能够满足高速宽带业务的优点成为今后光接入网的主要传输体制。

虽然SDH/MSTP系统应用在接入网中是一个必然的发展趋势，但是直接就将目前的SDH系统应用在接入网中会造成系统复杂，而且还造成极大的浪费，因此人们需要解决以下方面的问题：

① 系统方面。在干线网中，一个PDH信号作为支路装入SDH/MSTP线路时，一般需要经历几次映射和一次(或多次)指针调整才可以。而在接入网应用中，一般只需经过一次映射而不必再进行指针调整。由于接入网相对于干线网简单，可以简化目前的SDH/MSTP设备，降低其成本。

② 速率方面。由于SDH/MSTP的标准速率为155 520 kbit/s、622 080 kbit/s、2 488 320 kbit/s、9 953 280 kbit/s，而在接入网中应用时，由于数据量比较小，过高的速率很容易造成浪费，因此需要规范低于STM-1的一些比较低的速率便于在接入网中应用。

③ 指标方面。由于接入网信号传送范围小，故各种传输指标要求低于核心网。

④ 设备方面。目前，按照ITU-T建议和国标所生产的SDH/MSTP设备，一般包括电源盘、公务盘、时钟盘、群路盘、交叉盘、连接盘、2M支路盘和2M接口盘等，而在接入网中应用时并不需要这么多功能，因而可以进行简化。

⑤ 网管方面。由于干线网相当复杂，因而造成SDH/MSTP子网网管系统也相当复杂，而接入网相对而言很简单，目前不需要太全面的网管能力，因而可以有很大的简化空间。

⑥ 保护方面。在干线网中，SDH/MSTP系统有的采用通道保护方式，有的采用复用段共享保护方式，有的两者都采用。而在接入网中，由于没有干线网那么复杂，因而采用最简单、最便宜的二纤单向通道保护方式就可以了，这样也将节省开支。

只要解决好以上问题，便宜又实用的SDH/MSTP系统就可以在接入网中广泛地应用起来,多媒体业务就可以走进千家万户。

下面提出简化 SDH/MSTP 系统的方案,仅供大家参考。

① 简化系统。省去电源盘、交叉盘和连接盘,简化时钟盘,把两个一发一收的群路盘做成一个两发两收的群路盘,把 2M 支路盘和 2M 接口盘做成一个盘。这样可以满足 2B+D和 30B+D 等业务。

② 设立子速率。为了更适应接入网的需要,必须设立低于 STM-1 的子速率,本书建议采用 51 840 kbit/s 和 7 488 kbit/s。其中前者是美国国家标准所规定的同步光网络(SONET)的基本模块信号 STS-1 的速率,同时也被纳入我国 SDH/MSTP 传输体制和 ITU-T 的 G.707 的附件。

③ 简化网管。由于干线网的地域管理范围很宽,因此它采用管理面积很广的分布式管理和远端管理,而接入网需要管理的地域范围比较小,因此接入网中的 SDH/MSTP 网管系统较少采用远端管理,虽然采用分布式管理,但它的管理范围也远远小于干线网。另外,由于接入网中 SDH/MSTP 硬件系统进行了简化,因此网管中对 SDH/MSTP 设备的配置部分也可以进行简化。还有,虽然接入网和干线网一样有性能管理、故障管理、配置管理、账目管理和安全管理之五大功能,但是干线网中这五大功能的内部规定都很全面,而接入网并不需要这么全面的管理功能,因此接入网不用照搬这些管理功能,可以在每种功能内部进行简化。

④ 简单保护。不用比较复杂的复用段保护方式,采用最简单、最便宜的二纤单向 1+1通道保护方式。

⑤ 组网方式。把几个大的节点组成环,不能进入环的节点采用点—点传输。

⑥ 映射复用方法。STM-1 的帧结构包含 SOH、AU 指针、POH 和净荷,其中净荷的速率为 149 760 kbit/s。按照 G.707 的映射复用方法,如果 2 048 kbit/s 的信号进入 STM-1,只能装 63 个,其装载效率为 86%;而如果 STM-1 装载 34 368 kbit/s 的信号,只能装 3 个,其效率不到 69%,造成极大的传输浪费。因此,建议在接入网中采用 G.707 的简化帧结构或者非 G.707 标准的映射复用方法。采用非 G.707 标准的映射复用方法的目的主要有两个:其一是在目前的 STM-1 帧结构中多装数据,提高它的利用率,如在 STM-1 中可装入 4 个 34 368 kbit/s 的信号;其二是简化 SDH/MSTP 设备。实现 SDH/MSTP 的一个难点是 AU-4 的指针调整,在接入网中由于 VC-4 和 STM-1 一般是同源的,因而可不实施指针调整,指针值只作为净荷开头的指示值。在实际应用中,可以将指针值设为一个固定值,就可以简化设备。

7.2.2 综合宽带接入的解决方案——IBAS 系统

考虑到接入网对成本的高度敏感性和运行环境的恶劣性,适用于接入网的 SDH/MSTP 设备必须是高度紧凑、低功耗和低成本的新型系统。基于这一思路的新一代综合宽带接入系统 IBAS(烽火通信公司开发)已经进网服务,IBAS 系统通过 V5 接口或 DLC

完成窄带接入,通过插入不同的接口卡直接向用户提供10M/100M以太网接口或270 M DVB数字图像接口,不需ATM适配层就能直接把宽带业务映射到SDH帧中,并能半动态/动态地按需分配带宽($N\times$E1或$N\times$T1),以适应不同业务接口需要,从而有效地提高带宽利用率,真正实现宽窄带接入兼容,是理想的综合宽带接入解决方案。IBAS真正做到了宽带接入和窄带接入相兼容,整个设备结构紧凑、便于拼装、采用统一的小型化机盘,两种规格的单元机框,可根据用户需要组装成壁挂式、台式、柜式或19英寸机架式,结构形式灵活多样。IBAS具有标准的SDH支路接口。T1和T3接口用于SONET,E1(2 Mbit/s)支路接口与V5接入设备配合可实现窄带业务接入。符合SDH体制标准,能与任一厂家的STM-4或STM-16互连,还能平滑升级到STM-4。具有155 Mbit/s光/电分支支路功能,利用155 Mbit/s光分支盘可以形成光分路。利用155 Mbit/s电分支盘可复用到上一级传输设备,提高系统组网的灵活性。

1. IBAS对宽带业务的支持

众所周知,SDH/SONET利用虚容器(VC)将不同的支路信号映射到STM-N中。在SONET标准中,采用了VC-1(映射T1/E1)、VC-2(映射T2)、VC-3(映射T3/E3)。级连的VC能映射比单个的VC更大的数据流,因此能更有效地利用带宽。它的另一个好处是能实现"带宽按需分配",即动态地分配信道。对于像以太网和压缩数字图像这样的非标准数据速率,动态带宽按需分配能大大地提高带宽的利用率。IBAS可对不同带宽的业务提供多种接口,目前它处理的业务包括:

(1) 标准的SDH业务:E1/E3或T1/T3;

(2) DVB数字图像:AIS接口,速率为270 Mbit/s;

(3) 以太网:10BASE-T/100BASE-T。

2. IBAS对窄带业务的支持

为了更充分地利用SDH的优势,需要将SDH进一步扩展至低带宽用户,特别是无线用户,提供64kbit/s等级的灵活性并能综合现有和新的业务传送平台。具体实施方法可以有多种,如使用STM-0子速率连接(Sub STM-0),对于小带宽用户是一种经济有效的方案,同时又能保持全部SDH管理能力和功能。目前ITU-T第15研究组已开发了一个新的建议G.708,规定了两种接口,即传送TUG-2的接口sSTM-2n和传送TU-12的接口sSTM-1k。当采用sSTM-2n接口时,每帧每个TUG-2为108字节加一列9字节的复用段开销。该接口可适用于光纤。金属线和无线传送技术。当$n=1$时,信号速率为7.488 Mbit/s。当$n=2$时,信号速率为14.4 Mbit/s。当$n=4$时,信号速率为28.224 Mbit/s。当采用sSTM-1k接口时,k值限于1、2、4、8和16,且主要适用于无线传送技术,其速率则分别为2.88 Mbit/s、5.184 Mbit/s、9.792 Mbit/s、19.008 Mbit/s和37.44 Mbit/s。届时SDH将进一步向用户推进,在接入网领域占据更大的份额。

IBAS设备支持窄带的接入(V5接口),与V5.1/V5.2硬件平台兼容,更改协议可实现升级。具有两种协议处理方案(远端终结和局端终结),用户可根据情况选择。

3. IBAS对IP业务的支持

接入网用SDH的最新发展趋势是支持IP接入。目前至少需要支持以太网接口的映射,除了携带语音业务量以外,可以利用部分SDH净负荷来传送IP业务,从而使SDH也能支持IP的接入。

IBAS设备可以插入一个以太网盘(Eth)作为IBAS的一个支路盘,为用户提供两路以太网接口,接口速率为10 Mbit/s或100 Mbit/s,工作方式为全双工或半双工,均可根据外接设备自动调节,也可手动调节。以太网接口所需带宽可由IBAS系统灵活分配($n\times 2$ Mbit/s)。

4. IBAS的网管

IBAS采用WRI接入网网管MANS系统,MANS系统的设计完全符合“邮电部接入网技术体制1997”和“电信总局用户接入网集中监控维护管理系统技术规范1997.8”。网管MANS负责IBAS的传输、窄带接入、宽带接入、供电和环境的统一监控,并提供监控接口:f接口、F接口和Q3接口,公务电话采用两线音频接口。另外,MANS还负责用户线测试。

综上所述,IBAS系统在接入网中应用的主要优势如下:

① IBAS在以最经济的方法满足窄带接入的同时,又可兼顾宽带接入的需求。尤其是比较完善地解决了IP接入,实现了包括话音、图像、多媒体数据等所有业务的综合接入,在技术上具有创新性。

② IBAS基于SDH平台,可以提供理想的网络性能和业务可靠性,技术上具有成熟性。

③ IBAS利用SDH平台可以增加传输带宽,改进网管能力,简化维护工作,降低运行维护成本。

④ IBAS具有SDH的固有灵活性,使网络运营者可以更快更有效地提供用户所需的长期和短期的业务以及满足组网需要。

⑤ 对于快速发展中的蜂窝通信系统,采用IBAS这样基于SDH体制的系统尤其适合,可以迅速灵活地提供所需的2 Mbit/s透明通道。

⑥ IBAS业务升级、业务扩容方便,为今后平滑过渡过光纤到家奠定了良好的基础。

⑦ IBAS系统具有性价比优势。

7.3 无源光网络接入技术

在光纤用户网的研究中,为了满足用户对于网络灵活性的要求,1987年英国电信公司的研究人员最早提出了PON的概念。后来由于ATM技术发展及其作为标准传递模式的地位,研究人员开始注意到把ATM技术运用到PON的可能性,并于20世纪90年代初提出了APON的建议。

7.3.1 PON 基本概念和特点

在光接入网(OAN)中若光配线网(ODN)全部由无源器件组成,不包括任何有源节点,则这种光接入网就是 PON。OLT 为光线路终端,它为 ODN 提供网络接口并连至一个或多个 ODN。ODN 为光配线网,它为 OLT 和 ONU 提供传输手段。ONU 为光网络单元,它为 OAN 提供用户侧接口并和 ODN 相连。如果 ODN 全部由光分路器(optical splitter)等无源器件组成,不包含任何有源节点,则这种光接入网就是 PON,其中的光分路器也称为光分支器(Optical Branching Device,OBD)。

由于受历史条件、地貌条件和经济发展等各种因素影响,实际接入网中的用户分布非常复杂。为了降低建造费用和提高网络的运行效率,实际的 OAN 拓扑结构往往比较复杂。根据 OAN 参考配置可知,OAN 由 OLT、ODN 和 ONU 三大部分组成。OAN 的拓扑结构取决于 ODN 的结构。通常 ODN 可归纳为单星、多星(树型)、总线和环型等 4 种基本结构。相应地,PON 也具有这 4 种基本拓扑结构。

1. 单星型结构

SS 相当于光分路器设在 OLT 里的 PDS,如图 7-3 所示。因此,它没有 PDS 中的馈线光缆。OLT 输出的信号光通过紧连着它的光分路器均匀分到各个 ONU,故它适合于 OLT 邻近周围均匀分散的用户环境。

PON 的基本结构:中心局(CO)、光线路终端(OLT)、光分支器(OBD)。

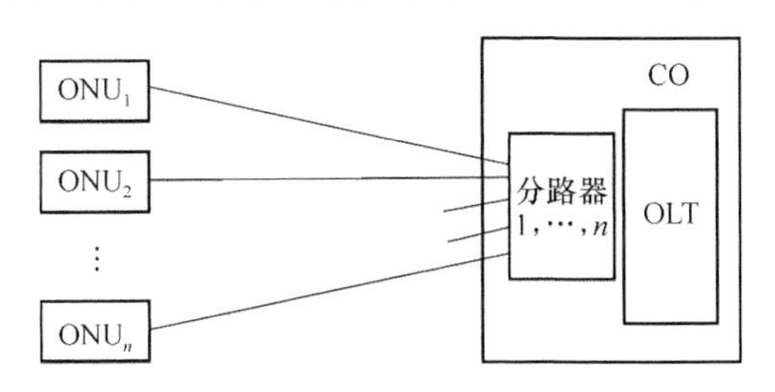

图 7-3 单星型结构

2. 多星型(树型)结构

多星型结构也叫树型结构,它的 ODN 像是由很多 PDS 的分支器(OBD)串联而成,如图 7-4 所示。连接 OLT 的第一个 OBD 将光分成 n_1 路,每路通向下一级的 OBD,如最后一级的 OBD 分 n_i 路,连向 n_i 个 ONU,则这种结构可连接的 ONU 总数为 $n_1+n_2+\cdots+n_i$。因此,它是以增加光功率预算的要求来扩大 PON 的应用范围的。

这种结构中所用的串联 OBD 有均匀分光和按额定的比例分光两种。均匀分光 OBD 构成的网络一般称为多星型,非均匀分光 OBD 构成的网络则常称为树型。总之,这两种结构比较接近。对于通常的接入网用户分布环境,这种两种结构的应用范围最广。

3. 总线结构

总线(bus)结构的 PON 如图 7-5 所示。它通常采用非均匀分光的 1×2 或 2×2 型光分路器沿线状排列。OBD 从光总线中分出 OLT 传输的光信号,并将每个 ONU 传出的光信号插入到光总线。非均匀的光分路器只引入少量的损耗给总线,并且只从光总线中分出少量的光功率。分路比由最大的 ONU 数量、ONU 最小的输入光功率之类的具体要求确定。这种结构非常适合于沿街道、公路线状分布的用户环境。

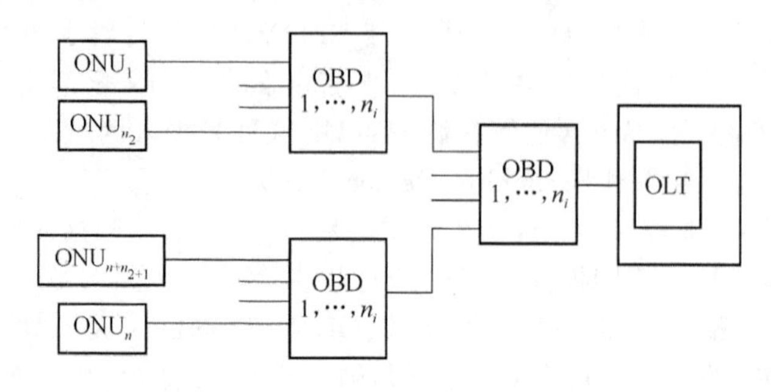

图 7-4　多星型(树型)结构

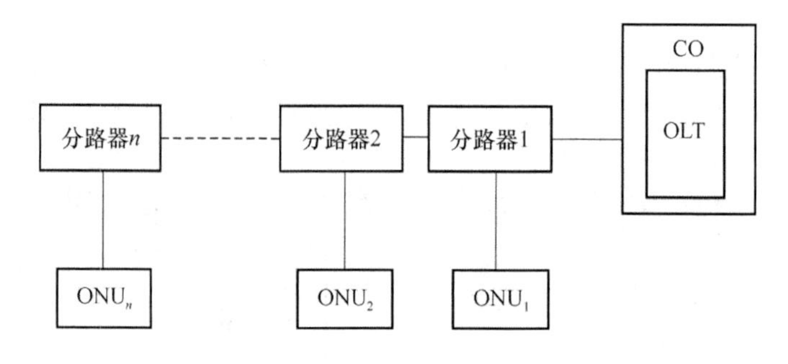

图 7-5　PON 的总线结构

4. 环型结构

环型结构相当于总线结构组成的闭合环,如图 7-6 所示,因此其信号传输方式和所用器件和总线结构差不多。但由于每个 OBD 可从两个不同的方向通到 OLT,故其可靠性大大优于总线结构。

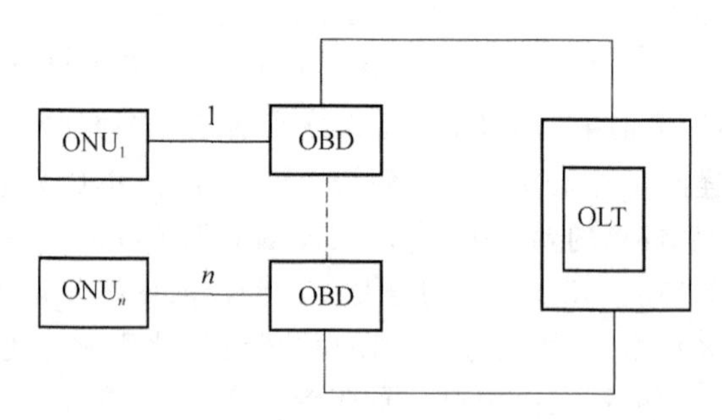

图 7-6　PON 的环型结构

通常，环型结构不被认为是一种独立的基本拓扑结构，它可看成是两个总线结构的结合。而单星型结构和多星型结构也被认为是树型结构的特例。故上述四种拓扑结构也可概括为树型和总线型两种最基本的结构。

选择PON的拓扑结构应考虑的主要因素有：用户的分布拓扑、OLT和ONU的距离、提供各种业务的光通道、可获得的技术、光功率预算、波长分配、升级要求、可靠性有效性、运行和维护、安全和光缆的容量等。

7.3.2 PON技术的种类

在以点到多点拓扑结构为基础的无源光网络取代以点到点的有源光网络的过程中，多种PON技术相继涌现。随着APON/BPON的出现，到EPON、GPON，再到下一代PON技术的研究，统一遵循了带宽从窄到宽的发展趋势。PON技术除了常用时分复用外还有其他的复用形式。

1. 副载波复用PON

副载波复用技术是一种已相当成熟的电频分复用技术。这种副载波信号可方便地将激光器进行幅度调制，可传输模拟信号，也可传数字信号，而且扩容方便。以副载波复用技术为基础的无源光网络(SCM-PON)可方便地接入窄带信号和宽带信号，是向宽带接入网升级的方案之一，其基本原理如图7-7所示。

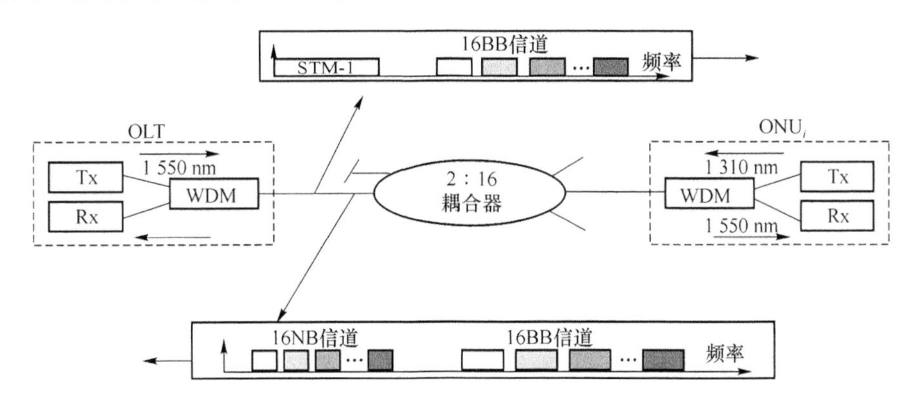

图7-7 SCM-PON系统原理

SCM-PON中，从OLT到ONU的下行方向上传输的是以155 Mbit/s为基础的广播基带信号。每个ONU接入一个STM-1基带信号，并可在TDM基础上进一步接入宽带副载波信号。在上行方向上采用副载波多址(SCMA)技术来处理多点对点的传输。在OLT，来自各个ONU的载荷通过滤波器来选择。这样，当其中一个ONU需要扩容时，只需将宽带副载波加在该ONU上，而不影响其他ONU的业务。各个ONU只需与相应副载波的容量相一致，而不影响整个PON的功率分配与带宽。此外，SCMA还排除了

TDMA 的测距问题带来的麻烦。

SCM-PON 的主要缺点是对激光器要求较高。为了避免信息带内产生的交叉调制，而对 ONU 中激光器的非线性有一定要求:一是要求 ONU 能自动调节工作点，以减轻给 OLT 副载波均衡带来的麻烦。二是相关强度噪声(RIN)。多个 ONU 激光器照射在一个 OLT 接收机上，这种较高的 RIN 积累限制了系统性能的改进。三是光拍频噪声。当两个或多个激光器的光谱叠加，照射 OLT 光接收机时，就可能产生光拍频噪声，从而导致瞬间误码率增加。要克服这些弊病，就使得 SCM 的电路较复杂。

SCM-PON 仍在研究试验之中，窄带 SCM-PON 已进入现场试验。对于宽带 SCM-PON 升级技术和应用前景问题尚需进一步实验和验证。

2. 波分复用 PON

波分复用技术可有效利用光纤带宽。以密集波分复用为基础的无源光纤网(WDM-PON)是全业务宽带接入网的发展方向。ITU-T 对此已有新的参考标准 G.983.3。

WDM-PON 采用多波长窄谱线光源提供下行通信，不同的波长可专用于不同的 ONU。这样，不仅具有良好的保密性、安全性和有效性，而且可将宽带业务逐渐引入，逐步升级。当所需容量超过了 PON 所能提供的速率时，WDM-PON 不需要使用复杂的电子设备来增加传输比特率，仅需引入一个新波长就可满足新的容量要求。利用 WDM-PON 升级时，可以不影响原来的业务。

在远端节点，WDM-PON 采用波导路由器代替了光分路器，减小了插入损耗，增加了功率预算余量。这样就可以增加分路比，服务更多的用户。

目前存在的主要问题是组件成本太高。一个是路由器，现已基本成熟，正在考虑降价之中。但最贵的部分是多波长发送机。这种发送机可由精心挑选的 DFB-LD 组成，这些激光器分别带有独立的调温装置，使其发送波长与路由器匹配，达到所要求的间隔。这种发送机性能很好，但电路复杂，价格也贵。集成光发送机正在研究之中，由 16 个激光器和集成的合波器组成的 DFB-LD 阵列发送机已有样品上市。高性能低成本的发送机是 WDM-PON 的关键课题。

构成 WDM-PON 的上行回传通道有 4 种方案可供选择。第一种是在 ONU 也用单频激光器，由位于远端节点的路由器将不同 ONU 送来的不同波长的信号回传到 OLT。第二种是利用下行光的一部分在 ONU 调制，从第二根光纤上环回上行信号，ONU 没有光源。第三种是在 ONU 用 LED 一类的宽谱线光源，由路由器切取其中的一部分。由于 LED 功率很低，需要与光放大器配合使用。第四种是与常规 PON 一样，采用多址接入技术，如 TDMA、SCMA 等。图 7-8 是一种 WDM-PON 方案。这种方案兼顾了数字信号和模拟广播信号，远端节点采用了波导光栅路由器，ONU 不用光源，而利用下行光的一部分调制后作为回传信号。

WDM-PON 正在研究试验之中，其进入实用尚需时日。

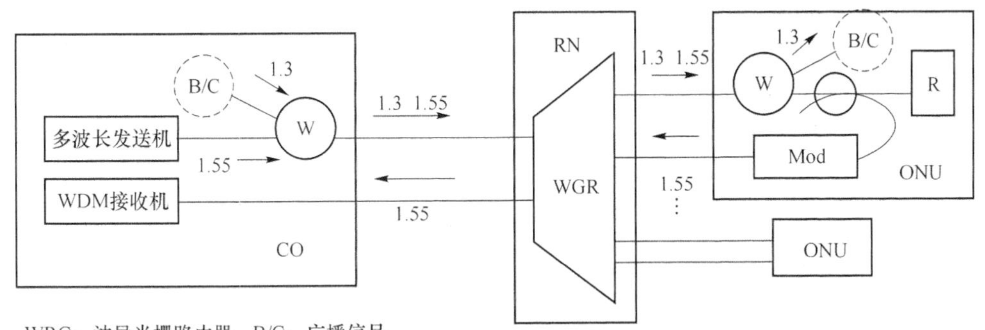

图 7-8　一种 WDM-PON 方案

3. 超级 PON

电信网的发展趋势是减少交换节点数量，扩大接入网的覆盖范围。这就要求接入网传输距离要远，服务的用户要多。用多级串联的无源分路器与光放大器相结合是解决方案之一。这就是超级无源光纤网(SPON)，其基本原理如图 7-9 所示。

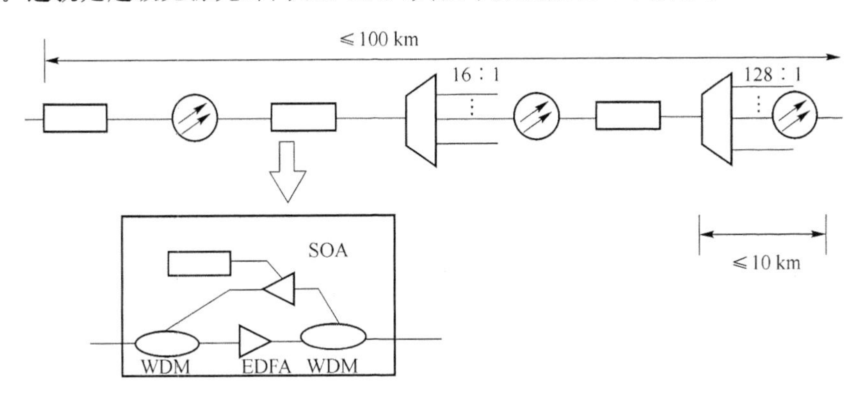

图 7-9　超级 PON 的基本原理

普通的 PON 的分路比一般为 16～32，传输距离 20 km 左右，传输速率为 155～622 Mbit/s。超级 PON 的传输距离可达 100 km，包括 90 km 的馈线和 10 km 的分支线，总分路比为 2 048，下行速率为 2.5 Gbit/s，上行速率为 311 Mbit/s。该系统采用动态带宽分配技术，可为 15 000 个用户提供传统的窄带和交互宽带业务。在馈线段采用两根光纤单向传输，以避免双向串音干扰，而在分支段仍可用单根光纤双向传输。

超级 PON 覆盖面大，用户多，可靠性非常重要。在所有有光放大器的光中继单元(ORU)都设置一个 ONU，用以完成对 ORU 的运行、维护以及突发模式控制。另外是采用 2×N 分路器，在馈线段形成环型网，或直接将局端放在两个中心局交换机上。

超级 PON 可以用 WDM 附加信道来升级，也可以提升 TDMA 的速率。方法之一是在分路器的光中继单元的下行方向引入固定波长选路功能,在上行方向加入固定波长转换机制。这样,在馈线段就能以不同波长支持若干个TDM/TDMA信道,而在分支段只有一个TDM/TDMA信道。这就可以逐步增加PON的总带宽,实现平稳升级。

如前所述,现今使用的宽带PON典型分路系数在32以下,距离最大可达20 km,传输速度达到622 Mbit/s。然而,考虑到中心网络的长远发展,接入网的规模将大大增加,100 km的距离已在期望之中。另外,由于交换节点的费用主要由用户线决定,接入的用户数应最小化,因此需要接入网在一个LT上复用更大数目的用户(大约2 000户)。

建立如此宽范围、高分路系数的接入网的一种可能的途径,是以一串无源光分路器的级联代替本地交换机。由于此网络的功率预算大幅度增长,需要引入光放大器来弥补附加损耗。这样的有源器件被称做光再生单元(ORU)。使用光放大器代替电子器件的一个重要优点,是它对格式和比特率是透明的,而且可以通过波分复用(WDM)对它们实现宽带升级。

由欧洲投资的ACTS(高级通信技术和业务)工程AC050“PLANET”(光子本地接入系统)正在开发一种被称为Super PON的接入网,其目的是达到2 000的分路系数和1 000 km的距离。此项目的目标是论证高分路系数、宽范围PON的技术和经济可行性。为此,将进行总体研究,定义和规范该新型接入网的各个方面,如突发模式的光放大、恢复、发展方案、升级策略、费用等,并在1997年3月完成了一套演示系统。通过此演示系统展示了宽范围、高分路系数接入网的双向光传输。最后将在布鲁塞尔进行小规模的现场试验,于SuperPON网上演示各种交互式多媒体业务。此次现场实验系统的目标是100 km馈线、10 km引入线和2 048的分路系数;支持下行2.4 Gbit/s和上行311 Mbit/s。计算表明,此带宽足以为1 500个用户服务(将传统的窄带业务和宽带业务等均考虑在内,实行动态带宽分配)。另外,允许每个ONU连接若干个用户的FTTC/FTTB配置在这种结构中也是可行的。

为了对上行和下行通道进行复用,在引入线部分优先选择单纤WDM传输,双纤双向传输用在网络的馈线部分。因此避免了WDM的合波/分波损耗和双向串话干扰,而且网络的这一部分光纤相当短。另外,每一个ORU包括一个ONU,由其完成O&M任务和对ORU进行突发模式控制。通过这种方式利用带内通道,经济有效地实现对光放大器的监控。实现SuperPON的主要技术问题是光再生、可靠性和网络升级等,上述问题尚有待于进一步研究。

7.4 PON设备的功能结构

7.4.1 PON系统的构成

1999年年初,采用无源光网络(PON)技术的接入网开始引起人们的关注。所谓无源光网络,是指在信号在光网络上的传输过程中不经过再生放大(光放大或电放大),网络的分路由光功率分配器(分路器)等无源器件实现。下面从光接入网(OAN)的参考配置、传输复用技术、波长分配三个方面对 PON 的构成做一些介绍。

1. 光接入网(OAN)的参考配置

光接入网(OAN)的参考配置如图 7-10 所示。

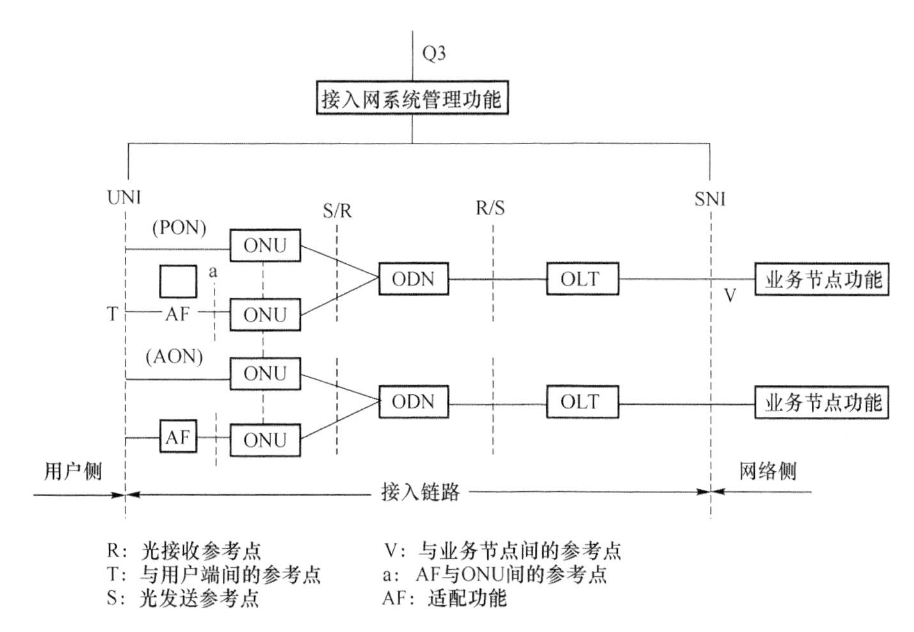

图 7-10　光接入网(OAN)的参考配置

2. 传输复用技术

在 PON 中传输复用技术主要完成 OLT 和 ONU 连接的功能,其连接可以是点对多点,也可以是点对点的方式。多点接入方式有多种,如时分多址接入(TDMA)、副载波多址接入(SCMA)等。双向传输方式有:空分复用(SDM)、时间压缩复用(TCM)、波分复用(WDM)、副载波复用(SCM)。

3. 波长分配

1 310 cm 波长区,波长分配范围是 1 260～1 360 nm;1 550 nm 波长区,波长分配范围是 1 480～1 580 nm。测试或监视信号的传输应采用其他波长。当采用光放大器时,以上波长范围可能变窄。

7.4.2　PON 设备的功能结构

1. ONU 的功能结构

ONU 提供通往 ODN 的光接口,用于实现 OAN 的用户接入。根据 ONU 放置位置的不同,OAN可分为光纤到家(FTTH)、光纤到办公室(FTTO),光纤到大楼(FTTB)及光纤到路边(FTTC)。每个ONU由核心功能块、服务功能块及通用功能块组成,如图7-11所示。

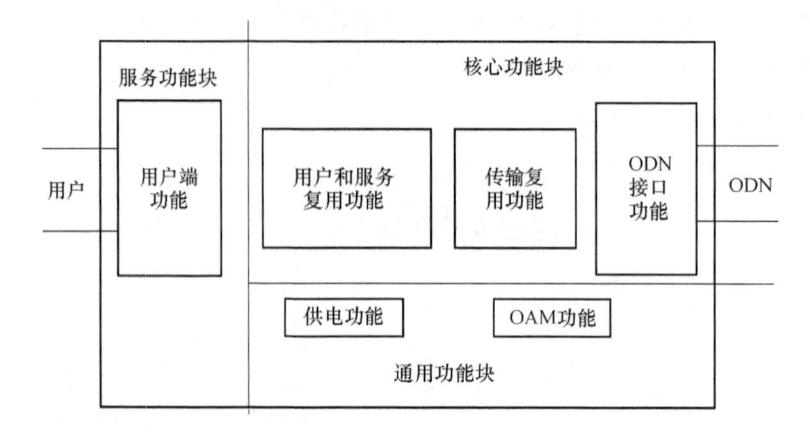

图7-11　ONU的功能结构

ONU的核心功能块包括用户和服务复用功能、传输复用功能以及ODN接口功能。用户和服务复用功能包括装配来自各用户的信息、分配要传输给各用户的信息以及连接单个的服务接口功能;传输复用功能包括分析从ODN过来的信号并取出属于该ONU的部分以及合理地安排要发送给ODN的信息;ODN接口功能则提供一系列光物理接口功能,包括光/电和电/光转换。如果每个ONU使用不止一根光纤与ODN相连,那么就存在不止一个物理接口。

ONU服务功能块提供用户端功能,它包括提供用户服务接口并将用户信息适配为64 kbit/s或$n\times64$ kbit/s的形式。该功能块可为一个或若干个用户服务,并能根据其物理接口提供信令转换功能。

ONU通用功能块提供供电功能及系统的运行、管理和维护(OAM)功能。供电功能包括交流变直流或直流变交流,供电方式为本地供电或远端供电,若干个ONU可共享一个电源,ONU应在用备用电源供电时也能正常工作。

2. OLT的功能结构

OLT提供一个与ODN相连的光接口,在OAN的网络端提供至少一个网络业务接口。它位于本地交换局或远端,为ONU所需业务提供必要的传输方式。每个OLT由核心功能块、服务功能块及通用功能块组成。

OLT核心功能块包括数字交叉连接、传输复用和ODN接口功能。数字交叉连接功能提供网络端与ODN端允许的连接;传输复用功能通过ODN的发送和接收通道提供必要的服务,它包括复用需要送至各ONU的信息及识别各ONU送来的信息;ODN接口功能提供光物理接口与ODN相关的一系列光纤相连,当与ODN相连的光纤出现故障时,

OAN 启动自动保护倒换功能，通过 ODN 保护光纤与别的 ODN 接口相连来恢复服务。OLT 服务功能块提供服务端功能，它可支持一种或若干种不同的服务。OLT 通用功能块提供供电功能和 OAM 功能。OLT 的功能结构如图 7-12 所示。

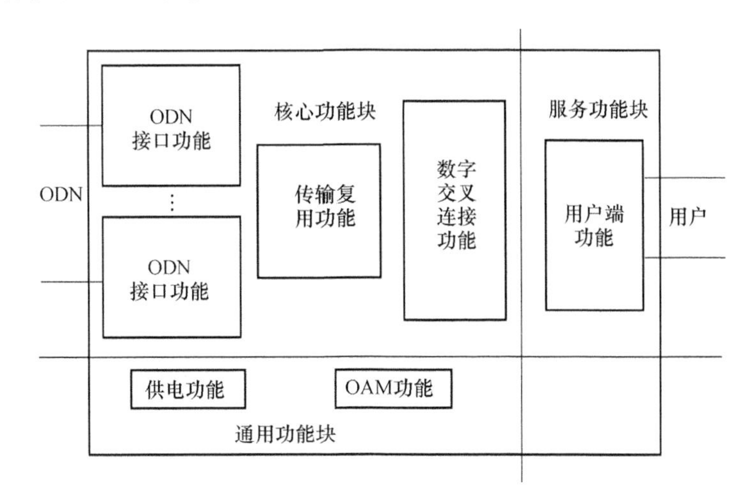

图 7-12　OLT 的功能结构

3. ODN 的功能结构

ODN 是 OAN 中极其重要的组成部分，它位于 ONU 和 OLT 之间。PON 的 ODN 全部由无源器件构成，它具有无源分配功能，其基本要求如下：

① 为今后提供可靠的光缆设施；② 易于维护；③ 具有纵向兼容性；④ 具有可靠的网络结构；⑤ 具有很大的传输容量；⑥ 有效性高。

通常，ODN 应为 ONU 到 OLT 的物理连接提供光传输媒质。组成 ODN 的无源元件有单模光纤、单模光缆、光纤带、带状光纤、光连接器、光分路器、波分复用器、光衰减器、光滤波器和熔接头等。图 7-13 为 ODN 的一般配置。

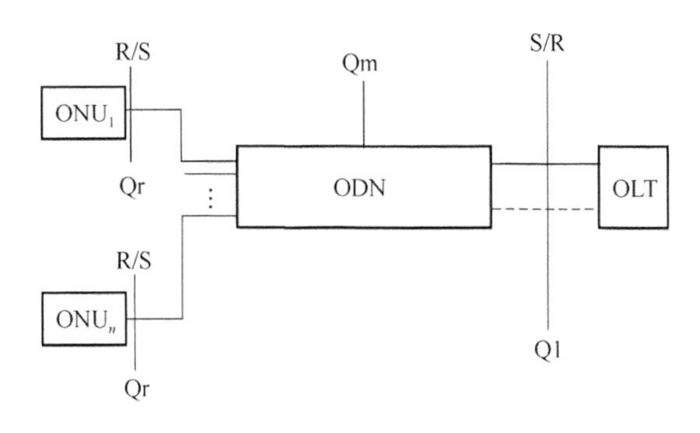

图 7-13　ODN 的功能结构

4. 操作维护管理(OAM)功能

操作维护管理(OAN)功能可用两个不同的部分来定义,即 OAN 子系统特有的 OAM 功能和 OAM 功能类别来共同定义。

OAN 子系统特有的 OAM 功能包括设备子系统、传输子系统、光的子系统及业务子系统。设备子系统包括 OLT 和 ONU 的机箱、机框、机架、供电及光分路器外壳、光纤的配线盘和配线架。传输的系统包括设备的电路和光电转换。光的子系统包括光纤、光分支器、滤波器、光时域反射仪或光功率计。业务子系统包括各种业务与 OAN 核心功能适配的部分(如 PSTN、ISDN)。

OAM 功能类别包括配置管理、性能管理、故障管理、安全管理及计费管理。光接入网的 OAM 应纳入电信管理网(TMN),它可以通过 Q3 接口与 TMN 相连。但由于 Q3 接口十分复杂,考虑到 PON 系统的经济性,一般通过中间协调设备与 OLT 相连,再由协调设备经 Q3 接口与 TMN 相连。这样,协调设备与 PON 系统用标准的简单 QX 接口。

5. PON 的保护

保护功能架构可提高 PON 系统的可靠性,但保护倒换功能的实现是可选的。保护倒换可采用自动倒换和强制倒换两种方式。自动倒换是由故障检测触发的,故障检测包括信号丢失、帧丢失或信号劣化(BER 劣化至预定义门限)等;强制倒换是由管理事件触发的,管理事件包括光纤重路由、更换光纤等。保护倒换发生后,系统应支持被保护业务的自动返回或人工返回功能。光纤保护倒换配置主要有两种:骨干光纤保护倒换和全光纤保护倒换,分别如图 7-14 和图 7-15 所示。

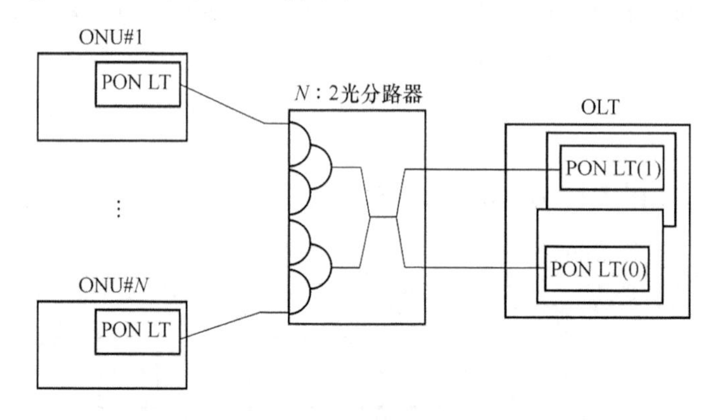

图 7-14　骨干光纤保护倒换

保护功能除了实现 ONU 认证、数据加密功能和光纤保护倒换等系统功能,同时也要实现 MAC 地址交换、二层汇聚、二层隔离、VLAN、帧过滤、广播风暴抑制、端口自协商、流量控制功能、MAC 地址数量限制、快速生成树功能、多播功能、链路聚集和 VoIP 相关功能的以太网功能。

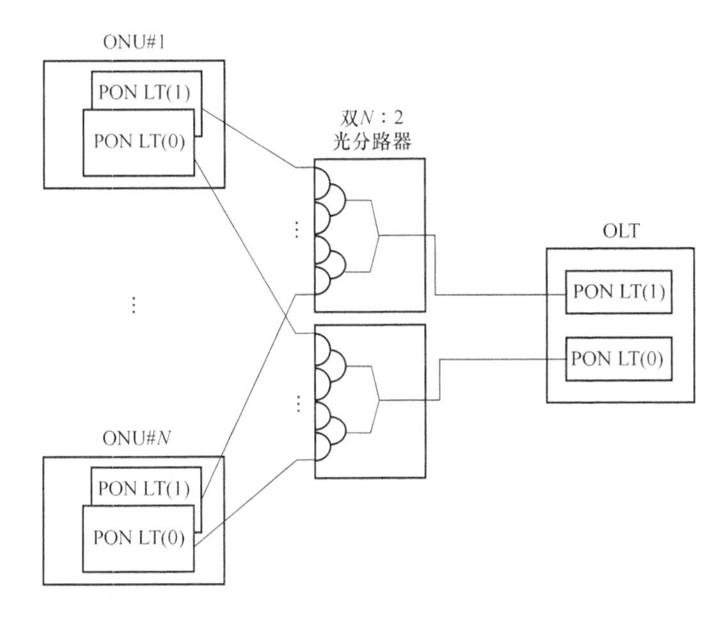

图 7-15　全光纤保护倒换

骨干光纤保护倒换配置对 OLT 以及 OLT 和光分路器之间的光纤进行备份，光分路器的 OLT 侧有两个输入/输出端口。这种配置方式仅能恢复 OLT 侧。全光纤保护倒换配置对 OLT、ONU、光分路器和全部光纤进行备份。在这种配置方式下，通过倒换到备用设备可在任意点恢复故障，具有高可靠性。全光纤保护倒换方式的一个特例是网络中有部分 ONU 以及 ONU 和光分路器之间的光纤没有备份，此时没有备份的 ONU 的被保护性能同骨干光纤保护倒换配置相同。

在骨干光纤保护倒换配置下，OLT 侧的冗余电路处于冷备份状态，倒换后 ONU 需重新进行测距，因此一般情况下在倒换过程中不能避免信号丢失甚至帧丢失。此配置方式下保护倒换时间要求有待进一步研究。在全光纤保护倒换配置下，OLT 和 ONU 侧的冗余接收机电路可以处于热备份状态，倒换后 ONU 无须重新进行测距，因此可以实现无缝切换（无帧丢失）。经实验在此配置方式下，不论是倒换过程还是返回过程，上行和下行光通道倒换时间均应小于 50 ms，否则将出现严重的数据帧丢失。

7.4.3　智能型电信级 EPON/GPON 一体化接入产品

烽火 PON 设备在国内实际应用超过千万线，市场份额始终居于国内领先地位。迄今为止，烽火 FTTx 设备已经广泛服务于中国电信、中国联通、中国移动等中国运营商，受到用户普遍好评。烽火通信 PON 设备在国际市场也得到了广泛应用。俄罗斯、白俄罗斯、乌克兰、泰国、马来西亚、挪威等国运营商已大量采用烽火 PON 设备进行 FTTx 组网。AN5516-01 是烽火通信公司推出的一款新一代智能型电信级 EPON/GPON 一体化接入产品。AN5516-01 是一款电信级 FTTx 局端设备，可搭建 EPON/GPON/10G EPON/WDM PON/P2P 通用平台，支持三层汇聚功能，具备小体积、大容量、高密度、高性能的特点，为固网宽带接入、移动基站传输、商务楼宇电子商务等提供可发展性的优质解决方案。

AN5516-01 通常摆放在小区或局端机房内。在网络侧，AN5516-01 可以提供千兆或者万兆上联接口与 IP 网络连接，也可以提供 STM-1 光接口或者 E1 电口与 SDH 或传统的 PDH 设备连接。在用户侧，AN5516-01 设备通过 ODN 网络为用户在单根光纤上提供数据、VoIP、IPTV、CATV、TDM 等多种业务。其功能特点：

① 丰富的接口类型。AN5516-01 设备支持多种物理接口种类，上联接口包括：10GE 光接口、GE 光接口、GE 电接口、E1 电接口 STM-1 光接口；用户接口包括：EPON 光接口、GPON 光接口；另外还提供各类管理接口、干接点接口及时钟告警接口等。

② 强大的 EPON/GPON 一体化接入能力。AN5516-01 是一款 EPON/GPON 一体化接入设备，可实现 EPON 和 GPON 业务的混合接入。支持 IEEE 802.3ah-2005 标准规定的 EPON 功能，严格符合 ITU-T G.984 系列标准，具备良好的互操作性支持扩展的 OAM 功能，具有良好的向下兼容性，支持多种类型 ONU，如 SFU、盒式 MDU(包括 LAN 型和 xDSL 型)、插卡式 MDU 以及 HGU 型 ONU 等，提供大容量 PON 传输带宽。

③ 完善的组播功能。具备 PON 网络点到多点的结构特点，并且支持组播协议。利用组播特性，可以非常方便地向用户提供一些新的增值业务，包括在线直播、网络电台、网络电视、远程医疗、远程教育、实时视频会议等互联网信息服务。

④ 完善的 NGN 语音功能。支持使用 ITU-T H.248、MGCP 协议以及 SIP 协议来实现 NGN 语音功能。通过 ONU 接入语音业务，采用标准语音编码技术将语音信号转换成数字信号，然后以 IP 包的形式经过 OLT 传送至 IP 网。呼叫控制由 SoftSwitch 或 IMS 完成。实现模拟用户线的 VoIP 接入，满足电信级的通话质量、管理和运营要求。

⑤ 强大的 TDM 仿真功能。提供 E1 基于分组交换网络的电路仿真业务。配有 CE1B 盘和 C155A 盘，分别提供 E1 电接口和 STM-1 光接口进行上联，内置 CES 协议处理器，用于实现 TDM 帧格式和以太网数据包格式之间的相互转换。

⑥ 强大的 QoS 保证。AN5516-01 设备具有强大的 QoS 保证，支持端到端的全网 QoS 解决方案。能够针对各种不同的客户和业务，提供不同质量的网络服务，为各种业务管理的开展提供了基础。具有灵活的带宽管理能力，其基于 SLA 和优先级的双重管理模式能有效地保证用户的最小指定带宽需求和高优先级业务(TDM)的低时延要求，全面保障业务的 QoS。

⑦ 高可靠性设计。设备支持机盘的热拔插，提供完善的电源、风扇、机盘、接口的冗余保护和光线路保护倒换机制；支持核心交换盘的 1∶1 主备倒换功能，可以做到无缝倒换。核心交换盘倒换后，无须改变上联接口的设置，极大地方便用户进行维护管理操作。

支持上联盘的 1+1 主备保护功能、上联接口的 Trunk 方式的保护、上联接口的双归属方式的保护；支持任意指配 PON MAC 芯片做 1∶1 的保护。可以做到硬件检测光模块收无光时，控制 PON MAC 芯片的倒换。

⑧ 完备的维护管理功能。设备具备配置管理、安全管理、性能管理和故障管理，四大网管功能，充分保障网络运营的服务质量，便于用户对设备的日常维护和故障诊断。支持 OLT 对 ONU 的离线配置，可在 OLT 内保存配置，并在 ONU 注册时自动对 ONU 进行授权并将预配置应用至 ONU，使业务发放更为简便；支持基于 SN、SN+Password 和 Password 三种 GPON ONU 认证方式；支持和运营商的资源系统对接，接受局方资源系统的配置；支持采集 OLT 机房的环境信息和 ONU 的环境、安防等信息，并在网管上予以显示。

⑨ 性能指标。单框支持 128 个 PON 口；EPON/GPON/10G EPON/WDM PON/P2P 通用平台；强大背板交换容量 976 G，背板总线带宽 3.25 T；提供万兆高速上联板卡：1×10GE+ 4×GE，2×10GE+ 2×GE，6×GE(光、电可选)；支持最大 4×STM-1/32E1 专线上行接口、支持最大 16×8GE 专线下行接口；1∶32/64/128 光分路比、支持 60 km 超长距离、支持 CLASS B+/C/C+光功率预算。

7.5　我国 FTTH 技术发展的阶段与趋势

实现端到端的全程光网络，是光通信开始应用有就的梦想。光纤到户(FTTH)概念提出的 30 多年里大致经历了三个发展阶段，第一阶段从 20 世纪 70 年代末，法国、加拿大和日本世界上第一批 FTTH 现场试验开始。第二阶段在 1995 年左右，主要是美国和日本进行了 BPON 的研究和实验。两次发展机遇全都由于成本太高，缺乏市场需求而夭折。第三阶段从 2000 年开始，EPON 和 GPON 的概念提出并开始了标准化，FTTH 技术迎来了真正的发展浪潮，全球的光纤接入市场迅速增长，全球 FTTx 用户数也迅速增长，并且在全球宽带接入中所占的比率逐步提高。我国则是在 90 年代中后期开始研究 FTTH 技术，迄今大致经历了技术选型的探索、确定技术标准进行试点和规模化及创新发展几个阶段。

1. 我国 FTTH 技术选型探索阶段

FTTH 是一种从通信局端一直到用户家庭全部采用光纤线路的接入方式。FTTH 技术主要包括点到点有源光接入技术和点到多点的无源光网络(PON)技术。ITU-T 于 1998 年正式发布 G.983.1 建议，从此开始了基于 ATM 技术的 PON 系统的标准制定工作；后于 2001 年将 APON 改名为 BPON；ITU-T 在 2004 年发布 G.983.10，标志着 G.983 BPON系列标准已全部完成。

1995年,武汉邮电科学研究院开始开发窄带PON系统,实现系统商用。其主要技术特征是采用点到多点的拓扑结构,来提供PSTN和TDM业务。1999年,烽火通信第一代窄带PON产品曾应用于广西、辽宁等地,但由于技术复杂且成本昂贵,并没有获得广泛应用。

2001年3月,武汉邮电科学研究院完成了国家"863"计划"全业务接入系统"即APON的研究项目,并通过了"863"专家的验收。2002年,烽火和华为等相继开发了相应产品,但是由于到ATM网络建设基本停滞,APON技术在国内基本没有采用。

这一阶段正处于光纤通信技术快速发展和通信网转型变革时期,各种点到点和点到多点的技术先后用于光纤接入。相比较而言,PON技术的标准化程度高,可以节省OLT(光线路终端)光接口和光纤,系统扩展性好,便于维护管理。尽管由于ATM技术在网络中的部署并不如最初想象的那样顺利,业界推出的BPON产品也始终没有得到广泛应用,但是已经明确了PON将是FTTH的主要实现方式,BPON是现种宽带PON技术的基础。后继发展起来的其他PON技术都直接或间接引用了BPON系列标准中的大量内容。

2. 我国确定FTTH技术标准、试点起步的阶段

2000年,IEEE成立了第一英里以太网(EFM,802.3ah)工作组,并在其开发的技术标准中包含了基于以太网的PON规范,这就是人们所熟悉的EPON标准。2004年,IEEE正式批准IEEE 802.3ah EPON协议方案。EPON将以太网的廉价和PON的结构特性融于一体,使其在尚未推出正式标准的时候就得到了业界的广泛认同。相对于传统的BPON,EPON的封装更加简单高效,速率也提升到了1 Gbit/s;相对于常规的P2P以太网,EPON增强了其OAM方面的特性,其设备成本和维护成本也大幅低于P2P的光纤以太网。

吉比特无源光网络(GPON)是全业务接入网论坛(FSAN)组织于2001年提出的传输速率超过1 Gbit/s的PON系统标准,其在APON/BPON基础上发展而来。2003年,ITU-T批准了GPON标准G.984.1和G.984.2。2004年,相继批准了G.984.3和G.984.4,形成了G.984.x系列标准。此后,G.984.5和G.984.6相继推出,分别定义了增强带宽和距离延伸的GPON。

业界很早就推出了EPON产品,但早期的产品均无成熟的标准可参照。2002—2003年,烽火通信等承担的863项目"基于千兆以太网的宽带无源光网络(EPON)"实验系统完成。2005年,烽火通信与武汉电信携手建设的武汉紫菘花园FTTH工程成功开通,该工程采用烽火科技承担的国家"863"计划项目研究成果的基础上形成的产品,能够为用户综合提供普通电话、传真、宽带上网、CATV、IPTV等多种电信业务,由此拉开了由电信运营商主导的我国FTTH商用的序幕。中国光谷所在地的武汉市政府,全力支持FTTH在武汉的发展,在地方政策、组织形式、技术、标准制定,用户/房产开发企业/运营企业/制造企业之间的协调等方面做了大量的工作。2005年完成了武汉市FTTH的一系列地方标准，更好地推动了FTTH的发展。

与此同时，我国的电信运营企业对FTTH给予了重视和关注。中国电信从2005年开始推动EPON芯片级的互通测试；2006年，进行EPON系统级互通测试；2007年，发布企业标准V1.3，进行设备评估测试。中国电信在国际上首次实现了EPON设备全面的、大规模的芯片级和系统级互通。2006—2007年，从武汉、北京、上海、广州等试点城市开始，全国各省（市、自治区）都有了FTTH的试验工程。随着试验工程的大量建设，FTTH的建设成本有了大幅度的下降，具备了大规模应用的条件，标志着我国已经确定FTTH技术标准，并已经过试点起步，拉开了规模推广应用的序幕。

3. 我国FTTH技术的标准化、规模化及创新发展阶段

2005年，在中国通信标准化协会（CCSA）组织的传送网与接入网技术工作委员会（TC6）第3次全会上，完成了若干与FTTH相关的重要行业标准或研究项目的立项工作，烽火通信等单位牵头起草了《宽带光接入网及FTTH体系架构和总体要求》标准。在起草过程中，对FTTH系统的体系架构、网络拓扑、业务类型、实现技术与要求、性能指标要求以及运行和维护要求等方面的内容进行了积极的探索，还概要地规范了FTTH光缆及线路辅助设施的基本要求等。《宽带光接入网及FTTH体系架构和总体要求》的出台为今后标准工作的开展提供了参考和指导。2006年，《接入网技术要求——基于以太网方式的无源光网络EPON》（YD/T1475）和《接入网设备测试方法——基于以太网方式的无源光网络EPON》（YD/T1531）相继成为行业标准。在中国通信标准化协会（CCSA）的统一部署与领导下，各相关委员会和工作组已经开展了大量与FTTH相关的标准化工作。近年来已经完成的与FTTH相关的通信行业标准涵盖了有源/无源器件、系统、光纤光缆等多个方面。

2007年，中国电信在武汉召开了现场会，全国10省的中国电信规划和建设部门的领导参加了会议。与会者参观了烽火等在武汉完成的FTTH各种不同应用场景的试点，主要讨论了中国电信在2008年以后的“光进铜退”建设和部署工作。2008年中国电信首次集采规模即达200万户。中国联通也进行了试点、测试、选型和集采，投入150亿元实施部分地区光纤到户。中国移动、广电部门以及其他专网也都采取了相应的行动，部署和推进FTTH的各种应用。2004—2008年，烽火、中兴、华为的EPON产品先后投放市场，广泛服务于国内各地运营商和专网用户，在网装机容量超过1 000万线，产品经历了规模商用的实践检验，应用范围遍及全国30余个省份。

2008年10月24日，我国“光纤接入产业联盟”在北京正式成立。首批参加联盟的单位包括电信运营商、电信设备制造商、光电子器件制造商、光纤光缆制造企业、电信设计单位、科研院所和大专院校等。根据联盟章程，联盟秘书处设在地处中国光谷的武汉邮电科学研究院。成立光纤接入产业联盟，积极推动光纤接入，包括光纤到户的技术进步与产业发展,是促进我国通信产业发展,不断提升国家信息通信领域创新能力与核心竞争力的重要内容。成立光纤接入产业联盟,可以更加充分地利用国内相关机构在光纤接入领域业已形成的良好基础,在行业主管部门的领导和指导下,积极研究采用多种形式加强光纤接入产业链各环节的产业合作、技术合作与知识共享,不断提升我国光纤接入技术创新水平和竞争力,推动产业发展。联盟的成立标志着我国FTTH技术进入规模化及创新发展的新阶段。

4. FTTH技术发展的展望

长远看,现有FTTH技术带宽和分光比方面依然无法满足未来每用户50～100 Mbit/s的发展需要。下一代PON已经成为业界的研究热点。EPON和GPON今后都会向更高速率的10G EPON和XGPON方向发展。目前国际标准组织已经开始了标准的讨论和制定工作。其中对称速率10G EPON的标准2009年9月已经完成,一些非对称速率10G EPON系统已经在网络上开始应用。10G GPON ITU在2009年10月也完成了物理层的规范,预计2011年能够完成标准化进程。ITU-T和FSAN将NG-PON标准分成两个阶段:NG-PON1和NG-PON2。其中,NG-PON1定位为中期研究的升级技术,研究时间段是2009—2012年;NG-PON2是一个远期研究的解决方案,研究期预计为2012—2015年。NG-PON1标准启动较晚,由于PMD、TC层等基础内容尚处于技术论证阶段,制约了产业链的发展。光模块和芯片产业发展,与GPON类似,如果NG-PON标准定义的指标参数,如突发模块开/关时间与同步时序依然很严格,将为规模商用的器件产业成熟增加困难,会进一步延缓产业链的进程。

WDM PON技术为每个ONU分配一个波长,并且能够透明传输各种协议的所有业务流,能满足未来很长时间的带宽需求。2010年由烽火通信联合中国电信集团公司等共同承担的国家"十一五"、"863"重大项目课题"低成本的多波长以太网综合接入系统(λ-EMD)"完成,研制出的WDM-TDM PON系统是业界第一款单纤32波,每波支持1∶64分路,传输距离达20 km以上的xPON系统。它采用WDM和TDM混合模式的PON结构,可以兼容现有的1G/2.5G/10G EPON、GPON和P2P等多种光纤接入技术;通过WDM方式可以承载现有CATV业务,方便实现"三网融合"业务接入,实现了我国下一代光纤接入技术研究的新跨越。

在不断增加新业务带宽需求的推动下,运营商在建设PON网络时,必须考虑提供更高的带宽与业务能力,以满足不断增长的用户需求和竞争压力。展望FTTH技术的发展,下一代PON技术将向如下几个方向演进:

(1) 向更高速率演进。10G EPON/GPON使得系统的接口速率增加了一个数量级,从而增加用户带宽到50～100 Mbit/s或增加256～512用户数,降低每个用户成本;

(2) 向更大分路比更长距离演进。下一代的PON的光功率预算应该大于28 dB,分路比将从32 dB增加到128 dB乃至更高,覆盖距离从20 km扩大到60 km,减少局所数,大幅度降低整体运维成本和故障率；

(3) 向更多波长演进。WDM-PON 的成熟也能实现协议透明性和 100 Mbit/s 甚至 1 Gbit/s更高用户速率。

按照中国电信上海公司（以下简称上海电信)的计划，上海从 2011 年起对所有小区已经过城市光网工程改造完成光纤覆盖的用户，提供宽带免费升速服务。到 2015 年，上海将在国内率先实现全面光纤入户。电信业重组之后，中国电信一家独大的宽带接入业务遭遇中国移动旗下原铁通业务、中国联通旗下原网通业务的挑战，“光进铜退”的演进，仅仅是重组后的运营商全业务竞争的一个侧影。未来 5 年，我国光纤接入新增建设规模将超过 8 000 万线。光纤接入，特别是光纤到户，不仅将成为促进我国实现“三网融合”、普及宽带网络、提升社会信息化水平的重要基础，而且将逐步发展成为一个对国民经济增长有重要带动作用的、规模超数千亿元的新兴产业。

第 8 章　EPON 技术与应用

FTTx 网络发展至今，以太网无源光网络（EPON）以发展较早、产业链及技术相对成熟和成本优势成为运营商与设备厂商大规模建设的商用技术。2004 年第一英里以太网 EFM（Ethernet in the First Mile）工作组完成了美国电气及电子工程师学会（Institute of Electrical and Electronics Engineers）IEEE 802.3ah 标准的制定。2009 年 9 月 IEEE Std. 802.3av 10 Gbit/s 以太网无源光网络（10G-EPON）标准获得正式批准。PON 技术已经发展成为体系完整的主流接入技术。

随着三网融合的具体实施，以 IPTV 为代表的视频业务将得到快速发展，特别是高清视频的 HDTV 和逐渐兴起的 3D 电视节目将会对宽带接入的带宽提出很高要求。面对不断增长的带宽需求，EPON 和 GPON 在一两年后将难以满足，10GEPON 则能够提供足够的带宽。可以预计从 2012 开始，10GEPON 开始大规模商用，在今后的两三年内，10GEPON 的建设比例将逐步增大，由于 EPON 能够平滑升级为 10GEPON，现有 EPON 也将逐步升级为 10GEPON。

8.1　EPON 的协议模型

在无源光网络的发展进程中，首先出现了以 ATM 为基础的宽带无源光网络（APON），但是由于技术复杂、成本高、带宽有限，APON 系统并未如预期的那样发展起来，因此有人提出发展 EPON。EPON 是一种将链路层的以太网技术和物理层的 PON 技术结合在一起的新一代无源光网络，作为 PON 技术中的一簇由 IEEE 802.3 EFM 工作组进行标准化。2004 年 6 月，IEEE 802.3EFM 工作组发布了 EPON 标准——IEEE 802.3ah（2005 年并入 IEEE 802.3—2005 标准）。在该标准中将以太网和 PON 技术相结合，在无源光体系网络架构的基础上，定义了一种新的、应用于 EPON 系统的物理层（主要是光接口）规范和扩展的以太网数据链路层协议，以实现在点到多点的 PON 中以太网帧的 TDM 接入。

EPON 协议参考模型就是以吉比特以太网协议参考模型为基础提出的，它包括应用层、表示层、会话层、传输层、网络层、数据链路层以及物理层，其中数据链路层和物理层占有及其重要的位置。其协议参考模型如图 8-1 所示。

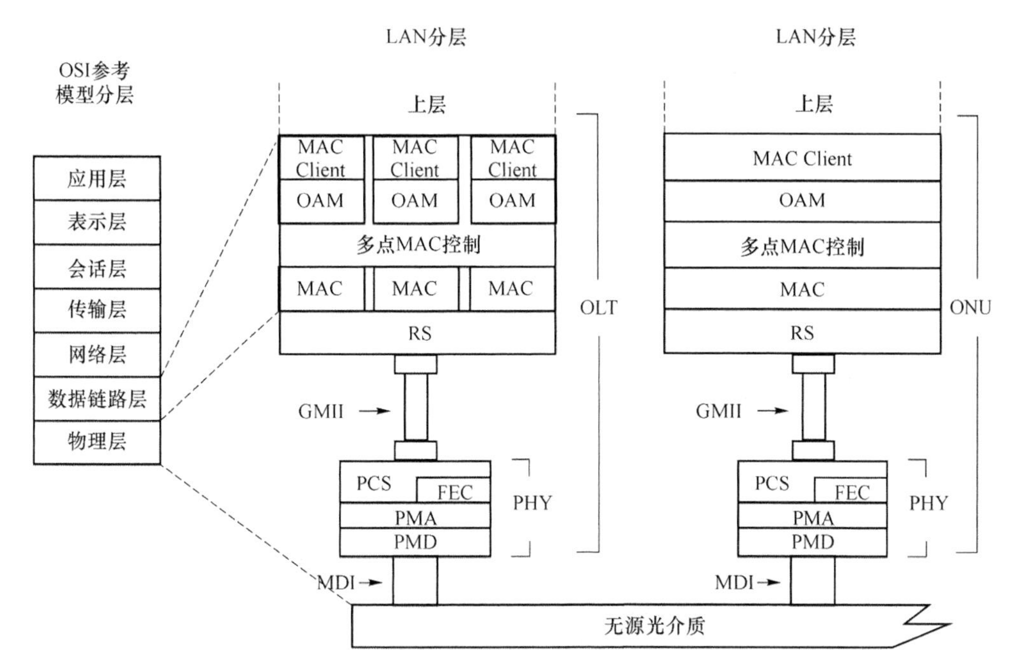

图 8-1　EPON 分层结构参考模型

从图 8-1 中可以看出，和以太网协议参考模型相比，EPON 协议参考模型将数据链路层分为 MAC Client（媒体访问控制客户端）子层、OAM 子层、MAC 控制子层和 MAC（Medium Access Control，媒介接入控制）四个子层，将物理层分为 PCS（Physical Coding Sub layer，物理编码）子层、PMD（Physical Medium Dependent，物理媒介相关）子层和 PMA（Physical Medium Attachment，物理媒介接入子层）三个子层，其中 RS（Reconciliation Sublayer）为协调子层，而将各层之间的接口分别定义为 GMII、MDI 和 TBI。

- MAC Client（媒体访问控制客户端）子层：提供终端协议栈的以太网 MAC 和上层之间的接口；

- OAM 子层:负责有关 EPON 网络运维的功能;
- MAC 控制子层:负责 ONU 的接入控制,通过 MAC 控制帧完成对 ONU 的初始化、测距、和动态带宽分配,采用申请/授权(Request/Grant)机制,执行多点控制协议(MPCP),MPCP 的主要功能是轮流检测用户端的带宽请求,并分配带宽和控制网络启动过程;
- MAC (Medium Access Control,媒介接入控制)子层:将上层通信发送的数据封装到以太网的帧结构中,并决定数据的发送和接收方式;
- 协调子层 RS(Reconciliation Sub layer):将 MAC 层的业务定义映射成 GMII 接口的信号。RS 子层定义了 EPON 的前导码格式,它在原以太网前导码的基础上引入了逻辑链路标识(LLID)区分 OLT 与各个 ONU 的逻辑连接,并增加了对前导码的 8 位循环冗余校验(CRC8);
- PCS(Physical Coding Sublayer,物理编码)子层:将 GMII 发送的数据进行编码/解码(8B/10B),使之适合在物理媒体上传送;
- PMA(Physical Medium Attachment,物理媒介接入子层):为 PCS 提供一种与媒介无关的方法,支持使用串行比特的物理媒介,发送部分把 10 位并行码转换为串行码流,发送到 PMD 层;接收部分把来自 PMD 层的串行数据,转换为 10 位并行数据,生成并接收线路上的信号;
- PMD(Physical Medium Dependent,物理媒介相关)子层:位于整个网络的最底层,主要完成光纤连接、电/光转换等功能。PMD 为电/光收发器,把输入的电压变化状态变为光波或光脉冲,以便能在光纤中传输。对于 EPON 来说,一个下行(D)PMD 将信号广播到多个上行(U)PMD 上,并通过一个分支结构的单模光纤网络接收来自每个“U”PMD 的突发信号,为单纤双向。在 EPON 的 PMD 中规定了 1000BASE-PX10 和 1000BASE-PX20 两种光模块,表 8-1 分别对 1000BASE-PX10-D PMD、1000BASE-PX10-U PMD、1000BASE-PX20-D PMD 和 1000BASE-PX20-U PMD 进行了说明。此外,目前的 PX10/20 光模块分别可以达到 1∶32 的分路比和 10/20 km 的传输距离;它在物理层业务接口上,误码率小于等于 10e-12;
- GMII(Gigabit Medium Independent Interface,吉比特媒介无关接口):PCS 层和 MAC 层的接口,是字节宽度的数据通道;
- TBI(Ten Bit Interface,十位接口):PMA 层和 PCS 层的接口,是 10 位宽度的数据通道;
- MDI(Medium Dependent Interface,媒介相关接口):PMD 层和物理媒质的接口,是串行比特的物理接口。

表 8-1　PMD 类型规范

描　述	1000BASE PX10-U	1000BASE PX10-D	1000BASE PX20-U	1000BASE PX20-D	单　位
光纤类型	B1.1，B1.3 单模光纤				
光纤数目	1				
标称发射波长	1 310	1 490	1 310	1 490	mm
发射方向	上行	下行	上行	下行	
最小范围(注 1)	0.5 m～10 km		0.5 m～20 km		
最大通道插入损耗(注 2)	20	19.5	24	23.5	dB
最小通道插入损耗(注 3)	5		10		dB

注 1:如果在链路上启用前向纠错,可获得较大的最小传输范围;也可以允许链路上有较高的通道插入损耗。

注 2:在标称发射波长处。

注 3:链路的差分插入损耗是通道最大插入损耗和最小插入损耗之差。

8.2　EPON 的系统架构

EPON(Ethernet Passive Optical Network)基于以太网方式的无源光网络。它采用点到多点的用户网络拓扑结构，利用光纤实现数据、语音和视频的全业务接入,达到三网融合的目的。

它的基本组成单元有:OLT、ONU、ODN。

根据 ODN 接入用户的方式的不同,EPON 的具体物理结构又分为三种情况，分别为光纤到路边(FTTC)、光纤到楼(FTTB) 和光纤到家(FTTH)。在 EPON 的统一网管方面，OLT 是主要的控制中心,实现网络管理的主要功能。网络管理系统是直接对 OLT 进行管理，并通过 OLT 对 ONU 进行管理。

8.2.1　EPON 的复用技术

EPON 使用波分复用技术,同时处理双向信号传输,上、下行信号分别用不同的波长,但在同一根光纤中传送。数据传输的速度均为 1 Gbit/s(由于其物理层编码方式为 8B/10B 码,所以其线路码速率为 1.25 Gbit/s)。下行数据以广播方式从 OLT 发送到所有的 ONU。上行数据则从各个 ONU 采用时分复用的方式统一汇聚到中心局端 OLT。

EPON 的下行方向(即由 OLT 到 ONU)采用广播方式,下行数据流采用 TDM 技术,

ONU将接收到所有的下行数据,根据不同的LLID值提取属于各自的数据并去掉LLID标签,其结构示意图如图8-2所示。

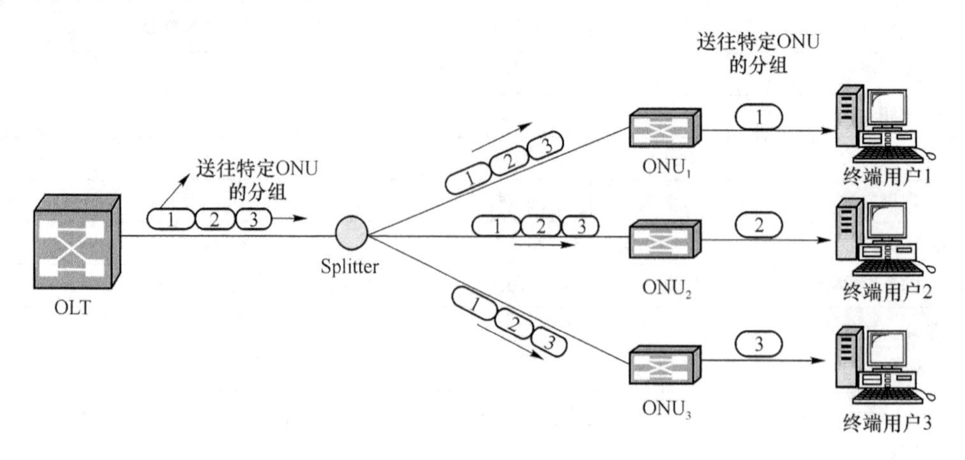

图8-2 EPON下行数据流

EPON的上行方向(由ONU到OLT)采用时分复用的方式共享系统,即上行数据流采用TDMA技术,任一时刻只能有一个ONU发送上行数据;数据首先在ONU处打上各自的LLID标签,LLID是指逻辑链路ID号,OLT为每一个注册上的ONU都分配一个LLID标签;然后根据OLT分配的时隙传送到OLT,其结构示意图如图8-3所示。

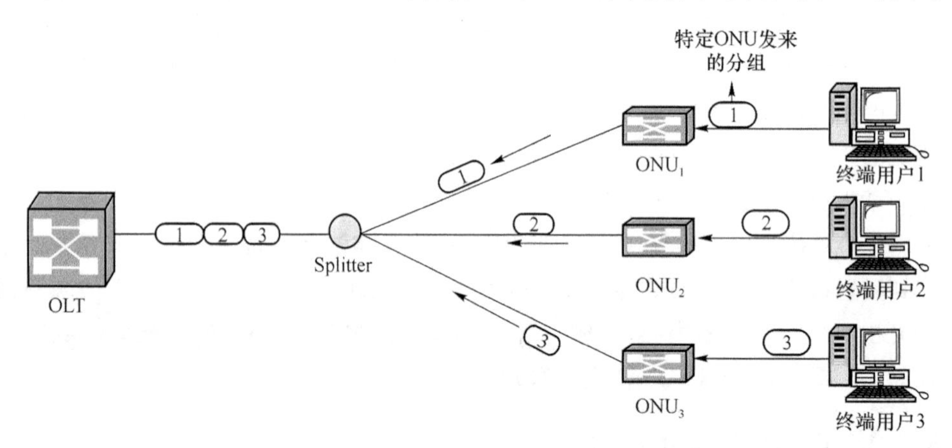

图8-3 EPON上行数据流

8.2.2 EPON光路波长分配

EPON光路可以使用2个波长,也可以使用3个波长。在使用2个波长时,下行使用1 490 nm波长,上行使用1 310 nm波长,这种系统可用于分配数据、语音和IP交换式数字视频(SDV)业务给用户。在使用三个波长1 490 nm、1 310 nm和1 550 nm时,其中的1 550 nm专门用于传送CATV业务,或者DWDM业务;1 490 nm和1 310 nm两个波长传送数据业务,1 490 nm传送下行数据,1 310 nm携带上行数据。而目前普遍使用的是三波长的光路分配,如图8-4所示。在PON系统内部下行数据以广播的形式发送数据,上行以突发的方式由各ONU依次向OLT发送请求。需要注意的是在某一时刻只能有一个ONU处于活动状态。

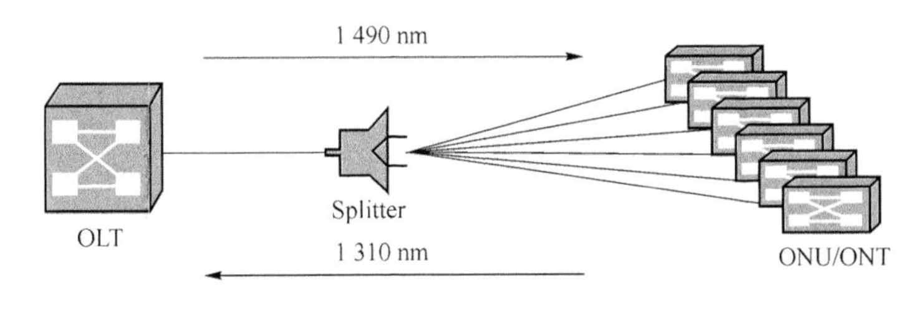

图8-4　EPON光路波长分配

8.3　EPON关键技术

在8.1中我们谈到数据链路层和物理层在EPON模型中占有极其重要的位置,因而EPON的关键技术主要包括数据链路层的关键技术和物理层的关键技术以及QoS问题。

8.3.1　数据链路层的关键技术

数据链路层的关键技术主要包括:上行信道的多址控制协议(MPCP)、ONU的即插即用问题、运行维护管理(OAM)功能的实现、OLT的测距和时延补偿协议以及协议兼容性问题。MPCP子层主要有3点:一是上行信道采用定长时隙的TDMA方式,但时隙的分配由OLT实施;二是对于ONU发出的以太网帧不做分割,而是组合,即每个时隙可以包含若干个802.3帧,组合方式由ONU依据QoS决定;三是上行信道必须有动态带宽分配(DBA)功能支持即插即用、服务等级协议(SLA)和QoS。

1. 测距和时延补偿

由于EPON的上行信道采用TDMA方式,多点接入导致各ONU的数据帧延时不同,因此必须引入测距和时延补偿技术以防止数据时域碰撞,并支持ONU的即插即用。准确测量各个ONU到OLT的距离,并精确调整ONU的发送时延,可以减小ONU发送窗口间的间隔,从而提高上行信道的利用率并减小时延。另外,测距过程应充分考虑整个EPON的配置情况,例如,若系统在工作时加入新的ONU,此时的测距就不应对其他ONU有太大的影响。EPON的测距由OLT通过时间标记(Time stam P)在监测ONU

的即插即用的同时发起和完成,如图 8-5 所示。

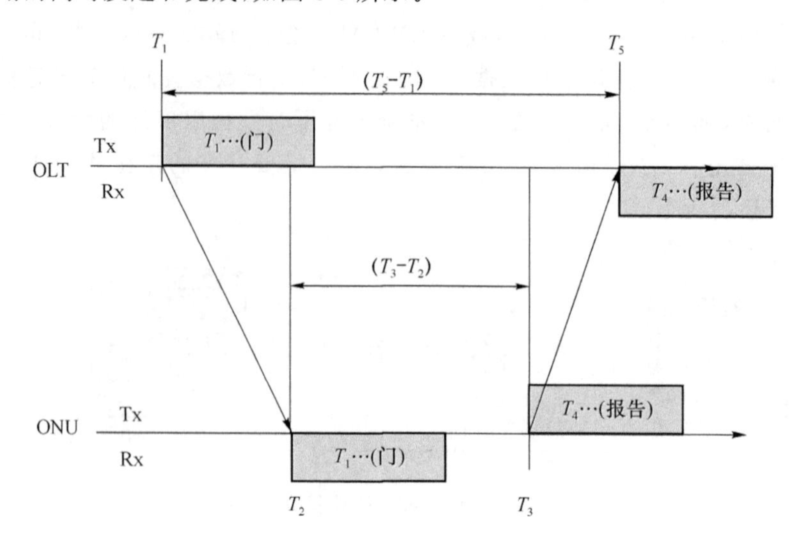

图 8-5 测距和延时补偿

基本过程如下:OLT 在 T_1时刻通过下行信道广播时隙同步信号和空闲时隙标记,已启动的 ONU 在 T_2时刻监测到一个空闲时隙标记时,将本地计时器重置为 T_1,然后在时刻 T_3回送一个包含 ONU 参数的(地址、服务等级等)在线响应数据帧,此时,数据帧中的本地时间戳为 T_4;OLT 在 T_5时刻接收到该响应帧。通过该响应帧 OLT 不但能获得 ONU 的参数,还能计算出 OLT 与 ONU 之间的信道延时:

$$\mathrm{RTT}=T_2-T_1+T_5-T_3=T_5-T_4$$

之后,OLT 便依据 DBA 协议为 ONU 分配带宽。当 ONU 离线后,由于 OLT 长时间(如 3 min)收不到 ONU 的时间戳标记,则判定其离线。

在 OLT 侧进行延时补偿,发送给 ONU 的授权反映出由于 RTT 补偿的到达时间。

例如,如果 OLT 在 T 时刻接收数据,OLT 发送包括时隙开始的 GATE $=T-\mathrm{RTT}$。在时戳和开始时间之间所定义的最小延时,实际上就是允许处理时间。在时戳和开始时间之间所定义的最大延时,是保持网络同步。

2. DBA

目前 MAC 层争论的焦点在于 DBA 的算法及 802.3ah 标准中是否需要确定统一的 DBA 算法,由于直接关系到上行信道的利用率和数据时延,DBA 技术是 MAC 层技术的关键。带宽分配分为静态和动态两种,静态带宽由打开的窗口尺寸决定,动态带宽则根据 ONU 的需要,由 OLT 分配。TDMA 方式的最大缺点在于其带宽利用率较低,采用 DBA 可以提高上行带宽的利用率,在带宽相同的情况下可以承载更多的终端用户,从而降低用户成本。另外,DBA 所具有的灵活性为进行服务水平协商(SLA)提供了很好的实现途径。

目前的方案是基于轮询的带宽分配方案，即 ONU 实时地向 OLT 汇报当前的业务需求（Request）（如各类业务的在 ONU 的缓存量级），OLT 根据优先级和时延控制要求分配（Grant）给 ONU 一个或多个时隙，各个 ONU 在分配的时隙中按业务优先级算法发送数据帧。由此可见，由于 OLT 分配带宽的对象是 ONU 的各类业务而非终端用户，对于 QoS 这样一个基于端到端的服务，必须有高层协议介入才能保障。

3. 操作管理维护（OAM）功能的实现

OAM（操作管理维护）属于 EPON 系统中网络管理部分，是负责系统中性能测量、带宽设置、故障告警等操作的具体实现的处理。

EPON 外部使用 SNMP 协议来管理整个系统，系统内部的 OLT 通过 OAM 协议来管理该 OLT 所连接的所有 ONU。如图 8-6 所示，网管端通过 SNMP 协议对代理端（OLT）进行操作，完成 SNMP 相关管理操作，完成外部管理。同时网管端也可以通过 OLT 对 ONU 进行远程管理操作。远程管理的关键的一步是在 OLT 侧要完成标准 MIB 和 OAM 的 MIB 的转换，如果完成了该转换，网管侧就可以透明地对 ONU 进行管理。这种 MIB 变量的操作是通过在 OLT 和 ONU 之间用标准 OAM 和扩展 OAM 帧来完成的。

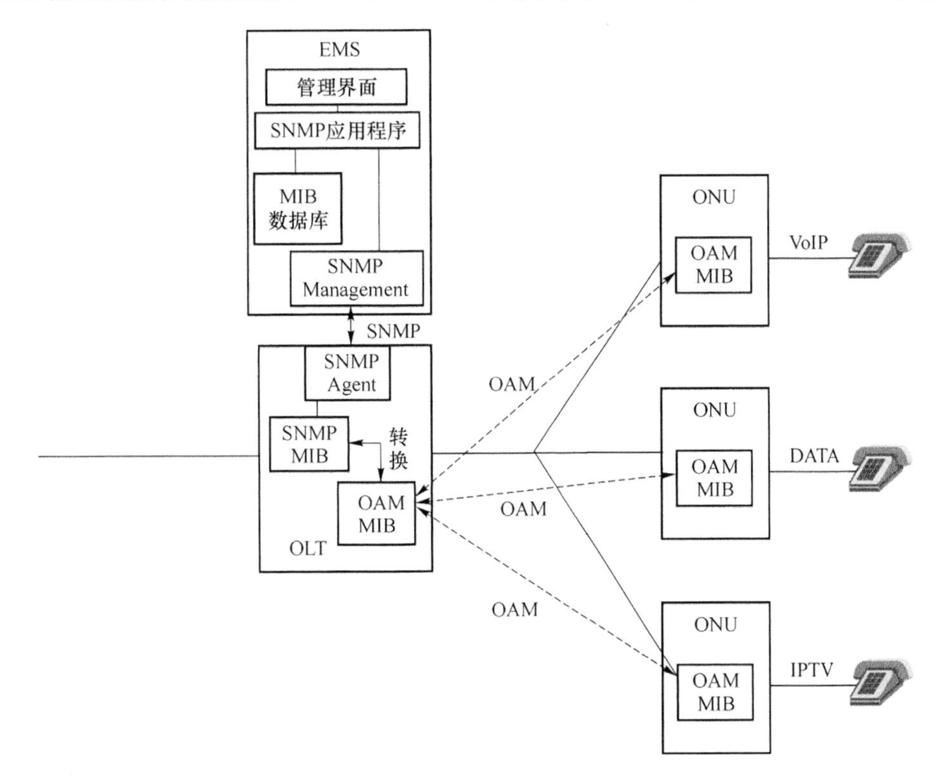

图 8-6　EPON 管理系统

在 8.1 的图 8-1 中可以看出 EPON 系统中有单独的 OAM 子层，2004 年 6 月，IEEE

正式推出了以太网接入网的第一个标准——IEEE 802.3ah;标准正式引入了 EFM 的 OAM 规范,详细规定了 OAM 子层的位置、功能、实现机制、帧构成等内容。在 EPON 标准的制定过程中,对 OAM 层的位置和 OAM 信息的传输机制存在争论。2003 年以后,基本上把 OAM 子层的位置定义在 MAC(媒体接入控制)子层和 LLC(逻辑链路控制)子层之间,如图 8-7 所示,EPON 的 OAM 层向高层(MAC 客户层和链路会聚层)和底层(MAC 层和 MAC 控制层)分别要求 IEEE 802.3 MAC 服务接口。OAM 协议是基于两端 DTE 实现的,当链路两端的 OAM 都运行时,两个连接的 OAM 子层间交互 OAMPDU,OAM 子层接收到报文时,根据目的 MAC 地址和协议子类型判断是否为 OAMPDU。OAMPDU 帧兼容 IEEE 802.3 定义的以太网帧结构,长度在 64～1 518 字节之间,且遵循慢速帧协议。由于 IEEE 802.3ah 修正后的慢速协议定义 1 s 时间最多发送 10 个报文,所以尽管 OAMPDU 占用带内带宽(OAMPDU 和数据帧共享信道),但是对正常的数据通信是没有影响的。

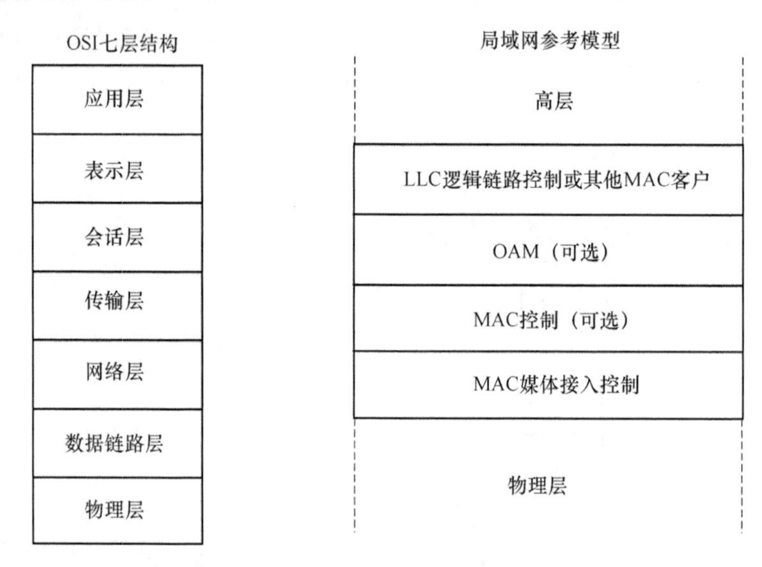

图 8-7　OAM 在网络层次中的位置

EPON 的 OAM 能够快速查出失效链路,确定故障具体位置,保证网络质量,其提供的主要功能有:

(1) 远端故障告警(Remote Failure Indication)。远端故障告警能在本地接收故障发生时,向对端发出故障告警,以便进行相应处理,这需要物理层和链路层支持单向传输的功能。

(2) 远端环回(Remote Loopback)。远端环回实现链路层帧方式的环回测试,用于测试链路的连接质量。

(3) 链路监测(Link Monitoring)。链路监测用于实现故障诊断的时间通知和查询,以及对管理信息库(MIB)的查询等功能。

(4) 其他功能。①OAM 的发现功能,即实现设备启动后,确定远端实体是否存在 OAM 子层并建立 OAM 连接;②扩展功能,即允许用户扩展,以使上层更方便地管理。

总之,EPON 是一个点对多点的结构,局端设备 OLT 必须有能力监测业务提供网络和远端设备 ONU 之间的物理链路和设备的一些重要信息。OAM 子层就是为解决 EPON 的树状拓扑结构的性能监测、故障判断等问题而提出的。

4. 协议兼容性

协议兼容问题是 EFM 的 EPON 草案中有争论的重要问题之一。其焦点是 EPON 对于网桥功能是否支持、是单逻辑端口支持还是多逻辑端口支持。如果 OLT 的逻辑对象是 ONU,则对 ONU 内用户的桥接、流量控制及部分的 QoS 功能由 ONU 完成(ONU 含以太网交换机 /桥接功能),ONU 间的桥接和流量控制由 OLT 控制;如果 OLT 的逻辑对象是每个用户,则 OLT 的逻辑链路控制(MAC 层以上功能)直接面向用户,因此 ONU 必须有多个逻辑链路 ID (Logic Link ID,LLID)对应多个终端用户。

单 LLID/ONU 方案虽然在数据链路层的控制管理上有缺陷,但该方案仍有优势,如与传统以太网的兼容性好;ONU 的内置交换/桥接功能减少了 EPON 的流量,相对增加了上行和下行信道的业务带宽;单 LLID/ONU 方案中同时减少了 OLT 和 ONU 的复杂度,降低了造价;高层软件技术足以解决单 LLID/ONU 方案中的二级管理、QoS、多业务支持和区分服务等级问题等。目前以 NTT 公司为代表又提出另一种方案,即 LLID 既不与终端用户对应也不与 ONU 对应,而是对应于虚 ONU。这样,对于 OLT 而言,既可以直接管理到具体终端用户,也可以通过 ONU 代理管理,虚 ONU 与用户的对应关系由网管灵活决定,当前协议兼容性问题仍处于争论中。

8.3.2　EPON 的 QoS 问题

在 EPON 中支持 QoS 的关键在 3 个方面:一是物理层和数据链路层的安全性;二是如何支持业务等级区分;三是如何支持传统业务。

1. 安全性

在传统的以太网中,对物理层和数据链路层安全性考虑甚少。因为在全双工的以太网中,是点对点的传输,而在共享媒体的 CSMA/CD 以太网中,用户属于同一区域。但在点到多点模式下,EPON 的下行信道以广播方式发送,任何一个 ONU 可以接收到 OLT 发送给所有 ONU 的数据包。这对于许多应用,如付费电视、视频点播等业务是不安全的。MAC 层之上的加解密控制只对净负荷加密,而保留帧头和 MAC 地址信息,因此非法 ONU 仍然可以获取任何其他 ONU 的 MAC 地址。MAC 层以下的加密可以使 OLT 对整个 MAC 帧各个部分加密,主要方案是给合法的 ONU 分配不同的密钥,利用密钥可以对 M AC 的地址字节、净负荷、校验字节甚至整个 MAC 帧加密。但是密钥的实时分配与管理方案会加重 EPON 的协议负担和系统复杂度。目前对 MAC 帧净负荷实施加密措施已得到 EFM 工作组的共识，但对于 MAC 地址是否加密及以何种方式加密还未确定。

根据 IEEE 802.3ah 规定，EPON 系统物理层传输的是标准的以太网帧，对此，802.3ah 标准中为每个连接设定 LLID 逻辑链路标识，每个 ONU 只能接收带有属于自己的 LLID 的数据报，其余的数据报丢弃不再转发。不过 LLID 主要是为了区分不同连接而设定，ONU 侧如果只是简单根据 LLID 进行过滤很显然还是不够的。为此 IEEE 802.3ah 工作组从 2002 年下半年起成立单独的小组，负责整个 802 体系的安全性问题的研究和解决。目前提出的安全机制从几个方面来保障：物理层 ONU 只接收自己的数据帧、AES 加密、ONU 认证。

2. 业务区分

由于 EPON 的服务对象是家庭用户和小企业，业务种类多，需求差别大，计费方式多样，而利用上层协议并不能解决 EPON 中的数据链路层的业务区分和时延控制。因此，支持业务等级区分是 EPON 必备的功能。目前的方案是：在 EPON 的下行信道上，OLT 建立 8 种业务队列，不同的队列采用不同的转发方式；在上行信道上，ONU 建立 8 种业务端口队列，既要区分业务又要区分不同用户的服务等级。此外，由于 ONU 要对 MAC 帧组合，以便时隙突发并提高上行信道的利用率，所以可以进一步引入帧组合的优先机制用于区分服务。但在 ONU 端，如何既能区分业务类型又能区分用户等级是需要研究的又一问题。

3. EPON 中 TDM 业务的传输

尽管数据业务的带宽需求正快速增长，但现有的电路业务还有很大的市场，在今后几年内仍是业务运营商的主要收入来源，所以在 EPON 系统中承载电路交换网业务，将分组交换业务与电路交换业务结合有利于 EPON 的市场应用和满足不同业务的需要。因此现在谈论的 EPON 实际都是考虑网络融合需求的多业务系统。

EFM 对 TDM 在 EPON 上如何承载，在技术上没有作具体规定，但有一点是肯定的就是要兼容的以太网帧格式。如何保证 TDM 业务的质量实际上也就成为多业务 EPON 的关键技术之一。

影响传统业务(话音和图像)在 EPON 中传输的性能指标主要是延时和丢帧率。无论 EPON 的上行信道还是下行信道都不会发生丢帧，因此 EPON 所要考虑的重点是保证面向连接业务的低时延。低时延由 EPON 的 DBA 算法和时隙划分的“低颗粒度”(Tin Granularity)保障，而对传统业务端到端的 QoS 支持则由现存的协议如 VLAN、IP-VPN、MPLS 来实现，其中 VLAN 和 MPLS 是被看好的应用于 EPON 的 QoS 保障协议。

此外，在 EPON 的关键技术中还有突发模式光收发器技术，这种技术能够使 OLT 光接收机的功率快速恢复，但要求 OLT 在每个接收时隙的开始处迅速调整 0-1 判决门限，它满足 ONU 光发射机的突发发射和关断，而且为抑制自发散射噪声，它要求 ONU 的激光器能够快速地冷却和回暖，它是一种 OLT 光接收机的突发同步技术，能够满足上行接收数据相位的突变时OLT的接收机在突发模式下的接收状态，还能满足OLT的接收机和ONU的发射器在突发模式下工作，这在EPON物理层传输技术中将具体讲到。

8.3.3　EPON突发接收技术

为降低ONU的成本，EPON物理层的关键技术集中于OLT，包括突发信号的快速同步、网同步、光收发模块的功率控制和自适应接收。由于OLT接收到的信号为各个ONU的突发信号，OLT必须能在几个比特内实现相位的同步，进而接收数据。此外，由于上行信道采用TDMA方式，而20 km光纤传输时延可达0.1 ms（105个比特的宽度），为避免OLT接收侧的数据碰撞，必须利用测距和时延补偿技术实现全网时隙同步，使数据包按DBA算法的确定时隙到达。另外，由于各个ONU相对于OLT的距离不同，对于OLT的接收模块，不同时隙的功率不同，在DBA应用中，甚至相同时隙的功率也不同（同一时隙可能对应不同的ONU），称为远近效应（Near-far Effect）。因此，OLT必须能够快速调节其“0”、“1”电平的判决点。为解决“远近效应”，曾提出过功率控制方案，即OLT在测距后通过运行维护管理（OAM）数据包通知ONU的发送功率等级。由于该方案会增加ONU的造价和物理层协议的复杂度，并且使线路传输性能限定在离OLT最远的ONU等级，因而未被EFM工作组采纳。

图8-8是光突发信号产生与接收图。从整个系统设计的角度而言，在下行方向，只有OLT一个信号源，ONU接收的是OLT发射过来的恒速流信号。对于某一个特定的ONU来讲，在物理层面上接收信号电平和相位特性是相对稳定的，因此不会存在突发接收问题。OLT一旦启动，激光器一直处于开启和调制状态，因此也不会存在突发发射问题。但在上行方向，有多个信号源ONU，ONU与OLT之间的不同距离以及链路特性上的差异会造成各ONU的发送的信号功率到达OLT时各不相同；同时，一个ONU发射的信号与来自其他ONU的信号没有严格的同步关系，这要求OLT在很短的时间内对每个ONU的突发信号分别同步，简而言之，这就需要OLT端的接收机支持突发接收。

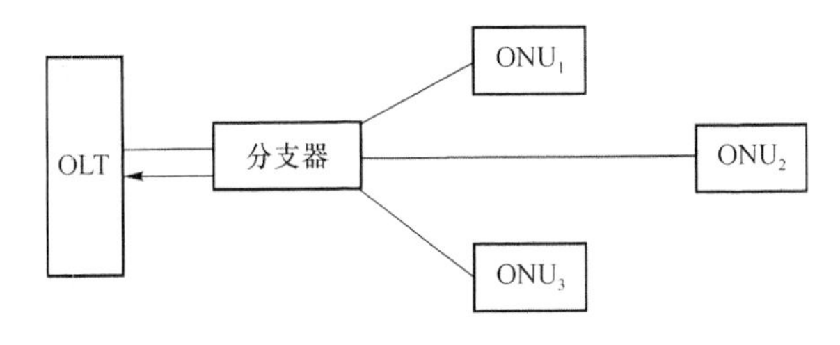

图8-8　EPON光突发信号产生与接收

为防止ONU发射的光信号在OLT端相互叠加，系统要求ONU不传送信号时处于关断状态，而在传送信号时要求很快打开，这就需要ONU支持突发发射的工作模式。因此上行接入是EPON系统设计的关键，而支持突发模式的光收发器件也成为整个EPON

系统的重点和难点。

现有的突发模式接收机分为直接耦合方式和交流耦合两大类,直流耦合模式的基本构思是依据接收的突发信号通过测量其光功率而做出相应的调节。根据反馈方式不同又可以分为自动增益控制(AGC)和自动门限控制(ATC)两种方式。直流耦合模式接收机在整个信元时间内动态调整判决电平,如果为了提高传输效率而减小自适应阈值控制电路放电时间,但这样会使误码性能下降,因此会引入传输容量代价。而且在一个信元时间内阈值的抖动也会引入灵敏度代价。如果通过在信头插入一定的比特位来确定判决阈值,则引入了传输容量代价,并且噪声对阈值的影响会引入灵敏度代价。交流耦合模式采用一个高通滤波器滤除低频信号就可以完成判决门限恢复,经过交流耦合的信号即转换成可以用0电平作为门限电压的信号。

为了减轻网络对突发光接收器件的要求,EPON对物理层信号的传输格式进行了进一步规定。EPON要求每个ONU在发送突发信号之间要发送足够长的空闲信号,以留出时间来打开激光器和调整接收机参数,并不传送上层数据。接收机可以空闲信号的幅度和相位特性以在接收真正的数据信号之前调整到最佳状态。空闲信号的时间长度,也称为保护带(Guard Band)。它是下列参数的总和,如图8-9和表8-2所示。这样EPON信号保护带的时间长度在1～2 μs之间,有效地简化了EPON突发模块的设计要求。

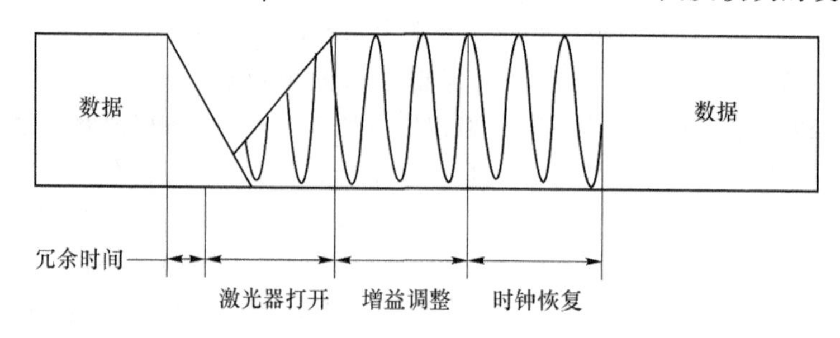

图8-9　EPON信号的物理层开销

表8-2　上行突发信号的时间长度

上行突发信号的时间距预算	EPON定义数值
ONU激光器打开的时间	512 ns
OLT接收机调整增益的时间	96 ns/192 ns/288 ns/400 ns
OLT接收机时钟恢复电路锁定的时间	96 ns/192 ns/288 ns/400 ns
冗余时间(dead zone)	128 ns

EPON的OLT会先测量ONU之间的距离,然后决定各个ONU之间的发射信号的顺序。这个测距总会有一定的误差,所以ONU之间的发信号的时间间隔需要分配一定时间来容纳这个误差。

8.4　MPCP 协议

在前面我们谈到了 EPON 的各种关键技术，本节将重点讲解 EPON 数据链路层控制技术。在数据链路层，EPON 主要提供 MPCP 子层及 MAC 层。EPON 的 MAC 层采用双工传输，与千兆以太网并无区别。由于存在多个 ONU，EPON 的 OLT 会在 MAC 层面上建立多个 MAC 实体，这样每个 ONU 就对应 OLT 的一个 MAC 实体进行通信。MPCP 就是控制这些 MAC 实体向物理层发射信号的顺序的协议。

EPON 是通过在每个以太网帧的前面加上一个逻辑链路标识(Logical Link Identification，LLID)来区分 ONU 及其业务类型的，一个 ONU 对应一个 LLID。该 LLID 将替换前导码(Preamble)中的两个字节。

OLT 作为 EPON 的核心，实现以下功能：

① 发起并控制测距过程，并记录测距信息。

② 根据测距信息，利用带宽分配算法，为 ONU 分配带宽，即控制 ONU 发送数据的起始时间和发送窗口大小。

ONU 则实现下列功能：

① 响应 OLT 发出的测距及功率控制命令，并作相应的调整。

② 选择接收 OLT 发送的数据。

③ 对用户的以太网数据进行缓存，并在 OLT 分配的发送窗口中向上行方向发送。

从 EPON 中功能划分可以看出，EPON 中较为复杂的功能主要集中于 OLT，而 ONU 的功能较为简单。

EPON 的工作过程如下：

① EPON 网络启动时，会有一个初始化过程，ONU 会向 OLT 注册自己的信息，得到一个 LLID 来标识自己。在控制信息交互的同时，OLT 与 ONU 之间还会完成时钟的同步和测距。OLT 根据 ONU 的数目和业务以及与其距离的长远，来完成时隙的分配。

② 初始化完成后，EPON 就进入正常的通信状态。OLT 会通过控制信息来控制各个 ONU 发射信号的时间。在每一次的控制信息交互中，OLT 和 ONU 之间都会对测距进行校准，作为下一次带宽分配的依据。OLT 在完成通信的同时，还会向网络广播注册信息，一旦有新的 ONU 加入，新加入的 ONU 就会相应注册信息，完成注册过程。ONU 还会向 OLT 报告自己的业务拥塞状态，OLT 会根据这些信息，来动态地分配带宽。

可以看出，EPON 是通过控制帧来进行 MPCP 控制的。MPCP 同时负责收集定时信息，OLT 会根据相应的带宽分配方法来调整 ONU 可接入带宽。EPON 协议中对带宽分配方法不做强制性规定，由各个厂家自己完成。下面重点对 MPCP 控制帧、测距原理以及 EPON 的通信过程做详细分析。

8.4.1 MPCP的帧结构

与千兆以太网相比,EPON 增加了位于 MAC 层之上的 MPCP 子层(Muti-Point Control Protocol,多点控制协议)来适应 EPON 网络中点到多点的网络结构。该协议是 MAC 控制子层的一项功能。通过 MPCP, EPON 来仿真点对点的通信,使得 EPON 网络拓扑对于高层来说就是多个点对点链路的集合。应用于千兆以太网的逻辑链路层协议,二层交换协议以及其他高层协议仍然适用于 EPON,使得 EPON 具有接入各种以太交换机的能力。

在 MPCP 的控制下,下行信息从 OLT 发给多个 ONU,每个信息单元都带有到特定 ONU 的标识。此外有一些包要发给所有的 ONU,称为广播包。当 ONU 接收到数据流时,只提取广播信息和发给自己的信息单元,将发给其他 ONU 的数据包丢弃。上行方向,即由 ONU 到 OLT 的方向,则采用时分方式共享通过接入控制机制将各个 ONU 有序接入 OLT 为每个 ONU 都分配一个传输时隙。为了让不同 ONU 发出的数据包达到 OLT 时候不会产生碰撞,OLT 与各个 ONU 之间的距离需要进行精确测量。此外,带宽还需要合理分配各个 ONU。上行技术是 EPON 的较为复杂的技术。前面谈到 EPON 网络与千兆以太网络相比,其重点改动之处在于物理层结构的改变以及新引入的 MAC 控制层技术,而在物理层编码、帧格式及与上层接口方面则与千兆以太网络一致。

MPCP 一共定义了 5 种控制帧:GATE、REPORT、REGISTER_REQ、REGISTER 及 REGISTER_ACK,用来实现 OLT 与 ONU 之间的带宽请求、带宽授权、测距、ONU 的自动发现和加入等,其具体类型有:

- OLT 的带宽授权信息,GATE:该信息携带给各个 ONU 的带宽分配信息。
- ONU 的带宽请求信息,REPORT:通过该信息携带上行 ONU 带宽请求信息。
- OLT 的初始化注册信息,REGISTER:允许新的 ONU 接入系统,将其 MAC 地址、设备容量等参数通知 OLT。
- ONU 的注册请求信息,REGISTER_REQUEST。
- ONU 的注册确认信息,REGISTER_ACK。

MPCP 的控制信息帧结构是统一的,在 MAC 层面上其帧长 64 个字节,结构如图 8-10 所示。与普通的以太网数据帧相比,MPCP 的控制信息帧结构对下列开销字节进行了信定义:

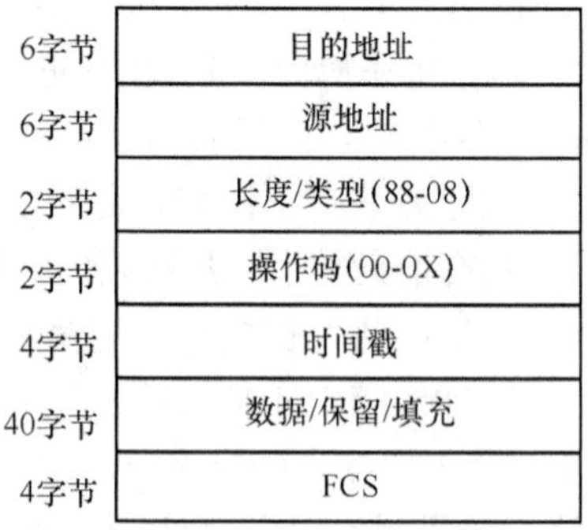

- 长度/类型(LENGTH/TYPE)字节:2 个字节。它们用来标识此 MAC 帧的类型为控制帧(88-08),用来区别 MAC 数据帧。
- Opcode(操作码)字节:Opcode 用来标识 MPCP 帧的类型,如 REPORT、

6字节	目的地址
6字节	源地址
2字节	长度/类型(88-08)
2字节	操作码(00-0X)
4字节	时间戳
40字节	数据/保留/填充
4字节	FCS

图 8-10 MPCP 帧结构

GATE、REGISTER 等。

- TIMESTAMP(时间戳)字节：用来标识 OLT/ONU 当时的时刻。
- DATA(日期)字节：用来存放控制信息除时间以外的其他内容。

下面详细介绍控制帧的结构与功能。以太控制帧的类型值为 0x8808。不同的控制帧有着不同的操作码(Opcode)和数据/保留/填充(Data/Reserved/Pad)区，时戳用于携带时间信息，以同步整个 EPON 系统，其他部分与通常 MAC 帧定义均相同。由图 8-10 可以看出，每种控制帧除去前导码、帧起始定界符之后都是 64 字节，正是以太网帧的最小长度。表 8-3 是每种控制帧对应的操作码。其中，操作码为 00-01 的控制帧已定义实现 PAUSE 功能。

表 8-3　MPCP 的操作码

MPCP 协议数据单元	GATE	REPORT	REGISTER_REQ	REGISTER	REGISTER_ACK
Opcode	00-02	00-03	00-04	00-05	00-06

数据/保留/填充区为 MPCP 协议数据单元的有效载荷，不用部分用零填充，在接收端可忽略。

Preamble/SFD 域在 MAC 之下还起到一个携带逻辑连接标识的作用，以配合上层实体实现点到点仿真功能。当帧传到 MAC 之下的协调子层(RS)时，第 3 字节由原来的 0x55 修改为 0xD5，第 6、7 字节被修改为逻辑连接标识号(LLID)，第 8 字节(即 SFD)被用做第 3 到第 7 字节的 CRC 校验域。在接收端的 RS 层完成相应的逻辑连接识别功能后则还原为标准的 Preamble/SFD。

8.4.2　EPON 测距过程

EPON 的点对多点的特殊结构决定了各个 ONU 对 OLT 的时延不同，在采用 TDMA 技术的 PON 中，所有的 ONU 的上行信号共享同一个光纤波长，各个 ONU 的发出的信号会在上行信道发生碰撞，且信号到达 OLT 的时间具有不确定性，这些特点决定了必须采用测距技术补偿传输时间差异。EPON 产生传输时延的根源有两个：一个是物理距离的不同；另一个是环境温度的变化和光电器件的老化等因素。EPON 测距的程序也相应的分为两步：① 在新 ONU 的注册阶段进行的静态粗测，这是对物理距离差异进行的时延补偿；② 在通信过程中实时进行的动态精测，以校正由于环境温度变化和器件老化等因素引起的时延漂移。

1. EPON 中的时间标签测距法的原理

测距的目的就是要测量出 ONU 的物理距离，即 RTT 值，然后对 RTT 值进行补偿，使得所有 ONU 与 OLT 之间的逻辑距离都相等。用 T_{eqd} 表示 ONU 在进行了 RTT 补偿后的均衡环路延时，所有的 ONU 都应该具有相同且恒定的 T_{eqd}，即 T_{eqd} 不随环境温度的变化而变化。为此，就要给每一个具有不同 RTT_i 的 ONU 插入一个补偿延时 T_{di}，T_{di} 是

可以实时调整的,它应该满足:

$$T_{di}=T_{eqd}-RTT_i \tag{8-1}$$

当OLT通过测距过程得到了ONU_i初始的或实时的RTT_i后,就可以通过式(8-1)计算出ONU_i所需要的T_{di}。ONU_i在发送所有的数据之前都延时T_{di},这样ONU_i的均衡环路延时就限定为T_{eqd}这个固定值,从而避免了上行的数据冲突,如图8-11所示。

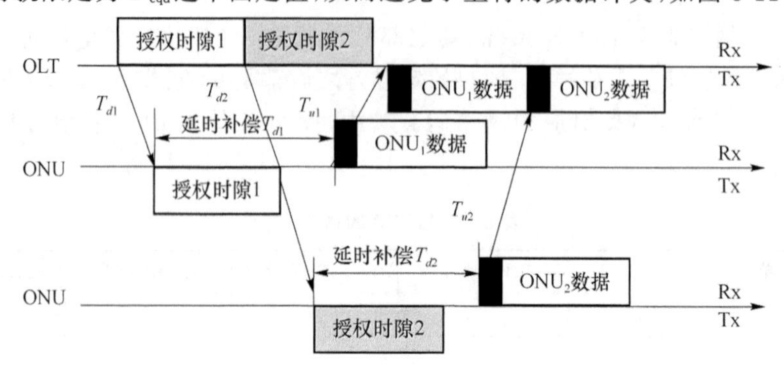

图8-11 利用测距结果实现上行时隙同步的原理

由于OLT是根据自己的本地绝对时钟为ONU安排时隙,因此,为了避免冲突,ONU的时钟必须与OLT的时钟保持一致。最简单的方法就是直接将OLT的本地时钟传递给ONU。在IEEE 802.3MAC控制类型后的4字节作为承载时间标签的特定字节。如表8-4所示。

表8-4 时间标签在MAC控制帧中的位置

8字节	6字节	2字节	2字节	4字节	40字节	4字节
前导码	目的MAC	MAC类型Ox8088	MAC控制帧类型	时间标签	消息	FCS

OLT有个本地时钟计数器,该计数器对时间颗粒计数。当OLT发送MPCP帧时,它就将本地时钟计数器的值,即绝对时钟插入到其时间标签域中。ONU中也有一个本地时钟计数器。这个计数器也是对时间颗粒计数。但是,ONU无论何时接收到OLT发送的MPCP帧,就要将这个帧所携带的新的时间标签值来刷新自己的本地时钟计数器的值。时间标签下行同步的原理如图8-12所示。

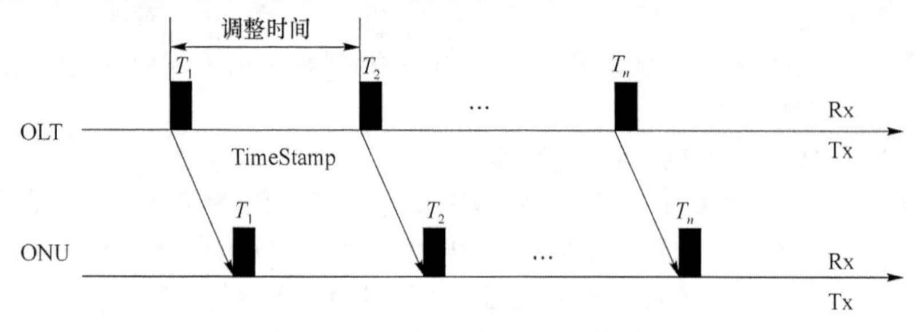

图8-12 利用时间标签下行同步

时间标签法测距是基于 EPON 系统时间标签同步的。时间标签法测距即通过时间标签的传递，通过计算接收的时间标签值和本地时钟计数器时间标签差值来实现测距。原理如图 8-13 所示。

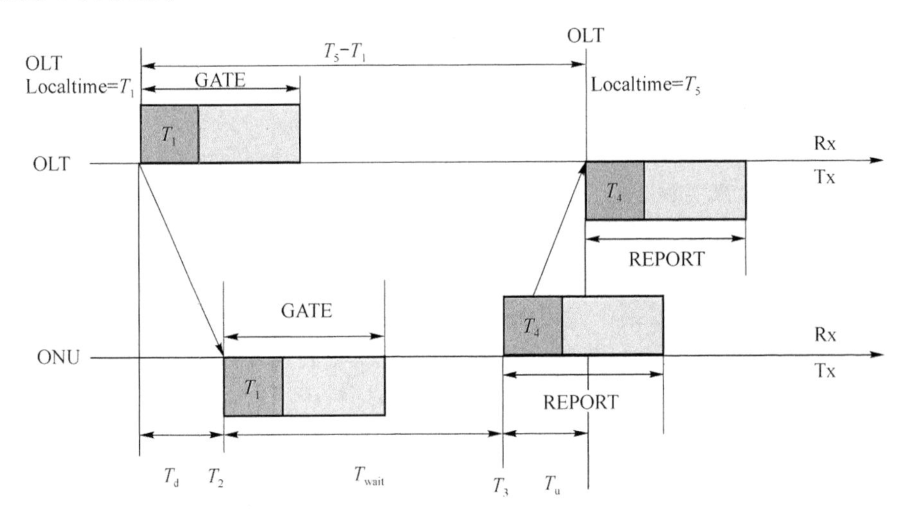

图 8-13　时间标签法测距的原理

OLT 在本地时间为 T_1 时，给 ONU 发送一个 GATE 帧，它携带的时间标签值为 $T_S=T_1$。经过 T_d 时间的传输延时后，这个 GATE 帧到达 ONU。已启动的 ONU 在 T_2 时刻监测到一个空闲时隙标记时，将本地计时器重置为 T_1，然后就等待。等待 T_{wait} 时间后，即在时刻 T_3 这个 ONU 的发送窗口开始了，它就发送 REPORT 帧，包含 ONU 参数的(地址、服务等级等)在线响应数据帧，此时，数据帧中的本地时间戳为 T_4；经过 T_u 时间的传输延时后，OLT 在 T_5 时刻接收到该响应帧。测距的目的是要得到由 ONU 到 OLT 之间的 RTT 值。

由图 8-13 可以看出，

$$\mathrm{RTT}=(T_5-T_1)-T_{wait}=(T_5-T_1)-(T_4-T_1)=T_5-T_4 \tag{8-2}$$

从式(8-1)可以看出，OLT 用收到 ONU 的响应帧时，本地时钟计数器的绝对时标值减去收到的响应帧中时间标签域的值，就可以得到 ONU 的 RTT 值了。

2. EPON 中的时间标签测距法的过程

当 OLT 通过本地绝对时间与接收到的 ONU 的 MPCP 帧中携带的时间标签之差，得到这个 ONU 的 RTT 值后，OLT 就是要计算出每一个 ONU 的上行时隙的开始时间和长度，使不同 ONU 的时隙到达 OLT 的接收机时，是一个连着一个，中间仅仅相隔个较小的保护带。

(1) ONU 的初始测距

EPON 为支持 ONU 即插即用需要一定的机制允许 OLT 能自动检验到 ONU 在线，

并能自动测距,启动 ONU 到正常工作状态。

新 ONU 初始测距采用开窗测距。所谓开窗就是当有 ONU 需要测距时,OLT 发出指令使所有运行中的 ONU 在某段时间内暂停上行业务,相当于在上行时隙内打开一个测距窗口,同时命令需测距的 ONU 向上发送一个特殊的帧。OLT 收到 ONU 的响应帧,得到此 ONU 的环路延时值 RTT,同时根据式(8-1)算出 T_{di} 值:

$$T_{di}=T_{\mathrm{eqd}}-\mathrm{RTT}_i \tag{8-3}$$

新 ONU 在收到 OLT 发送的 ONU 注册授权帧(Register Grant)时,因为该授权含有 OLT 同步时间标签,新 ONU 以此时间标签值置位 ONU 的时间标签计数器,完成首次时间标签同步。新 ONU 注册请求帧中带有 ONU 的时间标签信息,保证了 OLT 在收到 ONU 的注册请求的同时,也完成了首次测距。因为不知道 ONU 的实际距离,新 ONU 注册测距开窗大小需要能覆盖 0～20 km 的范围.在初次测距完成后可以根据前一次测距的结果进行时间补偿,达到等长的逻辑距离,完成系统上行同步,实现 TDMA 接入。

从图 8-13 中可以看出,如果 OLT 希望在本地时间 T_5 开始接收到某一个 ONU 的数据,那么它就必须命令这个 ONU 在 T_4 时刻就开始发送数据。用 T_e 表示 OLT 希望接收到 ONU 数据的时间,T_a 表示 ONU 实际发送数据的时间,通过式(8-3)可以得到 T_e 与 T_a 之间的关系为:

$$T_e = T_a - \mathrm{RTT} \tag{8-4}$$

图 8-14 是利用 RTT 补偿实现上行时隙同步的示意图。图中 OLT 在本地时间为 $T=100$ 时分别给 ONU_1 和 ONU_2 发送了长度为 20 和 30 的授权,并且期望在本地时间为 200 时接收到 ONU_1 的数据,而且还希望 ONU_2 的上行发送时隙能够紧接着 ONU 的上行发送时隙,即在本地时间为 220 时,接收完 ONU_1 的数据,就马上开始接收 ONU_2 的数据(图中没有考虑保护带的情况)。OLT 通过测距过程得知 ONU_1 的 RTT 为 16,ONU_2 的 RTT 为 28,因此 OLT 可以通过式(8-4)计算出,给 ONU_1 的授权的开始时间为:

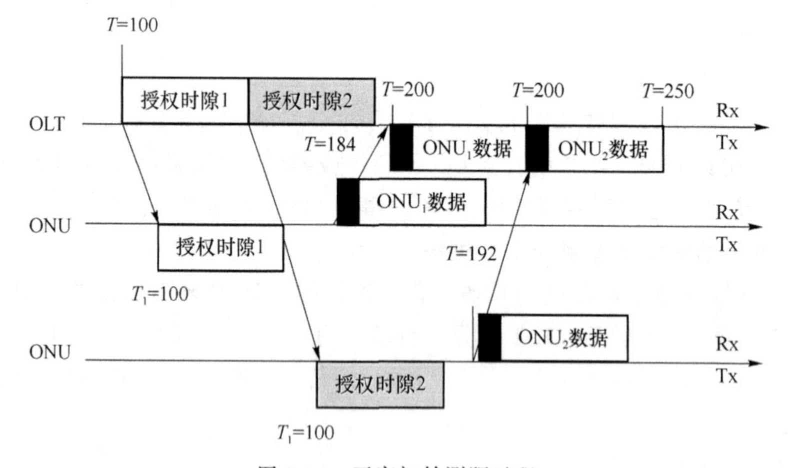

图 8-14　开窗初始测距过程

$$200-16=184 \tag{8-5}$$

给 ONU_2 的授权的开始时间为：

$$220-28=192 \tag{8-6}$$

授权(Start_time，length)	RTT 参数
授权时隙 1(184，20)	$RTT_1=16$
授权时隙 2(192，30)	$RTT_2=28$

(2) ONU 的动态测距

运行中的 ONU 由于系统的传输媒质和两端收发模块会随着温度等变化影响，传输时延发生变化，时延的变化影响系统的 ONU 逻辑距离，所以对 ONU 进行初始测距后，需要对 ONU 进行动态测距。EPON 系统中，参数的动态变化主要来自于光纤。

EPON 系统 OLT 周期地发送 GATE 帧到 ONU，指明 ONU 的授权。ONU 周期地上报 REPORT 帧至 OLT，指明其带宽请求。可以利用 REPORT 帧上的时间标签进行动态时间标签法测距。这样测距间隔时间为 GATE、REPORT 帧的周期，经分析计算，EPON 系统毫秒级的周期能满足 EPON 测距精度的要求，即一个周期时间内系统参数动态变化对传输时延的影响不超过测距精度值(如用 GMII 时钟做计数时钟，测距精度为计数器计数误差±1 bit，则测距精度±8 ns，而几毫秒内光纤等由于温度等环境因素引起的时延变化远小于 8 ns)。

(3) 时间标签法测距的优点

① OLT 一个时间标签计数器能支持多 ONU 测距。

因为 RTT 得到只是在收到 ONU 时间标签时刻测得两个时间标签之差，不同的 ONU 的时间标签先后到达 OLT，OLT 实时测得 ONU 的 RTT 值。

② ONU 向 OLT 发送时间标签消息帧(MAC 控制帧)时间点灵活。

ONU 可以在其上行授权时间段内任何位置发送时间标签消息帧，OLT 都能正确测得 ONU 的 RTT 值。它与具体的发送时间点无关。

③ 实现简单。

只要将当前 OLT 的时间标签值减去收到的时间标签值即为 ONU 的环回时间 RTT，没有必要为测距专门设一个计数器来计 RTT 值，只有简单的加减法运算。

④ ONU 参与少。

借助 EPON MAC 控制帧，ONU 只要在向 OLT 的发送 MAC 控制帧内插入时间标签值，其他部分不需要参与测距控制与处理。测距测量和计算都由 OLT 完成。

8.4.3　ONU 自动发现过程

EPON 对系统中 ONU 的初始化注册过程做了规范，具体如下：

① OLT 在带宽分配的时候，要预先留出一定时段给 ONU 初始化。

② OLT 发出一个初始化 GATE 信息，进行广播。GATE 信息里规定未注册 ONU 的发射信号的时段，以及 OLT 的时钟信息。

③ 没有初始化的ONU收到上面的GATE信息后,首先会同步于OLT的时钟。然后在OLT规定的时间段里,发出自己的REPORT信息。

④ OLT在接收到ONU的信息后,会启动注册过程。

当多个ONU同时响应未注册信息时,ONU注册会失败。ONU就会在随后的一个时间段内,重新响应OLT的注册信息,发出自己的REPORT信息。

1. EPON系统中与注册相关的MAC控制帧

根据IEEE 802.3ah D1.1[1]的建议,确定EPON中用到的MAC控制帧为64字节(从DA到FCS,不计前导码),其上、下行帧格式相同。

下面介绍一下与ONU自动加入相关的几种MAC控制帧:

(1) 注册开窗授权。注册开窗是带宽授权帧的一种,由OLT发送给未注册的ONU,Opcode为0x0002,其中包含目的MAC地址、源MAC地址、时间标签、未注册ONU的LLID(一种用于区别ONU的数字标识,系统默认为全零)、开窗的起始时间以及开窗的大小等信息。带宽授权帧中的"discovery=1"时即为注册开窗授权,它每隔一定的时间以广播的形式发送一次,所有未注册的ONU都能接收到。

(2) 注册请求帧。注册请求帧是未注册的ONU收到OLT发来的注册开窗授权后发送的MAC控制帧,Opcode为0x0004,其中包含目的MAC地址、源MAC地址、未注册ONU的LLID、时间标签、OLT CPU MAC地址、OLT PON ID、ONU ID、ONU类型和ONU PON ID等信息。

(3) 注册帧。注册帧是OLT在收到未注册的ONU发来的注册请求帧后发送给该ONU的MAC控制帧,Opcode为0x0005,其中包含目的MAC地址、源MAC地址、时间标签、Flags字节和分配给该ONU的LLID等信息。

(4) 注册确认帧。注册确认帧是未注册的ONU在收到OLT发送给它的注册帧后发送给OLT的,Opcode为0x0006,其中包含目的MAC地址、源MAC地址、时间标签、Flags字节和该ONU的LLID等信息。通过以上的MAC控制帧,OLT和ONU之间就能相互通信,进而完成ONU的自动加入。

2. ONU自动发现与注册流程

根据IEEE 802.3ah Draft 3.0,ONU的注册流程如图8-15所示。

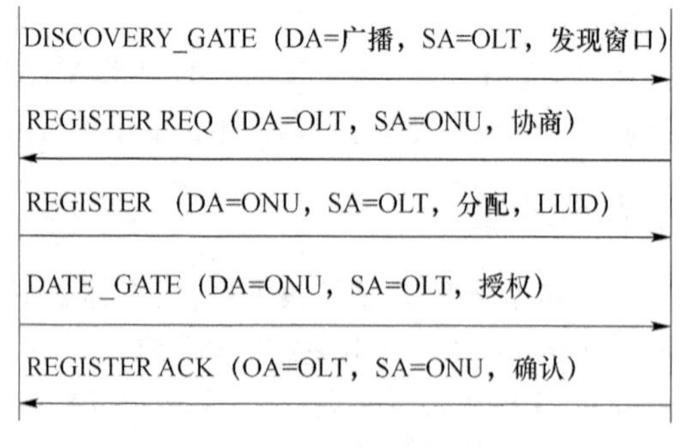

图8-15 EPON的注册流程

（1）OLT 每隔 1s 向系统各个 ONU 广播发送目的地址为广播 LLID（全零）的注册授权，并根据系统内距离最远的 ONU 确定开窗大小（例如，10 km 为 150 μs，20 km 为 250 μs，30 km 为 350 μs）。注册授权的发送是否被激活由网管决定，当网管允许新 ONU 加入时，向 OLT 发出使能信息，OLT 收到网管发出的使能信息后，就可以周期性地发送注册授权。该周期内的剩余带宽将由在线的 ONU 平均分配。OLT 发送注册开窗后，等待 ONU 的应答，一旦发现有 ONU 应答则自动运行 ONU 加入的各个步骤；如果没有应答，那么 1 s 后重新发送注册授权。当 OLT 收到网管的停止加入的信息后，就停止发送注册授权。

（2）新的 ONU 收到注册授权后，在开窗分配的时间内向 OLT 发送注册请求帧，并等待接收 OLT 发送的注册帧。如果 ONU 在发送注册请求帧后 100 ms（系统可配置）内还没有收到 OLT 发出的注册帧，则认为注册冲突，自动延迟一定时间（1～8 s，系统可配置）后，等待 OLT 新的注册授权开窗。

（3）OLT 接收到 ONU 发出的注册请求帧后，由系统软件为该 ONU 分配 ONU ID，然后以广播 LLID 向该 ONU 发送注册帧，目的 MAC 地址指向该 ONU。需要考虑的是当有多个 ONU 正好同时需要加入系统时，自动加入流程如何处理。此时可能有多个 ONU 收到 OLT 发出的注册授权，并都在开窗给定的时间内向 OLT 发送注册请求帧。当 OLT 在同一个注册开窗内收到多个 ONU 的没有混叠的注册请求帧时，OLT 不作任何处理。只有 OLT 在同一个注册开窗内只收到唯一一个注册请求帧时，OLT 才对此注册请求帧进行处理。

（4）在发送了注册帧后，OLT 为注册确认帧发送注册确认帧授权（带宽授权），并等待该 ONU 发出的注册确认帧，该授权在 OLT 认为 ONU 注册失败前始终有效。如果 OLT 在发出注册确认帧授权后 50 ms 内没有收到该 ONU 发出的注册确认帧，那么 OLT 认为该 ONU 注册失败，向该 ONU 发送要求其重新注册的信息。

（5）新 ONU 收到注册帧后，用新分配的 ONU ID 覆盖原来的 ONU ID，同时等待 OLT 的注册确认帧授权以发送注册确认帧，通知 OLT 新 ONU ID 刷新成功，同时等待最小带宽授权。如果 ONU 在发送了注册确认帧后，100 ms 内还没有收到 OLT 发出的最小带宽授权，那么 ONU 认为自己注册失败，ONU ID 自动复位，重新等待注册授权。

（6）OLT 在发送注册确认帧授权后的 50 ms（系统可配置）内收到 ONU 的注册确认帧，那么 OLT 认为该 ONU 刷新 ONU ID 完成，该 ONU 注册成功，否则认为 ONU 注册失败。

3. 冲突的解决

当 EPON 系统中有多个 ONU 等待加入时，就有可能引起注册冲突。各等待加入的 ONU 在收到注册开窗授权后，在授权允许的时间内向 OLT 发送注册请求帧。但是，由于此时各 ONU 没有进行测距，就不能有效地保证各注册请求帧之间的间隔，而可能发生帧的混叠，导致 FCS 校验错误，产生冲突。

(1) 冲突的检测

当 ONU 在发出注册请求帧的一段时间内(100 ms，可由系统配置) 没有收到 OLT 发给自己的注册帧时，此 ONU 认为自己注册发生冲突，自动进入退避算法，随机跳过 n 个注册开窗周期后重新发送注册请求帧；或者在收到下一个注册开窗后随机延迟 $n\mu s$，再发送注册请求帧。

(2) 冲突的解决

我们可以通过下面两种方法解决注册冲突：

① 随机跳窗方式。发生注册冲突时，发生冲突的 ONU 随机跳过若干个注册授权后才重新响应。由于注册授权的周期为 1 s,那么发生冲突的 ONU 可随机延时 1～8 s (系统可配置)，然后继续等待注册授权。采用随机跳过开窗的方法比随机延迟时间需要多花一些时间，但是不需增大注册开窗，不会影响系统的带宽利用率。

② 发现窗内随机延迟。发生注册冲突时，发生冲突的 ONU 仍然每次都响应注册授权，但是在响应开窗时随机延迟一定时间(但必须保证 ONU 随机延迟后的应答仍然可以落在开窗内)。采用随机延迟时间的方法可以缩短 ONU 加入系统的时间，但是由于需要给冲突的 ONU 留出一定的富余，使得它们在冲突并延迟一段时间后仍能落在注册授权开窗允许的范围内，所以需要增大注册开窗的长度，这样会降低系统的带宽利用率，从而导致整个系统效率的降低。

(3) 两种冲突避让机制的比较

下面我们从 ONU 加入时间、开窗对系统带宽利用率的影响以及硬件实现复杂度等方面对上面提出的两种冲突避让机制进行比较。

① 加入时间的比较。由于在实际情况中，多个 ONU 同时加入的几率很小，所以我们假设最多只有 8 个 ONU 同时加入系统。计算可知两种方法完成 8 个 ONU 注册所需时间如表 8-5 所示。

表 8-5　两种冲突解决办法所用时间的比较

开窗时间/s / 解决办法	0.1	1
随机跳窗所需时间/s	2.6	26
发现窗内随机延迟所需时间/s	0.3	3

由表 8-5 可以看出，对于 8 个 ONU 同时加入的情况，发现窗内随机延迟所需时间较随机跳窗所需时间短，但是，随机跳过周期避免冲突方法的自动加入时间也短得足以满足要求 (60 s 内完成加入)。

② 对系统带宽利用率的影响。ONU 自动加入系统时，开窗频率和开窗时间都会对系统的带宽利用率造成一定的影响。开窗频率越高，带宽利用率就越低，同时开窗频率的高低还会影响错误恢复的超时长度；而开窗时间越长，开窗所占用的带宽就越大，系统的带宽利用率就越低。对于一个 EPON 系统，开窗的大小由以下的因素决定：

• 系统的最大 RTD(环回延迟时间，即消息从 OLT 发送到 ONU 后回到 OLT 所需的时间）。

- 注册请求帧信息。随机跳过为一个，约占带宽 1 μs；随机延迟为 n 个，约占带宽 n μs。
- 保护带宽与激光器开启和关断时间：随机跳过约占带宽 1 μs；随机延迟约占带宽 n μs。

当最大 RTD 为 200 μs 典型值时，由上述因素得出开窗的时间为

随机跳过：200＋2＝202 μs

随机延迟：200＋2×6＝232 μs（16 个 ONU）

可以看出两者相差不大。

注册开窗大小与开窗速率对于系统带宽利用率的影响见表 8-6。

表 8-6 两种冲突解决方法随注册开窗大小对系统带宽利用率的影响

解决办法 \ 开窗速率/s	0.1	1	5	10
随机跳窗	0.202%	0.020%	0.00404%	0.00202%
发现窗内随机延迟	0.232%	0.0232%	0.00464%	0.00232%

由表 8-6 可以看出，对于 1 s 及 1 s 以上的开窗速率，注册开窗对于系统带宽利用率的影响是可以忽略的。为满足在 60 s 内完成 ONU 自动加入，我们可以取 1 s 为注册开窗的频率，OLT 每隔 1 s 发送一次注册开窗。

③ 硬件实现复杂度的比较由于在实际的方案中，每个开窗周期只允许一个 ONU 进行注册，这样的话，使用随机跳窗方法就可以很好地避免软硬件处理一个周期多个授权的情况(如测距、发送控制、接收处理等)。同时，随机跳窗的方法在延时算法的逻辑控制上也比较简单，而且相对于发现窗内随机延迟来说，效率会高一些。

8.4.4 EPON 通信过程

图 8-16 是 EPON 通信过程。

① 带宽分配模块首先通知 MPCP 层给其中一个 ONU 发出 GATE 信息。GATE 信息里包含 ONU 可以发射信号的时间段。

② MPCP 会在 OLT 发射 GATE 信息的时候标识 OLT 的时钟信息。

③ ONU 接收到 GATE 信息后，会首先判断一下 OLT 的时钟信息和自己的时钟是否有巨大差异。如果差异不大，则以 OLT 的时钟进行校准。如果差异巨大，则认为 ONU 需要重新注册，ONU 的注册过程就会被启动。

④ ONU 在校准完时钟后，就在 OLT 所通知的时间段内开始发射信息。

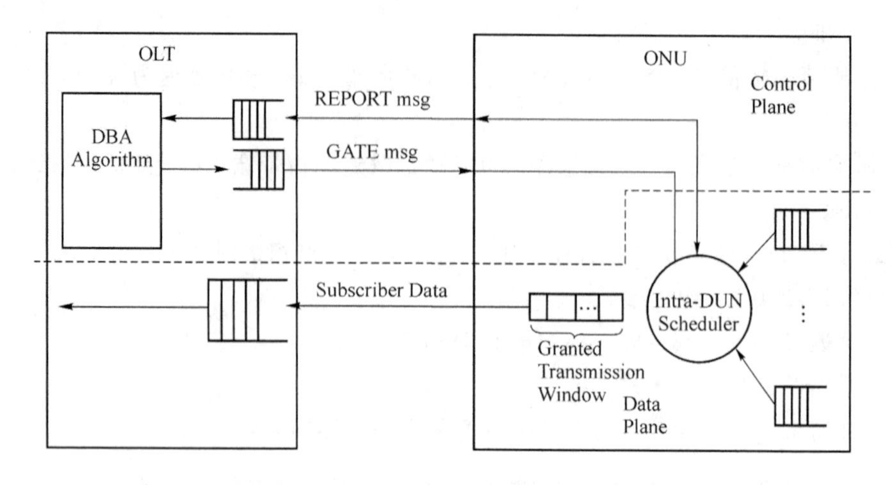

图 8-16　EPON 通信

8.5　EPON 带宽分配机制

EPON 带宽分配方案是决定 EPON 网络性能的重要一环。对一个 EPON 网络而言，其最优的带宽分配方案要取决于其网络配置、业务流量分布等，很难有统一的规范。因此在 IEEE 802.3 中，并没有对带宽分配方法进行具体规定。而是对 MPCP 这个平台进行了统一规范，这样任何厂家都可以以 MPCP 这个平台上提出自己的算法。

在 EPON 中的带宽控制大体有两种：基于静态分配时隙的接入控制和基于动态分配时隙的接入控制方式。

在基于静态分配时隙的接入控制方式下，OLT 不管 ONU 的请求信息，直接按一定规则将系统时隙分配给各个 ONU，实现方式很简单。然而，该方式具有一个很大的缺点，那就是带宽利用效率很低。假定一个 EPON 网络有多个 ONU，每个 ONU 都被分配固定的带宽。在某一个时刻，多个 ONU 没有业务流量，而某一个 ONU 业务流量突然增加。但由于带宽的分配是固定的，被其他 ONU 所浪费的带宽并不能用来分配给这个 ONU，从而使带宽利用率很低。

动态带宽分配(DBA)根据各 ONU 的业务情况动态分配带宽，使带宽利用率大幅度提高，同时系统可以根据用户优先级设置不同的服务等级。DBA 算法主要涉及下列参数的设定：

(1) 轮回周期时间的设定。OLT 在设定的周期内，给每个 ONU 分配一定的时段。每一个周期内，每个 ONU 只有一次机会发射信号。轮回周期的大小，影响着网络性能。由于 EPON 是用 GATE 和 REPORT 信息单元来控制 ONU 的，如果轮回周期时间过短，那么大量的 GATE 和 REPORT 控制信息会占用数据带宽，从而造成网络效率的降低；如果轮回周期的设定过长,那么ONU的等待时间过长,从而使得语音、视频等对延迟敏感的业务受到影响。

(2) 带宽调整方式。OLT收到一个REPORT信息后,可以立即启动调整算法,根据ONU用户的业务需求为下一次ONU分配带宽;也可以等到收到所有的ONU发过来的REPORT信息后,经过全面优化后分配带宽。前一种方法,带宽分配迅速,但是有可能造成带宽分配的不合理,后发REPORT信息的用户,总是分到很少的带宽;后一种方法,是以有效带宽效率降低为代价的,OLT需要等待一段时间来收集到所有的ONU信息以及带宽分配的优化。

(3) 分配带宽与请求带宽。当ONU请求一定的带宽时,OLT可以分配相应的带宽给ONU;也可以对ONU的业务流量进行预测,给ONU更多的带宽来应对突发业务。

(4) 业务优先级。OLT进行带宽调整时,有两种可能的方式来设定业务优先级别:只根据ONU的优先级别,来分配带宽;根据ONU具体业务的优先级别来分配带宽。前一种方式实现较为简单,每个ONU只需要申请一个LLID,OLT就可以设定优先级给每个ONU了。ONU在自己内部再进行具体业务的分配。后一种方式,需要OLT对ONU上的各个业务进行分类,每个ONU会得到多个LLID,所有业务的优先级别都由OLT进行集中管理,算法较为复杂。

8.6 10G EPON关键技术

2001/2002年,IEEE和FSAN/ITU-T分别提出EPON和GPON技术概念,PON技术进入了Gbit/s时代。从2004年日本首先开始部署EPON技术起,EPON技术、GPON技术及其产业链均已成熟,并得到了大规模的部署,在1 Gbit/s速率的PON技术逐渐成熟后,IEEE和FSAN/ITU-T从2008年开始启动10G PON的研究,这意味着PON技术进入了10 Gbit/s时代。10G PON延续了xPON的发展路线:IEEE在EPON标准基础上制定了10G EPON技术规范(802.3av),而ITU-T在GPON标准基础上制定了10G GPON技术规范(G.987.x)和10G GPON ONU管理维护规范(G.988)。10G GPON国际标准的获批,标志着下一代PON技术的两大技术流派10G EPON和10G GPON技术在标准化层面已经基本完成。

中国电信、中国联通、中国移动三大运营商均进行广泛试商用,并开始规模商用,在广东、江苏、山西、浙江、哈尔滨等地都有商用案例,已经形成了由运营商、芯片、光模块、设备系统厂商组成的良好产业链。目前EPON的主流MAC芯片厂商都在积极参与10G EPON MAC芯片的研发,PMC-Sierra、Teknovus、Cortina、Opulan、海思等都有具体的10G EPON MAC芯片研发路线图。目前,各芯片厂商已相继发布了基于FPGA(现场可编程门阵列)的解决方案,其中 PMC-Sierra、Teknovus、Opulan、海思 4 家芯片厂商参加了中国电信两轮 10G EPON 芯片级互通测试,测试结果好于预期。在 ASIC 芯片方面,主流芯片厂商将在 2010 年第一季度或第二季度推出 10G EPON 的 OLT/ONU ASIC 芯片。同时 Freescale、Marvell 也看好 10G EPON 市场前景,启动了 ONU ASIC 芯片计划,在 2010 年提供了产品。在 10G EPON 的光模块研发方面,国内外主流光模块厂商,如海信光电子、Source Photonics、Neophotonics、Superxon、WTD、Innolight 等多个厂商正在积极参与。经过 1 年半的发展,10G EPON 光模块产业链取得显著进展,到 2010 年第一季度至少有 4 家厂商可提供对称/非对称光模块,在封装、指标、成本方面取得长足进步。主流光模块已全面满足甚至超过 PR30/PRX30 功率预算要求,支持 1∶128 大分光比应用场景。ONU 光模块小型化也取得重要突破,目前多个厂商推出 SFP+封装的光模块。随着 10G EPON 2010 年开始小规模商用,10G EPON 光模块价格将大幅下降,大规模商用后,10G EPON 光模块价格将降到 EPON 光模块 3 倍左右。与此同时,10G EPON 光模块标准工作也进展显著,国内 CSSA 和 MSA 标准组织纷纷启动 10G EPON 光模块标准制定工作,2010 年第二季度完成了标准制定。这有力地促进了 10G EPON 光模块产业化进程。

设备厂商中,国内烽火、中兴、华为在 2009 年年底已经采用 FPGA 方案开发了系统设备,目前均在积极与芯片厂家合作进行 ASIC 方案的设计,在 ASIC 芯片推出后三个月,推出了 ASIC 方案的系统设备。国外住友、三菱、富士通、合勤、明泰等厂家也都在积极开发 10G EPON 系统设备。

国内外运营商对 10G EPON 一直密切关注。2010 年年初,中国移动和中国联通组织了 10G EPON 系统设备测试,测试结果表明 10G EPON 设备能够完成标准要求的各项功能。中国电信组织了芯片级别的互通测试,测试结果证明 10G EPON 芯片能够实现良好互通。国外运营商包括法国电信、NTT、KT 都对 10G EPON 进行了测试,各运营商对测试结果比较满意。除了测试,各运营商还进行了 10G EPON 的小规模商用,目前国内已经开通几十个 10G EPON 试点工程。

其中,业务互通是实现全球产业链共享的一个关键问题。IEEE 于 2009 年 11 月专门成立 P1904.1(SIEPON)工作组来制定 10G EPON 全球互通标准,期望彻底解决这个曾经束缚 EPON 在全球发展的最大问题。这也是 IEEE 首次成立标准工作组来制定系统级技术标准。根据 SIEPON 工作组计划,标准将于 2012 年年初正式颁布,在 2010 年 10 月完成标准初稿,在 2011 年 8 月就能够确定标准的最终稿,因此可以预计在 2011 年年底各个系统厂家设备将能够遵照标准实现互联互通。国内 10G EPON 的相关行业标准也在制定之中,包括“接入网技术要求 10 Gbit/s 以太网无源光网络(10G EPON)”、“xPON 光收发合一模块技术条件第 4 部分:用于 10G EPON OLT/ONU 的光收发合一光模块”、“10G EPON OLT/ONU 的单纤双向光组件”三项标准都已经完成初稿编写,进入了讨论和评审阶段。

8.6.1　10G EPON 技术及特点

作为 EPON 的发展，10G EPON 全面继承了以太网技术简单实用、成本低廉、可扩展性好的技术特性，如表 8-7 所示，在下一代 PON 技术关注的核心技术指标方面显现了突出的优势，具有强大的生命力。10G EPON 具备高带宽、大分光比、长距离的特点，满足“三网融合”后以视频业务为主的高带宽发展需求，满足 FTTH、FTTB、FTTO、FTTN 各种高带宽需求的应用场景。

表 8-7　10G EPON 技术关注的核心技术指标

物理层	上行速率	1.25 Gbit/s、10.312 5 Gbit/s
	下行速率	10.312 5 Gbit/s
	上行波长	1 310±50 nm；1 270±10 nm
	下行波长	1 577－2/＋3 nm
	线路编码	64B66B，8B10B
	FEC	10G：RS(255，223)；1G：RS(255，239)
	加密	AES－128，Triple－Churning
	最大传输距离	＞20 km
	最大分路比	＞1∶32
	ODN 等级	20 dB；24 dB；29 dB
TC 层	成帧方式	以太网帧
管理层	管理协议	OAM＋扩展 OAM

1. 10G EPON 支持 1∶256 分光比

目前 10G EPON 已经实现 1∶256 大分光比商用。宽带光接入发展的终极目标是 FTTH，无论是现有的 FTTB 升级为 FTTH，还是未来直接部署 FTTH，都需要 OLT 具备更大的分光比，以体现节约主干光纤的优势。现有的 FTTB 模式下，分光比一般为 1∶16(每台 ONU 平均带 16 个宽带用户)，要演进为 FTTH，只需进行二级分光，在 FTTB ONU 处放置 1∶16 分光器，达到 1∶256 的总分光比，无须调整主干 ODN，从而实现 FTTB 向 FTTH 的平滑演进。

2. 10G EPON 可支持 70 km 以上的超长距离覆盖

10G EPON 定义了更高的光功率预算，使得 10G EPON 与 EPON 相比能够支持更远的传输距离和更大的分路比，这也有利于降低 FTTH 的部署成本。10G EPON 支持更大的光功率预算，可以实现 32～35 dB 的光功率预算，可实现 70 km 以上的超长距离覆盖。有了充足的光功率预算，确保足够长的覆盖半径，这样才能够真正满足 OLT 向汇聚型发展的要求。在 1∶256 分光比下支持传输 5 km，可以更好地满足国内城市、城郊、农村场景FTTH建设需求。

3. 10G EPON技术和EPON兼容共存

10G EPON技术在标准、组网、管理等方面兼容了1G EPON技术,从而可保护已有EPON网络投资。10G EPON管理仅对EPON协议扩展增加了10 Gbit/s的能力通告和协商机制,兼容EPON现有管理机制。10G EPON与EPON可以使用统一的运维模式和管理机制;EPON与10G EPON在同一ODN下,各类用户共享OLT和ODN,用户可以根据带宽需求灵活选择EPON、对称10G EPON、非对称10G EPON等ONU类型,实现按需平滑升级,组网简洁、配置灵活。

如图8-17所示,EPON信号的工作波长与10G EPON信号的工作波长相区分,都包含在单模光纤允许的波长范围内。波长划分方案如图8-18所示。

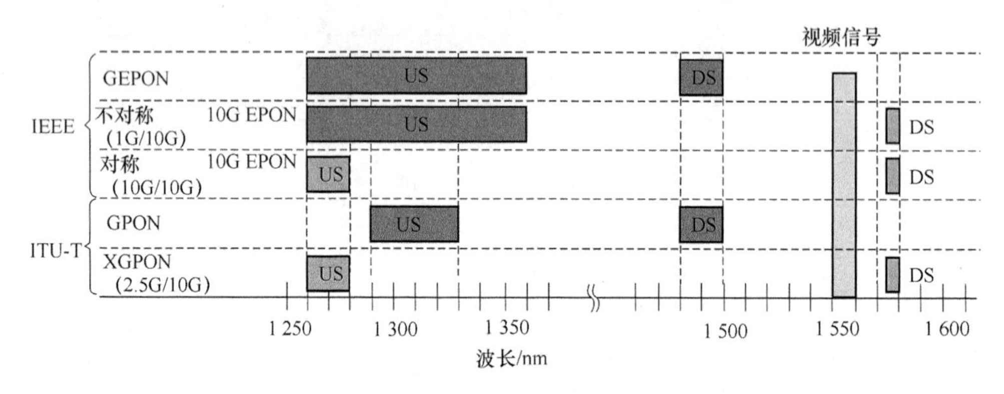

图8-17 10G PON信号的工作波长

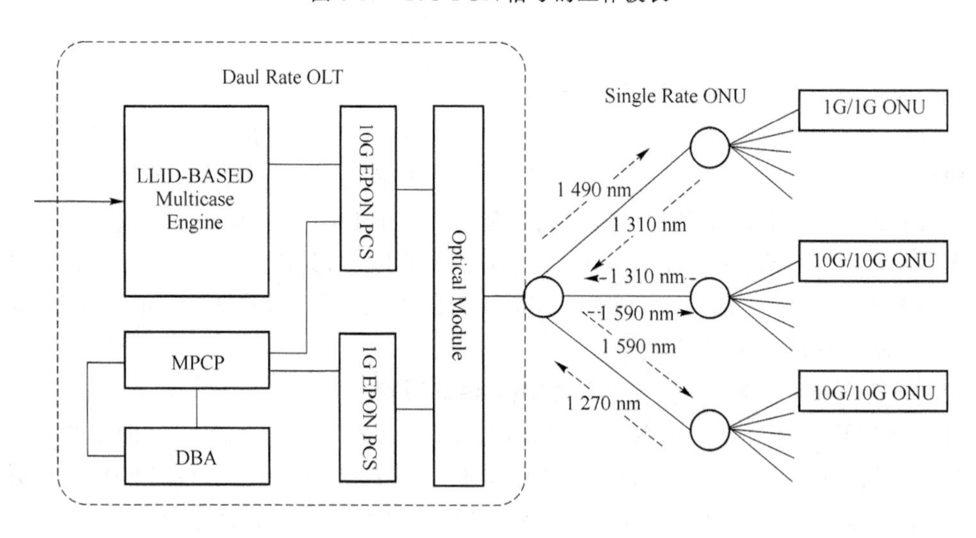

图8-18 10G EPON系统的体系架构

- EPON/10G EPON上行波长(US)范围,1 260～1 360 nm;

• EPON/10G EPON 下行波长(DS)范围，1 480～1 500 nm、1 574～1 580 nm。

10G EPON 组网方式与原有的 EPON 组网方式完全相同，运营商不需要对网络进行任何更改，只需要在 OLT 上安装 10G EPON 的用户板即可。针对用户端，只要安装具有 10G EPON 的 ONU 即可，不需要改动原有的 EPON ONU。

4. 10G EPON 带宽提升 10 倍

最重要的是 10G EPON 带宽的提升，其带宽能力是之前 EPON 的 10 倍和 GPON 的 4 倍，使得运营商提供诸如高清 IPTV、3D IPTV 等高带宽业务成为可能；并有利于省去目前在 PON 系统中广泛采用的、用第三波进行视频业务传送，这将有效降低 FTTH 的部署成本。针对宽带发展，各国电信运营商均制定了循序渐进的宽带业务发展规划，很多运营商计划在 2009—2011 年城市新建及改造区域逐步达到 20 Mbit/s 以上接入能力，2012 年之后的中远期目标是提升到 50～100 Mbit/s。对于已经规模建设了 EPON 的电信运营商，将原有技术升级为 10G EPON 是最节省投资的选择。10G EPON 技术能够与已经部署的 EPON 系统完美融合，提供可持续发展的竞争力。在 FTTH 模式下，设备成本比 EPON 高出 20%～30%(初期 10G EPON 建设量较小时的成本分析)，综合考虑 10G EPON 的大容量、大带宽、大分光比特性，综合成本具有较大优势。

8.6.2　10G EPON 系统的架构

10G EPON 融合了以太网技术和 PON 技术，和原有 EPON 的结构一样是一种采用点到多点 P2MP(Point to Multiple Point)结构的单纤双向光接入网络，其典型拓扑结构为树型，其体系架构如图 8-18 所示。在 10G EPON IEEE 802.3av 标准中，将原有的 EPON 标准的 1.25 Gbit/s(即 1G)的传输速率提高到了 10.312 5 Gbit/s(即 10G)。10G EPON 包括对称和非对称的模式：对称 PON 上下行传输速率均为 10 Gbit/s；非对称的 PON 下行传输速率 10 Gbit/s 和上行传输速率 1 Gbit/s。10G EPON 系统同样是由局侧的光线路终端 OLT、用户侧的光网络单元 ONU 和光分配网络 ODN 组成。ODN 由光纤和一个或多个无源光分路器等无源光器件组成，在 OLT 和 ONU 间提供光通道。在 10G EPON 系统中下行方向从 OLT 到 ONU，OLT 发送的信号通过 ODN 到达各个 ONU。复用方式采用 WDMA(Wavelength Division Multiple Access) 多址接入方式兼容 1G/10G 信号。

在上行方向从 ONU 到 OLT，ONU 发送的信号只会送达 OLT，而不会被其他 ONU 接收。上行方向采用 TDMA(Time Division Multiple Access)多址接入方式并对各 ONU 的数据发送进行仲裁。

10G EPON 技术在设计上最大限度地继承了传统 EPON 的全部特点，并具备了下一代 PON 应具备的其他优点：

• 带宽大，易于按需扩容升级；点对多点的结构，只需增加 ONU 数量和少量用户侧光纤即可方便地对系统进行扩容升级，充分保护运营商的投资。

- 能连接大量用户,每户成本低。
- 可靠性高,不需外场管理;局端(OLT)与用户端(ONU)之间仅有光纤、光分路器等无源器件,无须租用机房和配备电源,对维护人员的要求相对较低。
- 支持三网融合,支持各种业务,特别是先进的视频业务。
- 标准性和互通性好;其最大优势体现为可在保持现有ODN组网结构不变的情况下,实现1G EPON网络平滑升级到10G EPON网络,并且具备1G EPON/10G EPON混合组网能力,能确保运营商的前期投入不至于付诸东流。

在技术标准方面,10G EPON标准IEEE 802.3av规范针对10G以太网的MPCP协议(IEEE 802.3)以及PMD层进行扩展,并推出了GEPON和10G EPON并存的分层模型。这是因为现有的EPON要升级到10G EPON的过程应是逐步发生的,必须允许一部分用户转到了10G EPON上,而其余用户仍旧滞留于GEPON。从GEPON到10G EPON的转移应该首先发生在下行(从目前的业务需求来看,下行的带宽需求远大于上行需求),然后扩展到上行。IEEE 802.3av中,波道的选择上充分的考虑了能从GEPON平滑升级的要求,下行采用不同波长方式,用两个不同的波段1 490 nm(1 480～1 500 nm)和1 577 nm(1 575 ～1 580 nm)分别传输1.25 G和10.312 5 G信号,上行采用双速率突发模式接收技术,通过TDMA机制协调1 G和10 G光节点共存,采用1 310 nm波段(1 260～1 360 nm)用于1.25 G突发上行接收,1 270 nm波段(1 260～1 280 nm,与1 310波段重叠)用于l0.312 5 G突发上行接收(如图8-20所示),并通过1 540～1 560 nm传送CATV视频,这样就能够在同一光配线网络下实现1G/10G EPON的共存与平滑改造;在维护管理方面,则可以继续沿用原有的IEEE 802.3ah制定的OAM管理标准,增加符合IEEE 802.3av的相关管理规程就能轻松解决。同时,10G EPON标准在物理层中的光传输参数定义上也较为宽松,可以继承现有的成熟10G以太网的相关技术和管理手段。

8.6.3 10G EPON的协议栈

10G EPON的协议栈与GEPON协议栈的区别主要在物理层和部分数据链路层,如图8-19所示。在传统的EPON中,GMII作为连接PHY(物理层)和MAC层(媒质访问控制层)的接口,而在10G EPON的对称结构中,上、下行传输PHY和RS间通过XGMII(10 Gigabit Media Independent Interface)连接起来;而在非对称结构中,上行传输PHY层和RS层之间通过GMII连接,下行传输PHY层和RS层之间通过XGMII连接。RS子层用在OLT和ONU端的MAC层与PHY层之间的接口处,这些接口为媒质访问控制层提供无关媒质,可以用于所有类型的10G BASE-PR和10/1G BASE-PRX的PHY。

针对10G EPON的物理编码子层的不同,分别定义了两种实体10G BASE-PR和10/1G BASE-PRX,即对应于上下行速率均为10 Gbit/s的对称模式和上下行速率为

10 Gbit/s、1 Gbit/s 的非对称模式。下面主要介绍 10G BASE-PR 的物理编码子层。10G BASE-PR的 PCS 子层扩展了以太网的 PCS 子层，它能够支持点到多点的物理媒质的突发模式业务。下面以 10G BASE-PR 为例阐述物理层各模块的功能。

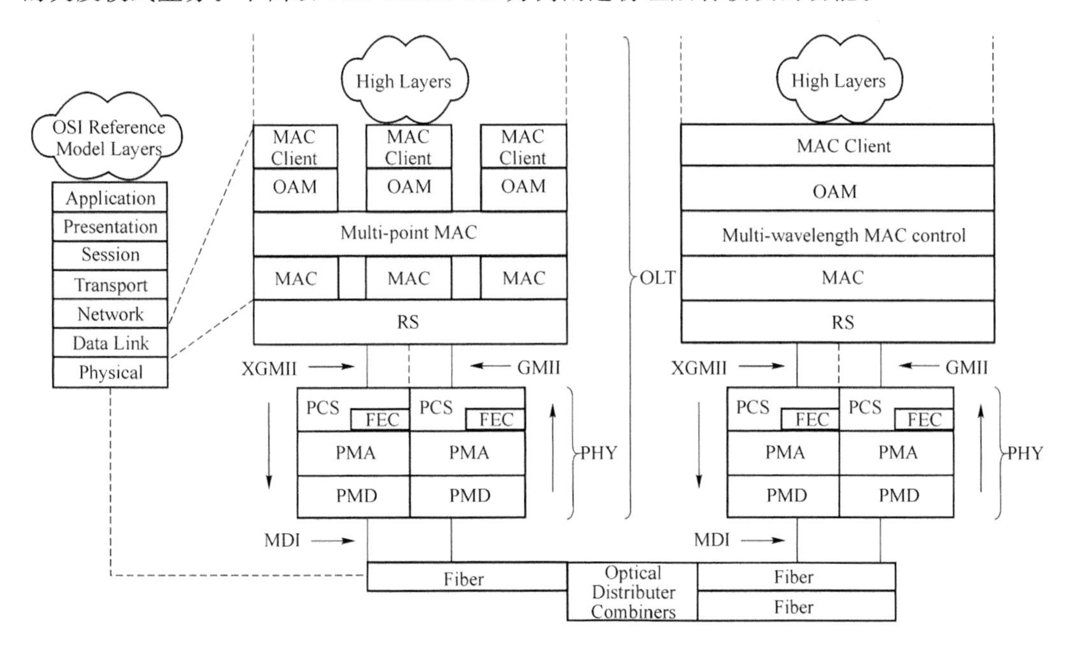

图 8-19　10G EPON 分层模型——协议栈

- 调和子层 RS：调和子层的功能是将 MAC 层的串行数据流转换为万兆比媒质无关接口的并行数据流。将万兆比媒质无关接口的链路数据和相关控制信号映射到原始 PLS 服务接口定义 MAC/PLS 接口上。
- 万兆比媒质无关接口 XGMII：XGMII 接口提供了 10 Gbit/s MAC 和物理层间的逻辑接口。

XGMII 和 RS 子层使 MAC 可以连接到不同类型的物理介质上。这个接口用来提供无关媒质给一个同一的媒质访问控制，可以用于 10GBASE 的所有类型物理层，包括 10G BASE-R、10G BASE-RW 等。10G BASE-SR/SW 传输距离按照波长不同为 2～300 m。10G BASE-LR/LW 传输距离为 2 m～10 km。10G BASE-ER/EW 传输距离为 2 m～40 km。它们各自对应不同的串行局域网物理层设备。

- 物理编码子层 PCS：PCS 子层位于 RS 子层和物理媒质相关子层之间。PCS 子层完成将经过完善定义的以太网 MAC 功能映射到现存的编码和物理层信号系统的功能上去。PCS 子层和上层 RS/MAC 的接口由 XGMII 提供，与下层 PMA 接口使用 PMA 服务接口。PCS 子层支持全双工以太网 MAC 层，在 XGMII 接口提供 10 Gbit/s 数据速率等。

- 物理媒质附加子层 PMA：PMA 子层提供了 PCS 和 PMD 子层之间的串行化服务接口。和 PCS 子层的连接称为 PMA 服务接口。
- 物理媒质相关子层 PMD：PMD 子层的功能是支持在 PMA 子层和介质之间交换串行化的符号代码位。
- 媒质相关接口 MDI(Medium Dependent Interface)：用于将 PMD 子层和物理层的光缆相连接。

IEEE 802.3av 主要定义了 10G EPON 的物理层规范，在 MAC 层上最大限度地沿用了 802.3ah 的多点控制协议(MPCP)。仅只是对 MPCP 协议进行了扩展，对 MPCP 的发现、注册、测距，DBA(动态带宽分配)做了相应的改动，扩展 OAM 管理，增加了 10 Gbit/s 能力的通告与协商机制，并充分考虑与 1G 速率 EPON 的后向兼容性要求，这部分将在后续章节详细介绍。

物理编码子层 PCS 层方面，10G EPON 的线路编码采用 64B/66B 编码(源自 10G 以太网)，效率为 97%，与 GEPON 的 8B/10B(效率为 80%)相比有了明显提升，大大减少了开销，提高了数据传输效率。由于线路速率的提升，导致信号频域展宽，势必会引入更多噪声，影响数字信号的抽样判决，因此在 GEPON 中 FEC 是可选的，而在 10G EPON 中 FEC 奇偶校验字节被周期性地添加至编码中，也就是说，FEC 操作是强制性执行的。10G EPON 所选用的 FEC 编码是 RS(255,223)码，在理想情况下提供了 6.4 dB 的编码增益，与 GEPON 的 RS(255,239)编码相比能力更强。具体功能如图 8-20 所示。

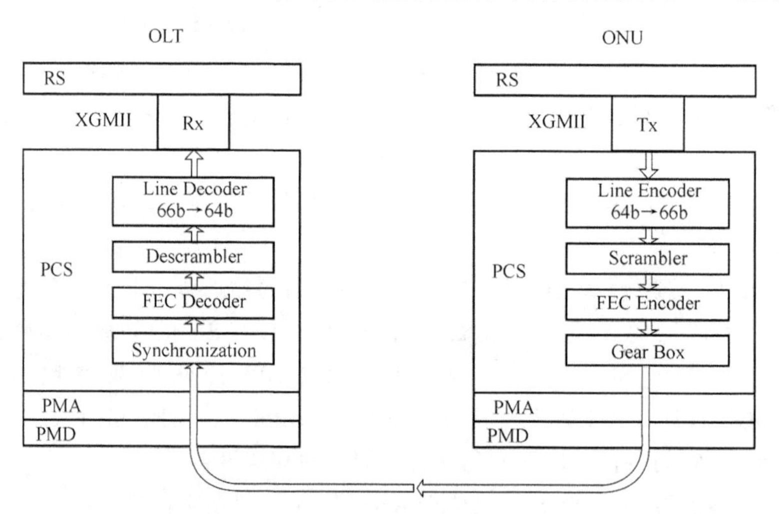

图 8-20　10G EPON PCS 层功能块

在光功率预算方面，10G EPON 目前针对对称与非对称传输速率各规定了三种功率预算：包括非对称(10G/1G)：PRX10，PRX20，PRX30 和对称(10G/10G)：PR10，PR20，PR30。功率预算如表 8-8 所示；目前 10G EPON 的功率预算最大可以支持 20 km 传输距离和 1∶32 分光比，预计能达到 1∶64 分光比。

表 8-8　10G EPON 系统功率预算

描　述	低功率预算		中功率预算		高功率预算	
	PR10	PRX10	PR20	PRX20	PR30	PRX30
最大通道插入损耗	10 dB		24 dB		29 dB	
最小通道插入损耗	5 dB		10 dB		15 dB	

10G EPON 能承载多业务，那多业务是什么呢？现在最热的三网融合就是指语音、数据、视频能在同一网内传输，所说的多业务都属于这三大类，下面简要介绍 10G EPON 对于多业务的支持是如何实现的。

- 10G EPON 在数据业务传输中的应用：EPON 是以太网技术和 PON 技术相结合的产物，分组交换和以太网的封装方式使得 EPON 技术非常适于承载 IP 业务，EPON 的升级版 10G EPON 系统对数据业务的支持当然不容怀疑。
- 10G EPON 在视频业务传输中的应用：随着 10G EPON 网中 ONU 用户数量的增加和每个用户带宽的提高，同时访问多个频道的几率大大增加。但相同的数据如果针对每户都传送一次，将是带宽的巨大浪费。10G EPON 中设置了组播业务，能解决这个问题，这种特有的数据传输方式，就是 SCB（Single Copy Broadcast，单拷贝广播）。SCB 数据传输逻辑通道是一条单向的下行通道，仅用于传输下行组播媒体流，上行组播协议报文还是通过单播通道进行传输。
- 10G EPON 在 TDM 业务传输中的应用：毫无疑问，对于 TDM 业务，要求承载业务的网络能够绝对保证其低延时、无误码。在 10G EPON 系统中实现 TDM 业务传输最主要的一种方法仍是基于分组交换网络的电路仿真技术（Circuit Emulation Servers over Packet，CESoP），其基本思路是在分组交换网中专门开设一个专用通道用以传送 TDM 业务，也就是 TDM 电路，让 TDM 业务用户感觉自身连接的是 TDM 网，而并非分组交换网。

FTTH 是光网络发展的终极目标，应从点到面、循序渐进地推进 FTTH 部署。EPON 更适合当前中国 FTTH 的规模建设需求，10G EPON 是 FTTH 的必由之路，10G EPON与现网 EPON 网络完美融合，只有 10G EPON 才能同时满足大带宽、大分光比的 FTTH 建设需求。近几年 10G EPON 的建设方式将会以 FTTB/FTTC 为主，发挥 10G EPON 高带宽的优势，有效提升 FTTB/FTTC 下每用户的平均带宽。之后会过渡为以 FTTH 为主，发挥 10G EPON 高分路比的优势，大幅提升每用户接入带宽。10G EPON的产业链已完全成熟，从芯片、光模块到系统设备，从标准到运营商，都能够达到大规模商用的条件。在 2015 年 10G EPON 将取代 EPON 成为主要的光纤接入技术。

8.7 EPON的网络规划与设计

除了电信的城域网,在城域有线电视网络改造中EPON也适合有线电视网络综合业务的需求,这使其已在国外得到广泛应用。本书将在此基础上重点阐述EPON在运营商网络规划建设中的带宽预算、组网模式、ODN规划等关键技术。

1. EPON的带宽预算

基于EPON的解决方案可实现多种业务的综合接入,包括宽带数据业务、话音业务以及视频业务。若业务类型还有CATV,则可采用"单纤三波"WDM方式承载。在单纤方案中,PON设备通过GE、V5接口与数据城域网和PSTN网络互联,PON接口的光纤将1 550 nm的CATV信号合波到一根光纤上后,跳接到ODF架,再传输到室外光交接箱,经过分路器后,连接最终用户。

当广电部门提供的视频信号源为数字信号(SDTV或HDTV)时,只需在模拟TV接入方案的基础上在每个用户家中再安装一个机顶盒或直接将家庭光接收机更换为具有光电转换和编解码功能的机顶盒,用于将接收到的数字信号进行解码,还原为普通电视机可以识别的信号。

随着宽带接入的普及,IPTV业务也随之兴起。EPON的系统结构的高带宽特性非常适合承载IPTV业务。参考中国电信[2007]893号文件《中国电信宽带接入发展指导意见》,近期接入网络的发展目标为大多数用户提供16 Mbit/s的下行接入能力,发展目标是为大多数用户提供20 Mbit/s下行带宽的能力,如表8-9所示。

表8-9 平均用户接入带宽预测表

年份		2006—2008	2009—2010
各业务所需上行带宽	上网业务	128 kbit/s	128 kbit/s
	网络游戏	256 kbit/s	256 kbit/s
	视频通信	220 kbit/s	580 kbit/s
	软交换业务	50 kbit/s	300 kbit/s
	IPTV	50 kbit/s	50 kbit/s
各业务所需下行带宽	上网业务	1 Mbit/s	2 Mbit/s
	网络游戏	256 kbit/s	256 kbit/s
	视频通信	220 kbit/s	580 kbit/s
	软交换业务	50 kbit/s	300 kbit/s
	IPTV标清	2~4 Mbit/s	2~4 Mbit/s
	IPTV高清	6~8 Mbit/s	8~10 Mbit/s
上行接入带宽总计		0.5~0.8 Mbit/s	0.8~1.2 Mbit/s
下行接入带宽总计		2~12 Mbit/s	6~20 Mbit/s

2. EPON的组网模式

EPON的应用有其区别于SDH等网络的一些特点，需要我们网络建设者共同研究和探讨。FTTH带宽能力强、维护成本低，是宽带接入网的发展方向，但目前建设成本为FTTN、FTTB、FTTC的2～3倍，随着EPON设备的不断规模商用，FTTH每线综合建设成本可下降到1 000元左右。

在新建接入网模式，FTTB(PON)＋LAN方案最具成本优势，随着PON口下所带用户数增加，ONU内置LAN或DSL建设成本下降明显，点对点FTTN投资成本受用户密度影响很大，用户密度越低其投资成本越高；其他FTTB、FTTC方案建设成本受用户密度影响很小。

在接入网改造模式，FTTB(PON)＋DSL方案成本优势明显。在农村地区应积极推进光缆向行政村和大的自然村延伸。PON技术特别适合农村的FTTVillage组网。具体比较如表8-10所示。

表8-10　EPON的组网模式比较

	方案1 FTTH (PON)	方案2 FTTB (PON) ＋ LAN	方案3 FTTB (PON) ＋DSL	方案4 FTTB (P2P) ＋LAN	方案5 FTTC (P2P) ＋DSL	方案6 FTTN(P2P) ＋DSL	方案7 FTTN(PON) ＋DSL
带宽能力	好	较好	较好	差	一般	一般	较好
设备要求	ONU内置IAD功能	楼道ONU内置IAD功能	楼道ONU内置IAD功能	楼道交换机内置IAD功能	DSLAM内置AG功能	DSLAM内置AG功能	楼道ONU内置IAD功能
向更高带宽演进能力	好	较好	较好	差	差	差	一般
建设成本(元/线)	高	低	较高	低	中等	中等	较高
加5年运维总成本(元/线)	高	低	较高	低	较高	中	高
技术成熟度	较成熟	较成熟	依赖于VDSL2技术成熟度	成熟	依赖于VDSL2技术成熟度	依赖于VDSL2技术成熟度	依赖于VDSL2技术成熟度
价格下降空间	很大	大	大	小	小	小	较大

3. EPON的ODN规划

根据使用环境的不同，馈线光缆可选择管道、架空、直埋等不同的敷设方式，馈线光缆的芯数与数量应根据网络布局和光分配点的数量合理规划，并留有适当的冗余，与现有接入网主干光缆建设无本质区别。配线光缆芯数相对较大,分支下纤的数量较大,宜选用光纤组装密度较高且缆径相对较小、开放式装纤结构的带状光缆,由于小区内管道入孔间距近、施工拐点多,配线光缆需具备良好的弯曲和扭转性能。配线光缆的芯数应根据小区布局、建筑结构、用户数量合理规划,并适当留有冗余,推荐使用室内子单元配线光缆(GJFJV)、微束管室内室外光缆(IOFA)等。

入户线光缆单芯传输时,可使用单芯光缆;双芯传输时,可使用双芯光缆。当需要考虑备用纤芯时,光缆中光纤芯数可适当增加。根据网络接入点,可选用室外光缆、室内/外光缆和室内光缆。入户线光缆室外光缆可采用管道或架空敷设方式。当采用直埋或路面敷设方式时,应避免受城市地下其他管线影响。室内光缆与常规室外光缆不同,在阻燃、抗弯折等方面都有特殊要求。

FTTH 的优势在于其强大的覆盖能力,目前最远覆盖可达 20 km(1∶32 的分路比)。FTTH 方案设计必须进行光功率预算。预算的目的是对光线路进行预先的评估,以确定该 FTTH 方案是否可行,若可行,计算结果有助于确定所选择的光发送和接收模块的灵敏度范围是否合适。

对于 EPON,国内运营商普遍采用 PX20 光模块,所以光功率预算分别为 24 dB(上行)、23.5 dB(下行),从 OLT 到 ONU 的全程光链路损耗必须小于上述标准值。对于 PON 的上下行信号,可采用光纤衰减较大的 1 310 nm 波长进行光纤链路损耗预算。端到端光纤链路损耗的预算方法:FTTH 线路系统的光通道损耗包括了 S/R 和 R/S(S:光发信号参考点;R:光收信号参考点)参考点之间所有光纤和无源光元件(如光分路器、活动连接器和光接头等)所引入的损耗。预算可采用下列工程参数:

OLT 光发送电平:−4~7 dBm(1 490 nm),OLT 光接收电平:−28~−8 dBm(1 310 nm)

ONU 光发送电平:−4.0~2.0 dBm(1 310 nm),ONU 光接收电平:−24.0~−8.0 dBm (1 490 nm)

G.652 单模光纤衰耗:≤0.34 dBm/km(1 310 nm),光纤熔接损耗:0.1~0.3 dBm,光纤连接器插入损耗:≤0.4 dBm

1∶4 分路器的插入衰耗:≤7.1 dBm,1∶8 分路器的插入衰耗:≤10 dBm

1∶16 分路器的插入衰耗:≤13.8 dBm,1∶32 分路器的插入衰耗:≤16.6 dBm

FTTH 系统中 ODN 的光链路损耗包括了从 S/R 参考点和 R/S 参考点之间的光损耗,以 dB 计算。包括光纤、光分路器、光活动连接器和光纤熔接接头所引入的衰减总和。光链路的损耗计算公式如下:

ODN 光链路损耗=光纤损耗+光分路器插入损耗+光活动连接器损耗+光纤熔接损耗

上述是比较理想环境下的 ODN 光链路损耗计算,实际系统应用中还存在不同种类光纤的对接损耗和弯曲损耗等,将使 PON 系统传输距离比上述数值还要短些。另外,我们从光纤损耗、光分路器插入损耗、光活动连接器损耗、光纤熔接损耗各数值可以看出,光分路器插入损耗和光活动连接器损耗较大，为保证系统足够的传输距离，我们在系统设计时还需注意以下两点：

① 灵活运用不同分光比的光分路器，大分光比光分路器可以减少光纤的使用量，减少光缆线路的造价，但大分光比的光分路器应用会大大缩短传输距离，会增加设备安装机房的数量而引起综合成本大大提高，因此分光比的选择应考虑当地环境灵活应用，通常距离较近的区域采用大分光比的光分路器。

对于一些偏远地区或接入点较分散的应用，可以考虑三级或三级以上的分光方式，以及采用不等分分光的分路器、减少光分路比等方式，以提高光缆纤芯利用效率、满足不同距离用户组网需求。

② 尽量减少活动连接器的数量，少使用一个活动连接器，相当于传输距离增加 1 km 多，光缆线路设计采用交接时，宜采用一级交接，不应层层设置交接箱，因充分利用光缆分支接头盒的作用。

第9章　GPON技术及应用

自2001年，FSAN组织开始起草超过1 Gbit/s速率的PON网络标准开始，随着技术的发展以及众多厂商的加入，GPON的全球产业部署方案已经初具规模。世界范围来看，目前支持GPON设备的厂商已超过37个，各大运营商均已在根据不同的应用与成本需求，同时部署着FTTC、FTTB和FTTH系统，已经或正在建设的运营商有数十家。GPON除了在欧洲、北美以及南美地区备受青睐，在传统的EPON应用国日本和韩国也相继开始部署应用。目前，国内三大运营商中国移动、中国联通、中国电信都开始对GPON设备进行招标，并且都开始铺设GPON试点工程。

9.1　GPON技术概述

作为一种灵活的吉比特级的光纤接入网，GPON以其高速率、全业务、高效率及提供电信级的服务质量保证的特点，成为了众人所关注的焦点技术。

9.1.1　GPON技术主要特点

GPON(Gigabit-Capable PON)技术是基于ITU-T G.984.x标准的新一代宽带无源光综合接入标准，具有高带宽、高效率、大覆盖范围、用户接口丰富等众多优点，可以为用户提供优质、可靠、安全的语音、数据、视频三网合一业务接入。在服务的质量保证(QoS)上，GPON有更好的机制来保证多业务服务质量的实现，如DBA、VLAN划分、优先级标记、带宽限速等。现在，国内外各大设备制造商所实现的GPON系统中，在动态带宽分配方式方面，OLT通过检查来自ONU的DBA报告和/或通过输入业务流的自监测来了解拥塞情况，然后分配足够的资源；在VLAN划分方面，OLT对不同的业务流划分不同的VLAN；在优先级标记方面，OLT通过SP和/WRR来标记不同优先级的业务流；在带宽限速方面则是对 PON 口或者 UNI 口进行流量控制。

1. 传输速率高

按照标准规定,GPON 的上行速率和下行速率最高可达 2.448 Gbit/s,能够满足未来网络应用日益增长的对高速率的需求,其非对称性更能适应宽带数据业务市场。因此,GPON 可以灵活配置上/下行速率。对于 FTTH/FTTC 应用,可采用非对称配置;对于 FTTB 应用,可采用对称配置。由于高速光突发发射、突发接收器件价格昂贵,且随速率上升显著增加,因而这种灵活配置可使运营商有效控制光接入网的建设成本。

2. 传输距离长

显而易见,采用 GEM 技术,GPON 能够支持 TDM 业务。GPON 在单一光纤中完全集成了语音与数据。以其本身的格式传输语音与数据,不会额外增加网络或 CPE 的复杂性,并具有更远的传输距离。ONU 之间的距离最远可达 20 km,逻辑距离覆盖可达 60 km。GPON 的这一特性可以满足绝大多数情况下的接入需求。

3. 效率高

带宽是运营商的一种有限资源,因而必须实现最大的网络利用效率,在有限的带宽条件下获得最大收益。然而,由于不同 PON 技术具有不同的特点,因而必须综合考虑解决方案的整体成本。GPON 在扰码效率、传输会聚层效率、承载协议效率和业务适配效率等方面都比较高,其总效率也比较高,因而可以有效降低系统成本。所以,GPON 解决方案可以使用户拥有更高带宽,它可以在接入网络上提供单个光波长高达 2.488 Gbit/s 的速率,在单一光纤光缆中提供高达 20 Gbit/s 的多波长速率,提供经济的 T1/E1 和以太网连接。GPON 解决方案可以大大缩短运营商的投资成本回收期。在已经铺设了光纤的地区,GPON 解决方案的投资成本回收期为 9~16 个月,视业务覆盖的楼宇和用户数量而定;需要新的支线和支线光纤站时,整个网络的回收期为 12~24 个月。

4. 能够支持不同 QoS 要求的业务

GPON 采用两种数据封装方式,一种是 ATM 封装,另一种是 GPON 标志性的 GEM 封装。它的 TC 层本质上是同步的,使用了标准的 8 kHz(125 us)帧,这使 GPON 可以支持点对点的定时和其他同步服务,可以灵活的分配语音、数据和图像等各种信号,特别是可以直接支持 TDM 服务,这就是所谓的 Native TDM。

在 GPON 系统中,以 GEM port 为最小承载单位,ONU 上行的数据通过映射机制被映射到 GEM port,多个 GEM port 映射再根据不同的映射方式被映射到传输容器 T-CONT。T-CONT 主要用来传输上下行数据单元,引入 T-CONT 的概念主要是为了解决上行带宽动态分配,使上行带宽利用率达到 90%。GEM port 到 T-CONT 的映射比较灵活,一个 GEM port 可以映射到一个 T-CONT 中,也可以多个 GEM port 映射到同一个 T-CONT 中。

GPON 有很强的 QoS 能力,其处理的最小单元是 T-CONT,通过动态带宽分配算法 DBA 作用于 T-CONT,完成系统中对上行带宽的动态分配,并把 T-CONT 分为 5 种类型,不同类型的T-CONT具有不同的带宽分配方式,可满足不同的数据流对时间延迟、抖动、丢包率等不同的QoS要求。在GEM层主要是针对每个GEM port进行业务流分类,针对流分类后的业务分别进行优先级修改、流量监管和转发处理。所以GPON既有基于GEM Port的逻辑层调度,又有基于T-CONT的物理层调度,双层调度机制使数据流的调度准确高效,从而使区分使用者和服务价值、提供差异化的服务成为可能。

5. 强大的OAM能力和健壮性

从满足消费者需求和便于电信运营商运行、维护、管理的角度,GPON通过3种方式来进行维护、管理和控制:嵌入式OAM、PLOAM和ONT管理与控制接口(ONT Management and control Interface,OMCI)。它借鉴了APON中PLOAM信元的概念,实现全面的运行、维护、管理功能,使GPON作为宽带综合接入的解决方案可运营性非常好,并且增加了OMCI通道,增强了对用户端设备的监控。GPON还提供了多种保护结构,并且能够通过故障检测来触发自动倒换和由管理事件来激活强制倒换,这为GPON网络提供了必要的健壮性保证。

6. 安全性高

GPON系统下行采用高级加密标准(Advanced Encryption Standard,AES)加密算法对下行帧的负载部分进行加密,这样可以有效地防止下行数据被非法ONU截取。同时,GPON系统通过PLOAM通道随时维护和更新每个ONU的密钥。

9.1.2 GPON技术标准分析

鉴于EPON标准的制定是尽量在802.3体系结构内进行的,并且要求对以太网MAC协议进行扩展、补充的程度尽量小,故EPON虽然增加了可选的OAM功能,提出了支持IP业务所需的各种业务配置和管理功能,但与GPON标准相比,该技术的传输效率较低,对非数据业务尤其是TDM业务不能很好地支持。

1998年10月,ITU-T通过了全业务接入网(FSAN)联盟所倡导的基于ATM的无源光网络技术标准G.983。该标准以ATM作为通道层协议,支持语音、数据、图像、视频等多种业务,提供明确的QoS保证和业务级别,具有完善的运行、管理和维护(OAM)系统,最高传输速率为622 Mbit/s。

随着Internet的快速发展和以太网的大量使用,针对APON标准过于复杂、成本过高、在传送以太网数据业务时效率太低等缺点,第一英里以太网工作组于2000年年底提出了基于以太网的无源光网络(EPON)的概念。由于以太网相关器件的价格相对较低,而且对于在通信业务量中所占比例越来越大的以太网所承载的数据业务来说,EPON免去了IP数据传输协议和格式转化,效率高,传输速率达到1.25 Gbit/s,且有进一步升级的空间,因而EPON受到普遍关注。

2001年,在IEEE积极制定EPON标准的同时,FSAN联盟开始发起制定速率超过

1 Gbit/s的 PON 网络标准——吉比特以太网无源光网络(GPON)。随后,ITU-T 也介入了这一新标准的制定工作。截止到目前,已经发布了 ITU. T G. 984. 1～G. 984. 6 6 个标准,形成了 G. 984. x 系列标准,如表 9-1 所示。

表 9-1 GPON 国际标准一览表

序 号	标准号	中文名称	发布时间
1	ITU-T G. 984. 1	吉比特无源光网络(GPON):一般特性	2008 年 3 月 1 日
2	ITU-T G. 984. 2	吉比特无源光网络(GPON):物理媒质相关(PMD)层规范	2008 年 3 月 1 日
3	ITU-T G. 984. 3	吉比特无源光网络(GPON):传输会聚层规范	2008 年 3 月 1 日
4	ITU-T G. 984. 4	吉比特无源光网络(GPON):ONT 管理和控制接口规范	2008 年 2 月 1 日
5	ITU-T G. 984. 5	吉比特能力光纤接入网络的增强带	2008 年 9 月 1 日
6	ITU-T G. 984. 6	吉比特无源光网络(GPON):范围扩展	2008 年 3 月 1 日

(1) ITU-T G. 984. 1

该标准的名称为吉比特无源光网络的总体特性,主要规范了 GPON 系统的总体要求,包括 OAN 的体系结构、业务类型、SNI 和 UNI、物理速率、逻辑传输距离以及系统的性能目标。

G. 984. 1 对 GPON 提出了总体目标,要求 ONU 的最大逻辑距离差可达 20 km,支持的最大分路比为 16、32 或 64,不同的分路比对设备的要求不同。从分层结构上看,ITU 定义的 GPON 由 PMD 层和 TC 层构成,分别由 G. 984. 2 和 G. 984. 3 进行规范。G. 984. 1 所列举的要求主要有以下几点。

支持全业务,包括语音(TDM、SONET 和 SDH)、以太网(工作在双绞线对上的 10/100BaseT －10 Mbit/s 或 100 Mbit/s)、ATM、租用线与其他;

覆盖的物理距离至少为 20 km,逻辑距离限于 60 km 以内;

支持同一种协议下的多种速率模式,包括同步 622 Mbit/s、同步 1. 25 Gbit/s、不同步的下行 2. 5 Gbit/s 和上行 1. 25 Gbit/s 及更高(将来可达到同步 2. 5 Gbit/s)速率;

针对点对点服务管理需提供运行、管理、维护和配置(Operation Administration Maintenance and Provisioning,OAM&P)的能力;

针对 PON 下行流量是以广播传输之特点,提供协议层的安全保护机制。

(2) ITU-T G. 984. 2

该标准名称为吉比特无源光网络的物理媒体相关(PMD)层规范,于 2003 年定稿,主要规范了 GPON 系统的物理层要求。G. 984. 2 要求,系统下行速率为 1. 244 Gbit/s 或 2. 488 Gbit/s,上行速率为 0. 1 55 Gbit/s、0. 622 Gbit/s、1. 244 Gbit/s 或 2. 488 Gbit/s。标准规定了在各种速率等级下 OLT 和 ONU 光接口的物理特性,提出了 1. 244 Gbit/s 及其以下各速率等级的 OLT 和 ONU 光接口参数。但是对于 2. 488 Gbit/s 速率等级,并没有定义光接口参数,原因在于此速率等级的物理层速率较高,对光器件的特性提出了更高的要求,有待进一步研究。从实用性角度看,在PON中实现2.488 Gbit/s速率等级将会比较难。

(3) ITU-T G.984.3

该标准名称为吉比特无源光网络的传输会聚(Transmission Convergence,TC)层规范,于2003年完成,规定了GPON的GTC层、帧格式、测距、安全、动态带宽分配(DBA)、操作维护管理功能等。

G.984.3引入了一种新的传输会聚层,用于承载ATM业务流和GEM(GPON封装方法)业务流。GEM是一种新的封装结构,主要用于封装长度可变的数据信号和TDM业务。

G.984.3中规范了GPON的帧结构、封装方法、适配方法、测距机制、QoS机制、加密机制等要求,是GPON系统的关键技术要求。

(4) ITU-T G.984.4

该标准名称为GPON系统管理控制接口规范。2004年6月正式完成的G.984.4规范提出了对光网络终端管理与控制接口(ONT Management and Control Interface,OMCI)的要求,目标是实现多厂家OLT和ONT设备的互通性。该建议指定了协议无关的管理实体,模拟了OLT和ONT之间信息交换的过程。

(5) ITU-T G.984.5

G.984.5建议规定了增强波长范围和带阻滤波器(Wavelength Blocking Filter,WBF)功能,定义了为今后增加的业务信号所预留的波长范围,在未来的吉比特能力无源光网络(GPON)中将利用波分复用来覆盖业务信号,还规范了在光网络终端(ONT)中实现的波长过滤器的技术要求。这些过滤器以及波长范围的使用,将使得网络运营商在进行GPON向NG PON/WDM PON升级时继续使用现有的ODN网络,并且保证现有ONU的业务不会中断。

(6) ITU-T G.984.6

ITU-T G.984.6给出了范围扩展后GPON系统的体系结构和接口参数。范围扩展是通过在光线路终端(OLT)和光网络终端(ONT)之间的光纤链路中,使用物理层范围扩展设备(如再生器或光放大器)来实现的。此时,GPON系统的最大传输距离可达到60 km,光纤链路两端之间的衰耗预算超过27.5 dB。

GPON在国内的通信行业标准主要由中国通信标准化协会(CCSA)的TC6(传送网与接入网)技术工作委员会(TC)的接入网工作组负责起草。目前,已经完成的GPON国家标准包括《接入网用单纤双向三端口光组件技术条件第3部分:用于吉比特无源光网络(GPON)光网络单元(ONU)的单纤双向三端口光组件》、《接入网技术要求——吉比特的无源光网络(GPON)第1部分:总体要求》、《接入网技术要求——吉比特的无源光网络(GPON)第2部分:物理媒质相关(PMD)层要求》、《接入网技术要求——EPON/GPON系统承载多业务》4项标准,详细信息如表9-2所示。

表 9-2　GPON 国家标准一览表

序 号	标准号	中文名称	发布时间
1	YD/T 1419.3—2006	接入网用单纤双向三端口光组件技术条件　第 3 部分:用于吉比特无源光网络(GPON)光网单元(ONU)的单纤双向三端口光组件	2006 年 6 月 8 日
2	YD/T 1949.2—2009	接入网技术要求——吉比特的无源光网络(GPON)第 1 部分:总体要求	2009 年 6 月 24 日
3	YD/T 1949.2—2009	接入网技术要求——吉比特的无源光网络(GPON)第 2 部分:物理媒质相关(PMD)层要求	2009 年 6 月 24 日
4	YD/T 1953—2009	接入网络技术要求——EPON/GPON 系统承载多业务	2009 年 6 月 24 日

9.1.3　GPON 技术体系结构

GPON 标准的设置是基于不同服务需求,提供最有效率和理想的传输速率,同时兼顾 OAM 功能以及可扩充的能力。在这样的设计原则下,GPON 技术得已成为光纤接入网络一种全新的解决方案。不但提供高速速率,而且支持各种接入服务,特别是在数据及 TDM 传输时支持原有数据的格式,无须再次转换。

与所有的无源光网络接入系统相同,GPON 主要由 OLT、ONU/ONT 以及 ODN 3 部分组成,GPON 系统的参考配置如图 9-1 所示。如果不使用 WDM 模块,则 A、B 点不存在;如果适配功能(AF)包含在 ONU 内,则 a 参考点不存在。

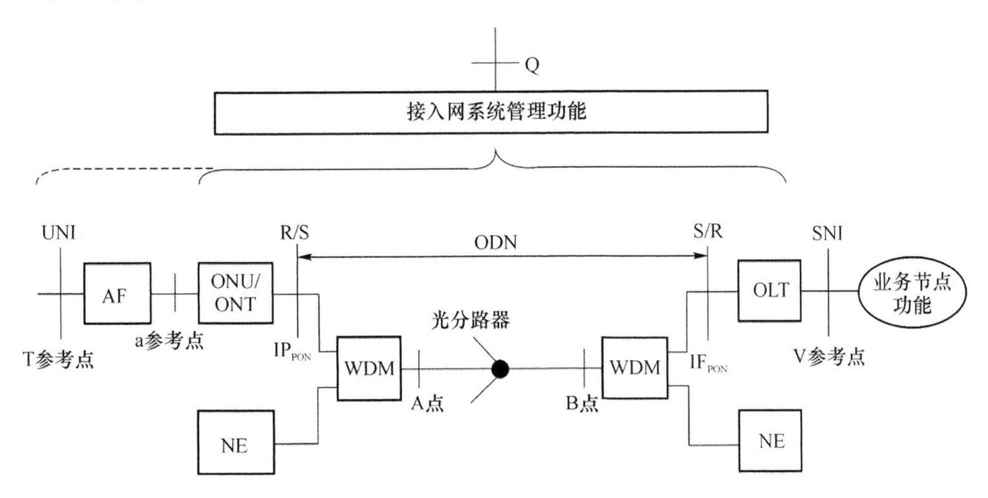

图 9-1　GPON 系统的参考配置

1. ONU/ONT

远端接入设备 ONU/ONT 提供通往 ODN 的光接口,用于实现光纤接入网的用户接口。根据ONU/ONT放置位置的不同,光纤接入网可以分为光纤到户、光纤到办公室、光纤到大楼及光纤到交接箱。每个ONU/ONT由核心功能块、服务功能块及通用功能块组成。核心功能块包括用户和服务复用功能、传输复用功能及ODN接口功能。用户和服务复用功能包括装配来自各个用户的信息、分配要传输给各个用户的信息,以及连接单个的服务接口功能。传输复用功能包括分析从ODN传过来的信号并提取出属于该ONU/ONT的部分,以及合理地安排要发送给ODN的信息。ODN接口功能则提供一系列光物理接口功能,包括光/电和电/光转换。如果每个ONU/ONT使用多根光纤与ODN相连,那么就存在多个物理接口。ONU/ONT服务功能块提供用户端功能,它包括提供用户服务接口并将用户信息适配为适合传输的形式。该功能块可为一个或若干个用户服务,并能根据其物理接口提供信令转换功能。ONU/ONT的通用功能模块提供供电功能及系统的OAM功能。供电功能包括交流变直流或直流变交流,供电方式为本地供电或远端供电,若干个ONU/ONT可以共享一个电源,在备用电源供电时,ONU/ONT应该也能正常工作。

2. ODN

ODN是OAN中极其重要的组成部分,它位于ONU和OLT之间。PON的ODN全部由无源器件构成,它具有无源分配功能,其基本要求包括:为今后提供可靠的光缆设施;易于维护;具有纵向兼容性;具有可靠的网络结构;具有很大的传输容量;有效性高。

通常,光分配网络(ODN)的作用是为ONU/ONT到OLT的物理连接提供光传输媒质。组成ODN的无源元件有单模光纤、单模光缆、光纤带、带状光纤、光连接器、光分路器、波分复用器、光衰减器、光滤波器和熔融接头等。

3. OLT

OLT位于中心局(Central Office,CO)一侧,并连到一个或多个ODN,向上提供广域网接口,包括GE、OC-3/STM-1、DS. 3等,向下对ODN可提供1. 244 Gbit/s或2. 4～88 Gbit/s的光接口,具有集中带宽分配、控制光分配网络、实时监控以及运行、维护和管理无源光网络系统的功能。

4. WDM和NE

WDM模块和网元(NE)为可选项,用于在OLT和ONU之间采用不同的工作波长来传输其他业务(如视频信号)。

5. AF

AF为ONU和用户设备提供适配功能,完成用户接口以及在最后一段引入线上传送业务的任务。AF根据需要可以分为局端的局端适配功能(Central Adaptation Function,AF-C)功能以及在远端的远端适配功能(Remote Adaptation Function,AF-R)。在这种情况下,ONU在a接口侧提供相应的控制和接口功能。AF具体物理实现既可以与ONU结合,也可以独立实现。

9.1.4　协议参考模型

GPON 由控制/管理平面和用户平面组成，控制/管理平面管理用户数据流，完成安全加密等 OAM 功能，用户平面完成用户数据流的传输。用户平面分为物理媒质相关(Physical Media Dependent，PMD)层、GPON 传输会聚(GPON Transmission Convergence，GTC)层和高层，如图 9-2 所示。

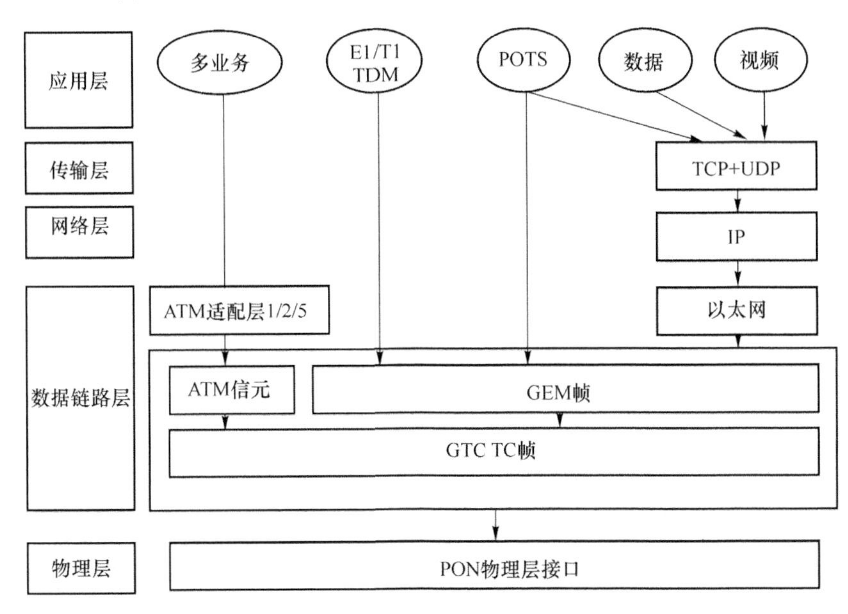

图 9-2　GPON 协议栈示意图

对于 PMD 层而言，GPON 的传输网络可以是任何类型，如 SDH/SONET 和 ITU-T 的 G.709：GPON 的用户信号也可以有多种类型，可以是基于分组的如 IP/点对点协议(Point to Point Protocol，PPP)或以太网的 MAC 帧，也可以是连续的比特数据。由于 GPON 的线路速率是 8 kbit/s 的倍数，故可以在上面传送 FDM 业务，因而 GPON 对数据业务和语音业务(即 TDM)都有很好的支持。GPON 传输网络支持对称和非对称的线路速率。

从图 9-2 可看出，GPON 的技术特征主要体现在传输会聚层(TC 层)。传输会聚层又分为无源光网络成帧子层和适配子层。GPON 传输汇聚(GTC)的成帧子层完成 GTC 帧的封装，完成所要求的光分配网络的传输功能，光分配网络的特定功能(如测距、带宽分配等)也在光分配网络的成帧子层完成。GTC 的适配子层提供协议数据单元(PDU)与高层实体的接口。ATM 和通用成帧协议(GFP)信息在各自的适配子层完成服务数据单元(SDU)与 PDU 的转换。操作管理通信接口(OMCI)适配子层高于 ATM 和 GFP 适配子层，它识别 VPI/VCI 和 port_ID，并完成 OMCI 通道数据与高层实体的交换。

在Q.984.3建议中,动态带宽分配(DBA)和QOS还沿用了Q.983.4的思路,将业务分为5种类型,对于不同的业务设置不同的参数,根据参数检测拥塞状态,分配带宽,对ONU进行授权。除DBA、加密控制外,ITU-T在TC层还定义了一些新的功能,如FEC(前向纠错)、功率控制等。

9.2 GPON的PMD层

对于GPON的PMD层而言,它处于网络的七层开放互连模型的最底层,它构成整个网络数据传输的基础。由于APON、GPON的标准规范均由ITU-T组织提出,因而GPON的物理层在很大程度上与APON的物理层规范近似。

9.2.1 GPON物理层链路预算

GPON规定了网络的上、下行速率,支持的速率基本上覆盖了ATM和SDH信号的速率等级,如155 Mbit/s、622 Mbit/s、1 .2 Gbit/s和2.4Gbit/s。一般来说,下行速率在2.4 Gbit/s和1.2 Gbit/s选择,而上行速率等同于下行速率,或者处于速率更低的等级。这与EPON不同,EPON的上下行速率是等同的。

GPON的物理接口的传输距离最大为20 km。实际传输距离还与GPON中分支器的损耗相关。GPON对分支器的分支比做了明确的规定,最大支持的分支比为64,同时规定在网络层要为128的分支比留出余地。与EPON相比,GPON支持对A、B、C三类光接入网,并为这三类网络分别提出了光收发器的性能参数要求。要支持C类网络,GPON的链路损耗预算需要在30 dB以上。表9-3列出了B类与C类网络下,网络所能支持的分支比和传输距离。

表9-3　B类与C类网络分支比和传输距离

分支比	B类网络最大传输距离	C类网络最大传输距离
1∶8	30 km	40 km
1∶16	20 km	30 km
1∶32	15 km	25 km
1∶64	10 km	20 km
1∶128	4 km	10 km

表9-3列出了GPON链路预算。B类网络是EPON支持的最高级别网络,而C类网络是GPON支持的最高级别网络。两者比较可以看出,在相同的分支比情况下,GPON支持的传输距离是EPON的1.5~2倍。在相同的传输距离范围内,GPON可接入的用户则是EPON用户的2~4倍。GPON物理层方面的性能如表9-4所示。

表 9-4 GPON 物理层方面的性能

业务	10M/100M 以太信号，语音及专线信号
传输速率	下行：1.2 Gbit/s，2.4 Gbit/s 上行：155 Mbit/s，622 Mbit/s，2.4 Gbit/s
传输距离	20 km
分支比	最大分支比 1∶64
传输波长	1 490 nm 下行波长，1 310 nm 上行波长，1 550 nm 视频传输波长

9.2.2 PMD 层要求

无源光网络（PON）一直被认为是光接入网中颇具应用前景的技术，它打破了传统的点到点的方法，在解决宽带接入问题上是一种经济的、面向未来的多业务用户接入技术。GPON 的接入网技术要求主要包括 GPON 光网络要求、传输媒质与工作波长、线路编码、传输距离和差分光纤距离、分路比、误码性能、最大平均信号、传输时延、GPON 承载业务类型、GPON 功能需求和 PON 保护等。

1. GPON 光网络要求

GPON 系统的 OLT 和 ONU 之间采用 ITU-T G.652 规定的单模光纤，上、下行可采用单纤双向或双纤双向传输方式。本局端系统采用单纤双向方式，上行使用 1 310 nm 波长，下行使用 1 490 nm 波长。而当采用双纤双向传输方式时，上、下行应使用相同的 1 310 nm波长分别在两根独立的光纤上进行传输。而当使用第三波长提供 CATV 业务时，可使用 1 550 nm 波长。GPON 支持的各种速率组合情况如表 9-5 所示。

表 9-5 各种速率组合情况

速率类型	上行速率	下行速率
对称	1.244 Gbit/s	1.244 Gbit/s
	2.488 Gbit/s	2.488 Gbit/s
不对称	155.52 Mbit/s	2.488 Gbit/s
	155.52 Mbit/s	1.244 Gbit/s
	622.08 Mbit/s	2.488 Gbit/s
	622.08 Mbit/s	1.244 Gbit/s
	1.244 Gbit/s	2.488 Gbit/s

由此可见，相对于 APON 和 EPON，GPON 的速率有了明显的提高，而且支持多种速率等级。这一规定充分考虑到了目前网络的实际应用情况。由于上行的光突发发送对技术要求很高，如果对上行速率要求不高则可以选择很小的上行速率标准，这样可以很好地节约成本。当然，对上行速率有较高要求时，GPON 也完全有能力满足。

2. 传输媒质与工作波长

与APON、EPON一样,GPON系统也推荐以G.652光纤作为传输媒质。在ODN的上、下行传输方向中,可以通过波分复用技术在单根光纤上采用双工通信方式,也可以在两根光纤上使用单工通信方式实现双向传输。

单纤系统的下行数据流工作波长范围是1 480～1 500 nm,上行数据流工作波长范围是1 260～1 360 nm。这样的波段选择是为了降低PON系统的成本,下行工作波长选择在1 480～1 500 nm范围是为了留出1 539～1 565 nm这段波长范围用于开通视频业务或其他业务使用,上行工作波长为色散小的1 310 nm波段就决定了ONU的激光器可以采用光谱宽度为纳米量级的、普通的、廉价的F-P腔激光器,而不是单纵模的、光谱宽度较窄的、较昂贵的DFB激光器。

双纤系统的上、下行数据流工作波长都是1 260～1 360 nm。

3. 线路编码

在传输过程中,APON和GPON上、下行数据流都采用非归零(NRZ,Non-Return to Zero)编码方法,EPON则采用了8B/10B编码方式。

从编码方式就可以看出GPON比EPON效率更高。因为EPON使用了8B/10B编码,其本身就引入了带宽损失,1.25 Gbit/s的线性速率在处理协议本身之前实际就只有1 Gbit/s。GPON系统使用扰码作为线路码,其机理与光同步网(Synchronous Optical Network,SONET)或SDH一样,只改变码,不增加码,所以没有带宽损失。

G.984.2的规范中描述了基于FEC技术的解决方案,以保证高速传输时数据的完整性并降低光模块成本。高速数据流会减少接收机的灵敏度,此时色散对传输的影响将十分显著,这些均会增大传输误码率。引入FEC技术后,可有效提高光功率预算(3～6 dB),延长了GPON系统的覆盖范围并提高光分路比。

作为一种编码技术,FEC由接收方来验证传输检错功能,在接收端发现差错并定位二进制码元误码处,纠正该错误时无须告知发送方重传。编码后的冗余信息与原数据共同传输,经FEC编码后,GPON系统的线路速率可达到2.655 Gbit/s,多出的即为冗余信息。FEC就通过这些信息来判别并纠正误码。如某些数据丢失或出错时,可由冗余信息准确恢复。当超过一定误码率时(一般高于10^{-3}),FEC将受限于其纠错能力而无法恢复。为保障传输效率,FEC冗余信息量通常设置较小,而当需要恢复较为严重的劣化信号时需要较多冗余信息,因此会降低数据传输效率。

FEC中最常用的是循环编码,可表示为(n, m),n为编码后的比特数,m为原始信息比特数。光通信系统普遍采用RS FEC编码方式,以RS(255, 239)为例,即经过FEC编码后从239比特增至255比特,因此传输速率为2.488 Gbit/s的GPON数据经RS(255, 239)编码后即变成前文所述的2.655 Gbit/s。

4. 传输距离和差分光纤距离

在传输距离的参数中有最大逻辑距离这一概念。最大逻辑距离的定义是:独立于光预算的特定传输系统能达到的最大长度。它以 km 为单位,并且不受 PMD 参数限制,而是受到 TC 层和执行情况的影响,GPON 的最大逻辑距离为 60 km。

物理传输距离定义为特定传输系统能达到的最大长度,即 ONU/ONT 和 OLT 之间的最大物理距离。在 GPON 系统中,物理传输距离有 2 种选择:10 km 和 20 km。

一个 OLT 可以与多个 ONU/ONT 建立连接。差分光纤距离是离 OLT 最近的 ONU/ONT 和离 OLT 最远的 ONU/ONT 之间的距离。在 GPON 中,最大差分光纤距离是 20 km。

5. 分路比

通常情况下,GPON 的分路比越高,对运营商的吸引力就越大。但是,分路比越高意味着对分路器的要求越高,需要通过增加功率预算来支持规定的物理距离。

GPON 系统有着比较高的分路比,支持 1∶16、1∶32、1∶64 乃至 1∶128。GPON 的高分路比特点更适合作为住宅宽带业务引入方案,因为目前每一用户的带宽需求还相对低,但是用户数量庞大。可见,GPON 的高分路比有着很好的应用前景。

6. 误码性能

ITU-T 目前规定跨越整个 PON 系统的误码率应优于 10^{-9},其目标误码率指标应优于 10^{-10}。上述指标相对于我国接入网体制的规定而言偏松,特别是 10^{-9} 会导致接入网部分所占指标过大,影响全程端到端误码性能的总指标。对于绝大多数的实际应用,端到端通信距离是很短的,采用 10^{-9} 叫这个指标仍然是满意的,不过在 G. 984. 2 建议中明确规定了在 GPON 系统中其误码率应优于 10^{-10}。

7. 最大平均信号传输时延

平均信号传输时延是指参考点之间的上、下行流的时延平均值,该值可通过将测量到的往返时延值除以 2 得出。GPON 系统的最大平均信号传输时延不超过 1. 5 ms。

8. GPON 承载业务类型

GPON OLT 系统可以接入以太网/IP 业务、TDM 数据专线业务、语音业务和 CATV 业务。以太网/IP 业务包括以太网/IP 数据业务和 IP 视频业务。TDM 数据专线业务包括 E1 业务或 $n\times 64$ kbit/s 数据专线业务。语音业务,包括 POTS 业务或 VoIP 语音业务。其中大量工作属于软件工作,而硬件工作主要是在速度和延时上都能为这些业务提供硬件保障。

9. GPON 功能需求

GPON OLT 系统要实现动态带宽分配、业务 QoS 保证、业务优先级、业务流限速、ONU 认证、数据加密功能和光纤保护倒换等系统功能。同时也要实现 MAC 地址交换、二层汇聚、二层隔离、VLAN、帧过滤、广播风暴抑制、端口自协商、流量控制功能、MAC 地址数量限制、快速生成树功能、多播功能、链路聚集和 VoIP 相关功能的以太网功能。

9.3 GPON 的 GTC 层

G.984.3 为 GPON 定义了一个全新的 GPON 传输会聚(GTC)层,该层可以作为通用的传输平台来承载各种用户信号(如 ATM、GEM)。

9.3.1 GTC 协议栈

GPON 系统主要由物理媒质层(PMD)、GPON 传输会聚层(GTC)和高层 OMCI 协议组成,其中物理层提供光接口,完成光电转换、波分复用、时钟同步恢复等功能;图 9-3 所示的是 GTC 层协议栈,主要由 GTC 成帧子层和 GTC 适应子层组成。

GTC 成帧子层对所有在 GPON 系统中传输的数据可见,而且 OLT GTC 成帧子层和 ONU GTC 成帧子层直接对等。在该子层中,把 GTC 帧分成 GEM 块、嵌入式 OAM 和 PLOAM 块。其中的嵌入式 OAM 信息直接用于管理该子层,该信息在成帧子层终结,不会送往其他层处理;PLOAM 信息在该层的 PLOAM 模块处理;对于成帧子层的 GEM 块,GTC 模块会传送给相应的适应子层模块处理。

GTC 适应子层把上层传送的 GEM SDU 数据即 OMCI 控制消息的 GEM 帧和用户 GEM 帧,通过 GEM 适配器转换成 GEM 协议数据单元(PDU)数据;或者把 GEM PDU 数据转换成 GEM SDU 数据。PDU 数据包含用户数据和 OMCI 通道数据。这些数据在适配子层被识别,PDU 数据中的 OMCI 通道数据与 OMCI 实体进行交互,完成高层 OMCI 管理功能。

从上面的论述中可见,GPON 系统中定义了一种新的数据封装方式——GEM 封装。GEM 帧的概念存在于 OLT 和 ONU 之间。在上行方向,进入 ONU 的用户数据在 TC 适应子层和成帧子层被处理和封装成 GEM 帧,映射到某个流量容器(T-CONT),到达 GPON 物理媒质层,经过它的转换处理,把数据通过光纤发送到 OLT,OLT 的 TC 适应子层和成帧子层再进行解封装操作,取出数据部分做相应处理;下行方向的处理与上行方向的处理类似。

在引入了 GEM 之后,GPON 具备了高效完善的 GTC 层功能,G.984.3 建议的 GPON TC 层(GTC)的协议分层模型如图 9-3 所示。

图 9-3 中,物理层 OAM(Physical Layer OAM,PLOAM)用于物理层的操作、管理和维护,G.984.3 定义了 19 种下行 PLOAM 信息,9 种上行 PLOAM 信息,可实现 ONU 的注册及 ID 分配、测距、端口标识符的分配、虚拟通道标识(Virtual Channel Identifier,VCI)/虚拟通路标识(Virtual Path Identifier,VPI)、数据加密、状态检测、误码率监视等功能。OMCI 提供了另一种 OAM 服务,它高于 ATM 和 GFP 适配子层,它用于识别 VCI/VPI 和端口标识符,并完成 OMCI 通道数据与高层实体的交换。OMCI 信息可封装

在 ATM 信元或 GEM 帧中进行传输，取决于 ONU 提供的接口类型。GTC 成帧子层完成对 ATM 信元及 GEM 帧的进一步封装，使得 GPON 具备更完善的 OAM 功能。

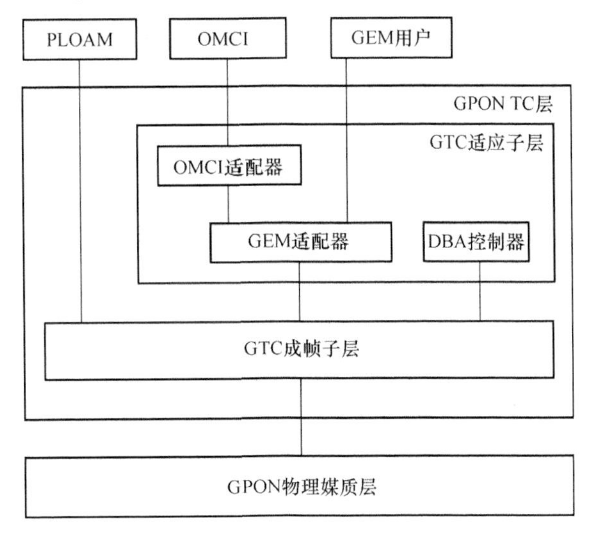

图 9-3　GPON 的 GTC 层的协议分层模型

9.3.2　控制/管理平面和用户平面

GTC 层由管理用户传输流量、安全、OAM 功能的控制/管理平面(C/M 平面)和承载用户流量的用户平面(U 平面)组成。

1. 控制/管理平面

GTC 系统的控制和管理平面包括 3 个部分：嵌入式 OAM、PLOAM 和 OMCI。嵌入式 OAM 和 PLOAM 通道管理 PMD 和 GTC 层功能，而 OMCI 提供了一个统一的管理上层的系统。控制管理平面协议栈如图 9-4 所示。

嵌入式 OAM 通道由 GTC 帧头中格式化的域信息提供。因为每个信息片被直接映射到 GTC 帧头中的特定区域，所以 OAM 通道为时间敏感的控制信息提供了一个低延时通道。使用这个通道的功能包括：带宽授权、密钥交换和动态带宽分配指示。

PLOAM 通道是由 GTC 帧内指定位置承载的一个格式化的信息系统，它用于传送其他所有未通过嵌入式 OAM 通道发送的 PMD 和 GTC 管理信息。OMCI 通道用于管理 GTC 上层的业务定义。GTC 必须为 OMCI 流提供传送接口。GTC 功能提供了根据设备能力配置可选通道的途径，包括定义传送协议流标识(Port-ID)。

OMCI 协议处于 GPON 系统中高层的控制层面，主要完成高层的业务配置和性能管理。ITU-T G. 984. 4 协议定义了 OMCI 协议在 GPON 系统中的应用范围和应用方式。

在 GEM 模式下，每个 OMCI 报文封装在 GEM 帧中，OMCI 消息共由 53 字节组成，其消息内容为:GEM帧头、事务相关标识符、消息类型、设备标识符、消息标识符、消息内容和CRC尾字段,每个字段的大小如图9-5所示。

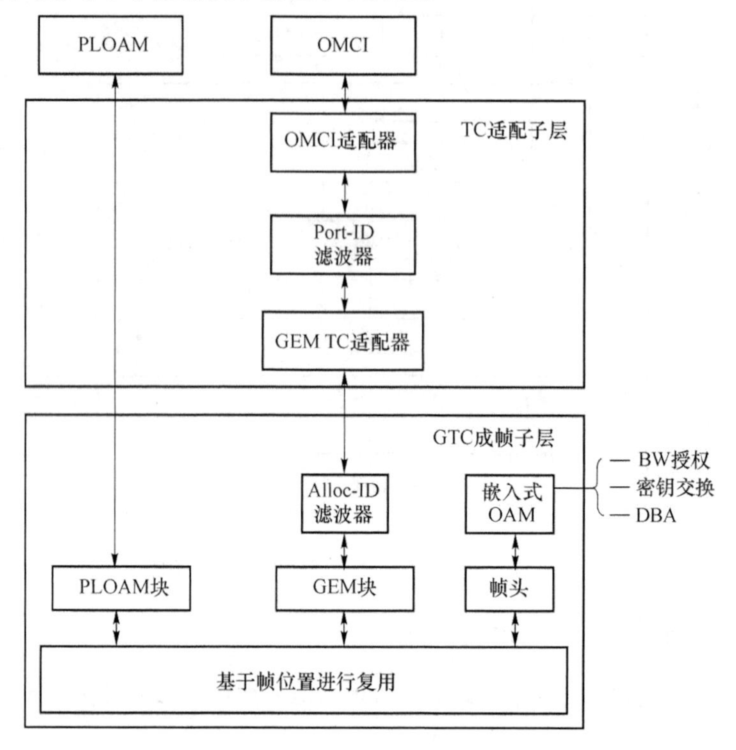

图9-4　C/M平面协议栈

GEM报头 (5字节)	事务相关标识符 (2字节)	消息类型 (1字节)	设备标识符 (1字节)	消息标识符 (4字节)	消息内容 (32字节)	OMCI尾字段 (8字节)

图9-5　OMCI消息帧格式

(1) GEM帧头

GEM帧头用于对消息的定界,它包含12比特的PLI(净荷长度指示)、12比特Port ID,3比特的PTI(净荷类型指示)和13比特的HEC(帧头校验控制)。其中Port ID表示ONU的OMCI通道。PTI等于000或001,表示该GEM帧为用户数据片段。

(2) 事务相关标识符

事物相关标识符用于关联一个请求消息和它的响应消息,这个字段的取值由OLT的定义规则确定。对于请求消息,OLT选择任意事务标识符;对于响应消息,ONU携带着它所应答的消息的事务相关标识符。

OMCI消息有两种优先级:高优先级和低优先级,是由事务相关类型标识符的最高有效位指示的，并且编码方式为：0表示低优先级，1表示高优先级。由OLT来决定执行一条命令的优先级是高还是低，该字段由厂商自定义，但是应满足以下要求：当OLT发送一条命令时，如果包含的事务相关标识符在之前发送到同一个ONU的命令中已经使用过，那么OLT必须保证足够高的可能性不会收到ONU的前一条命令的应答。在下文的论述中，事务相关标识符简称为TCI。

(3) 消息类型

消息类型字段用于识别OLT的请求消息和ONU的确认消息，并指出消息的操作类型，它包括四部分：

第8位：最高有效位，为目的比特(DB)，在OMCI消息中，该位总是为0。

第7位：请求确认(AR)，用来指示OLT发送的消息是否需要ONU回复对要求动作的执行结果。如果需要确认，该位被置为“1”，否则，该位被置为“0”。

第6位：确认(AK)，用来指示该消息是否是ONU对OLT的一个动作请求的应答。如果是，该位被置为“1”；如果不是，该位被置为“0”。

第5位到第1位：消息类型(MT)字段，用来指示OLT对ONU操作的动作类型，规定OLT下发对OMCI消息的操作，如create、create response、set、set response、get、MIB upload等。目前在标准协议中采用4～28的编码。

(4) 设备标识符

该字段用于对GPON设备的标识，并固定为0x0A。

(5) 消息标识符

消息标识符用于标识OMCI消息的类型和实例号，它包含4字节，前两个最高有效位字节用来指示消息类型中指定动作的目标受管实体，其中可能的受管实体的最大数目是65536；后面2个最低有效位字节用来识别受管实体实例。

(6) 消息内容

消息内容字段格式是和具体消息相关的，目标受管实体类型不同，其消息内容反映的属性类型和属性值不同，对消息的操作类型不同，其消息字段的属性值不同。

(7) OMCI尾字段

该字段用于对收到的OMCI帧的正确性做检查，通过CRC校验，丢弃CRC校验错误的消息。在该8个字段中，前两个字节在发送端设置为0x0000，接下来的两个字节设置为0x0028，剩余的32比特参照ITU-T建议的I.363.5计算CRC校验的值。

OMCI协议的实现分为OLT端的OMCI模块和ONU端的OMCI模块，其中OLT端的OMCI模块是主模块，负责配置实现不同业务的管理实体以及管理实体操作的顺序，而ONU端的OMCI模块是从模块，被动接受从OLT下发的OMCI消息流，解析并应用到ONU，同时完成消息响应操作。

2. 用户平面

用户平面(U平面)的传输流量由它们的传输方式(ATM或GEM方式)和它们的端口标识符(Port-ID)或虚通道标识符(VPI)来识别。用户平面协议栈如图9-6所示，它概括了传输方式和 Port-ID/VPI 的识别。下行分区或上行分配标识符(ID)承载数据暗示了传输方式。12 比特 Port-ID 用来识别 GEM 传输状态下的流量。VPI 用来识别 ATM 传输状态下的流量。T-CONT 由分配标识符(Allot-ID)识别,它是用于传输流量的单元。在每个 T-CONT 中,通过可变的时隙数目控制带宽分配来完成带宽分配和 QoS 控制。注意到 ATM 和 GEM 压缩流量不能映射到 T-CONT,也不能有相同的Alloc-ID。

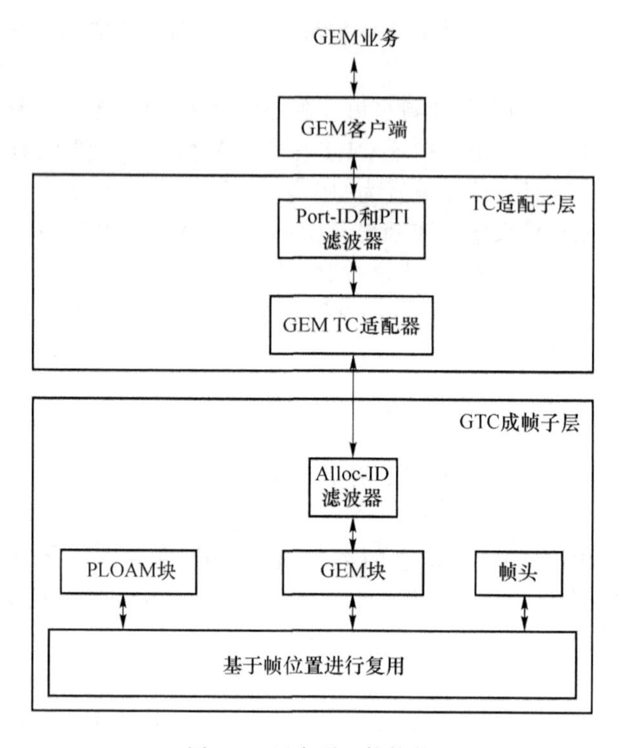

图 9-6　用户平面协议栈

每一种传输方式的操作概括如下:

(1) ATM 传输模式

在下行方向,信元封装在 ATM 分区中传输到 ONU。ONU 成帧子层对信元进行解压,然后 ATM 的 TC 适配器根据信元内携带的 VPI 和 VCI 信息进行过滤,使符合要求的信元到达相应的客户端。

在上行方向,ATM 数据流通过一个或多个 T-CONT 进行传输,每一个 T-CONT 只和一个或多个 ATM 或者 GEM 流相关,因此在复用时不会产生错误。当 OLT 端接收到相关的由 Alloc-ID 定义的 T-CONT 以后,信元通过 ATM TC 适配器然后到达 ATM 客户端。

(2) GEM 传输模式

在下行方向,GEM 帧是通过封装在 GEM 分区中传输到 ONU。ONU 成帧子层对 GEM 帧进行解压,然后 GEM TC 适配器根据 GEM 帧头中的 Port-ID 进行过滤,使含有正确 Port-ID 的 GEM 帧到达 GEM 客户端。在上行方向，GEM 传输模式和 ATM 传输模式类似，这里就不再赘述。虽然 GPON 可以使用 GEM 和 ATM 两种传输模式，但是 GEM 是针对 GPON 制定的传输模式，它可以实现多种数据的简单、高效的适配封装，将变长或者定长的数据分组进行统一的适配处理，并提供端口复用功能，提供和 ATM 一样的面向连接的通信。

9.3.3　GTC 关键功能

1. 总体功能

总体功能包括媒质接入控制和 ONU 注册。

(1) 媒质接入控制

GTC 在上行方向提供业务流的媒质接入控制功能。经过帧同步后，发送上行业务流的时隙由下行帧来指示，即 OLT 为各个 ONU 分配时隙，每个 ONU 只在自己的时隙内上行发送数据，这样就确保了各个 ONU 发送的上行帧到达 OLT 时不会发生碰撞。

系统中的媒质接入控制概念如图 9-7 所示。OLT 在下行帧帧头，即下行物理控制模块(PCBd，Physical Control Block downstream)中的上行带宽映射(US BW map)字段来指示每个 ONU 的上行传输的起始和结束时间。用这种方法，每个时刻仅有一个 ONU 能接入媒质，这样，在正常工作状态下就不会产生冲突。这些指示器以字节为单位，允许 OLT 在 64 kbit/s 的有效固定带宽间隔内控制媒质。当然，一些 OLT 可能会选择设置更大间隔的指针值，通过动态调度达到更好的带宽控制。

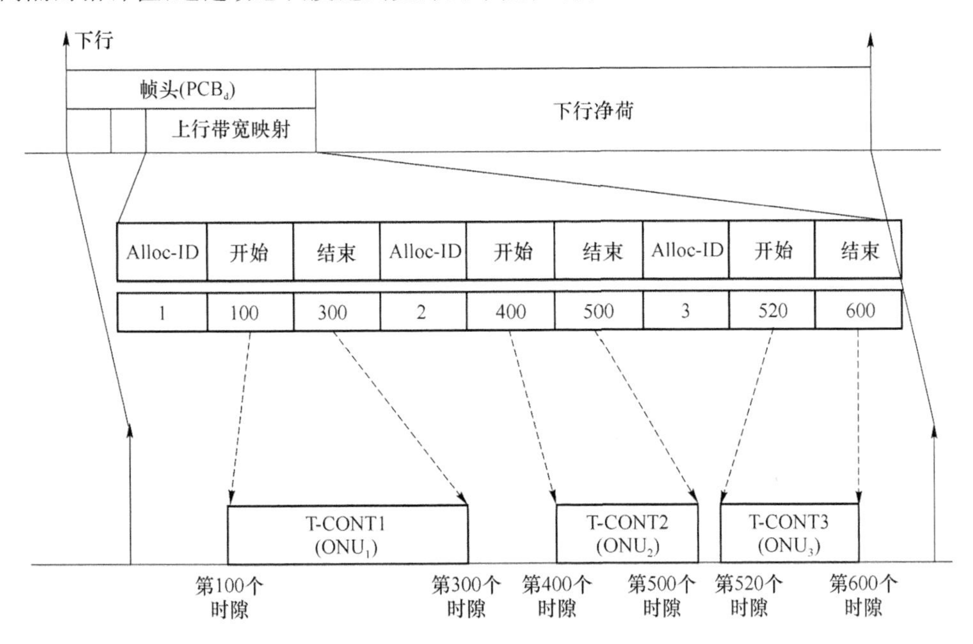

图 9-7　GTC 层媒质接入控制概念

图9-7通过一个ONU只包含一个T-CONT工作的情况阐明了媒质接入控制这个概念,实际上媒质接入控制在每一个T-CONT中都会使用到。

(2) ONU注册

ONU的注册通过自动发现进程来完成。ONU的注册有两种方式:第一种方式是通过管理系统事先将ONU的序列号写入OLT中,如果ONU检测到需要加入的ONU序列号与事先设置的序列号不一致,则判断该ONU为无效ONU;第二种方式是管理系统事先不将ONU的序列号写入OLT中,OLT通过自动发现机制检测ONU的序列号。一旦一个新的ONU被发现,OLT将分配给该ONU一个ONU-ID,同时激活该ONU。

2. GTC成帧子层的功能

GTC成帧子层具有复用和解复用、帧头的创建和解码、基于Alloc-ID的内部路由3项功能。

(1)复用和解复用

由于在一个帧中可能包括ATM、GEM和PLOAM部分,所以需要在发送端把它们复用到一个GTC帧当中,边界信息在帧头上标识,然后在接收端对收到的数据进行解复用,把ATM、GEM和PLOAM部分分别发送到对应的业务适配器中。

(2)帧头的创建和解码

在成帧子层中,都是根据嵌入式OAM信息来创建帧头和帧的其他部分。在接收端也是根据这些信息来对数据进行分类处理的。

(3)基于Alloe-ID的内部路由

由于每个Alloc-ID都唯一标识了一个T-CONT,所以通过Alloe-ID就能找到需要发送数据的T-CONT。

3. GTC适配子层的功能

GTC适配子层提供了3种业务适配器:ATM业务适配器、GEM业务适配器和OMCI适配器,这3种适配器为高层的协议数据提供了到下层的接口。

(1) ATM业务适配器

ATM业务适配器主要提供对各种类型和速率的数据的适配功能,经过适配后,数据以信元的形式到达成帧子层进行成帧处理。

(2) GEM业务适配器

GEM业务适配器可以将各种类型的数据适配到GEM帧格式中,这样就可以保持原有帧格式不变,提高传输和处理的效率。GEM业务适配器为各种数据(以太网数据、E1/T1等)提供了到成帧子层的接口,经过GEM业务适配后,GEM帧就可以在成帧子层组成GTC帧。

(3) OMCI适配器

OMCI适配器主要为控制管理信息提供到成帧子层的接口。OMCI适配器通过ATM和GEM适配器交换数据,同时与OMCI实体交换数据,可以通过VPI/VCI

(ATM)和 Port-ID(GEM)识别 OMCI 通道。这些信息首先通过 OMCI 适配器，再经过 ATM 或者 GEM 适配器适配到 ATM 信元或者 GEM 帧中，最后到成帧子层成帧。

9.4 GPON 技术工作原理

9.4.1 数据传输过程

在下行方向，GPON 是一个点到多点的网络。OLT 以广播方式将由数据包组成的帧经由无源光分路器发送到各个 ONU。每个 ONU 收到全部的数据流，然后根据 ONU 的媒质接入控制(MAC)地址取出特定的数据包，如图 9-8 所示。

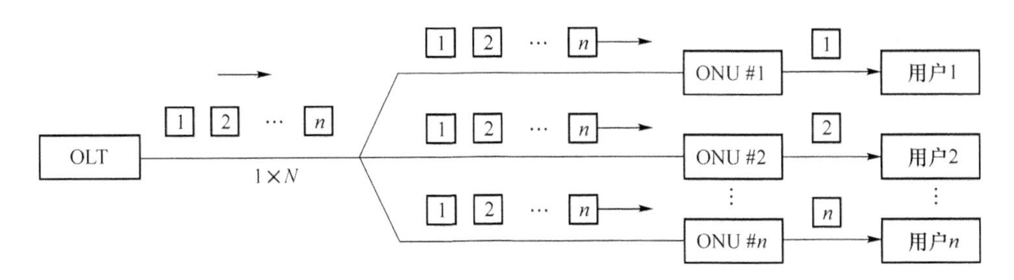

图 9-8 GPON 下行数据流

在上行方向，多个 ONU 共享干线信道容量和信道资源。由于无源光合路器的方向属性，从 ONU 来的数据帧只能到达 OLT，而不能到达其他 ONU。从这一点上来说，上行方向的 GPON 网络就如同一个点到点的网络。然而，不同于其他的点到点网络，来自不同 ONU 的数据帧可能会发生数据冲突。因此，在上行方向 ONU 需要一些仲裁机制来避免数据冲突和公平的分配信道资源。一般 GPON 系统的上行接入采用 TDMA 方式，将不同 ONU 的数据帧插入到不同的时隙发送至 OLT，如图 9-9 所示。

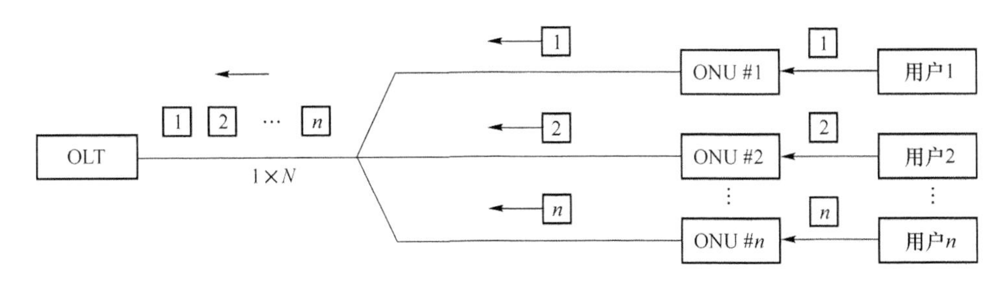

图 9-9 GPON 上行数据流

9.4.2 GTC帧结构

1. GTC下行帧结构

GTC下行帧结构如图9-10所示。对于下行速率为1.244 16 Gbit/s和2.488 32 Gbit/s的数据流,帧长均为125 μs。因此,1.244 16 Gbit/s系统的帧长为19 440字节,而2.488 32 Gbit/s系统的帧长为38 880字节,但PCB_d的长度都是相同的,并与每帧中分配结构的数目有关。

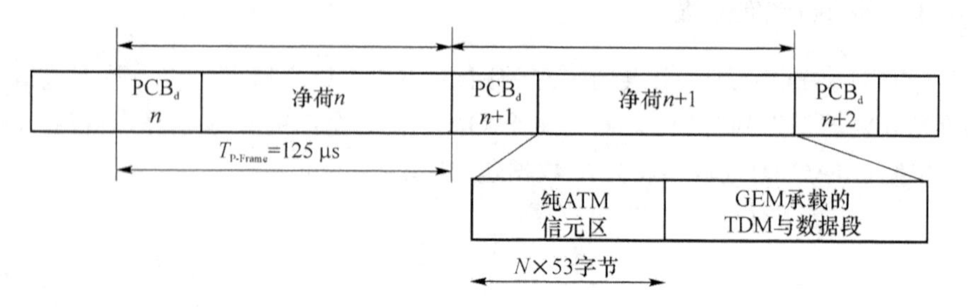

图9-10 GTC下行帧结构

所有域的发送顺序从最高比特位开始,如0xF0表示从1开始发送,在0结束。下行用帧同步扰码多项式x^7+x^6+1进行扰码。下行数据与扰码器的输出进行模二加计算。计算多项式的移位寄存器在PCB_d Psync域后的第一个比特置为全1,直至下行帧的最后一个比下行帧结构的PCB_d结构如图9-11所示,PCB_d由多个域组成。OLT以广播方式发送PCB_d每个ONU均接收完整的PCB_d信息,并根据其相关信息进行相应操作。

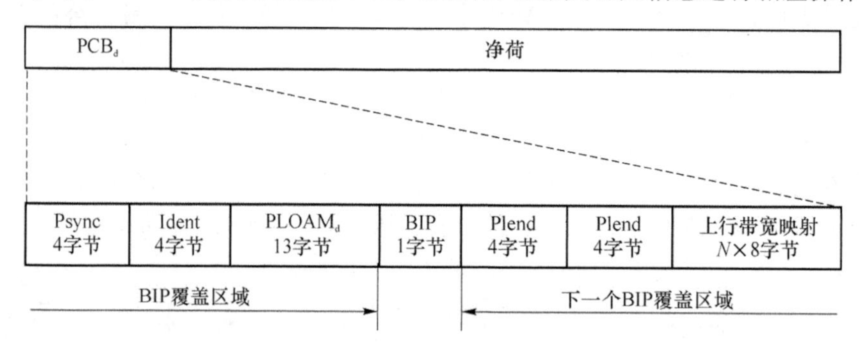

图9-11 GTC下行帧结构的PCB_d结构

物理同步(Psync)域位于PCB_d的起始位置,长度固定为32比特。ONU可利用Psync来确定帧起始位置。

Ident域有4个字节,用于指示更大的帧结构。Ident域中的低30比特为计数器,每帧的Ident计数值比前一帧大1,当计数器达到最大值后,下一帧置为零。

$PLOAM_d$域用来携带下行PLOAM消息,$PLOAM_d$域长13字节。

BIP域长8比特,携带的比特间插奇偶校验信息覆盖了所有传输字节,但不包括FEC

校验位(如果有的话)。

下行净荷长度(Plend)域指定上行带宽映射(US BW Map)的长度。为了保证健壮性和防止错误,Plend 域传送两次。带宽映射长度(Blen)由 Plend 域的前 12 比特指定,这将 125 μs 时间周期内能够被授权分配的数目限制在 4 095。US BW Map 的字节长度为 8×Blen。

上行带宽映射(US BW Map)是 8 字节分配结构的向量数组。数组中的每个入口代表分配给某个特定 T-CONT 的一个带宽。US BW Map 中入口的数量由 Plend 域指定。

2. GTC 上行帧结构

GTC 上行帧结构如图 9-12 所示。各种速率下的上行帧长度和下行帧长度相同。每帧包括一个或多个 ONU 的传输。US BW Map 指示了这些传输的组织方式。在每个分配时期,在 OLT 的控制下,ONU 能够传送 1～4 种类型的 PON 开销和用户数据。这 4 种开销类型分别是:物理层开销(PLO_u);上行物理层运行、管理和维护($PLOAM_u$);上行功率控制序列(PLS_u)和上行动态带宽报告(DBR_u)。

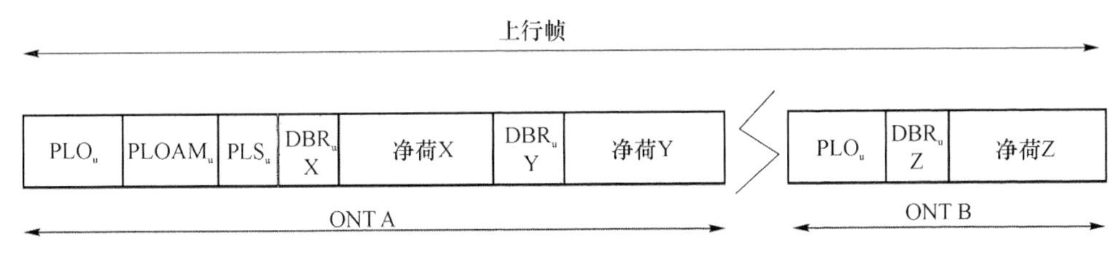

图 9-12　GTC 上行帧结构

上行物理层开销 PLO_u 数据包括物理层开销(前导码和定界符)以及相应 ONU 的 3 个数据区域。PLO_u 由 GTC 层产生,前导码和定界符由 OLT 在上行开销信息中规定。PLO_u 在 ONU 突发发送开始时进行发送。为了维护 ONU 的连接性,OLT 应尽量以最小时间间隔向每个 ONU 分配上行传输时间,该时间间隔由 ONU 的业务参数决定。

$PLOAM_u$ 域长 13 字节,包含了 PLOAM 消息。当分配结构中 Flag 域指示进行发送时,该域进行发送。

上行功率调节序列(PLS_u)域长度为 120 字节,ONU 用来进行功率控制测量。该功能通过调整 ONU 功率电平来减小 OLT 光动态范围。PLS_u 域的内容由 ONU 根据自身情况在本地设置。当分配结构中 Flag 域指示进行发送时,该域进行发送。

上行动态带宽报告(DBR_u)包含与 T-CONT 实体相关的信息。当分配结构中 Flag 域指示进行发送时,该域进行发送。DBA 域包含 T-CONT 的业务量状态,为此预留了一个 8 比特、16 比特或 32 比特的区域。该域的带宽要求编码(即等待信元/帧到数量的映射)。为了维持定界,即使 ONU 不支持,DBA 模式也必须发送正确长度的 DBA 域。

9.4.3　ONU 激活方法

ONU 激活过程包括:OLT 传送工作参数到 ONU;测量 OLT 和每个 ONU 间的逻辑距离;确定下行和上行通信信道。测量 OLT 和每个 ONU 间的逻辑距离称为测距过程。

GPON使用带内方法为每个工作的ONU测量传输延迟。当对新的ONU测距时,工作的ONU必须临时延迟传输,以打开一个测距窗口。该测距窗口与新加入系统的ONU的距离有关。

ONU的激活过程由OLT控制,其主要步骤如下:ONU通过Upstream_Overhead信息接收PON工作参数;ONU根据接收到的工作参数调整自己的参数(如发送光功率等级);OLT通过序列号获得程序发现新的ONU序列号;OLT分配一个ONU-ID给新发现的ONU;OLC测量新的ONU的平均时延;OLT将平均时延传送给ONU;ONU根据平均时延调整它的上行帧发送开始时间。

以上激活过程是通过交互上、下行标记(Flag)以及PLOAM信息来完成的。在正常工作状态下,所有接收帧的相位都被监测,从而使平均时延根据实际情况进行更新。

1. 序列号获取流程

序列号获取流程如图9-13所示。首先OLT暂停对上行带宽的授权,从而产生一个静止期。等待一段测距时延之后,OLT发送序列号请求。处于序列号状态(03)的ONU接收到序列号请求后等待一段序列号响应时间,再发送响应消息。OLT收到响应消息后发送分配ONU-ID消息,ONU进入测距状态(04)。

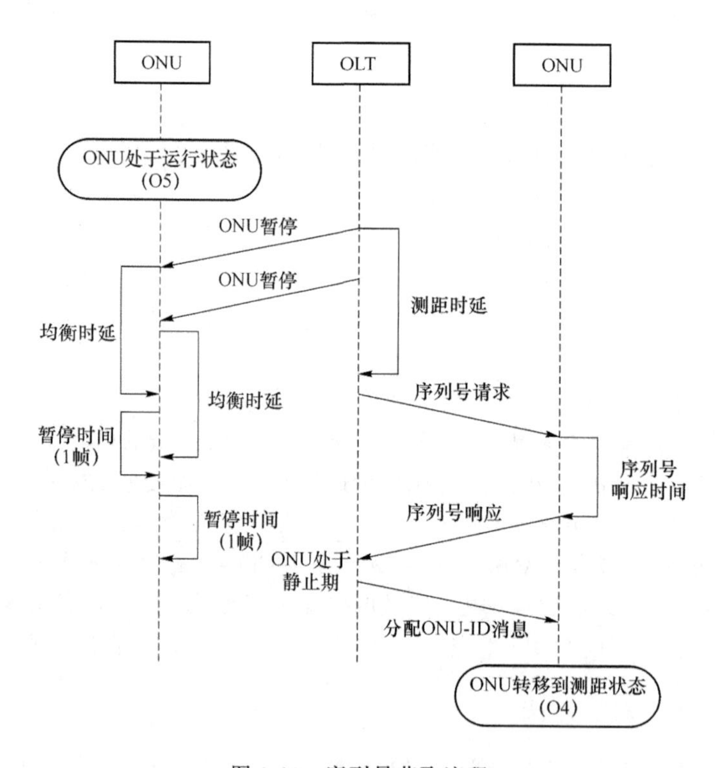

图9-13　序列号获取流程

因为在 03 状态下，OLT 发送的序列号请求消息是广播给所有 ONU 的，因此响应的 ONU 可能不止 1 个。那么 OLT 接收到的响应消息就可能是多个 ONU 响应消息的叠加，这样 OLT 就不能正确识别这些消息。为此需要采用随机时延来解决这个问题。

在随机时延方法中，在发送序列号之前 ONU 产生一个随机数，该随机数与时延单位相乘就得出随机时延。所有速率下的时延单位都是 32 字节。随机时延必须是时延单位的整数倍。每发送一次序列号之后，ONU 就产生一个新的随机数，从而避免了冲突的发生。随机时延值的范围是 0～48 μs。该范围是从最早可能的发送开始(零时延)到最晚可能的发送结束(包括 ONU 内部处理时延和上行突发持续时间)。

2. 测距过程

测距过程如图 9-14 所示。首先 OLT 产生一个静止时段，之后 OLT 给所有 ONU 发送测距请求消息。ONU 接收到测距请求消息后等待测距响应时间，然后再发送序列号响应消息。OLT 接收到序列号响应消息后发送分配测距时间消息，ONU 接收到分配测距时间消息后进入运行状态(05)。

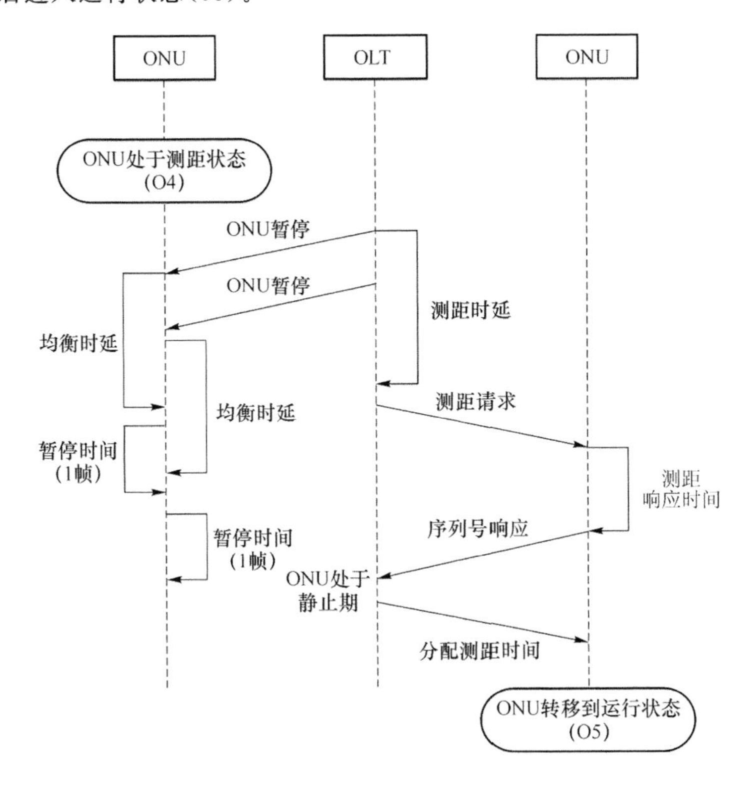

图 9-14 测距过程

9.5 GPON对多业务QoS的支持

QoS(Quality of Service)即服务质量,它并没有一个明确的定义,每一种服务都定义了其自己的QoS标准,所以我们可以通过相应的QoS特性来描述相应的服务。对于网络业务,服务质量包括传输的带宽、传送的时延、数据的丢包率等。在网络中可以通过保证传输的带宽、降低传送的时延、降低数据的丢包率以及时延抖动等措施来提高服务质量。

根据IEEE的标准802.1p所述,QoS必须考虑以下参数:

(1) 可用性:通过业务的可用时间与不可用时间之比来衡量的。为了提高业务的可用性,网络必须具有自动重配置的功能。

(2) 可用带宽:指网络的两个节点之间特定应用业务流的平均速率,主要衡量用户从网络取得业务数据的能力,所有的实时业务对带宽都有一定的要求,如对于视频业务,当可用带宽低于视频源的编码速率时,图像质量就无法保证。

(3) 时延:指数据包在网络的两个节点之间传送的平均往返时间,所有实时性业务都对时延有一定要求,如VoIP业务,一般要求网络时延小于200 ms,当网络时延大于400 ms时,通话就会变得无法忍受。

(4) 丢包率:指在网络传输过程中丢失报文的百分比,用来衡量网络正确转发用户数据的能力。不同业务对丢包的敏感性不同,在多媒体业务中,丢包是导致图像质量恶化的最根本原因,少量的丢包就可能使图像出现马赛克现象。

(5) 时延抖动:指时延的变化,有些业务,如流媒体业务,可以通过适当的缓存来减少时延抖动对业务的影响;而有些业务则对时延抖动非常敏感,如话音业务,稍许时延抖动就会导致语音质量迅速下降。

(6) 误包率:指在网络传输过程中报文出现错误的百分比。误码率对一些加密类的数据业务影响尤其大。

GPON标准的业务模型定义了数据、话音、电路专线和视频4类业务,它们对传输时延、带宽、丢包率、可靠性等有着不同的要求。为了能够更好地支持各种不同服务的QoS要求,GPON系统首先要区分不同的业务类型,进而为之提供相应的服务质量。在QoS的保证上,GPON系统提供了以下几种机制:DBA、VLAN的划分、优先级的标记、带宽限速等。

GPON系统更加完善的DBA机制使其具有比其他PON更加优秀的QoS服务能力。如图9-15所示,GPON将业务带宽分配方式分成4种类型,优先级从高到低分别是固定带宽(Fixed)、保证带宽(Assured)、非保证带宽(Non-Assured)和尽力而为带宽(Best Effort)。同时,GPON TC层规定了5种类型的传输容器(Transmission Container,T-CONT)作为上行流量调度单位，每个 T-CONT 由 Alloc-ID 标识。每个 T-CONT 可包含一个或多个 GEMPort-ID。不同类型的 T-CONT 具有不同的带宽分配方式，可以满足不同业务流对时延、抖动、丢包率等不同的 QoS 要求，具体如表 9-6 所示。

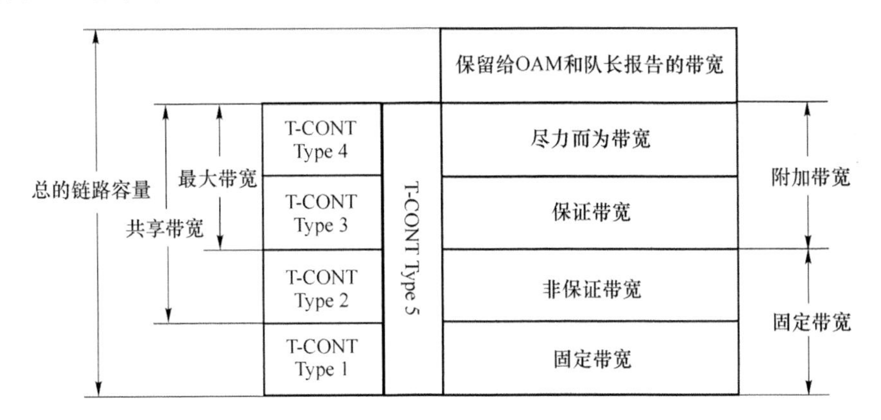

图 9-15　T-CONT 与带宽类型关系图

表 9-6　各种 T-CONT 的分析与应用

类　型	特　点	应　用
T-CONT 1	固定带宽固定时隙，对应固定带宽(Fixed)分配	适用于时延敏感的业务，如话音业务
T-CONT 2	固定带宽但时隙不确定，对应保证带宽(Assured)分配	适用于对抖动要求不高的固定带宽业务，如视频点播业务
T-CONT 3	有最小带宽保证又能够动态共享富余带宽，并有最大带宽的约束，对应非保证带宽(Non-Assured)分配	适用于有服务保证要求而且突发流量较大的业务，如下载业务
T-CONT 4	尽力而为(Best Effort)，无带宽保证，对应尽力而为带宽	适用于时延和抖动要求不高的业务，如 Web 浏览业务
T-CONT 5	组合类型，在分配完保证和非保证带宽后，额外的带宽需求尽力而为进行分配	适用于所有类型的业务

正如 DBA 通过 T-CONT 对业务类型有所区分，不同的业务通过不同的 T-CONT 进行传输，不同的业务通过 VLAN 的划分来区分其业务类型。GPON 系统，OLT 或 ONU，通过 VLAN 来识别是何种业务流，然后将相应的业务流放入相应的 T-CONT，从而使得各种业务之间互不干扰。不仅如此，不同用户间的业务流有时候也需要划分不同的 VLAN 来控制广播风暴，从而有助于控制流量、简化网络管理提高网络整体的安全性。

当通过 VLAN 区分业务类型之后，不同的业务又有着不同的服务优先级，采用优先级的机制来标记服务优先级。一般来说，话音业务的优先级最高，即在通信出现问题或者带宽不足的时候运营商要优先满足话音业务的带宽需求，保证正常的话音通信。对于数据业务和图像业务,运营商可以根据各地区的用户需求来决定它们的服务优先级。

作为 GPON QoS 的指标之一,带宽限速也能够通过控制带宽,保证用户的基本业务,防止广播风暴、DoS 攻击等,进而增加网络的安全性。

GPON 系统作为支持全业务的接入系统,其多业务 QoS 保障主要是区分不同的业务流和为业务流提供端到端的服务性能保证,从而满足 QoS 指标要求,达到多业务共存。然而不同的业务对网络的要求不同,对 QoS 的要求也不同,如表 9-7 所示。下面我们将针对数据业务、语音业务、图像业务进行详细的分析。

表 9-7　各种业务的 QoS 分析

业务	可靠性	带宽需求	时延和抖动	丢包率
语音	高	低	高度敏感	需求高
视频	高	高	高度敏感	要求高
数据	中	中	不敏感	要求低

对于上述分析的 QoS 需求,现在 GPON 系统均能够达到要求。DBA 是通过 OLT 监控 ONU 的流量,从而进行带宽分配;基于业务类型 VLAN 规划通过给不同业务分配不同的 VID,使得各业务之间互不干扰,其中支持两种 VLAN 分配方式:1∶1 VLAN 和 N∶1 VLAN。优先级标记是在上行的业务报文进入 GPON 模块前通过不同的调度方案来实现对不同优先级业务的发送控制,当前最典型的调度方法主要有:SP(严格优先级)、WRR(加权循环)、SP+ WRR;带宽分配主要是对 ONU 端口上下行业务流进行限速;防 DoS 攻击可以抑制广播包、未知包和 ping 包等,从而减小对正常业务的影响。

在 GPON 系统中,QoS 保障是由 OLT 和 ONU 共同实现的。目前,DBA 主要是在 OLT 端实现的,能够有效地在下挂 ONU 之间进行带宽分配,保障上行 QoS。然而,DBA 虽然保证了在 ONU 之间的带宽的合理分配和利用,但对于一个具有多个 UNI 口的 ONU,在 ONU 内部如何合理利用分配给 ONU 的带宽资源方面仍然存在问题。因此,除了上述 QoS 需求之外,ONU 还应该实现灵活带宽分配,更好地保障 GPON 系统的 QoS。

9.6　10G GPON 技术发展展望

2010 年 6 月,随着 ITU-T SG15 日内瓦全会的闭幕,10G GPON 系列国际标准获得批准。追溯到 2009 年 9 月,10G EPON 技术标准率先获得 IEEE 批准。10G GPON 国际标准的获批,标志着下一代 PON 技术的两大技术流派 10G EPON 和 10G GPON 技术在标准化层面已经基本完成,10G PON 技术的研究在短短两年内达到了新的顶峰。相信很多人在研究 10G PON 技术本身的同时,也在对 10G PON 产业化和商用化的进程满怀期待。

对于 GPON 标准的制定,FSAN 联盟关于下一代 PON 的思路主要是通过引入

WDM 单纤多波长技术解决大带宽、大分路比以及长距离下一代 PON 的需求。FSAN 联盟将下一代 PON 的研究分为两个部分，分别为 NGA1 和 NGA2。

1. NGA1

NGA1 研究方向主要是制定可兼容当前 GPON，能够共享同一个 ODN 的下一代 PON 技术标准。其中包括引入 WDM 技术的研究，实现堆栈式 GPON 技术研究。10G GPON 也属于 NGA1 的范畴，但 FSAN 联盟暂没有将其列入计划讨论，计划直接借鉴 IEEE 10G EPON 的技术成果，但在上行速率、技术工艺方面根据 GPON 的规划要求进行重新定义。

FSAN 联盟已制定出两个 GPON 补充标准，G. 984. enh 和 G. 984. ext。G. 984. enh 主要研究如何利用 WDM 技术在 GPON 网络中，尽量在不改变现有 ODN 的基础上引入下一代 PON。G. 984. ext 主要讨论通过何种技术使 GPON 系统的传输距离由 20 km 增大到 60 km。

2. NGA2

NGA2 研究方向则不考虑对当前 GPON 网络的兼容性以及 ODN 的兼容性，光波长选择也不受目前网络应用的限制，开放式地讨论 GPON 技术发展潜力，目前主要探讨方向是高速率、长距离、大分路比的 WDM-PON 与 TDM-PON 相结合的混合 PON 网络。

NGA2 关键技术在于 10G、大分路比（128～512）、长距传输（60～100 km）及 WDM-PON 技术所带来的无色 ONU 技术要求。FSAN 联盟各成员提出了不同解决方案，是目前 FSAN 会议的讨论热点。

由于 NGA2 PON 综合了 WDM-PON 技术与 TDM-PON 技术，网络中的 ONU 有着不同的接收光波段以及上行光波段划分，为了提高网络可运维性，ONU 光模块需保持一致性，不能因网络规划不同而配置不同光波长的 ONU 光模块，这就是所说的无色 ONU 要求。

除了标准之外，电信运营商在 2009 年、2010 年也进行了积极的技术研究与产业化探索。在欧美和中国运营商的关注下，已有 Verizon、FT、TI、Telefonica、PT、中国移动、中国联通组织进行了 10G GPON 的技术摸底测试，包括华为等主流的设备厂商都全面参与。目前，10G GPON 系统设备已有实验室样机，核心芯片采用 FPGA 实现，符合光功率预算大于 30 dBm 标准的 10 G/2. 5 G 光模块已经出现，近期已有芯片厂商提出了 2011 年下半年推出 ONU 和 OLT AISC 的计划。但整体来看，10G GPON 产业链尚未成熟。

受业务需求和成本制约，10G PON 将在 FTTB 场景率先应用。国内三网融合政策的推出将使宽带接入市场的竞争加剧，运营商的光纤接入网络的建设和升级改造也将提速，100 Mbit/s 带宽入户将成为可能。中国人口密集，FTTB 的建设模式已成为主流。在这种建设模式下，每个 OLT 端口下用户数可达 256 个甚至 512 个，而 xPON 的带宽只有 1 G/2. 5 G，平均到每用户的带宽，EPON 用户只有 8Mbit/s（考虑 50％并发上线率），GPON 用户只有 20 Mbit/s，距离 50 Mbit/s 以上的超宽带要求均有较大的差距，因而采用 10G PON 技术比较迫切。在 FTTB 模式下成本问题也不显突出，MDU 中光模块和 MAC 芯片只占成本的 20％，同时还被十几个或几十个用户分摊，因此成本增加非常有限。所以,10G PON 在初期应用的3年内,FTTB 是最合适的应用场景。

当然,受三网融合政策的影响,中国国内运营商近期调整策略,开始积极推进 FTTH/O 的部署,而 10G PON 能否成为 FTTH/O 的主流技术选择,除了技术和设备成熟度因素之外,将主要取决于成本因素。10G PON 成本需要迅速下降,特别是 10G PON ONU 的成本要在短期内与 GEPON/GPON ONU 成本接近。

回顾20世纪 ITU-T 制定的窄带 PON 和 BPON 技术之外,以及最近10年的快速发展,展望 PON 技术的发展,大致可分为三个阶段:

第一阶段:2001—2002年,IEEE 和 FSAN/ITU-T 分别提出 EPON 和 GPON 技术概念,PON 技术进入了 Gbit/s 时代。从2004年日本首先开始部署 EPON 技术起,EPON 技术、GPON 技术及其产业链均已成熟,并得到了大规模的部署,此后3年内这两种技术成为了市场的主流应用。

第二阶段:在 1 Gbit/s 速率的 PON 技术逐渐成熟后,IEEE 和 FSAN/ITU-T 从2008年开始启动 10G PON 的研究,这意味着 PON 技术进入了 10 Gbit/s 时代。IEEE 还是延续了原来的技术路线,采用以太网技术,通过少量扩展,推出了 10G EPON 的标准,并在2009年9月正式发布。ITU-T 稍晚启动了 10G GPON 标准的制定,也基本延续了 GPON 的技术路线,并在2010年年中形成了系列标准。在带宽需求升级和市场竞争的驱动下,同时综合考虑到产业成熟度和成本等因素,10G PON 技术已经在2011年进入小规模商用阶段。

第三阶段:后 10G PON 时代。后 10G PON 时代采用什么技术,现在还没有一个明确的结论。一直超前研究 PON 技术的 IEEE 目前没有相关计划,而 FSAN 虽然有此方面的讨论,但还无实质性定论。基于 WDM 及 WDM/TDM 技术是可能的技术方向,但也存在诸如 OFDM、OCDMA 等技术应用于 PON 领域的可能。PON 技术的发展路线如图 9-16 所示。

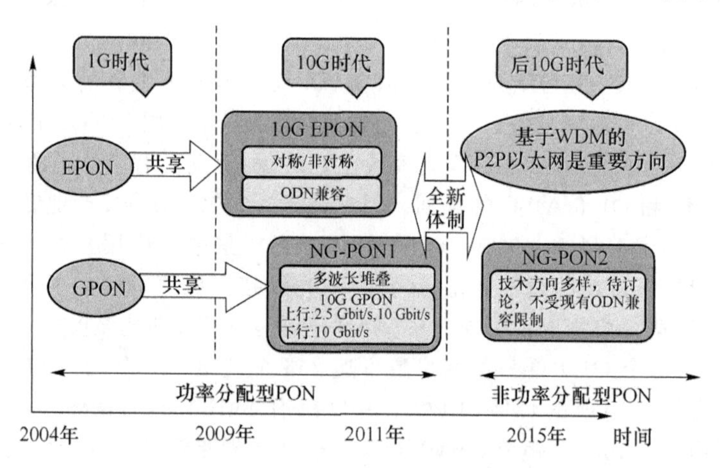

图 9-16　PON 技术的发展路线图

第 10 章　传输媒质与结构化布线

传输媒质就是指由光纤、双绞线、同轴电缆或大气层构成的通信线路。通信线路按照传输媒质形式可以分为有线传输线路和无线传输线路。有线线路主要是电缆和光缆，无线线路主要是微波和卫星。它们各有优缺点，可以满足不同场合的需要，正是无线线路和有线线路二者的结合，才把所有的通信设备连接起来，形成四通八达、灵活可靠的全球通信网。随着接入网向宽带化、综合化、分组化发展，对传输媒质的性能指标有一些特殊的考虑。本章重点介绍双绞线、同轴电缆和光纤的结构、类型、性能、用途，供选用时参考。最后还简要介绍了结构化布线。

10.1　双绞线

10.1.1　概述

双绞线(Twisted Pairwire，TP)是综合业务数字网(Integrated Services Digital Network，ISDN)、局域网(Local Area Network，LAN)和数据通信中最常用的一种传输介质。双绞线由两根具有绝缘保护层的铜导线组成。将两根绝缘的铜导线按一定密度互相绞合在一起，可降低信号干扰的程度，其原理是每一根导线在传输中辐射的电波会被另一根线上发出的电波抵消。双绞线一般由两根 22～26 号绝缘铜导线相互绞合而成。如果把一对或多对双绞线放在一个绝缘套管中便成了双绞线电缆。在双绞线电缆(也称双扭线电缆)内，不同线对具有不同的扭绞长度。一般地说，扭绞长度在 38.1～14 cm 内，按逆时针方向扭绞，相邻线对的扭绞长度在 12.7 cm 以上。与其他传输介质相比，双绞线在传输距离、信道宽度和数据传输速度等方面均受到一定限制，但其价格较为低廉。

市话电缆常用 0.4 mm、0.5 mm、0.6 mm、0.7 mm 的软铜线，长途电缆常用 0.9 mm、

1.2 mm的铜线,也可用1.8 mm、2.0 mm的铝线。虽然双绞线主要是用来传输模拟声音信息的,但同样适用于数字信号的传输,特别适用于较短距离的语言和数字信息传输。在传输期间,信号的衰减比较大,并且产生波形畸变。采用双绞线的局域网的带宽取决于所用导线的质量、长度及传输技术。只要精心选择和安装双绞线,就可以在有限距离内达到每秒几百万位的可靠传输速率。当距离很短,传输率可达100～155 Mbit/s。由于利用双绞线传输信息时要向周围辐射,信息很容易被窃听,因此要花费额外的代价加以屏蔽。屏蔽双绞线电缆的外层由铝箔包裹,以减小辐射,但并不能完全消除辐射。屏蔽双绞线价格相对较高,安装时要比非屏蔽双绞线电缆困难。类似于同轴电缆,它必须配有支持屏蔽功能的特殊连接器和相应的安装技术。但它有较高的传输速率为155 Mbit/s/100 m。

另外,非屏蔽双绞线电缆具有以下优点:

(1) 直径小,节省空间;

(2) 重量轻、易弯曲、易安装;

(3) 串扰减至最小或消除;

(4) 具有阻燃性;

(5) 适用于结构化综合布线。

10.1.2 类型

目前,双绞线按照屏蔽与否可分为非屏蔽双绞线(Unshielded Twisted Pair,UTP)和屏蔽双绞线(Shielded Twisted Pair,STP)。在这两类中又分:150 Ω电缆、双体电缆、大对数电缆、150 Ω屏蔽电缆。双绞线电缆按照其传输频率和用途可以分为五种不同类型。计算机网络综合布线使用的是第三、四、五类电缆。这五类电缆的性能和用途如下:

1. 第一类电缆:主要用于传输语音,不用于数据传输。

2. 第二类电缆:传输频率为1 MHz,用于语音传输和最高传输速率4 Mbit/s的数据传输,常用于4 Mbit/s规范令牌传递协议的旧的令牌网。

3. 第三类电缆:指目前在ANSI和EIA/TIA568标准中指定的电缆。该电缆的传输频率为16 MHz,用于语音传输及最高传输速率为10 Mbit/s的数据传输,主要用于10BASE-T。

4. 第四类电缆:该类电缆的传输频率为20 MHz,用于语音传输和最高传输速率16 Mbit/s的数据传输,主要用于基于令牌的局域网和10BASE-T/100BASE-T。

5. 第五类电缆:该类电缆增加了绕线密度,外套一种高质量的绝缘材料,传输频率为100 MHz,用于语音传输和最高传输速率为100 Mbit/s的数据传输,主要用于100BASE-T和10BASE-T网络,这是最常用的以太网电缆。

6. 超5类布线系统是一个非屏蔽双绞线(UTP)布线系统,通过对它的“链接”和“信道”性能S的测试表明,它超过TIA/EIA568的5类线要求。与普通的5类UTP比较,其衰减更小,串扰更少,同时具有更高的衰减与串扰的比值和信噪比、更小的时延误差,性能得到了提高。它具有四大优点：

(1) 可以方便转移、更新网络技术；

(2) 满足低偏差和低串扰总和的要求；

(3) 为将来网络应用提供了解决方案；

(4) 充足的性能余量，安装和测试方便。

与 5 类双绞线相比，超 5 类系统在 100 MHz 的频率下运行时，为用户提供 8 dB 近端串扰的余量，用户的设备受到的干扰只有 5 类线系统的 1/4，使系统具有更强的独立性和可靠性。与 5 类线缆相比，超 5 类在近端串扰、串扰总和、衰减和信噪比四个主要指标上都有较大的改进。

自 20 世纪 90 年代以来，五类线缆的标准问世已经有相当长的一段时间了。随着电信技术的发展，许多新的布线系统和方案被开发出来。国际标准化委员会(ISO)/国际电工委员会(IEC)，欧洲标准化委员会(CENELEC)和北美的电信工业协会(TIA)/电工工业协会(EIA)都在努力制定更新的标准，以满足技术和市场的需求。但是，布线标准仍然没有统一。在 5 类、超 5 类、6 类及 8 类的概念和标准上，在业内存在着一定程度的混乱，尤其是国内目前缺少权威的组织和机构来澄清人们对这些标准的认识。

10.1.3　测试数据

100 Ω 的 4 对非屏蔽双绞线有 3 类电缆、4 类电缆、5 类电缆和超 5 类电缆之分。主要的性能指标为衰减、分布电容、直流电阻、直流电阻偏差值、阻抗特性、返回损耗和近端串扰。标准测试数据如表 10-1 所示。

表 10-1　(a) 双绞线的标准测试数据

电缆类型	衰减(单位 dB)	分布电容 (以 1 kHz 计量)	直流电阻 20℃测量校正值	直流电阻偏差值 20℃时测量校正值
3 类	≤2.320 sqrt(f) + 0.238(f)	≤330 pf/100 m	≤9.3 Ω/100 m	5%
4 类	≤2.050 sqrt(f) + 0.1(f)	≤330 pf/100 m	同上	5%
5 类	≤1.9268 sqrt(f) + 0.085(f)	≤330 pf/100 m	同上	5%

表 10-1　(b) 双绞线的标准测试数据

电缆类型	阻抗特性 1 MHz 至最高的参考频率值	回波损耗 测量长度>100 m	近端串扰 测量长度>100 m
3 类	100 Ω±15%	12 dB	43 dB
4 类	100 Ω±15%	12 dB	58 dB
5 类	100 Ω±15%	23 dB	64 dB

10.2 同轴电缆

同轴电缆是由同轴线对组成的电缆。同轴电缆的中心是一根圆柱形的铜线,称为内导体;外面是一个空心铜质圆筒,称为外导体。内、外导体间用绝缘物隔开并使内、外导体的轴心重合,如图 10-1 所示。

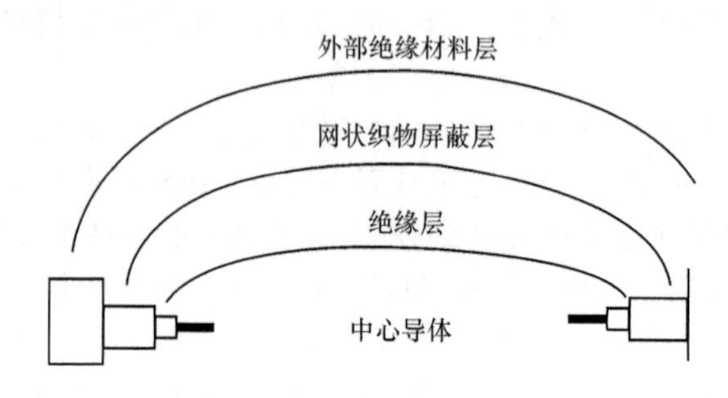

图 10-1　同轴电缆结构示意图

与双绞线结构不同的是同轴电缆线对不对称。同轴电缆的衰减与频率的关系呈现带通特性,且在带内频率升高而上升缓慢。同轴电缆的电磁场被封闭在同轴的内导体,同轴电缆外导体又具有屏障作用,因此同轴线对间的串音较小,且随着频率的升高而下降,所以同轴电缆的复用程度高,主要用于高速数据、图像传真、电视等数字或模拟宽带信息传输。

但同轴电缆组成的回路存在特性阻抗不均匀性,影响信号传输的质量,而且同轴电缆耗铜量巨大,施工复杂,建设周期长。

10.2.1　概述

同轴电缆以硬铜线为芯,外包一层绝缘材料。这层绝缘材料用密织的网状导体环绕,网外又覆盖一层保护性材料。有两种广泛使用的同轴电缆。一种是 50 Ω 电缆,用于数字传输,由于多用于基带传输,所以称为基带同轴电缆;另一种是 75 Ω 电缆,用于模拟传输,称为宽带同轴电缆。

同轴电缆的这种结构,使它具有高带宽和极好的噪声抑制特性。同轴电缆的带宽取决于电缆长度。1 km 的电缆可以达到 1～2 Gbit/s 的数据传输速率。还可以使用更长的电缆,但是传输率要降低或使用中间放大器。目前,同轴电缆正在被光纤取代,但仍有应用于有线电视和某些局域网中。

用在有线电视中进行模拟信号传输的同轴电缆称为宽带同轴电缆。“宽带”这个词来源于电话业,指比 4 kHz 宽的频带。然而在计算机网络中,“宽带电缆”却指任何使用模拟信号进行传输的电缆。

由于宽带网使用标准的有线电视技术，可使用的频带高达 300 MHz（常常到 450 MHz）；由于使用模拟信号，需要在接口处安放一个电子设备，用以把进入网络的比特流转换为模拟信号，并把网络输出的信号再转换成比特流。

宽带系统又分为多个信道，电视广播通常占用 6 MHz 信道。每个信道可用于模拟电视、影碟机质量声音（1.4 Mbit/s）或 3 Mbit/s 的数字比特流。电视和数据可在一条电缆上混合传输。

宽带系统和基带系统的一个主要区别是：宽带系统由于覆盖的区域广，因此，需要模拟放大器周期性地加强信号。这些放大器仅能单向传输信号，如果计算机间有放大器，则报文分组就不能在计算机间逆向传输。为了解决这个问题，人们已经开发了两类的宽带系统：双缆系统和单缆系统。

同轴电缆一般安装在设备与设备之间。在每一个用户位置上都装备有一个连接器，为用户提供接口。接口的安装方法如下：

(1) 细缆：将细缆切断，两头装上网络连接头，然后接在 T 型连接器两端。

(2) 粗缆：粗缆一般采用一种类似夹板的分接头装置进行安装，它利用分接头上的引导针穿透电缆的绝缘层，直接与导体相连。电缆两端头设有终端器，以削弱信号的反射作用。

10.2.2　参数指标

1. 主要电气参数

(1) 同轴电缆的特性阻抗：同轴电缆的平均特性阻抗为(50±2)Ω，沿单根同轴电缆的阻抗的周期性变化为正弦波，中心平均值±3 Ω，其长度小于 2 m。

(2) 同轴电缆的衰减：一般指 500m 长的电缆段的衰减值。当用 10 MHz 的正弦波进行测量时，它的值不超过 8.5 dB(17 dB/km)；而用 5 MHz 的正弦波进行测量时，它的值不超过 6.0 dB(12 dB/km)。

(3) 同轴电缆的传播速度：需要的最低传播速度为 0.88 倍光速。

(4) 同轴电缆直流回路电阻：电缆的中心导体的电阻与屏蔽层的电阻之和不超过 10 mΩ/m。

2. 同轴电缆的物理参数

同轴电缆是由中心导体、绝缘材料层、网状织物构成的屏蔽层以及外部隔离材料层组成，其结构如图 10-1 所示。

同轴电缆具有足够的柔韧性，能支持 254 mm 的弯曲半径。中心导体是直径为 2.17 mm±0.013 mm 的实心铜线。绝缘材料必须满足同轴电缆电气参数。屏蔽层是由满足传输阻抗和回波抵消法规范说明的金属带或薄片组成，屏蔽层的内径为 6.15 mm，外径为 8.28 mm。外部隔离材料一般选用聚氯乙烯(PVC)或类似材料。

3. 对同轴电缆进行测试的主要参数

(1) 导体或屏蔽层的开路情况。

(2) 导体和屏蔽层之间的短路情况。

(3) 导体接地情况。

(4) 在各屏蔽接头之间的短路情况。

10.2.3 规格型号

同轴电缆按照使用复用频率可分为两种基本类型:基带同轴电缆和宽带同轴电缆。目前基带常用的电缆,其屏蔽线是用铜丝编制成的网,特征阻抗为50 Ω(如RG-8、RG-58等);宽带同轴电缆常用的电缆的屏蔽层通常是用铝冲压成的,特征阻抗为75 Ω(如RG-59等)。

粗同轴电缆与细同轴电缆是指同轴电缆的直径大小。粗缆适用于比较大型的局部网络,它的标准距离长、可靠性高。由于安装时不需要切断电缆,因此可以根据需要灵活调整计算机的入网位置。但粗缆网络必须安装收发器和收发器电缆,安装难度大,所以总体造价高。相反,细缆安装则比较简单,造价低,但由于安装过程要切断电缆,两头须装上基本网络连接头,然后接在T型连接器两端,所以当接头多时容易产生接触不良的隐患,这是目前运行中的以太网所发生的最常见故障之一。

为了保持同轴电缆的正确电气特性,电缆屏蔽层必须接地。同时两头要有终端器来削弱信号反射作用。

无论是粗缆,还是细缆均为总线拓扑结构,即一根缆上接多部机器,这种拓扑适用于机器密集的环境。但是当一触点发生故障时,故障会串联影响到整根缆上的所有机器,故障的诊断和修复都很麻烦,因此,将逐步被非屏蔽双绞线或光缆取代。

最常用的同轴电缆有下列几种:

- RG-8或RG-11:50 Ω
- RG-58:50 Ω
- RG-59:75 Ω
- RG-62:93 Ω

计算机网络一般选用RG-8以太网粗缆和RG-58以太网细缆。RG-59用于电视系统。RG-62用于ARCnet网络和IBM3280网络。

10.3 光 纤

在各个电信营运公司的光纤干线网基本建成的前提下,光纤综合宽带接入网的建设正在全国蓬勃兴起,无源光网络、有源光网络和光纤、双绞线和同轴电缆等混合接入网的研究和建设都在进行之中。由于光纤具有巨大带宽和极小衰减等独特的优点,故其将在综合宽带接入网的建设中起到重要作用。光缆通信在我国已有 20 多年的使用历史，现正在取代接入网的主干线和配线的市话主干电缆和配线电缆，并正在进入局域网和室内综合布线系统。目前，光纤光缆已经进入了有线通信的各个领域，包括邮电通信、广播通信、电力通信和军用通信等领域。

10.3.1　光纤的传输特性

1. 衰减

衰减是光纤的一个重要的传输参数。它表明了光纤对光能的传输损耗，其对光纤质量的评定和确定光纤通信系统的中继距离起着决定性的作用。

(1) 衰减系数

衰减系数 α，则定义为单位长度光纤引起的光功率衰减。当长度为 L 时，

$$\alpha(\lambda) = -\frac{10}{L}\lg\frac{P(L)}{P(0)} \tag{10-1}$$

式中：$\alpha(\lambda)$表示在波长为 λ 处的衰减系数与波长的函数关系（单位为 dB/km），其数值与选择的光纤长度无关。

(2) 衰减谱

图 10-2 形象直观地描绘了衰减系数与波长的函数关系，同时也给出了光纤的五个工作窗口的波长范围及引起衰减的原因。

由图 10-2 得知，石英玻璃光纤的衰减谱具有三个主要特征：①衰减随波长的增大而呈降低趋势。②衰减吸收峰与 OH^- 离子有关。③在波长大于 1 600 nm 衰减的增大的原因是由微（或宏）观弯曲损耗和石英玻璃吸收损耗引起的。

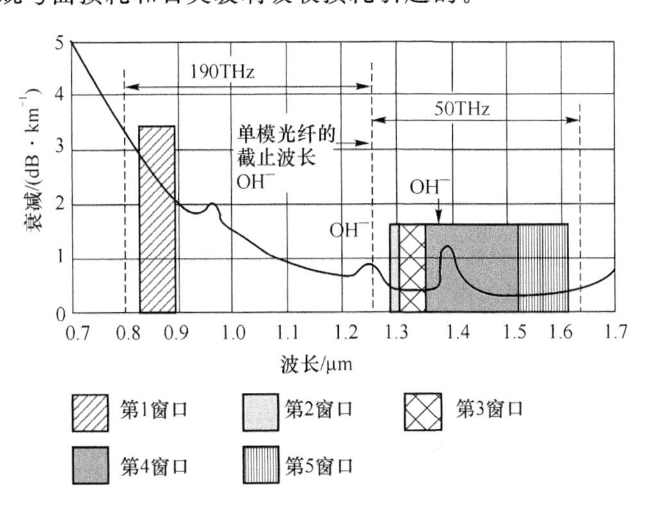

图 10-2　石英玻璃光纤的衰减

众所周知，早期的光纤通信系统传输所用的是多模光纤，其工作波长在 850 nm 的第

1个工作窗口。1983年,非色散位移单模光纤(G.652光纤)首先工作在1 310 nm附近的第2个工作窗口,即1 280～1 325 nm。在1 310 nm处,G.652光纤色散为零,衰减典型值<0.35 dB/km。后来,激光器和光接收机等的工作波长都在1 550 nm附近的第3个工作窗口,即1 530～1 565 nm。恰好G.652光纤工作波长为1 550 nm的衰减最小约为0.20 dB/km,但其色散高达18 ps/nm.km。1985年,人们为克服G.652光纤在1 550 nm处高色散的限制,研究开发出了色散位移单模光纤(G.653光纤)。在波长为1 550 nm处,G.653光纤色散为零,衰减最小。正是20世纪90年代初,掺铒光纤放大器和密集波分复用系统的出现,G.653光纤因其在1 550 nm处的零色散造成光纤的非线性效应,迫使其退出带有掺铒光纤放大器的密集波分复用系统。1993年为消除G.653光纤在第3个工作窗口的非线性效应,人们又研究发明了非零色散位移单模光纤(G.655光纤),其在第3个工作窗口中以较低的色散来抑制非线性效应,衰减又很小,故它满足了远距离、高速率、大容量的密集波分复用系统的需要。

当今,密集波分复用系统工作在第3个工作窗口,即1 530～1 565 nm的C带。然而,光纤放大器的工作波长已扩展到1 625 nm附近的第4个工作窗口,即1 565～1 625 nm的L带。

历史上,1 350～1 450 nm波长范围没有得到利用,其原因是OH^-离子在这一范围使光纤有很高的吸收损耗。1998年,美国朗讯科技公司采用一种能消除光纤在1 385 nm附近的OH^-吸收峰的光纤制造工艺,研究出一种低水峰光纤—全波光纤。低水峰光纤可工作在1 400 nm附近的第5个工作窗口,即1 350～1 530 nm。光纤未来迹象工作波长为1 260～1 650 nm,其带宽潜力约为50 THz。

2. 色散

随着掺铒光纤放大器EDFA(Erbium Doped Optical-Fiber Amplifier)、波分复用WDM(Wavelength Division Multiplexing)技术在光纤通信系统中的商用化后,光纤色散便再度成为最热门的研究课题之一。研究光纤的色散特性是在具体弄清色散的致因、种类及相互作用的前提下,设法设计和制造出优质的、合适的色散的光纤,以满足光纤通信系统的高速率、大容量和远距离传输的需求。在光纤数字通信系统中,由于光纤中的信号是由不同的频率成分和不同的模式成分来携带的,这些不同的频率成分和不同的模式成分的传输速度不同,从而引起色散。

光纤色散主要有:模间色散、材料色散、波导色散和偏振模色散等。色散指光源光谱中不同波长分量在光纤中的群速率不同所引起的光脉冲展宽现象,是高速光纤通信系统的主要传输损伤,光放大器本身并不会改变系统的色散特性。尽管EDFA内部有一小段掺铒光纤作为有源增益媒质,但其长度仅为几米至十几米,与长达几十千米至几百千米的光传输链路相比,其附加的少量色散不会对总色散产生有实质性的影响。

通常,光放大器并不改变由于色散所导致的传输限制。然而,由于光放大器极大地延长了无中继光传输距离,因而整个传输链路的总色散及其相应色散代价将可能变得很大而必须认真对付。对于采用无频率啁啾的 1 550 nm 单频光源的系统（例如 Mach-Zehnder 外调制器），1 dB 功率代价的传输距离可以用式（10-2）来估算。

$$L=\frac{104\ 000}{DB^2} \tag{10-2}$$

式中：B 表示系统比特率，单位为 Gbit/s；D 表示光纤色散系数，单位为 ps/（nm · km）；L 表示总的路由长度，单位为 km。

例如采用无频率啁啾的 1 550 nm 单频光源的 2.5 Gbit/s 系统在 G.652 光纤[1 550 nm 为 18 ps/（nm · km）]上大约能传 1 000 km。对于采用有频率啁啾的光源的系统，1 dB 功率代价的传输距离可以用式（10-3）来估算。

$$L=\frac{71\ 400}{\alpha DB^2\lambda^2} \tag{10-3}$$

式中：α 为光波的频率啁啾系数。一般量子阱分布反馈激光器的 α 值为 2～4，应力量子阱分布反馈激光器的 α 值为 1～2，电吸收调制器的 α 值为 0.5～1，Mach-Zehnder 调制器的 α 值趋近 0。以工作在 1 550 nm 波长的 2.5 Gbit/s 系统为例，采用一般量子阱分布反馈激光器和电吸收调制器后在 G.652 光纤上可以至少分别传输 100 km 和 600 km。

由式（10-2）、式（10-3）可知，决定色散受限距离的关键因素是光纤色散系数和光源啁啾系数。因而仅从减少色散的角度，采用 G.653 光纤和 G.655 光纤是有利的，若全面考虑其他非线性效应，则长途传输中 G.655 光纤的综合性能是最佳的。

10.3.2　光纤类型

依据国际电工委员会标准（International Electrotechnical Commission）IEC60893-1-1（1995）《光纤第 1 部分总规范》光纤的分类方法，按光纤所用材料、折射率分布形状、零色散波长等光纤被分为 A 和 B 两大类：A 类为多模光纤、B 类为单模光纤。表 10-2 和表 10-3 分别给出了 A 类多模光纤和 B 类单模光纤的特点及分类方法等。

表 10-2　多模光纤种类

类　别	材　料	类　型	折射率分布指数 g 极限值
A1	玻璃芯/玻璃包层	梯度折射率光纤	$1\leqslant g<3$
A2.1	玻璃芯/玻璃包层	准阶跃折射率光纤	$3\leqslant g<10$
A2.2	玻璃芯/玻璃包层	阶跃折射率光纤	$10\leqslant g\leqslant\infty$
A3	玻璃芯/塑料包层	阶跃折射率光纤	$10\leqslant g\leqslant\infty$
A4	塑料光纤		

表 10-3　单模光纤种类

类　别	特　点	零色散波长标称值/nm	工作波长标称值/nm
B1.1	非色散位移光纤	1 310	1 310 和 1 550
B1.2	截止波长位移光纤	1 310	1 550
B1.3	波长段扩展的非色散位移光纤	1 300～1 324	1 310、1 360～1 530、1 550
B2	色散位移光纤	1 550	1 550
B3	色散平坦光纤	1 310 和 1 550	1 310 和 1 550
B4	非零色散位移光纤	1 550	1 550

1. 多模光纤

(1) 结构

梯度型多模光纤结构,图 10-3 所示。通常,光纤的纤芯用来导光,包层保证光全反射只发生在芯内,涂覆层则为保护光纤不受外界作用和吸收诱发微变的剪切应力。表 10-4 列出了当今常用的 A1 类多模光纤的结构尺寸参数。

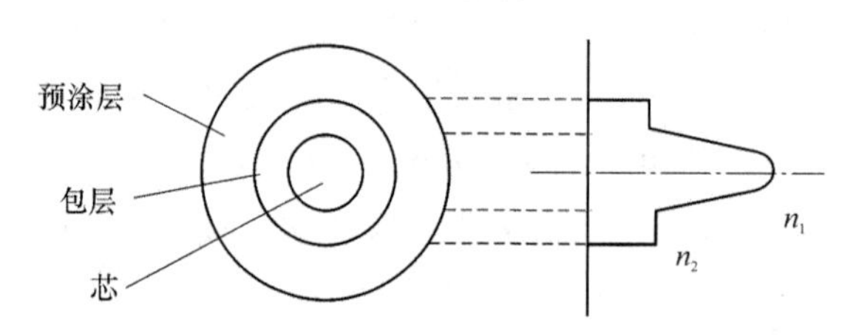

图 10-3　梯度型多模光纤结构

表 10-4　A1 类多模光纤的结构尺寸参数

光纤类型	A1a	A1b	A1c	A1d
纤芯直径/μm	50±3	62.5±3	85±3	100±5
包层直径/μm	125±2	125±3	125±3	140±4
芯/包同心度/μm	≤3	≤3	≤6	≤6
芯不圆度/(%)	≤6	≤6	≤6	≤6
包层不圆度/(%)	≤2	≤2	≤2	≤4
包层直径(未着色)/μm	245±10	245±10	245±10	250±25
包层直径(着色)/μm	250±15	250±15	250±15	—

(2) 种类

① 梯度型多模光纤

梯度型多模光纤包括:A1a、A1b、A1c 和 A1d 类型。它们可用多组分玻璃或掺杂石英玻璃制得。为降低光纤衰减,梯度型多模光纤的制备选用的材料纯度比大多数阶跃型多模光纤材料纯度高得多。正是由于折射率呈梯度分布和更低的衰减，所以梯度型多模光纤的性能比阶跃型多模光纤性能要好得多。一般在直径（包括缓冲护套）相同情况下，梯度型多模光纤的芯径大大小于阶跃型多模光纤，这就赋予梯度型多模光纤更好的抗弯曲性能。四种梯度型多模光纤的传输性能及应用场合，如表 10-5 所示。

表 10-5　(a) 两种常用的多模光纤的传输性能及应用场合

数据速率 /(Mbit・s^{-1})	波长 /nm	A1a 带宽 /(MHz・km)	A1b 带宽 /(MHz・km)	A1a 最长距离 /m	A1b 最长距离 /m	应用
10	850	500	160	1000	2000	Ethernet 10BASE-F
100	850	500	160	300	300	Ethernet 100BASE-SX
100	1300	500	500	2 000	2 000	Fast Ethernet 100BASE-F
1 000	850	500	160	550	220	Gigabit Ethernet 1000BASE-SX
1 000	1 300	500	500	550	550	Gigabit Ethernet 1000BASE-LX
16	850	500	160	1 000	2 000	Token Ring
100	1 300	500	500	2 000	2 000	FDDI
155	880/850	500	160	1 000	1 000	ATM
155	1 300	500	500	2 000	2 000	
622	880/850	500	160	300	300	
622	1 300	500	500	500	500	

表 10-5　(b) 两种常用的多模光纤的带宽及应用领域

光纤类型	850 nm 最小带宽 /(MHz・km)	1 300 nm 最小带宽 /(MHz・km)	应用领域
A1a	200	400	低比特率/短距离/连接软线
A1a	400	600	中比特率/中距离
A1a	500	500	中比特率/中距离
A1a	400	800	中比特率/中距离
A1a	800	800	高比特率/长距离
A1a	600	1 200	高比特率/长距离
A1b	100	200	低比特率/短距离/连接软线
A1b	160	300	低比特率/短距离
A1b	160 或 200	500	中比特率/中距离
A1b	200	600	中比特率/中距离
A1b	200	800	高比特率/长距离
A1b	800	200	高比特率/长距离:850 nm 最佳:CD 激光器 或 VCSEL 光源

② 阶跃型多模光纤

阶跃型多模光纤包括:A2、A3和A4三类九个品种。它们是可选用多组分玻璃或掺杂玻璃或塑料作为芯、包层来制成光纤。由于这些多模光纤具有大的纤芯和大的数值孔径,所以它们可更为有效地与非相干光源,例如,发光二极管(LED)耦合。链路接续可通过价格低廉的注塑型连接器,从而降低整个网络建设费用。因此,阶跃型多模光纤,特别是A4类塑料光纤将在短距离通信中扮演着重要的角色。A2、A3和A4三类阶跃型多模光纤的传输性能和应用场合,如表10-6所示。

表10-6 三类九种阶跃型多模光纤的传输性能及应用场合

光纤类型	A2a A2b A2c	A3a A3b A3c	A4a A4b A4c
芯/包直径/μm	100/140	200/300	980/1 000
	200/240	200/380	830/850
	200/280	200/230	480/500
工作波长/μm	0.85	0.85	0.65
带宽/MHz	≥10	≥5	≥10
数值孔径	0.23~0.26	0.40	0.50
衰减系数/(dB·km^{-1})	≤10	≤10	≤40 dB/0.1 km
典型适用长度/m	2 000	1 000	100
应用场所	短距离信息传输、楼内局部布线、传感器等		

2. 单模光纤

(1) 结构

单模光纤的结构,如图10-4所示。单模光纤具有小的芯径,以确保其传输单模,但是其包层直径要比芯径大十多倍,以避免光损耗。单模光纤结构的各部分作用与多模光纤类似,与多模光纤所不同的是用与波长有关的模场直径w。来表示芯直径。表10-7和10-8列出了当今光纤通信工程中广泛使用的B1.1和B4两类单模光纤的尺寸参数。

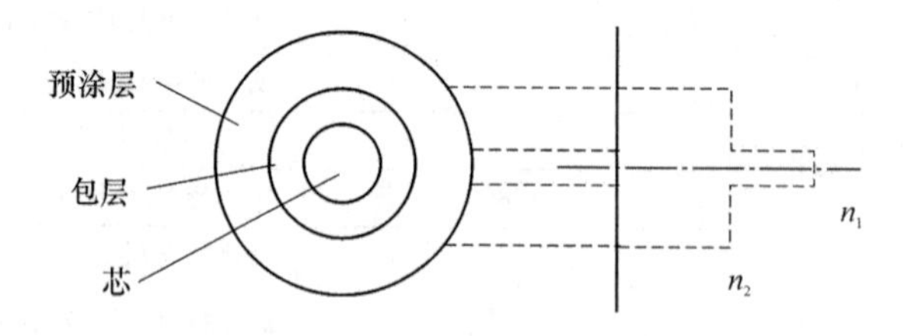

图10-4 阶跃型单模光纤结构

表 10-7 B1.1 类单模光纤的结构尺寸参数

光纤类别	B1.1
1 310 模场直径/μm	(8.6～9.5)±0.7
包层直径/μm	125±1
1 310 nm 芯同心度误差/μm	≤0.8
包层不圆度(%)	≤2
涂覆层直径（未着色）/μm	245±10
涂覆层直径（着色）/μm	250±15
包层/涂覆层同心度误差/μm	≤12.5

表 10-8 B4 类单模光纤的结构尺寸参数

光纤类别	B4
1 550 nm 模场直径 /μm	(8.0～11.0)±0.7
包层直径 /μm	125±1
1 550 nm 芯同心度误差/μm	≤0.8
包层不圆度/(%)	≤2
涂覆层直径（未着色）/μm	245±10
涂覆层直径（着色）/μm	250±15
包层/涂覆层同心度误差/μm	≤12.5

(2) 分类

单模光纤以其衰减小、频带宽、容量大、成本低、易于扩容等优点，作为一种理想的光通信传输媒介，在全世界得到极为广泛的应用。目前，随着信息社会的到来，人们研究出了光纤放大器、时分复用、波分复用、频分复用技术，从而使单模光纤的传输距离、通信容量和传输速率进一步提高。

值得提出的是，光纤放大器延伸了传输距离，复用技术在带来的高速率、大容量信号传输的同时，使色散、非线性效应对系统的传输质量的影响更大。因此，人们专门研究开发了几种光纤：色散位移光纤、非零色散位移光纤、色散平坦光纤和色散补偿光纤，它们在解决色散和非线性效应问题上各有独到之处。

按照零色散波长和截止波长位移与否可将单模光纤分为 6 种，其中 4 种单模光纤国际电信联盟电信标准化部门 ITU-T(International Telecommunication Union-Telecommunication Standardization Sector)已给出建议：G.652、G.653、G.654 和 G.655 光纤。单模光纤的分类、名称、IEC 和 ITU-T 命名对应关系如下：

	名称	ITU-T	IEC
单模光纤分类	非色散位移单模光纤	G.652：A、B、C	B1.1 和 B1.3
	色散位移单模光纤	G.653	B2
	截止波长位移单模光纤	G.654	B1.2
	非零色散位移单模光纤	G.655：A、B	B4
	色散平坦单模光纤		B3
	色散补偿单模光纤		

① 非色散位移单模光纤

2000 年 2 月国际电信联盟第 15 专家组会议对非色散位移单模光纤(ITU-T G.652)提出修订，即按 G.652 光纤的衰减、色散、偏振模色散、工作波长范围及其在不同的传输速率的 SDH 系统的应用情况，将 G.652 光纤进一步细分为：G.652A、G.652B 和 G.652C。究其实质而言，G.652 光纤可分为两种，即常规单模光纤(G.652A 和 G.652B)

和低水峰单模光纤(G. 652C)。G. 652A 光纤和 G. 652B 光纤的主要区别在于对 PMD 系数的要求不同,前者 PMD 系数无要求,后者 PMD 系数为 0.5 ps/$\sqrt{km}$;因此,G. 652A 光纤只能工作在 2.5 Gbit/s 及其以下速率,G. 652B 光纤可工作于 10 Gbit/s 速率。

(a) 常规单模光纤

常规单模光纤于 1983 年开始商用。常规单模光纤的性能特点是:①在 1 310 nm 波长的色散为零;②在波长为 1 550 nm 附近衰减系数最小约为 0.22 dB/km,但在 1 550 nm 附近其具有最大色散系数为 18 ps/(nm · km);③这种光纤工作波长可选在 1 310 nm 波长区域,又可选在 1 550 nm 波长区域,它的最佳工作波长在 1 310 nm 区域。这种光纤常称为"常规"或"标准"单模光纤。它是当前最为广泛使用的光纤。迄今为止,其在全世界各地累计敷设数量已高达 8 千万千米。

今天,绝大多数光通信传输系统都选用常规单模光纤。这些系统包括:在 1 310 nm 和 1 550 nm工作窗口的高速数字和 CATV (Cable Television)模拟系统。然而,在 1 550 nm 波长的大色散成为高速系统中这种光纤中继距离延长的"瓶颈"。

利用常规单模光纤进行速率大于 2.5 Gbit/s 的信号长途传输时,必须采取色散补偿措施进行色散补偿,并需引入更多的掺铒光纤放大器来补偿由引入色散补偿产生的损耗。常规单模光纤(G. 652A 和 G. 652B)的色散,如图 10-5 所示。常规单模光纤的传输性能及其应用场所,如表 10-9 所示。

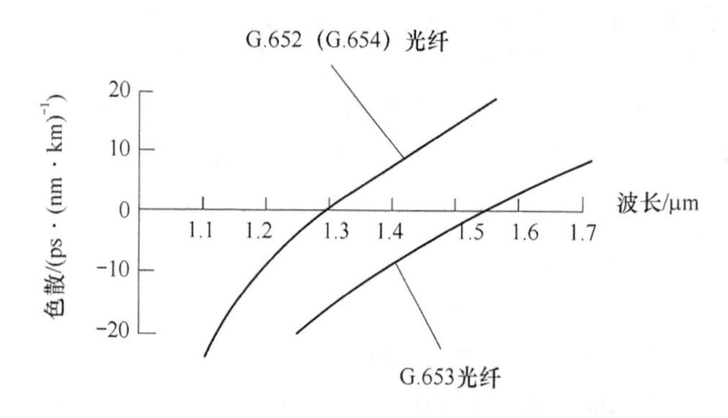

图 10-5 G. 652 光纤的色散

表 10-9 常规单模光纤的性能及应用

性能	模场直径 /μm	截止波长 λ_{cc} /nm	零色散波长 /nm	工作波长 /nm	最大衰减系数 /(dB · km^{-1})	最大色散系数 /(ps · (nm · km)$^{-1}$)
要求值	1 310 nm 8.6～9.5±0.7	λ_{cc}≤1 260 λ_c≤1 250 λ_{cj}≤1 250	1 310	1 310 或 1 550	1 310 nm<0.40 1 550 nm<0.35	1 310 nm : 0 1 550 nm : 18
应用场合	最广泛用于数据通信和模拟图像传输媒介,其缺点是工作波长为 1 550 nm 时色散系数高达 18 ps/(nm · km)阻碍了高速率、远距离通信的发展					

(b) 低水峰单模光纤

为解决城域网发展面临着业务环境复杂多变、直接支持用户多、传输短(通常仅为50～80 km)等问题,人们采取的解决方案是选用数十个至上百个复用波长的高密集波分复用技术,即将不同速率和性质的业务分配到不同的波长,在光路上进行业务量的选路和分插。为此,需要研发出具有更宽的工作波长区的低水峰光纤(ITU-TG.652C)来满足高密集波分城域网发展的需求。

众所周知,制约常规单模光纤 G.652 工作波长区窄的原因是 1 385 nm 附近高的水吸收峰。在 1 385 nm 附近,常规 G.652 光纤中只要含有几个 ppb 的 OH^- 离子就会产生几个分贝的衰减,使其在 1 350～1 450 nm 的频谱区因衰减太高而无法使用。为此,国外著名光纤公司都纷纷致力于研究消除这一高水峰的新工艺技术,从而研发出了工作波长区大大拓宽的低水峰光纤。

现以美国朗讯科技公司 1998 年研究出的低水峰光纤——全波光纤为例,说明该光纤的性能特点。

全波光纤与常规单模光纤 G.652 的折射率剖面一样。所不同的是全波光纤的生产中采用一种新的工艺,几乎完全去掉了石英玻璃中的 OH-离子,从而彻底地消除了由 OH-离子引起的附加水峰衰减。这样,光纤即使暴露在氢气环境下也不会形成水峰衰减,具有长期的衰减稳定性。

由于低水峰,光纤的工作窗口开放出第五个低损耗传输窗口,进而带来了诸多的优越性:一是波段宽。由于降低了水峰使光纤可在 1 280～1 625 nm 全波段进行传输,即全部可用波段比常规单模光纤 G.652 增加约一半,同时可复用的波长数也大大增多,故 IEC 又将低水峰光纤命名 B1.3 光纤,即波长段扩展的非色散位移单模光纤;二是色散系数和 PMD 系数小。在 1 280～1 625 nm 全波长区,光纤的色散仅为 1 550 nm 波长区的一半,这样就易于实现高速率、远距离传输。例如,在 1 400 nm 波长附近,10 Gbit/s 速率的信号可以传输 200 km,而无须色散补偿;三是改进了网管。可以分配不同的业务给最适合这种业务的波长传输,改进网络管理。例如,在 1 310 nm 波长区传输模拟图像业务,在 1 350～1 450 nm波长区传输高速数据(10 Gbit/s)业务,在 1 450 nm 以上波长区传输其他业务;四是系统成本低。光纤可用波长区拓宽后,允许使用波长间隔宽、波长精度和稳定度要求低的光源、合(分)波器和其他元件,网络中使用有源、无源器件成本降低,进而降低了系统的成本。全波光纤的性能及应用,如表 10-10 所示。

② 色散位移单模光纤

色散位移单模光纤(ITU-G.653 光纤)于 1985 年商用。色散位移光纤是通过改变光纤的结构参数、折射率分布形状,力求加大波导色散,从而将最小零色散点从 1 310 nm 位移到 1 550 nm,实现 1 550 nm 处最低衰减和零色散波长一致,并且在掺铒光纤放大器 1 530～1 565 nm 工作波长区域内。这种光纤非常适合于长距离单信道高速光放大系统,如可在这种光纤上直接开通 20 Gbit/s 系统,不需要采取任何色散补偿措施。

色散位移光纤的富有生命力的应用场所为单信道数千里的信号传输的海底光纤通信系统。另外,陆地长途干线通信网也已敷设一定数量的色散位移光纤。

表 10-10　全波单模光纤

性　能	模场直径 /μm	截止波长 λ_{cc}/nm	零色散波长 λ_0/nm	工作波长 /nm	最大衰减系数 /(dB・km^{-1})
要求值	1 310 nm：9.3±0.5 1 550 nm：10.5±1.0	λ_{cc}≤1 260 λ_c≤1 250 λ_{cj}≤1 250	1 300～1 322	1 280～1 625	1 310 nm：0.35 1 385 nm：0.31 1 550 nm：0.21～0.25
应用场合	这种光纤的优点是工作波长范围宽,即 1 280～1 625 nm,故其主要用于密集波分复用的城域网的传输系统,它可提供 120 个或更多的可用信道				

虽然业已证明色散位移光纤特别适用于单信道通信系统,但该光纤在 EDFA(Erbium Doped Optical Fiber Amplifier)通道进行波分复用信号传输时,存在的严重问题是在 1 550 nm 波长区的零色散产生了四波混频非线性效应。据最新研究报道,只要将色散位移单模光纤的工作波长选在大于 1 550 nm 的非零色散区,其仍可用做波长复用系统的光传输介质。

色散位移单模光纤的性能及应用场合列于表 10-11。

表 10-11　色散位移单模光纤

性　能	模场直径 /μm	截止波长 /nm	零色散波长 /nm	工作波长 /nm	最大衰减系数 /(dB・km^{-1})	色散系数 /(ps・(nm・km)$^{-1}$)
要求值	1 310 nm：8.3	λ_{cc}≤1 280 λ_c≤1 250 λ_{cj}≤1 280	1 550	1 550	1 550 nm≤0.25	1 525～1 585 nm：8.5
应用场合	这种光纤的优点是在 1550 nm 工作波长衰减系数和色散系数均很小。它最适用于单信道几千千米海底系统和长距离陆地通信干线					

色散位移单模光纤的色散如图 10-6 所示。

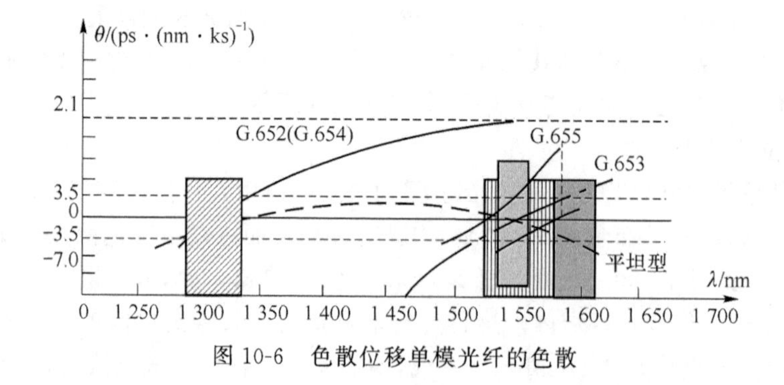

图 10-6　色散位移单模光纤的色散

③ 截止波长位移单模光纤

1 550 nm 截止波长位移单模光纤是非色散位移光纤(ITU-TG. 654 光纤)，其在零色散波长在 1 310 nm 附近，截止波长移到了较长波长，在 1 550 nm 波长区域衰减极小，最佳工作波长范围为 1 500～1 600 nm。

获得低衰减光纤的方法是：(1)选用纯石英玻璃作为纤芯和掺氟的凹陷包层；(2)以长截止波长来减小光纤对弯曲附加损耗的敏感。

因为这种光纤制造特别困难，最低衰减光纤十分昂贵，且很少使用。它们主要应用在传输距离很长，且不能插入有源器件的无中继海底光纤通信系统。

截止波长位移单模光纤的性能及应用场合如表 10-12 所示。

表 10-12　1 550 nm 截止波长位移单模光纤

性　能	模场直径 /μm	截止波长 /nm	零色散波长 /nm	工作波长 /nm	最大衰减系数 /(dB·km^{-1})	最大色散系数 /(ps·(nm·km)$^{-1}$)
要求值	1 550 nm：10.5	$\lambda_{cc}\leqslant 1\,530$ $1\,350<\lambda_c<1\,600$	1 310	1 550	1 550 nm≤0.20	1 550 nm 20
应用场合	这种光纤的优点是在 1 550 nm 工作波长衰减系数极小，其抗弯曲性能好。它主要用于远距离无须插入有源器件的无中继海底系统，其缺点是制造困难，价格昂贵					

④ 非零色散位移光纤

非零色散位移光纤是在 1994 年美国朗讯和康宁专门为新一代带有光纤放大器的波分复用传输系统设计和制造的新型光纤(ITU-G. 655 光纤)。这种光纤是在色散位移单模光纤的基础上通过改变折射剖面结构的方法来使得光纤在 1550 nm 波长色散不为零，故其被称为“非零色散位移”光纤。

2000 年 ITU-T 第 15 研究组(SG15)通过的 G. 655 光纤修订版，将 G. 655 光纤分为两种类型：G. 655A 和 G. 655B。G. 655A 光纤主要适用于 ITU-T G. 691 规定的带光放大的单信道 SDH 传输系统和直到具有通道间隔不小于 200 GHz 的 STM-64 的 ITU-T G. 692 带光放大的波分复用传输系统；G. 655B 光纤主要适用于通道间隔不大于 100 GHz 的 ITU-T G. 692 密集波分复用传输系统。G. 655A 光纤和 G. 655B 光纤的主要区别是：(1)工作波带。G. 655A 光纤只能使用于 C-波带，G. 655B 光纤既可以使用在 C-波带，也可以使用在 L-波带。(2)色散系数。G. 655A 光纤 C-波带色散系数值为 0.1～6.0 ps/(nm·km)，G. 655B 光纤 C-波带色散系数值为 1.0～10.0 ps/(nm·km)。

G. 655 光纤的基本设计思想是 1 550 nm 波长区域具有合理的低色散，足以支持 10 Gbit/s 的长距离传输而无须色散补偿；同时，其色散值又必须保持非零特性来抑制四波混频和交叉相位调制等非线性效应的影响，以求 G. 655 光纤适宜同时满足开通时分复用和密集波分复用系统的需要。

⑤ G. 656光纤

G. 656光纤描述了一种单模光纤，在1 460 nm～1 625 nm波长范围内，其色散为一个大于零的数值。该色散减小了链路中非线性效应，这些非线性效应对DWDM系统非常有害。该光纤在比G. 655光纤更宽的波长范围内，利用非零色散减小FWM,XPM效应，能将该光纤的应用扩展到1 460～1 625 nm波长范围以外。在1 460～1 625 nm波长范围内，该光纤可以用于CWDM和DWDM系统的传输。

⑥ G. 657光纤

在2004年2月的专家中期会议上，中国提出了两篇文稿，其中一篇是长飞公司联合荷兰DFT公司共同提出的。该文稿同意该光纤建议适用于CWDM和DWDM应用，并建议将Raman放大加入该建议；考虑到制造容差和光纤的色散补偿是基于光纤链路色散，建议光纤色散值的范围为2～14 ps/(nm・km)；支持该光纤建议仅包含一个光纤类别，并反对将色散符号改为可正可负，均被采纳。另外一篇文稿来源于中国原信息产业部，是由长飞光纤光缆有限公司，电信科学技术第五研究所，武汉邮电科学研究院联合提出的。文稿代表中国支持G. 656光纤建议在2004年4月通过，并对该光纤的应用和具体指标提出了建议，该文稿建议的内容绝大部分被采纳。

目前国内普遍应用的G. 652标准光纤的弯曲半径为25 mm，受弯曲半径的限制，光纤不能随意地进行小角度拐弯安装，因此，FTTx的施工比较困难，需要专业技术人员才能够进行。因此，业内急需一种弯曲半径更小的光纤。2006年12月，ITU-T第15工作组通过了一个新的光纤标准，即G. 657，称为"用于接入网的低弯曲损耗敏感单模光纤和光缆特性"。根据G. 657标准，光纤的弯曲半径可达5～10 mm，因此符合G. 657标准的光纤可以像铜缆一样，沿着建筑物内很小的拐角安装，非专业的技术人员也可以掌握施工的方法，降低了FTTx网络布线的成本。除此以外，实际施工中光纤的弯曲半径一般会小于该类光纤的最小弯曲半径，当光纤发生一定程度的老化时，信号仍然可以正常传送。因此，G. 657标准有助于提高光纤的抗老化能力，降低FTTx的维护成本。

对于G. 657光纤的应用前景，近日Ovum-RHK发布的研究报告显示，2008年敷设的光纤33%用于FTTx，中国自2009年起将引领世界敷设FTTx光纤。2008年开始，国内就已经有部分运营商对G. 657进行了敷设，在北京、上海、广州、武汉及其他FTTH试点城市，楼宇内综合布线都采用G. 657. A或者G. 657. B光纤。用于FTTx的光纤要能降低用户的平均成本，并满足各种接入网用光缆的设计要求，如微缆、气吹缆和室内/室外两用缆及多种引入方式，还要能满足抗弯曲，在密集布线、小弯曲半径下低的弯曲附加损耗和高的机械可靠性，同时便于施工，易于接续或连接。

FTTx基础设施通常分为室内和室外，与G. 652D光纤完全兼容的G. 657光纤将有助于简化系统设计和降低安装维护成本。在抗弯曲光纤设计和应用方面，需要避免一些误区，G. 657光纤不仅关注弯曲附加损耗，而且还需要对机械性能给予足够的关注。G. 657B小MFD光纤也是一个误区，即使采用全玻璃结构的光纤，采用下陷包层设计，同样能够获得与 G. 652 相匹配的 MFD 直径。对于 FTTx 光纤要求，需要低成本和良好的适应性，满足各种接入网用光缆的设计要求，室内室外、气吹缆、微缆和多种接入方式，抗弯曲，支持密集布线、小弯曲半径下低弯曲附加损耗和高机械可靠性，便于施工和光缆的分配，易于接续或连接。这些都要求光纤具有低宏弯和微弯损耗，满足 G. 657B 对弯曲的要求。光纤有高抗疲劳参数，与 G. 652D 兼容，并且具有全玻璃包层结构，另外要求有先进的制造工艺。

考虑光纤抗弯曲性能时，必须考虑两点：

一是低弯曲附加损耗，无论光学性能还是机械性能，都要能够抗弯曲。G. 657A 光纤设计相对简单一些，因为和 G. 652D 完全兼容，弯曲性能要求也相对低一些，在常规 G. 652 光纤设计上通过适当减小光纤弯曲，增加波长，就能够和 G. 652D 完全兼容。对于弯曲性能要求更高的 G. 657B 光纤，有不同的解决方案。从光纤材料看，目前主要有两种，一种是全玻璃光纤结构，又有两类，在光纤光学外层增加一个下陷包层，增加对光的限制，但这种光纤不能够与 G. 652D 兼容，在应用上会带来一些连接上的问题；另一种就是空气包层光纤，又分为多孔包层光纤或微孔结构光纤和随机分布微孔包层光纤，它对光的限制作用更强，所以很容易实现很高的抗弯曲性能，但是这些光纤在与 G. 652D 兼容性上有一些问题。

二是很小弯曲半径下的机械可靠性。光纤在弯曲时，光纤外侧必然受到张应力的作用，弯曲半径越小受到的张应力越大，设计光纤时必须考虑张应力作用对光纤寿命的影响。通过改善光纤疲劳参数 ND 值，改善光纤的机械可靠性。对一段光纤进行弯曲，光纤动态疲劳参数越大，光纤弯曲半径就越小。同时满足 G. 657A、G. 657B 的光纤才是真正满足 FTTx 光纤要求的光纤。未来几年，G. 657 光纤将替代 G. 652 光纤，以协助运营商建设更好的 FTTx 光纤网络。

10. 3. 3　FTTH 建设中光纤选型

根据 YD/T 1636—2007《光纤到户(FTTH)体系结构和总体要求》，上行信号用波长范围 1 260～1 360 nm，下行信号用波长范围 1 480～1 500 nm，适合该窗口通道光纤通常选用 G. 652 和 G. 657 光纤。在 FTTH 建设中，部分光缆是在建筑物内部敷设的，特别是在户内布放。在施工时既要考虑不影响光缆的光学特性，又要考虑施工方便和装潢美观，而 G652 光纤在弯曲半径 30 mm 以上才具有较好的衰减特性，因此，目前 FTTH 建设中入户光缆通常使用弯曲不敏感型 G. 657 光纤，使弯曲半径达到甚至小于 15 mm。

由于采用了弯曲不敏感型 G657 光纤，它的模场直径比常规 G. 652 光纤要小很多，所以在光纤连接时，一定要采用熔接方式，不能采用冷连接。同时要注意，这两种光纤之间的熔接和同种光纤之间的熔接有很大的区别，必须仔细摸索其中的熔接工艺，才能取得较好的熔接效果。

10.4 光　缆

10.4.1 分类

光缆技术经历了二十多年的发展历程，正是光缆制造技术日趋成熟、品种日益增多、应用场合不断拓宽，迫使我们对种类繁多的光缆进行科学的分类，以使读者在对光缆特点有个清晰地理解的基础上，按使用场所的具体要求正确合理地选择光缆。

为了便于读者理解方便，我们按照光缆服役于网络层次、光纤状态、光纤形态、缆芯结构、敷设方式、使用环境等，将光缆作大致分类，如图10-7所示。

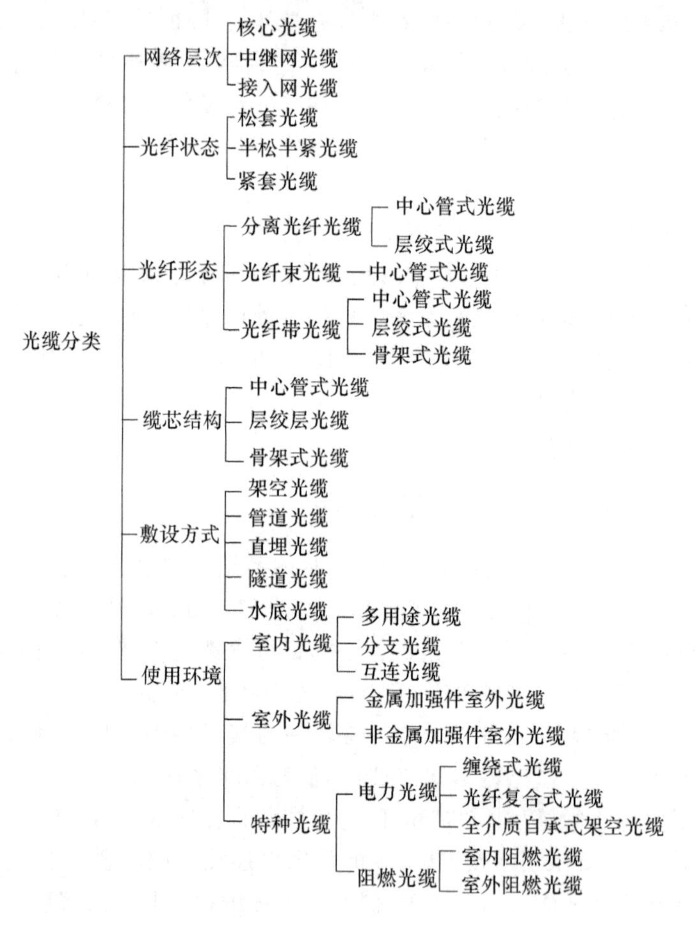

图10-7　光缆的分类

1. 网络层次

按照电信网网络功能和管理层次，公用电信网可以划分为核心网(交换局以上部分)和接入网(端局到用户之间部分)。由此，可根据光缆服务的网络层次将光缆分为：核心网光缆和接入网光缆。

核心网光缆是指用于跨省的长途干线网用的光缆。核心网光缆多为几十芯到几百芯的室外直埋或管道光缆。

接入网光缆是指从端局到用户之间所用的光缆。接入网光缆按其具体的作用又可细分为馈线光缆、配线光缆和引入线光缆。馈线光缆多为几百芯至上千芯的光纤带光缆，配线光缆为几十芯至上百芯光缆、引入线光缆则为几芯至十几芯光缆。

2. 光纤状态

按光纤在光缆中是否可自由移动的状态，光缆可分为松套光纤光缆、紧套光纤光缆和半松半紧套光纤光缆。

松套光纤光缆的特点是光纤在光缆中有一定自由移动空间，这样的结构有利于减小外界机械应力(或应变)对预涂覆光纤的影响。

紧套光纤光缆的特点是光缆中光纤无自由移动空间。紧套光纤是在光纤预涂覆层外直接挤上一层合适的塑料紧套层。紧套光纤光缆直径小、重量轻、易剥离、敷设和连接，但高的拉伸应力会直接影响光纤的衰减等性能。

半松半紧光纤光缆中的光纤在光缆中的自由移动空间介于松套光纤光缆和紧套光纤光缆之间。

3. 光纤形态

按光纤在缆芯松套管中所呈现的形态是分离的单根光纤、多根光纤束和光纤带，可将光缆分为分离光纤光缆、光纤束光缆和光纤带光缆。分离光纤光缆就是常用松套光缆，即若干根光纤，每根光纤在松套管中都成分离状态的光缆。光纤束光缆则是将几根至十几根光纤扎成一个光纤束后置于松套管中制成的光缆。光纤带光缆是将 4 芯、6 芯、8 芯、10 芯、12 芯、16 芯、24 芯甚至 36 芯的光纤带重叠成一个光纤带矩阵后再置入一个大松套管后或若干个大松套管后或者将 4 芯、6 芯、8 芯光纤带置入管架中所制成的大芯数光缆。

4. 缆芯结构

按缆芯结构的特点不同，光缆又可分为中心管式光缆、层绞式光缆和骨架式光缆。

中心管式光缆是将光纤或光纤束或光纤带无绞合直接放到光缆中心位置而制成的光缆。

层绞式光缆是将几根至十几根或更多根光纤或光纤束或光纤带子单元围绕中心加强件螺旋绞合(S 绞或 SZ 绞)成一层或几层式的光缆。

骨架式光缆是将光纤或光纤带，螺旋绞合放入骨架槽中构成的光缆。

5. 敷设方式

接光缆敷设方式，光缆可分为架空光缆、管道光缆、直埋光缆、隧道光缆和水底光缆。

架空光缆是指光缆线路经过地形陡峭、跨越江河等特殊地形条件和城市市区无法直埋及赔偿昂贵的地段时,借助吊挂钢索悬挂在已有的电线杆上的光缆。

管道光缆是指在城市光缆环路,人口稠密场所和横穿马路时,穿入用来保护的聚乙烯管内的光缆。

直埋光缆是长途干线经过辽阔田野,戈壁时,直接埋入规定深度和宽度的缆沟的光缆。

隧道光缆是指光缆线路经过公路、铁路等交通隧道的光缆。

水底光缆是穿越江河湖泊水底的光缆。

由于敷设方式不同,对光缆提出的机械性能就不同。国家标准 GB/T 13998.2—1999《通信光缆系列第二部分:干线和中继用室外光缆》中对架空光缆、管道光缆和直埋光缆的机械特性,即允许拉伸力和压扁力的要求。

6. 使用环境

按光缆使用环境场所又可将光缆分为室外光缆和室内光缆。由于光缆在室外环境中使用,故光缆要经受到各种外界的机械作用力、温度变化的影响、风雨雷电等作用,这样室外光缆必须具有足够机械强度、能够抵抗风雨雷电作用和良好温度稳定性等,其结构比室内光缆复杂得多。室内光缆用于室内环境中,光缆所受的机械作用力、温度变化和雨水作用很小,故室内光缆结构的最大特点是多为紧套结构、柔软、阻燃,以满足室内布线的灵活便利的要求。

特种光缆主要有:缠绕式光缆、光纤复合地线光缆、全介质自承式光缆、阻燃光缆等。缠绕式光缆是温柔性光缆,其可以借助缠绕设备缠绕在高压电力线上。

光缆复合地线(OPGW)光缆是一种集地线和通信光纤为一体的光缆,其被安放在高压电力线的地线上。

全介质自承式架空(ADSS)光缆是一种非金属加强型自承式的光缆,其借助光缆自身的附有非金属抗拉构件承受得起光缆自身的重量和外界气候,如风、冰载等的作用,其被悬挂在高压电线杆塔上的相线下电场强度最小的位置。

阻燃光缆则是指敷入室内外有阻燃要求场所的光缆,现阻燃泛指的是无卤、低烟阻燃光缆。

10.4.2 结构

众所周知,光缆是由光纤、高分子材料、金属-塑料复合带及金属加强件等共同构成的光信息传输介质。光缆结构设计要点是根据系统通信容量、使用环境条件、敷设方式、制造工艺等,通过合理选用各种材料来赋予光纤抵抗环境机械作用力、温度变化、阻水等保护。

如图 10-8 所示的是所用材料种类最多的层绞式钢带纵包双层钢丝铠装光缆的横截面图。由图 10-8 知,层绞式钢带纵包双层钢丝铠装光缆是由光纤、高分子材料、金属-塑料复合材料和金属加强件等共同构成的。

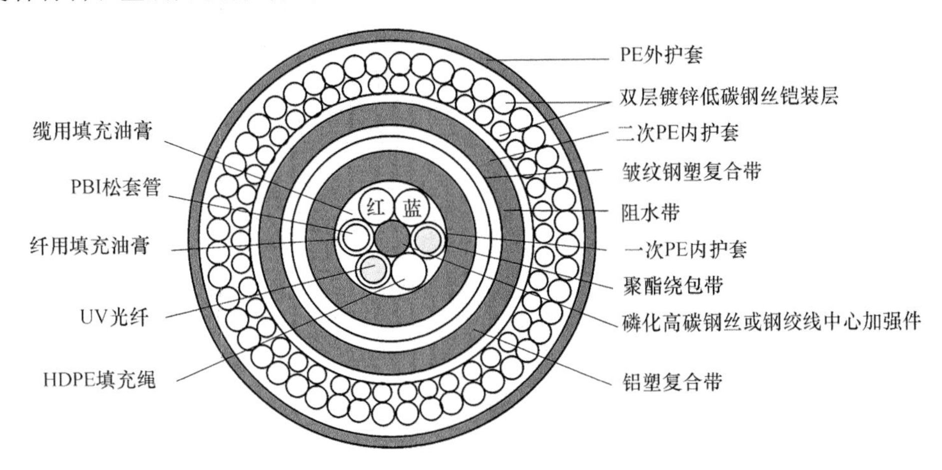

图10-8　层绞式钢带纵包双层钢丝铠装光缆结构图

根据光缆结构特点和适用场所，光缆结构类型可归纳为：室外光缆、室内光缆、特种光缆。

对各种结构类型的光缆最重要的是确保光缆生产中和使用中光纤的传输性能不会发生永久性变化。除了要选择合适的光缆基本结构类型和松套管或骨架尺寸外，还要选择好合适的光纤种类。光缆基本结构类型的选择主要依据光缆线路所处的环境的路由情况，而光纤的选型则取决设计的传输系统的传输速率和传输容量要求。总之，光纤的种类决定了光缆线路的传输容量，光缆的结构类型赋予机械、环境等性能保护。

1. 室外光缆

(1) 中心管式光缆

中心管式光缆结构是由一根二次光纤松套管或螺旋形光纤松套管，无绞合直接放在缆中心位置，纵包阻水带和双面覆塑钢(铝)带，两根平行加强圆磷化碳钢丝或玻璃钢圆棒位于聚乙烯护层中组成的。按松套管中放入的是分离光纤、光纤束、光纤带，中心管式光缆可进一步分为：分离光纤中心管式光缆、光纤束中心管式光缆和光纤带中心管式光缆。三种中心管式光缆的结构，如图10-9所示。

中心管式光缆的结构优点是光缆结构简单、制造工艺简捷，光缆截面小、重量轻，很适宜架空敷设，也可用于管道或直埋敷设，中心管式光缆的缺点是缆中光纤芯数不宜多(如分离光纤为12芯、光纤束为36芯、光纤带为216芯)，松套管挤塑工艺中松套管冷却不够，成品光缆中松套管会出现后缩大，光缆中光纤余长不易控制。

(2) 层绞式光缆

层绞式光缆结构是由4根或更多根二次被覆光纤松套管(或部分填充绳)绕中心金属加强件绞合成圆整的缆芯，缆芯外先纵包复合铝带并挤上聚乙烯内护套，再纵包阻水带和双面覆膜皱纹钢(铝)带再上一层聚乙烯外护层组成。

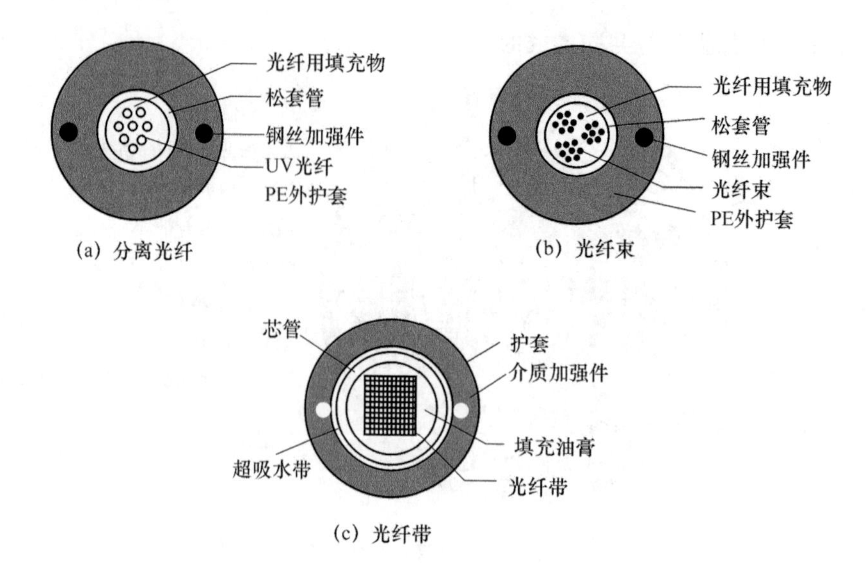

图 10-9 中心管式光缆结构

按松套管中放入的分离光纤、光纤带、层绞式光缆又可分为:分离光纤层绞式光缆、光纤带层绞式光缆。它们的结构如图 10-10 所示。

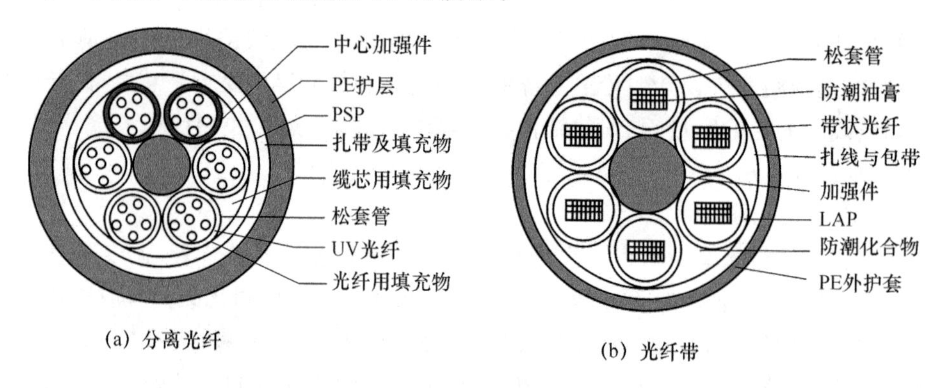

图 10-10 层绞式光缆

层绞式光缆的结构特点是光缆中容纳的光纤数多(分离光纤 144 芯,光纤带 820 芯以下):光缆中光纤余长易控制、光缆的机械、环境性能好,它适宜于直埋、管道敷设,也可用于架空敷设。层绞式光缆结构的缺点是光缆结构复杂、生产工艺环节多、工艺设备较复杂、材料消耗多等。

(3) 骨架式光缆

现今,骨架式光缆国内仅限于干式光纤带光缆。即将光纤带以矩阵形式置于 U 型螺旋骨架槽或 SZ 螺旋骨架槽中,阻水带以绕包方式缠绕在骨架上,使骨架与阻水带形成一个封闭的腔体。当阻水带遇水后,阻水粉吸水膨胀产生一种阻水凝胶屏障。阻水带外再纵包上双面覆塑钢带，钢带处挤上聚乙烯外护层，如图 10-11 所示。骨架式光纤带光缆的优点是结构紧凑、缆径小、光纤芯密度大(上千芯至数千芯)、施工接续中无须清除阻水油膏，接续效率高，干式骨架式光纤带光缆适用于在接入网、局间中继、有线电视网络中作为传输馈线。骨架式光纤带光缆的缺点是制造设备复杂(需要专用的骨架生产线)工艺环节多、生产技术难度大等。

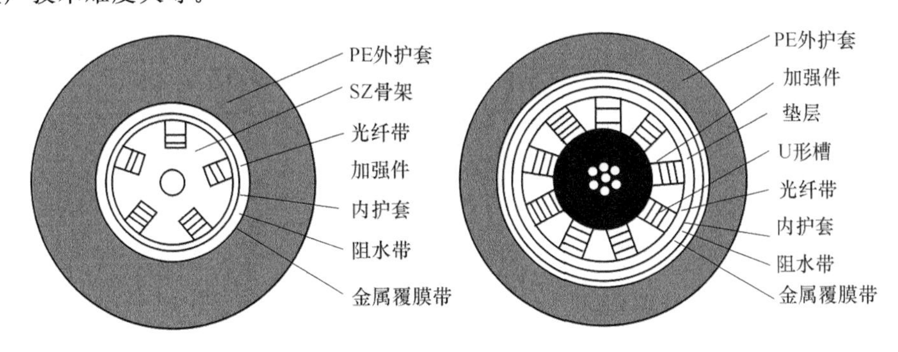

图 10-11　骨架式光纤带光缆结构

2. 室内光缆

所有的室内光缆都是非金属的。由于这个原因，室内光缆无须接地或防雷保护。室内光缆采用全介质结构保证抗电磁干扰。各种类型的室内光缆都是极易剥离的。紧缓冲层光纤构成的绞合方式取决于光缆的类型。为便于识别，室内光缆的外护层上印有光纤类型、长度标记和制造厂家名称等。

与室外光缆所不同的是，室内光缆的结构特点为：尺寸小、重量轻、柔软、耐弯，便于布放、易于分支及阻燃等。

通常，室内光缆可分为三种类型：多用途室内光缆、分支光缆和互连光缆。

(1) 多用途室内光缆

多用途室内光缆都是结实的、性能良好的光通信光缆。它们的设计是按照各种室内所用的场所的需要，包括在楼宇之间的管道内的路由、楼内向上的升井、天花板隔离层空间和光纤到桌面。

这种光缆适用的光纤数范围大，这种光缆系列为当今先进办公和工厂环境提供了通常所要传输各种语言、数据、视频图像、信令应满足的带宽容量。而且，该光缆的直径小、重量轻、柔软、易于敷设、维护和管理，特别适用于空间受限的场所。

多用途室内光缆是由绞合的紧缓冲层光纤和非金属加强件(如芳纶纱)构成的。光缆中的光纤数大于 6 芯时，光纤绕一根非金属中心加强件绞合形成一根更结实的光缆。

光纤数超过 24 芯的光缆采用子单元结构形式，以利于对光缆的结构控制，易于安装和维修快捷。这样的光缆中，每个子单元是由 6 根紧缓冲层光纤与一根非金属中心加强件绞合而成的。各子单元本身又绕一根非金属中心加强件绞合。光纤数大于 82 芯的光缆,每个子单元是由12根光纤组成的,多用途室内光缆的纤芯数的标准范围为2～144芯。图10-12给出了6芯子单元48芯多用途室内光缆结构。

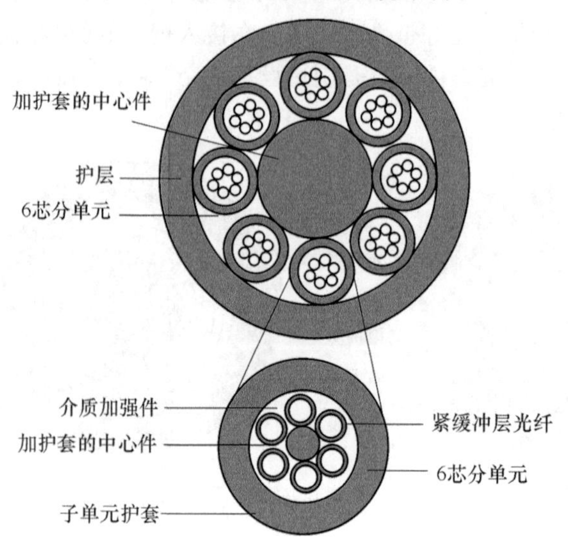

图10-12　6芯子单元48芯多用途室内光缆

(2) 分支光缆

为终接和维护,分支光缆有利于各光纤的独立布线或分支。分支光缆分三种不同的结构:2.8 mm子单元适合于业务繁忙的应用;2.4 mm子单元适合于业务正常的应用;2.0 mm子单元适合于业务少的应用。这些分支光缆的应用可布放在大楼之间冻点线下的管道内,大楼内向上的升井里、计算机机房地板下和光纤到桌面。图10-13给出了8芯分支光缆结构。

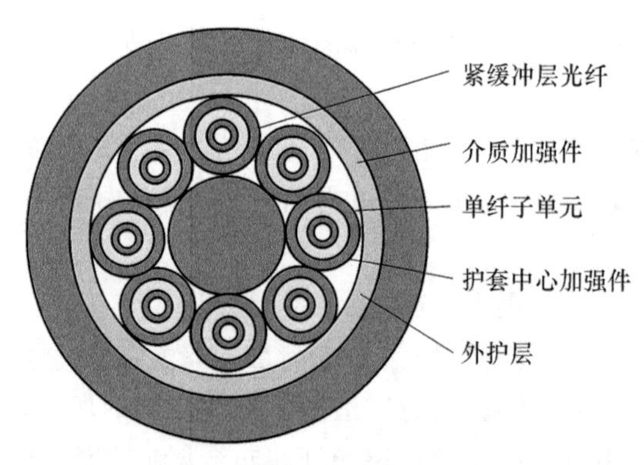

图10-13　8芯分支光缆

与多用途光缆相比,由于分支光缆成本更高、重量更重、尺寸更大,所以,这些光缆主要应用在中、短传输距离场所。在绝大多数的情况下,多用途光缆能满足敷设要求。只有在极恶劣环境或真正需要独立单纤布线时,分支光缆的结构才显出优势。

为易于识别，子单元应加注数字或色标。分支光缆的标准光纤数为 2～24 纤。分支光缆的最大长期抗拉强度范围：2 纤分支光缆为 300 N，24 纤分支光缆为 1 600 N，短期允许的抗拉强度是最大长期抗拉强度的 3 倍。

(3) 互连光缆

为计算机、过程控制、数据引入和布线办公室系统进行语音、数据、视频图像传输设备互连所设计的光缆。通用的是单纤和双纤结构。这些光缆的最优越之处是连接容易。在楼内布线中它们可用做跳线。如图 10-14、图 10-15、图 10-16 所示。

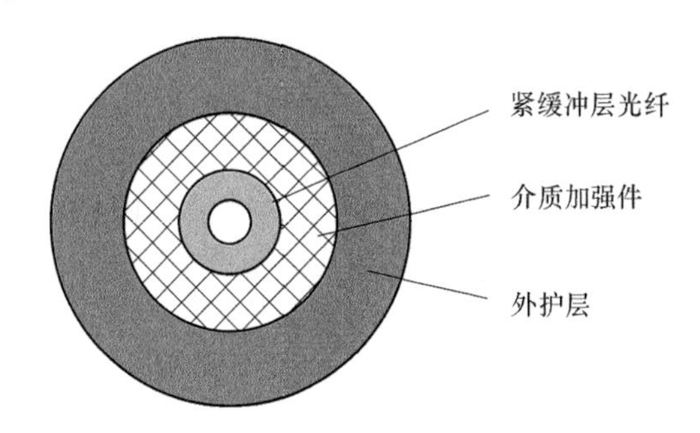

图 10-14　单纤互连光缆

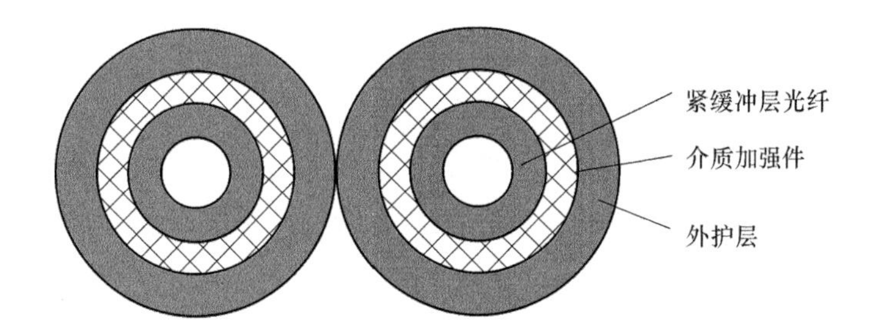

图 10-15　双纤互连光缆，拉链软线缆

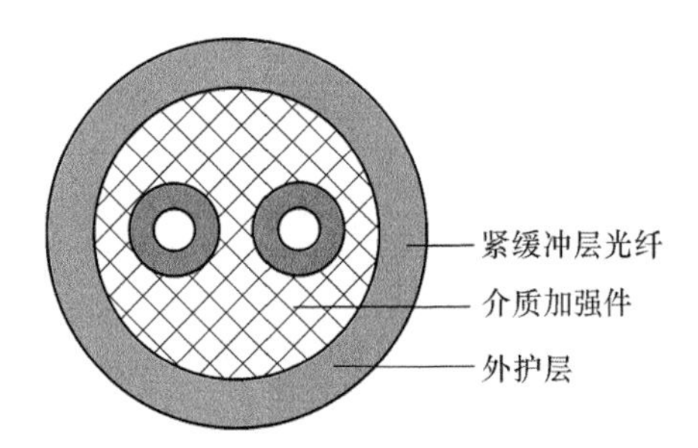

图 10-16　双纤互连光缆，DIB(双纤大楼内光缆)

直径细、弯曲半径小使互连光缆更易敷设在空间受限的场所。它们可以简单地直接或在工厂进行预先连接作为光缆组件用在工作场所或作为交叉连接的临时软线。

3. 阻燃光缆

随着通信事业的迅速发展,通信用室外光缆和室内光缆都得到了广泛应用,并对这些光缆的性能提出了更高的要求,在人口稠密及一些特殊场合如商贸大厦、高层住宅、地铁、核电站、矿井、船舶、飞机中使用的光缆都应考虑阻燃化。特别是接入网的骤然兴建,大大地推动了人们对光缆敷入室内的光缆提出无卤阻燃要求的迫切性。

为确保要求低烟、无卤阻燃场所的通信设备及网络的运行可靠,必须切实解决聚乙烯护层遇火易燃、滴落会造成的火灾隐患,以及阻燃聚氯乙烯护层在火灾中易释放大量黑色浓烟和有毒气体,造成"二次"环境污染和逃离困难等问题。因此,自20世纪90年代以来,国内众多光缆厂家开发出无卤阻燃光缆,并陆续敷入要求低烟、无卤阻燃的各种场所。光缆阻燃有两个方面的含义:一方面是指光缆及其材料的阻燃性,包括可燃性、发热量、延燃性、熔滴性及发烟量等;另一方面是指在火灾过程中,光缆处于高温及燃烧条件下保持正常传输信号的能力,即所谓耐火性。要达到光缆阻燃的目的,需要用适当的结构及选用性能优良的合适材料。

无卤阻燃光缆的结构型式包括层绞式、中心管式、骨架式或室内软光缆,可以是金属加强件光缆,也可以是非金属加强件光缆。最简单的无卤阻燃室内光缆结构,如图10-17所示。

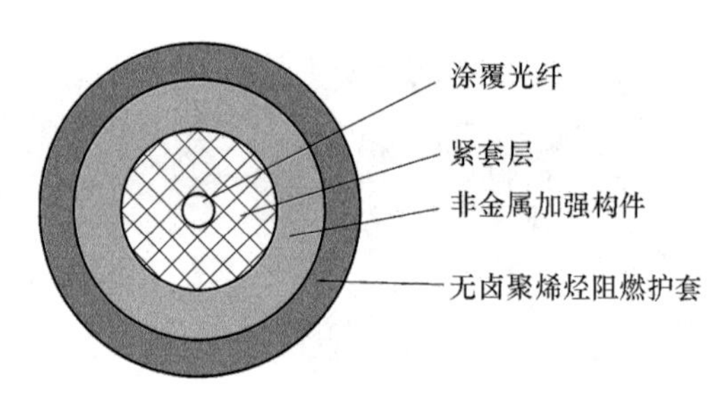

图10-17　无卤阻燃光缆结构

尽管光缆的分类方法很多,并且各有各自的道理。为了规范光缆制造厂家产品类型和便于广大用户选用,原信息产业部制定了通信行业标准YD/T 908—2000《光缆型号命名方法》。

10.4.3　FTTH建设中常用光缆类型

根据光缆在FTTH网络系统中的位置不同可分为馈线光缆、配线光缆和入户光缆,考虑其应用场合,则归纳如下:

1. 馈线光缆

馈线光缆实际上属于城域网的一部分,在通常情况下,管道光缆和带状光缆是应用得比较多的类型。但随着城域网建设规模的快速增长,管道资源的紧缺越来越成为一个比较棘手的问题。在这样的情况下,雨水管道光缆、微型气吹光缆以及开槽浅埋光缆,在国内的应用也越来越普遍。

在城市中，只要是有人居住的地方，就一定会有四通八达的下水管道。利用雨水管道来敷设通信光缆，在国外的应用起步比较早，但同类产品的成本却非常高，而且施工过程也比较复杂。

微型气吹光缆最早是荷兰 NKF 光缆公司所首创，由于大大提高了管孔的利用效率，在国际上有比较多的市场应用。

在小区改造项目中，有的区域可能会需要光缆穿越广场或者路面。在架空方式不被提倡的情况下，如果开挖路面敷设管道，工程量就会比较大。开槽浅埋光缆的敷设方式十分简单，只需要用切割机在路面开凿一条浅槽，宽度约 2 cm，深度约 10 cm，放入光缆后实施回填，就可快捷地完成路由的连通工作。

2. 配线光缆

配线光缆位于集中分光配线点之后，芯数相对较大，采用光纤组装密度较高且缆径相对较小的带状光缆，是比较合适的选择。同时，由于在光缆布放沿途的楼道或者楼层有较多的分歧下纤点，因此对光缆的分歧和接续效率也会有一定的要求。在这些方面，骨架式带状光缆的优势就十分明显。

首先，因为这种光缆采用了全干式的阻水结构，取消了在接续过程中擦拭纤膏、油膏的这个步骤，工作量大大降低，施工效率得以提高。其次，不同于普通光缆，当骨架式带状光缆在高层楼宇的楼道中垂直布放时，可以有效避免因油膏滴流而引发的安全隐患。同时，骨架式带状光缆在分歧下纤时，无须盘留，起到了开源节流的效果。

因此，在国内的 FTTH 项目中，骨架式带状光缆作为配线光缆，是被应用得最多的首选产品。

3. 入户线光缆

作为入户线光缆，皮线光缆的优点业已得到国内通信运营商的广泛认可。在这里，需要简单介绍一下的是，应用于皮线光缆的 G. 657 光纤。

G. 657 光纤的标准是 ITU-T 于 2006 年年底发布的，分 G. 657. A 和 G. 657. B 两种。与 G. 652. D 光纤相比，除了在弯曲半径和模场直径有差异外，其他的指标基本一致。

对于 G. 657. A 光纤而言，模场直径的指标与 G. 652. D 一致，弯曲半径可达到 10 mm。G. 657. B 的弯曲半径可达到 7. 5 mm，但模场直径的指标与 G. 652. D 的指标差异就比较大。

众所周知，模场直径的差异最终会影响到接续损耗的指标。因此，为了保证网络建设的质量，通信运营商比较倾向于采用与 G. 652. D 指标比较一致的 G. 657. A 光纤。这并不是因为通信运营商不愿意采用弯曲效果更好的 G. 657. B 产品，而是因为 G. 657. B 的模场直径范围太过宽泛，难以控制对接续指标的要求。

目前，国内 FTTH 项目的建设规模正逐步扩大。随着关注深度和投入力度的加大，越来越多的细节问题也得到了更多的认识和解决，越来越多的规范和标准也在日趋完善。

中国电信集团公司已初步完成了EPON芯片标准的相关制定工作,并且对FTTH组网的建设原则提出了一个基本的指导意见。FTTH目前的状况,与当年刚刚登陆中国市场的手机差不太多,将会越来越接近我们每个人的日常生活。

10.5 结构化布线系统

10.5.1 建筑物综合布线系统的概念

随着计算机和通信技术的飞速发展,网络应用成为人们日益增长的一种需求,结构化布线是网络实现的基础,它能够支持数据、话音及图形图像等的传输要求,成为现今和未来的计算机网络和通信系统的有力支撑环境。

结构化布线系统与智能大厦的发展紧密相关,是智能大厦的实现基础。智能大厦具有舒适性、安全性、方便性、经济性和先进性等特点,一般包括:中央计算机控制系统、楼宇自动控制系统、办公自动化系统、通信自动化系统、消防自动化系统、保安自动化系统结构化布线系统等,它通过对建筑物的四个基本要素(结构、系统、服务和管理)以及它们内在联系最优化的设计,提供一个投资合理、同时又拥有高效率的优雅舒适、便利快捷、高度安全的环境空间。结构化布线系统正是实现这一目标的基础。

综合布线系统是建筑物或建筑群内的传输网络,它既能使话音和数据通信设备、交换设备和其他信息管理系统彼此相连,也能使这些设备与外部通信网络相连接,包括建筑物到外部网络或电话局线路上的连线点与工作区的话音或数据终端之间的所有电缆及相关联的布线部件。综合布线系统由不同种类的部件组成,其中包括:传输介质、线路管理硬件、连接器、插座、插头、适配器、传输电子线路、电气保护设备和支持硬件。上述这些部件被用来构建各种子系统,它们都有各自的具体功能与作用,不仅易于实施,而且能随需求的改变而平稳过渡到增强型分布技术。一个良好的综合布线系统对其服务的设备有一定的独立性并能互连许多不同的通信设备如数据终端、模拟式或数字式电话、个人计算机和主机以及公共系统装置。

由于所有信息系统采用相同的传输介质、物理星型布线方式,因此所有信息通道是通用的,每条信息通道可支持电话、传真、多用户终端、100BASE-T工作站、令牌环、ATM站等。所有设备的开通及更改均不需改变系统布线,只需增减相应的网络设备及做必要的跳线管理即可;系统组网也可灵活多样,甚至在同一房间内可以多用户终端、10BASE-T站、即令牌环站并存,各部门既可独立组网又可方便地互连,为合理组织信息流提供了必要条件。

采用极富弹性的布线概念,采用光纤与双绞线混布方式,极为合理地构成一套完整的布线系统。所有布线均采用世界最新通信标准,采用八芯配置,通过双绞线最大速率可达到 1 000 Mbit/s，对于重要部门可支持光纤到桌面应用，干线光缆可设计为 2 500 M 带宽，为将来发展提供了足够的裕量。通过主干通道可同时传输多路实时多媒体信息，同时物理星型的布线方式为将来发展交换式网络奠定了坚实基础。

布线系统的经济性单从投资初期考虑是不科学的，必须按性能价格比分析才能得到科学的结论。据美国某组织对其国内 500 幢大厦 40 年运行费用情况的调查统计，信息网络的费用如下：

- 运行费用占 50%，主要包括运行维护费用。
- 变更费用占 25%，包括系统更改、设备增减搬运等。
- 结构费用占 11%，主要包括信息网络初期投资。
- 其他 14%。

由以上结果看出，网络初期投资在整个网络运行费用中仅占很小的比重，而选用一套高品质布线系统虽然在初期投资时费用相对较高，但可以大大降低运行维护费用及系统变更费用。

10.5.2　结构化布线的概念

1. 定义

结构化布线系统是一个能够支持任何用户选择的话音、数据、图形、图像应用的电信布线系统。系统应能支持话音、图形、图像、数据多媒体、安全监控、传感等各种信息的传输，支持 UTP、光纤、STP、同轴电缆等各种传输载体，支持多用户多类型产品的应用，支持高速网络的应用。

2. 特点

结构化布线系统具有以下特点：

(1) 实用性：能支持多种数据通信、多媒体技术及信息管理系统等，能够适应现代和未来技术的发展；

(2) 灵活性：任意信息点能够连接不同类型的设备，如微机、打印机、终端、服务器、监视器等；

(3) 开放性：能够支持任何厂家的任意网络产品，支持任意网络结构，如总线型、星型、环型等；

(4) 模块化：所有的接插件都是积木式的标准件，方便使用、管理和扩充；

(5) 扩展性：实施后的结构化布线系统是可扩充的，以便将来有更大需求时，很容易将设备安装接入；

(6) 经济性：一次性投资，长期受益，维护费用低，使整体投资达到最少。

3. 布线系统的构成

按照一般划分，结构化布线系统包括六个子系统：工作区子系统、水平支干线子系统、管理子系统、垂直主干子系统、设备子系统和建筑群主干子系统。

(1) 建筑群主干子系统

提供外部建筑物与大楼内布线的连接点。EIA/TIA569 标准规定了网络接口的物理规格,实现建筑群之间的连接。

(2) 设备子系统

EIA/TIA569 标准规定了设备间的设备布线。它是布线系统最主要的管理区域,所有楼层的资料都由电缆或光纤电缆传送至此。通常,此系统安装在计算机系统、网络系统和程控机系统的主机房内。

(3) 垂直主干子系统

它连接通信室、设备间和入口设备,包括主干电缆、中间交换和主交接、机械终端和用于主干到主干交换的接插线或插头。主干布线要采用星型拓扑结构,接地应符合 EIA/TIA608 规定的要求。

(4) 管理子系统

此部分放置电信布线系统设备,包括水平和主干布线系统的机械终端和1或交换。

(5) 水平支干线子系统

连接管理子系统至工作区,包括水平布线、信息插座、电缆终端及交换。指定的拓扑结构为星型拓扑。

水平布线可选择的介质有三种(100 ΩUTP 电缆、150 ΩSTP 电缆及 62.5/125 μm 光缆),最远的延伸距离为 90 m,除了 90 m 水平电缆外,工作区与管理子系统的接插线和跨接线电缆的总长可达 10 m。

(6) 工作区子系统

工作区由信息插座延伸至站设备。工作区布线要求相对简单,这样就容易移动、添加和变更设备。

4. 介质及连接硬件的性能规格

在结构化布线系统中,布线硬件主要包括:配线架、传输介质、通信插座、插座板、线槽和管道等。

(1) 介质

主要有双绞线和光纤,在我国主要采用无屏蔽双绞线与光缆混合使用的方法。光纤主要用于高质量信息传输及主干连接,按信号传送方式可分为多模光纤和单模光纤两种,线径为 62.5/125 μm。在水平连接上主要使用多模光纤,在垂直主干上主要使用单模光纤。现在,使用 100 Ω 无屏蔽双绞线已成为一种共识,它分为3类、4类和5类三种。

(2) 接头及插座

在每个工作区至少应有两个信息插座,一个用于语音,另一个用于数据。插座的管脚组合为:1&2、3&6、4&5、8&8。

(3) 屏蔽占非屏蔽系统的选择

我国基本上采用北美的结构化布线策略,即使用无屏蔽双绞线十光纤的混合布线方式。

① 屏蔽的含义

屏蔽系统是为了保证在有干扰环境下系统的传输性能。抗干扰性能包括两个方面，即系统抵御外来电磁干扰的能力和系统本身向外辐射电磁干扰的能力，对于后者，欧洲通过了电磁兼容性测试标准 EMC 规范。实现屏蔽的一般方法是在连接硬件外层包上金属屏蔽，层以滤除不必要的电磁波。现已有 STP 及 SCTP 两种不同结构的屏蔽线供选择。

② 屏蔽系统的缺陷

A. 接地问题

屏蔽系统的屏蔽层应该接地。在频率低于 1 MHz 时，一点接地即可。当频率高于 1 MHz 时，EMC 认为最好在多个位置接地。通常的做法是在每隔波长 1/10 的长度处接地，且接地线的长度应小于波长的 1/12。如果接地不良(接地电阻过大、接地电位不均衡等)，会产生电势差，这样，将构成保证屏蔽系统性能的最大障碍和隐患。

B. 系统整体性

屏蔽电缆不能决定系统的整体 EMC 性能。屏蔽系统的整体性取决于系统中最弱的元器件。如跳接面板、连接器信息口、设备等。因此，若屏蔽线在安装过程中出现裂缝，则构成子屏蔽系统中最危险的环节。

C. 屏幕子流的抗干扰性能

屏蔽系统的屏蔽层并不能抵御频率较低的噪声，在低频时，屏蔽系统的噪声至少与非屏蔽系统一样。

而且，由于屏蔽式 8 芯模块插头无统一标准，无现场测试屏蔽有效程序的方法等原因，人们一般不采用屏蔽双绞线。

10.5.3　布线测试

局域网的安装从电缆开始，电缆是整个网络系统的基础。对结构化布线系统的测试，实质上就是对线缆的测试。据统计，约有一半以上的网络故障与线缆有关，线缆本身的质量及线缆安装的质量都直接影响到网络能否健康地运行。而且，线缆一旦施工完毕，想要维护很困难。

现在，普遍采用 5 类无屏蔽双绞线完成结构化布线。用户当前的应用环境大多体现在 10 M 网络基础上，因此，有必要对结构化布线系统的性能运行测试，以保证将来应用。

对于电缆的测试，一般遵循“随装随测”的原则。根据 TSB68 的定义，现场测试一般包括：接线图、链路长度、衰减和近端串扰(NEXT)等几部分。

1. 接线图

这一测试验证链路的正确连接。它不仅是一个简单的逻辑连接测试，而且要确认链路一端的每一个针与另一端相应的针连接，同时，对串绕问题进行测试，发现问题并及时更正。保证线对正确绞接是非常重要的测试项目。

2. 链路长度

根据T1A/E1A606标准的规定,每一条链路长度都应记录在管理系统中。链路的长度可以用电子长度测量来估算,电子长度测量是基于链路的传输延迟和电缆的NVP值来实现的。由于NVP具有10%的误差,在测量中应考虑稳定因素。

3. 衰减

衰减是沿链路的信号损失的测量。衰减随频率的变化而变化,所以应测量应用范围内的全部频率上的衰减,一般步长最大为1 MHz。

TSB-68定义了一个链路衰减的公式,并给了两种测量模式的衰减允许值表。它定义了在20℃时的允许值。

4. 近端串扰(NEXT)损耗

NEXT损耗是测量在一条链路中从一对线对另一对线的信号耦合,也就是当信号在一对线上运行时,同时会感应一小部分信号到其他线对,这种现象就是串扰。

TSB-68标准规定,5类链路必须在1～10 MHz的频宽内测试,测试步长为:

- 在1～31.25 MHz频率范围内,最大步长为0.1 MHz;
- 在31.26～100 MHz频率内,最大步长为0.25 MHz。

所有测试均要进行线时间测试。如4对线要进行6组测试。

同时,对NEXT的测试要在两端测试。NEXT并不是测量在近端点产生的串扰值,它只是在近端点所测量的串扰数值。这个量值会随着电缆长度的衰减而变小,同时远端的信号也会衰减,对其他线对的串扰也相对变小。实验证明:只有在40 m内量得的NEXT是较真实的,如果另一端是远于40 m的信息插座而它会产生一定程度的串扰,但测量仪器可能就无法测到这个串扰值,因此,必须进行双向测试。

缩略语

ALLOC_ID	Allocation Identifier	分配标识符
BIP	Bit Interleaved Parity	比特间插奇偶校验
DA	Destination Address	目的地址
DBA	Dynamic Bandwidth Allocation	动态带宽分配
DSL	Digital Subscriber Line	数字用户线
DBRu	Dynamic Bandwidth Report upstream	上行动态带宽报告
EPD	End_of_Packet Delimiter	帧结束定界符
EPON	Ethernet Passive Optical Network	基于以太网方式的无源光网络
FCS	Frame Check Sequence	帧校验序列
FEC	Forward Error Correction	前向纠错
FTTB	Fiber to the Building	光纤到大楼
FTTC	Fiber to the Curb	光纤到路边
FTTH	Fiber to the Home	光纤到户
GPON	Gigabit Passive Optical Network	吉比特无源光网络
GFP	Generic Framing Protocol	通用成帧协议
GTC	GPON Transmission Convergence	GPON 传输会聚(层)
NSR	Non Status Reporting	非状态报告
NT	Network Terminator	网络终端
OAM	Operation, Administration and Management	运行、维护和管理
ODN	Optical Distribution Network	光分配网络
OLT	Optical Line Terminal	光线路终端
ONU	Optical Network Unit	光网络单元
OSI	Open System Interconnection	开放系统互联
P2MP	Point to Multipoint	点到多点
PON	Passive Optical Network	无源光网络

QoS	Quality of Service	服务质量
SA	Source Address	源地址
SLA	Service Level Agreement	服务等级协议
SLD	Start of LLID Delimiter LLID	起始定界符
SR	Sustained Rate	维持速率
TDMA	Time Division Multiple Access	时分多址接入
T-CONT	Transmission Container	传输容器
UNI	User Network Interface	用户网络接口
VLAN	Virtual Local Area Network	虚拟局域网
WAN	Wide Area Networks	广域网

参 考 文 献

[1] ITU-T recommendation G. 983. 1. Broadband optical access system based on passive optical networks(pon)[S]. 1998.

[2] IEEE 802. 3ah Draft 2. 1, Media access control parameters, Physical Layers and Management Parameters for Subscriber Access Networks, October 2003.

[3] LAN MAN Standards Committee of the IEEE computer Society, IEEE Draft P802. 3ahTM/D3. 0, the Institute of Electrical and Electronics Engineers, Inc, 2003, Page 158.

[4] IEEE, IEEE Std 802. 3ah, "Amendment: Media Access Control Parameters, Physical Layers and Management Parameters for Subscriber Access Networks" July 2004.

[5] IEEE 802. 3ah-2005, hernet in the First Mile[S].

[6] IEEE P1901-2008, DRAFT Standard for Broadband over Power Line Networks: Medium Access Control and Physical Layer Specifications[S].

[7] IEEE Std 802. 3av-2009 clause66, Extensions of the 10 Gbit/s Reconciliation Sublayer (RS), 100BASE-X PHY, and 1000BASE-X PHY for unidirectional transport [S].

[8] IEEE Std 802. 3av-2009 clause76, Reconciliation Sublayer, Physical Coding Sublayer, and Physical Media Attachment for 10G-EPON [S].

[9] IEEE Std 802. 3 av -2009, clause 76: Multipoint MAC Control for 10G-EPON, Ranging and timing process [S].

[10] IEEE Std 802. 3 av -2009, clause 76: Multipoint MAC Control for 10G-EPON, Multipoint Control Protocol(MPCP)[S].

[11] ITU-T recommendation G. 984. 1. Gigabit-capable Passive Optical Networks

(GPON): General characteristics[S]. 2003.
[12] ITU-T recommendation G. 984. 2. Gigabit-capable passive optical networks (GPON): Physical media dependent (PMD) layer specification [S]. 2003.
[13] ITU-T recommendation G. 984. 3. Gigabit-capable Passive Optical Networks (G-PON): Transmission convergence layer specification[S]. 2004.
[14] ITU-T recommendation G. 984. 4. Gigabit-capable Passive Optical Networks (G-PON): ONT management and control interface specification [S]. 2004.
[15] 何岩. 基于ATM-PON技术的全业务网接入系统. 数据通信,2001(02).
[16] 韦乐平. GPON三年内必将成为主导技术. http://www. bianews. com/viewnews-88752. html,2009-06-26.
[17] 李凌. 智能EPON设备主交换功能介绍. 烽火通信科技股份有限公司,2010.
[18] 胡晓. EPON系统设备架构及数据业务介绍. 烽火通信科技股份有限公司,2010.
[19] 沈成彬,张军. 下一代PON技术的应用及进展. 电信科学,2009(10):188-191.
[20] 林如俭. FTTx的支撑技术——EPON的原理、标准与应用(1). 有线电视技术,2009(3): 59-61.
[21] 郎为民,郭东生. EPON/GPON从原理到实践. 北京:人民邮电出版社,2010.
[22] 阎德升. EPON:新一代宽带光接入技术与应用. 北京:机械工业出版社,2007.
[23] 王青 李文耀. 基于GPON的FTTH的OAM解决方案. 信息通信,2009(3).
[24] 陈雪. 基于以太网的无源光网络. 北京:北京邮电大学出版社,2007.
[25] 陈海霞. 国内外FTTH发展状况. 有线电视技术,2009.
[26] 叶鹏,赵庆敏. 基于EPON技术的光纤接入网的研究. 科技广场,2009.
[27] 王庆,胡卫,程博雅,等. 光纤接入网规划设计手册. 北京:人民邮电出版社,2009.
[28] 苏国良. 无线通信技术发展趋势. 移动通信,2010(10):68-71.
[29] 李博,刘芳,宋文生. 下一代光无源网络(NG-PON)主流技术. 光通信技术,2009(9):13-15.
[30] 周箴,周筠,魏学勤,等. EPON最新标准与技术进展. 光通信技术,2009(9):1-4.
[31] 彭磊. 10G EPON关键技术及产业发展现状. 中国新通信,2010(6):88-91.
[32] 陈建宇,夏晓文. PON系统的保护方案. 中国通信学会第五届学术年会论文集,2008(1):1230-1236.
[33] 陈建宇,胡强高,喻杰奎,等. 一种PON系统线路保护装置的研制. 光通信研究,2009(3):20-22.
[34] 朱华伟,侯晓荣,何峥. 10G EPON系统ONU注册技术研究. 光通信技术,2010(2):1-4.
[35] 张德朝,李晗. 10G PON关键技术与发展趋势. 通信技术与标准,2010(9):30-32.
[36] 张利,刘德明,张传浩,等. EPON中ONU大规模软件升级技术研究与设计.

光通信技术,2010(1):22-24.
[37] 李月军,陈刚.浅析 VxWorks 和 Linux 嵌入式实时操作系统.科技创新导报,2010(14):36-38.
[38] 崔岩,唐月,张红.日韩 FTTH 技术应用现状.广播与电视技术,2010(2):92-95.
[39] 饶文竞.EPON 商用现状分析与探讨.江苏通信,2010(6):51-54.
[40] 吕俊敏.分析 EPON 关键技术及发展中存在的问题.沿海企业与科技,2010(5):36-35.
[41] 曹祥风.EPON 关键技术及其展望.专业论坛,2009(2):39-43.
[42] 孙黎丽,秦龚龙.EPON 与有线电视网络融合应用研究.传输网络,2010(7):101-106.
[43] 冼家键.EPON 与 EoC 技术在广电系统中的应用和发展.中国有线电视,2010(5):603-608.
[44] 汲建龙.EPON+EoC 双向网技术在有线电视中的应用.广播电视信息,2010(4):84-85.
[45] 唐明光.有线电视网络双向改造中的 EoC 技术.中国有线电视,2009(10):1015-1020.
[46] 曹为.HomePlug 在 EoC 中的应用.有线电视技术,2009(11):349-356.
[47] 朴在奎.关于 EoC 技术的选择与应用.世界宽带网络,2009(1):69-71.
[48] 国家广播电影电视总司.面向下一代广播电视网(NGB)电缆接入技术(EoC)需求白皮书.http://wendu.baidu.com/view/23cccaf8aef8941ea76e05ef.html.2010-02-01/2010-11-10.
[49] 刘丽红.HFC 双向网改造中关于接入网方案的选择.中国有线电视,2010(3):286-288.
[50] 陈金顺.EPON+无源 EoC 技术在广电的应用.广播与电视技术,2010(3):187-189.
[51] 丁成波,程高新.EPON 与 HFC 网络的融合及网络接入方式的探讨.通信技术,2010(1):87-88.
[52] 李静宇.EPON+EoC 双向网络的网管实现.有线电视技术,2009(12):67-38.
[53] 陶智勇.综合宽带接入技术.北京:北京邮电大学出版社,2002.
[54] 陶智勇.我国光纤技术演进与发展的几个阶段.光纤通信技术,2010(1).
[55] 陶智勇.10G EPON 最新进展及在三网融合中的应用.中国有线电视,2011(4).
[56] 陶智勇.我国 FTTH 技术发展的阶段与趋势.信息技术,2011(4).
[57] 陶智勇.支持电视业务的 EPON 的网络规划与设计.中国有线电视,2010(3).